W0206185

5

MATEMÁTICAS

PRIMER TRIMESTRE

AUTORAS

Victoria Augusto Buitrago
María Gallego Calvo

ASESOR DIDÁCTICO Y MATEMÁTICO

José Antonio Fernández Bravo

COLABORA LA ASOCIACIÓN

GAMIFICA TU AULA
M.ª Jesús Asturiano Albenca
Javier Barba Calatrava
Salvador Carrión del Val
Clara Cordero Balcázar
Juan Fernández Galera

EDELVIVES PRIMARIA

Saber

Saber hacer

¡No hay problema!	Cálculo mental	Manos a las mates
esolver un problema siguiendo nos pasos	Sumar millares exactos a números de cuatro o cinco cifras Restar millares exactos a números de cuatro o cinco cifras	Números de hasta 7 cifras
esolver un problema a partir e un gráfico	Multiplicar números de dos cifras por decenas o centenas exactas Multiplicar números de dos cifras por millares exactos	El triángulo de las multiplicaciones y las divisiones
implificar un problema ara resolverlo	Dividir números de tres o cuatro cifras acabados en 0 por decenas o centenas exactas Dividir números de cuatro o cinco cifras acabados en 0 por millares exactos	Potencias con garbanzos
implificar un problema ara resolverlo	Sumar varios números de dos cifras cuando dos de ellos suman decenas exactas Sumar varios números de tres cifras cuando dos de ellos suman centenas exactas	Fracciones en el reloj
¡A prueba!	Mates en acción	
scoger la estrategia nás adecuada para resolver n problema	Sumar décimas o centésimas exactas a números decimales Restar décimas exactas a números decimales	¡10 veces menor! ¡100 veces menor!
ividir un problema en varias tapas para resolverlo	Multiplicar números de dos cifras por 0,5 Multiplicar números de dos cifras por 0,1	Regla graduada
ividir un problema en varias tapas para resolverlo	Dividir números de dos cifras por 0,5 Dividir números de dos cifras por 0,1	Dominó del tiempo
stimar la solución de un problema comprobar el resultado	Multiplicar números de dos cifras por 0,2 Dividir números de dos cifras por 0,2	Simetrías
¡A prueba!	Mates en acción	
uscar regularidades para resolver n problema	Multiplicar números decimales por 10 y por 100 Multiplicar números decimales por 1 000	Amplitud, posición y suma de ángulos
uscar regularidades para resolver n problema	Dividir números decimales por 10 y por 100 Dividir números decimales por 1 000	El geoplano
scoger la estrategia más decuada para resolver n problema	Multiplicar números de dos cifras por 9 Multiplicar números de dos cifras por 99	Áreas con el tangram
stimar la solución de un problema comprobar el resultado	Calcular el producto aproximado de números de tres cifras Calcular el cociente aproximado de números de tres cifras	Tira el dado
¡A prueba!	Mates en acción	

La Leyenda del Legado

Cuenta la leyenda que hace mucho, mucho tiempo, algunos profetas anunciaron que, algún día, El Malvado Olvido asolaría la Tierra y a todos sus habitantes, destruyendo todo el conocimiento humano del pasado, el presente y el futuro.

Esta fue la razón por la que se construyó la Biblioteca del Legado, que albergaba en su Sala Principal la esencia de todos los saberes.

Recientemente, El Olvido localizó la ubicación de la Biblioteca e hizo caer sobre ella una maldición para destruirla. Por suerte, todo lo que consiguió fue

fragmentarla en seis secciones, sin llegar a dañar la Sala Principal y lo que en ella se custodiaba.

También cuenta la leyenda que solo los escogidos, con la esencia de los saberes como única arma, podrán derrotar a El Olvido y reconstruir la Biblioteca del Legado, preservando todo el conocimiento necesario que evitará la desaparición de la Humanidad.

Si estás leyendo este episodio, no cabe duda, eres uno de los guardianes del Legado y aquí comienza tu aventura...

¡Saludos! El oráculo te da la bienvenida a la gran misión de este curso.

Te encuentras en la Sección 5 de la Biblioteca del Legado y este libro que tienes en tus manos forma parte de ese Legado que, desde hoy, deberás custodiar y proteger.

Presta atención a las indicaciones que te ayudarán a resolver la misión con éxito.

¿Qué harás para poner a salvo la Sección 5 de la Biblioteca?

1. Reconquistar la Tierra. El Legado te ayudará a conseguirlo.

2. Convertirte en colonizador para resolver las tareas y retos.

3. Esquivar a los saboteadores, que intentarán distraerte de tu misión.

4. Acumular créditos espaciales, que conseguirás como recompensa por diferentes acciones.

ESCÁNER DEL OLVIDO

Saludos, guardianes.

Antes de emprender la aventura de este curso, deberéis pasar por el escáner del Olvido para comprobar que estáis custodiando adecuadamente el legado que recibisteis el curso pasado. Vuestro guía os dará las indicaciones necesarias para esta prueba.

Numeración

1 ¿A cuántas unidades equivale la cifra coloreada de naranja? Escribe en tu cuaderno.

- 97 012
- 408 535
- 2 473 715

2 ¿Cómo se leen estos números? Escribe en tu cuaderno.

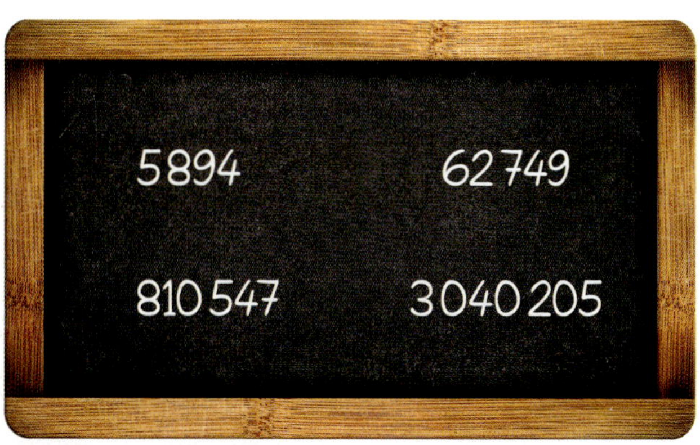

3 Escribe en tu cuaderno los números ordinales inmediatamente anterior y el posterior a estos.

- Décimo
- Vigésimo
- Vigésimo quinto

4 Ordena estos números de mayor a menor.

24 558	24 508	24 585
24 058	24 580	24 085

5 Copia en tu cuaderno y une con flechas.

7 DM	80 UM	40 000 U
8 DM	50 UM	70 000 U
4 DM	70 UM	50 000 U
5 DM	40 UM	80 000 U

Operaciones

1 Une en tu cuaderno cada grupo de términos con su operación.

Minuendo, sustraendo y diferencia	Suma
Sumandos y suma	Multiplicación
Factores y producto	División
Dividendo, divisor, cociente y resto	Resta

2 Observa la propiedad fundamental de la división escrita en la pizarra. Después, indica en las siguientes expresiones los términos de cada división, y averigua el número que falta en cada caso.

- $852 = 23 \times 37 + \text{resto}$
- $\text{Dividendo} = 6 \times 58 + 1$
- $651 = 6 \times 108 + \text{resto}$
- $\text{Dividendo} = 79 \times 801 + 5$

3 Averigua los signos que faltan en las siguientes igualdades.

- $593 \times 27 = 27 \bigcirc 593$
- $32 \times (8 + 15) = (32 \times 8) \bigcirc (32 \times 15)$
- $9 \times (12 \times 8) = (9 \bigcirc 12) \bigcirc 8$

4 Calcula estas operaciones en tu cuaderno.

- $500 - 10$
- $625 - 100$
- 500×10
- 850×100

5 Ángel ha comprado 3 libros a 25 € cada uno. Si ha pagado con dos billetes de 50 €, ¿cuánto dinero le devolverán?

6 Alejandro ha hecho 140 fotos y su hermano Daniel ha hecho 50 fotos más que él. ¿Cuántas fotos han hecho entre los dos?

7 En un campamento de verano se reparten 185 niños en habitaciones con tres literas como esta. ¿Cuántas habitaciones ocuparán si duerme un niño en cada cama?

ESCÁNER DEL OLVIDO

Fracciones

1 Escribe en tu cuaderno la fracción que representa la parte coloreada en cada una de estas figuras.

A
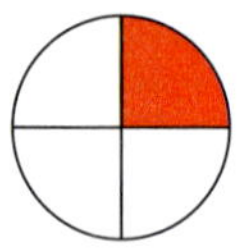
D
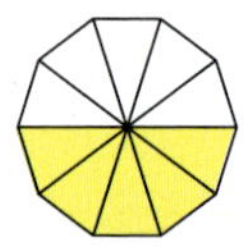
G
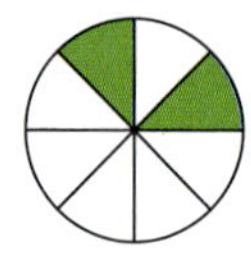
B

E

H
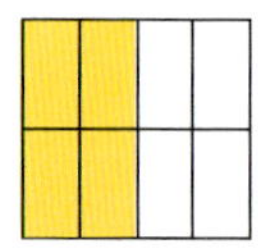
C
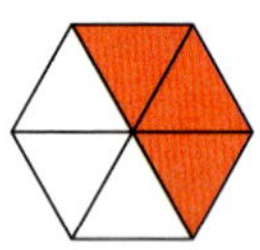
F

I
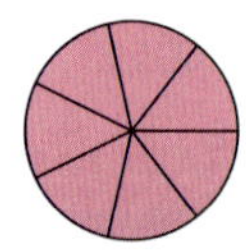

2 Representa gráficamente en tu cuaderno las siguientes fracciones.

- $\frac{4}{9}$
- $\frac{6}{8}$
- $\frac{3}{7}$
- $\frac{1}{9}$
- $\frac{5}{5}$
- $\frac{3}{8}$
- $\frac{2}{2}$
- $\frac{2}{4}$

3 Identifica si las siguientes fracciones son menores, iguales o mayores que la unidad.

$\frac{1}{7}$	$\frac{15}{7}$	$\frac{3}{7}$	$\frac{7}{7}$	$\frac{16}{7}$

$\frac{2}{8}$	$\frac{12}{6}$	$\frac{2}{9}$	$\frac{10}{4}$	$\frac{2}{11}$

4 Indica cuáles de estas fracciones son propias y cuáles son impropias.

- $\frac{3}{6}$
- $\frac{15}{8}$
- $\frac{10}{4}$
- $\frac{2}{7}$

5 Observa el ejemplo y expresa estas fracciones con forma de número mixto.

$$\frac{5}{4} = \frac{4}{4} + \frac{1}{4} = 1\,\frac{1}{4}$$

- $\frac{7}{5}$
- $\frac{9}{7}$
- $\frac{4}{3}$
- $\frac{8}{6}$

Números decimales

1 Observa los precios de cada objeto. ¿Qué cantidad, expresada en céntimos, corresponde a cada uno? Copia y une según corresponda en tu cuaderno.

5,85 €

3,50 €

15,05 €

24,15 €

- 1 505 cts.
- 2 415 cts.
- 585 cts.
- 350 cts.

2 Completa en tu cuaderno.

- 457 cts. = ... € y ..... cts.
- 150 cts. = ... € y ..... cts.
- ..... cts. = 10 € y 37 cts.
- 2 ..... cts. = ... € y 45 cts.

3 Ordena de mayor a menor las siguientes cantidades de euros.

7,63 € | 15,05 € | 15,50 € | 0,56 € | 63,70 € | 50,56 €

4 Escribe en tu cuaderno cómo se leen estas cantidades de euro.

- 6,25 €
- 89,05 €
- 325,15 €
- 25,52 €
- 45,10 €
- 247,20 €
- 30,05 €
- 10,03 €

LA HORA DE TODOS

Los números siempre han sido importantes para los habitantes de la Tierra. Para resolver el primer reto del curso, necesitáis conocer su historia y sus particularidades. ¡Empezad!

Historia de los números

La ONG Matemáticas Sin Fronteras está preparando un proyecto para acercar las matemáticas a todo el mundo. Para ello, está pidiendo a distintos grupos su colaboración. A nosotros nos ha propuesto organizar una exposición sobre la historia de los números. ¡Aceptamos el reto!

¿Qué tipos de números conocéis?

¿A lo largo de la historia se han escrito siempre igual?

¿Siempre ha existido el número 0?

¿Qué información sería útil en la exposición?

Para investigar

Podéis obtener información útil para este reto:

- En la unidad 1, página 16.
- En la unidad 1, página 20.

16 UNIDAD 1

Números de más de siete cifras

- En el sistema de numeración decimal, el valor de cada cifra en un número depende de la posición que ocupe.

CMM	DMM	UMM	CM	DM	UM	C	D	U
	1	0	0	0	0	0	0	0
1	0	0	0	0	0	0	0	0

× 10 × 10 × 10 × 10 × 10 × 10 × 10 × 10

: 10 : 10 : 10 : 10 : 10 : 10 : 10 : 10

1 decena de millón = 10 000 000 unidades

1 DMM = 10 UMM = 10 000 000 U

10 000 000 se lee *diez millones*.

1 centena de millón = 100 000 000 unidades

1 CMM = 100 UMM = 100 000 000 U

100 000 000 se lee *cien millones*.

100 000 000 U = 100 UMM = 10 DMM = 1 CMM

- Descomposición de un número en unidades:

CMM	DMM	UMM	CM	DM	UM	C	D	U
3	2	0	5	3	7	8	9	0

320 537 890
→ 3 CMM + 2 DMM + 5 CM + 3 DM + 7 UM + 8 C + 9 D
→ 300 000 000 + 20 000 000 + 500 000 + 30 000 + 7 000 + 800 + 90
→ 3 × 100000000 + 2 × 10000000 + 5 × 100000 + 3 × 10000 + 7 × 1000 + 8 × 100 + 9 × 10

- Lectura y escritura de números:

320 537 890

Trescientos veinte millones | quinientos treinta y siete mil ochocientos noventa

1 Copia y completa en tu cuaderno.

- 10 DMM = ... UMM = ... U
- 7 CMM = ... UMM = ... U
- 30 DMM = ... UMM = ... U
- 500 UMM = ... DMM = ... CMM
- 260 000 U = ... D = ... C
- 7 000 CM = ... UMM = ... DMM

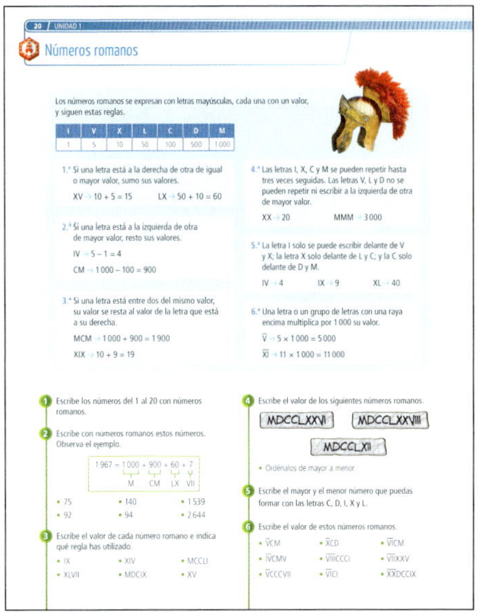

20 UNIDAD 1

Números romanos

Los números romanos se expresan con letras mayúsculas, cada una con un valor, y siguen estas reglas.

I	V	X	L	C	D	M
1	5	10	50	100	500	1 000

1.ª Si una letra está a la derecha de otra de igual o mayor valor, sumo sus valores.
XV → 10 + 5 = 15   LX → 50 + 10 = 60

2.ª Si una letra está a la izquierda de otra de mayor valor, resto sus valores.
IV → 5 − 1 = 4
CM → 1 000 − 100 = 900

3.ª Si una letra está entre dos del mismo valor, su valor se resta al valor de la letra que está a su derecha.
MCM → 1 000 + 900 = 1 900
XIX → 10 + 9 = 19

4.ª Las letras I, X, C y M se pueden repetir hasta tres veces seguidas. Las letras V, L y D no se pueden repetir ni escribir a la izquierda de otra de mayor valor.
XX → 20   MMM → 3 000

5.ª La letra I solo se puede escribir delante de V y X; la letra X solo delante de L y C; y la C solo delante de D y M.
IV → 4   IX → 9   XL → 40

6.ª Una letra o un grupo de letras con una raya encima multiplica por 1 000 su valor.
$\overline{V}$ → 5 × 1 000 = 5 000
$\overline{XI}$ → 11 × 1 000 = 11 000

1 Escribe los números del 1 al 20 con números romanos.

2 Escribe con números romanos estos números. Observa el ejemplo.

1 967 = 1 000 + 900 + 60 + 7
M CM LX VII

- 75
- 92
- 140
- 94
- 1 539
- 2 644

3 Escribe el valor de cada número romano e indica qué regla has utilizado.

- IX
- XLVII
- XIV
- MDCIX
- MCCLI
- XV

4 Escribe el valor de los siguientes números romanos.

MDCCLXXVI   MDCCLXXVIII   MDCCLXII

- Ordénalos de mayor a menor.

5 Escribe el mayor y el menor número que puedas formar con las letras C, D, I, X y L.

6 Escribe el valor de estos números romanos.

- $\overline{V}$CM
- $\overline{IV}$CMV
- $\overline{V}$CCCVII
- $\overline{X}$CD
- $\overline{VIII}$CCCI
- $\overline{VI}$CI
- $\overline{VI}$CM
- $\overline{VII}$XXV
- $\overline{XX}$DCCIX

- En páginas de Internet sobre la historia de los números.
- Preguntando a vuestro profesor de Matemáticas o de Ciencias Sociales.
- En la biblioteca del colegio.

Para presentar

Podéis elaborar alguno de estos productos para presentar el resultado de vuestro trabajo:

- Una presentación oral.
- Un reportaje de todo el proceso de elaboración de la exposición.

1 NÚMEROS

La hora a la que te levantas, el tiempo que estás en el colegio, el precio de tu bolígrafo, el año en que vives… todo se expresa con números. ¿Dónde más los puedes encontrar?

¡Bienvenidos!

Ya sabéis la importancia que siempre han tenido los números para los habitantes de la Tierra. Están por todas partes. ¡Descubridlos!

¿Cómo explicarías las diferencias que hay entre el número 42 y el número 24?

¿Por qué crees que es necesario conservar el patrimonio?

Números de más de siete cifras

- En el **sistema de numeración decimal,** el valor de cada cifra en un número depende de la posición que ocupe.

× 10 · : 10

CMM	DMM	UMM	CM	DM	UM	C	D	U
	1	0	0	0	0	0	0	0
1	0	0	0	0	0	0	0	0

1 decena de millón = 10 000 000 unidades

1 **DMM** = 10 **UMM** = 10 000 000 **U**

10 000 000 se lee *diez millones.*

1 centena de millón = 100 000 000 unidades

1 **CMM** = 100 **UMM** = 100 000 000 **U**

100 000 000 se lee *cien millones.*

100 000 000 **U** = 100 **UMM** = 10 **DMM** = 1 **CMM**

- Descomposición de un número en unidades:

CMM	DMM	UMM	CM	DM	UM	C	D	U
3	2	0	5	3	7	8	9	0

320 537 890 →
- 3 **CMM** + 2 **DMM** + 5 **CM** + 3 **DM** + 7 **UM** + 8 **C** + 9 **D**
- 300 000 000 + 20 000 000 + 500 000 + 30 000 + 7 000 + 800 + 90
- 3 × 100000000 + 2 × 10000000 + 5 × 100000 + 3 × 10000 + 7 × 1 000 + 8 × 100 + 9 × 10

- Lectura y escritura de números:

320	537 890
Trescientos veinte **millones**	quinientos treinta y siete mil ochocientos noventa

1 Copia y completa en tu cuaderno.

- 10 DMM = ... UMM = ... U
- 7 CMM = ... UMM = ... U
- 30 DMM = ... UMM = ... U
- 500 UMM = ... DMM = ... CMM
- 260 000 U = ... D = ... C
- 7 000 CM = ... UMM = ... DMM

2 ¿A cuántas unidades equivale la cifra coloreada de naranja en cada número?

- 23 808 347
- 15 736 002
- 546 870
- 845 786
- 97 806 302
- 24 809 325

3 ¿Cómo se leen estos números? Escribe en tu cuaderno.

345 687 025 | 101 101 011 | 24 503 008

4 Escribe con cifras estos números.

- Ciento un millones mil diez
- Doscientos ocho mil cuatrocientos treinta y dos
- Ochenta y dos millones quinientos mil tres

5 Descompón en unidades los siguientes números.

- 506 037 207
- 210 756 034
- 406 897 003
- 650 891 801
- 50 309 202
- 290 563 007

6 Escribe el mayor y el menor número que puedas formar con todas estas cifras: 4, 1, 8, 2, 6, 3, 5, 9 y 0.

7 Copia y completa en tu cuaderno. Después, escribe cómo se leen los números que han resultado.

- 3 CMM + 2 UMM + 7 CM + 1 DM + 4 U = ... U
- 7 CMM + 5 UMM + 3 UM + 5 C + 2 D + 6 U = ... U
- 8 CMM + 6 CM + 4 DM + 2 C + 1 U = ... U
- 5 CMM + 6 CM + 7 DM + 11 UM + 7 D + 8 U = ... U

8 ¿Qué patrón siguen estas series?

103, 105, 107, 109, ..., ...

87, 77, 67, 57, 47, 37, ..., ...

91, 191, 291, 391, 491, ..., ...

665, 615, 565, 515, ..., ...

- Escribe en tu cuaderno dos números que las continúen.
- Construye otras series que sigan el mismo patrón que las anteriores.

9 Mateo ha conseguido 127 765 puntos en un juego que ha descargado en su tableta. Para pasar al siguiente nivel necesita tres centenas de millar y cuatro unidades de millar más. ¿Cuántos puntos le faltan a Mateo para pasar al siguiente nivel?

10 Escribe cómo se leen estos números ordinales e indica cuál es el inmediatamente anterior y cuál el inmediatamente posterior a cada uno.

- 10.º
- 15.º
- 27.º
- 34.º

CÁLCULO

11 Calcula mentalmente.

- 152 + 40
- 2 565 + 30
- 5 383 – 60
- 71 019 + 70
- 390 – 50
- 62 694 – 90

12 Prepara papel y lápiz y calcula.

- 237 971 + 67 415
- 940 205 – 67 121
- 63 797 + 734 923
- 279 471 906 + 254 022 479
- 806 723 – 35 874
- 517 836 – 45 805

Recuerda

436 + 20 = 456

436 – 20 = 416

Comparación de números

Para reforestar una zona castigada por el fuego, en una primera fase se han plantado 85 368 178 árboles, y en una segunda fase, 85 315 567. ¿En qué fase se han plantado más árboles?

- Si dos números tienen la misma cantidad de cifras, se comparan cifra a cifra empezando por la izquierda.

DMM	UMM	CM	DM	UM	C	D	U
8	5	3	6	8	1	7	8
8	5	3	1	5	5	6	7

6 > 1

85 368 178 > 85 315 567

- Si un número tiene más cifras que otro, es el mayor de los dos.

257 345 178 tiene 9 cifras
3 712 367 tiene 7 cifras
→ 257 345 178 > 3 712 367

1 Compara estos números utilizando los signos <, = o >.

- 2 236 908 y 2 187 302
- 742 660 y 746 829
- 125 325 093 y 125 508 431
- 247 365 101 y 247 365 011

Recuerda

El mayor de dos números naturales es el que se representa más a la derecha en la recta numérica.

4 653 < 4 655

4 652 — 4 653 — 4 654 — 4 655 — 4 656

2 Andrea e Irene comentan la cantidad de alimentos recogidos por sus colegios para la campaña solidaria «Por ellos». Andrea dice que en su centro se han recogido 861 897 kg de alimentos e Irene dice que en el suyo se han recogido ochocientos sesenta y un mil ochocientos noventa kilogramos. ¿Qué centro ha recogido más alimentos?

¿Qué opinas de las campañas de solidaridad?

3 En un periódico local se anuncia la venta de casas. A Patricia le gustan estas dos. Si finalmente compra la casa más cara, ¿cuál es la elegida por Patricia?

Calle: Mendoza, n.º 25
300 m², 3 habitaciones, 3 baños
Precio: 367 980 €

Calle: Buenavista, n.º 6
500 m², 5 habitaciones, 4 baños
Precio: 387 980 €

Aproximación de números

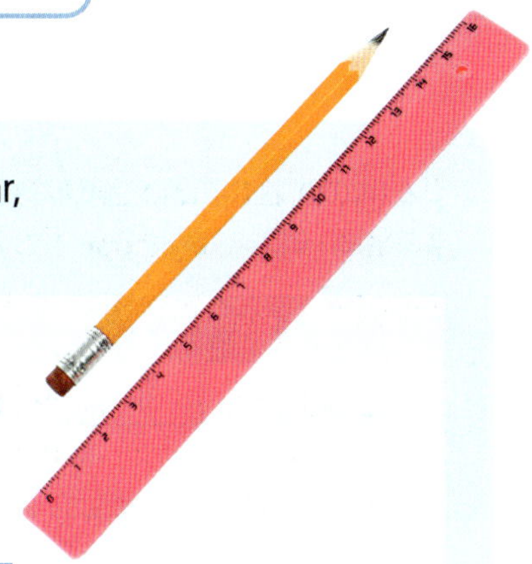

- Para aproximar un número de cuatro cifras a los millares o a las unidades de millar, veo entre qué unidades de millar se encuentra y tomo la más cercana.

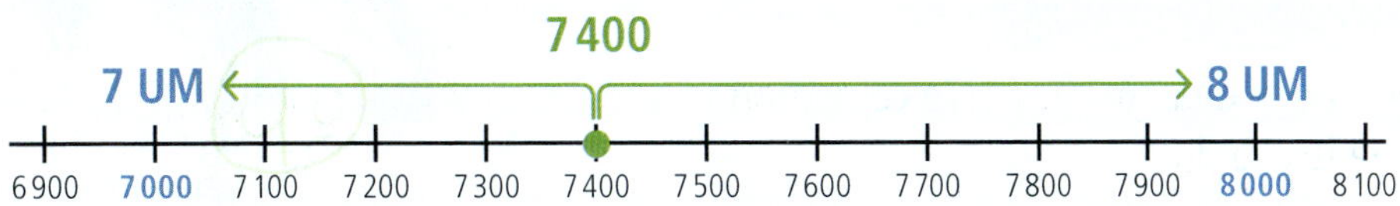

El número 7 400 está entre **7 000** y **8 000.** La unidad de millar más próxima es **7.**

7 400 – 7 000 = 400
8 000 – 7 400 = 600

→ Como 600 > 400, el número más próximo a 7 400 es 7 000.

- Para aproximar un número de cuatro cifras a las centenas, veo entre qué centenas se encuentra y tomo la más cercana.

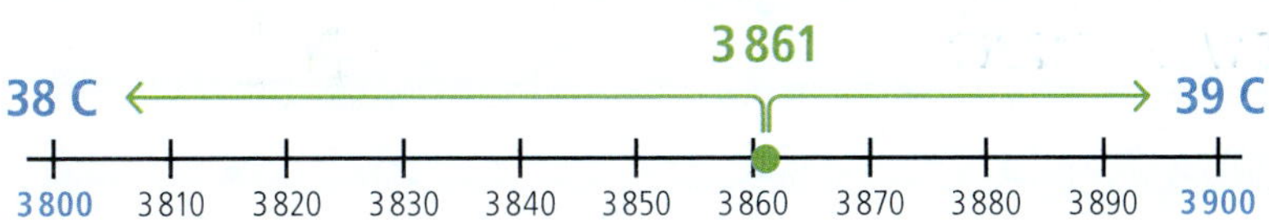

El número 3 861 está entre **3 800** y **3 900.** La centena más próxima es **39.**

3 861 – 3 800 = 61
3 900 – 3 861 = 39

→ Como 61 > 39, el número más próximo a 3 861 es 3 900.

1 Dibuja en tu cuaderno una recta numérica y representa los números 623, 3 212, 1 247 y 2 557. ¿Cuál es el millar más próximo a cada uno?

2 Observa el ejemplo y completa esta tabla en tu cuaderno.

Número	7 200	5 340	86 571	99 985
Está entre	7 000 y 8 000			
Número más próximo	7 000			

LÓGICA

3 Pablo, Laura, Irene, Álvaro y Rodrigo comieron sándwiches en una fiesta de cumpleaños. Laura comió menos que Irene, Álvaro comió más que Rodrigo, pero menos que Pablo, y Rodrigo comió más que Irene. ¿Quién comió menor cantidad de sándwiches? Ordénalos de menor a mayor y explica los pasos que has seguido para resolver el problema.

Números romanos

Los números romanos se expresan con letras mayúsculas, cada una con un valor, y siguen estas reglas.

I	V	X	L	C	D	M
1	5	10	50	100	500	1 000

1.ª Si una letra está a la derecha de otra de igual o mayor valor, sumo sus valores.

XV → 10 + 5 = 15   LX → 50 + 10 = 60

2.ª Si una letra está a la izquierda de otra de mayor valor, resto sus valores.

IV → 5 – 1 = 4

CM → 1 000 – 100 = 900

3.ª Si una letra está entre dos del mismo valor, su valor se resta al valor de la letra que está a su derecha.

MCM → 1 000 + 900 = 1 900

XIX → 10 + 9 = 19

4.ª Las letras I, X, C y M se pueden repetir hasta tres veces seguidas. Las letras V, L y D no se pueden repetir ni escribir a la izquierda de otra de mayor valor.

XX → 20   MMM → 3 000

5.ª La letra I solo se puede escribir delante de V y X; la letra X solo delante de L y C; y la C solo delante de D y M.

IV → 4   IX → 9   XL → 40

6.ª Una letra o un grupo de letras con una raya encima multiplica por 1 000 su valor.

$\overline{V}$ → 5 × 1 000 = 5 000

$\overline{XI}$ → 11 × 1 000 = 11 000

1 Escribe los números del 1 al 20 con números romanos.

2 Escribe con números romanos estos números. Observa el ejemplo.

1 967 = 1 000 + 900 + 60 + 7
M   CM   LX   VII

- 75
- 140
- 1 539
- 92
- 94
- 2 644

3 Escribe el valor de cada número romano e indica qué regla has utilizado.

- IX
- XIV
- MCCLI
- XLVII
- MDCIX
- XV

4 Escribe el valor de los siguientes números romanos.

MDCCLXXVI   MDCCLXXVIII

MDCCLXII

- Ordénalos de mayor a menor.

5 Escribe el mayor y el menor número que puedas formar con las letras C, D, I, X y L.

100, 500, 1, 10 y 50

6 Escribe el valor de estos números romanos.

- $\overline{V}$CM
- $\overline{X}$CD
- $\overline{VI}$CM
- $\overline{IV}$CMV
- $\overline{VIII}$CCCI
- $\overline{VII}$XXV
- $\overline{V}$CCCVII
- $\overline{VI}$CI
- $\overline{XX}$DCCIX

7 ¿Qué libro tiene el número 31 con números romanos?

A

B

C

8 Continúa estas series en tu cuaderno.

- Suma 10 a cada número.

  CLXIII - CLXXIII - ..... - ..... - ..... - ..... - ..... - ..... - ..... - CCLIII

- Resta 5 a cada número.

  XCIX - XCIV - ..... - ..... - ..... - ..... - ..... - ..... - ..... - LIV

9 Desde 1950 se encuentra en la Puerta del Sol el kilómetro 0. ¿Podrías calcular cuántos años hace que se inauguró el kilómetro 0 en el lugar actual? ¿En qué siglo fue colocado?

10 Escribe en tu cuaderno el siglo de los siguientes sucesos.

- El euro se empezó a utilizar en España en el año 2002.
- La actual Constitución española se escribió en el año 1978.
- El Quijote se publicó en el año 1615
- El Imperio Romano de Occidente cayó en el año 476.
- El rey Carlos II, el último de los Austrias, murió en el año 1700.

11 Juega con tu compañero a encontrar el error. Escribe tres números romanos y su valor, uno de ellos ha de ser erróneo. Tu compañero tendrá que averiguar cuál es el número romano que está mal escrito.

12 Inventa una canción para recordar las reglas de composición de los números romanos.

Amplía

Para escribir los siglos con números romanos hay que fijarse si el año acaba en dos ceros o no.

- Año **19**31, no acaba en dos ceros:

  19 + 1 = 20 ⟶ siglo XX

- Año **20**00, acaba en dos ceros:

  20 ⟶ siglo XX

CÁLCULO

13 Calcula estas operaciones mentalmente.

- 372 + 200
- 6 835 – 700
- 543 – 400
- 26 123 + 600
- 2 190 + 500
- 38 901 – 800

14 Prepara papel y lápiz y calcula.

- 43 301 – 1 023
- 179 167 + 98 655
- 940 204 + 9 609
- 232 032 + 235 983
- 5 744 530 – 2 350 314
- 2 003 090 – 2 001 428

Recuerda

658 + 300 = 958

658 300 = 358

¡NO HAY PROBLEMA!

Resolver un problema siguiendo unos pasos

Bárbara está jugando a un videojuego llamado «Protege las células». En el primer ataque ha eliminado 13 475 bacterias y en el segundo, 12 473 bacterias. Si para pasar a la pantalla de los virus necesita eliminar un total de 53 251 bacterias, ¿cuántas bacterias le faltan por eliminar?

Para resolver el problema puedo seguir estos pasos:

- Leo y comprendo el enunciado.
- Identifico la pregunta.

  ¿Cuántas bacterias le faltan por eliminar?

- Planifico una estrategia y resuelvo.

Bacterias que ha eliminado → 13 475 en el primer ataque; → 12 473 en el segundo ataque → 13 475 + 12 473 = 25 948

Bacterias que necesita eliminar → 53 251 bacterias

53 251 – 25 948 = 27 303

- Le faltan por eliminar 27 303 bacterias.

¿Podrías resolver el problema sin calcular el número total de bacterias eliminadas? ¿Por qué?

1. Naomi tiene 237 libros en su librería. De ellos, 43 son cómics, 121 son novelas de aventura, 25 son novelas de misterio y el resto, libros de poesía. ¿Cuántos libros de poesía tiene?

2. Al polideportivo donde Lorenzo juega al fútbol acudieron 11 025 personas durante el sábado y 6 409 durante el domingo. Si durante el fin de semana acudieron 934 personas más que durante el resto de la semana, ¿cuántas personas fueron al polideportivo de lunes a domingo?

3. En el colegio de Íñigo hay 347 alumnos de Infantil y 603 de Primaria. Si hay un total de 1 292 alumnos en el colegio, ¿cuántos alumnos son de Secundaria?

4 Este fin de semana hay un festival de música en la ciudad donde vive María. Las entradas se pusieron a la venta por Internet hace un mes: la primera semana se vendieron 14 985 entradas; la segunda, 18 983; la tercera, 11 045, y la última, 23 890.

- ¿Qué cantidad de entradas se vendieron aproximadamente cada semana?
- Si el aforo del recinto es de 75 000 personas, ¿qué cantidad de entradas se venderán en la taquilla durante el festival?
- ¿Cuántas entradas más se han vendido la cuarta semana que la tercera?
- Si el precio de la entrada por Internet es de 10 €, ¿cuánto dinero se ha recaudado con la venta por Internet?

5 En uno de los museos de la ciudad donde vive Raquel hay una colección de 2 345 cuadros. El año pasado vendieron 127 a coleccionistas privados y 347 a otros museos. ¿Cuántos cuadros quedan en la colección de este año si se han vendido 314 cuadros a otros museos?

6 El sábado pasado el primo de Alberto participó en una carrera solidaria. La carrera era de 10 000 m, de los cuales 2 200 m los realizó en *sprint*, 550 m andando y el resto corriendo a ritmo medio. ¿Cuántos metros corrió a ritmo medio?

7 El viaje a Nueva York que Virginia regaló a sus tíos por su boda tuvo un coste de 2 143 € por persona. El precio del vuelo fue de 870 € por adulto, y el resto fue lo que costaron el alojamiento y las excursiones contratadas. ¿Cuánto costaron el alojamiento y las excursiones que les contrató?

♥ ¿En qué ocasiones haces regalos?

8 Almudena a comprado 5 pasajes de avión por Internet. Si cada uno cuesta 567 € y el coste total por la gestión es de 25 €, ¿cuánto ha pagado Almudena en total?

CÁLCULO MENTAL

Sumar millares exactos a números de cuatro o cinco cifras.

1 245 + 1 000 = 2 245 22 857 + 2 000 = 24 857

1 Calcula mentalmente estas sumas.

- 2 690 + 3 000
- 3 901 + 5 000
- 41 876 + 8 000

Elabora una estrategia para calcular estas operaciones y comprueba el resultado con la calculadora.

4 630 – 1 000 57 098 – 2 000

2 Calcula mentalmente estas restas.

- 5 564 – 3 000
- 8 056 – 5 000
- 98 307 – 6 000

AHORA INTÉNTALO TÚ

3 Encuentra el 147 operando con los siguientes números.

10 7 2 11 4

Solo puedes utilizar cada número una vez.

MANOS A LAS MATES

Números de hasta 7 cifras

¿Qué necesitamos?

8 vasos de plástico

Rotuladores

Construimos

1. Con un rotulador morado, escribe los números del 0 al 9 en el borde de uno de los vasos. Escríbelos más o menos a la misma distancia, ocupando el borde entero, como se muestra en el dibujo.

2. Coge un segundo vaso y mételo dentro del que ya tiene números. Escribe los números del 0 al 9 en el borde con un rotulador verde oscuro, alineados con los números escritos en el primer vaso.

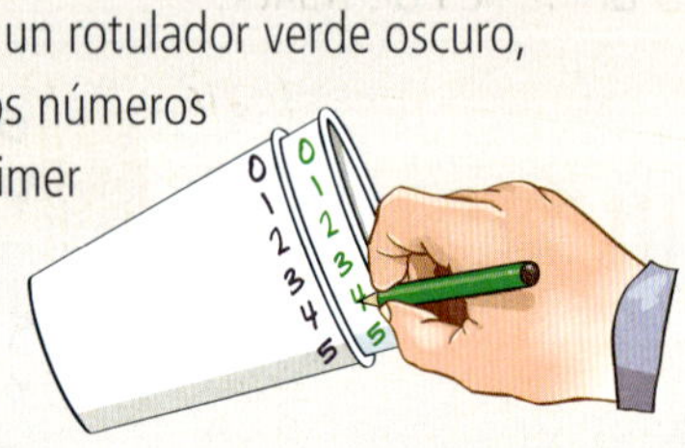

3. Repite el paso anterior con cinco vasos más y escribe los números del 0 al 9 en color marrón, azul oscuro, verde claro, rojo y azul claro, respectivamente.

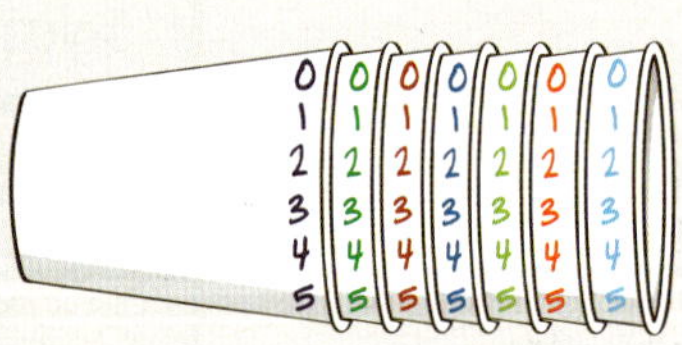

4. Coge un vaso más y dibuja una flecha que apunte hacia el borde, tal y como se muestra en el dibujo.

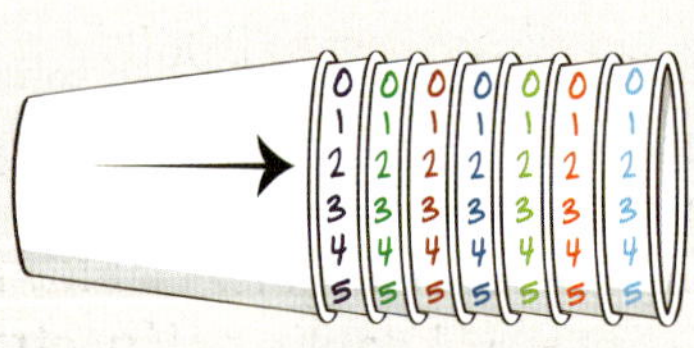

1. ¿Qué crees que representan los números que hay escritos en cada uno de los vasos?

2. Al girar los vasos cambian los números. ¿Dónde tienes que fijarte para leer el número representado?

3. Si representas el número 9 587 754, ¿a cuántas unidades equivale la cifra 8?

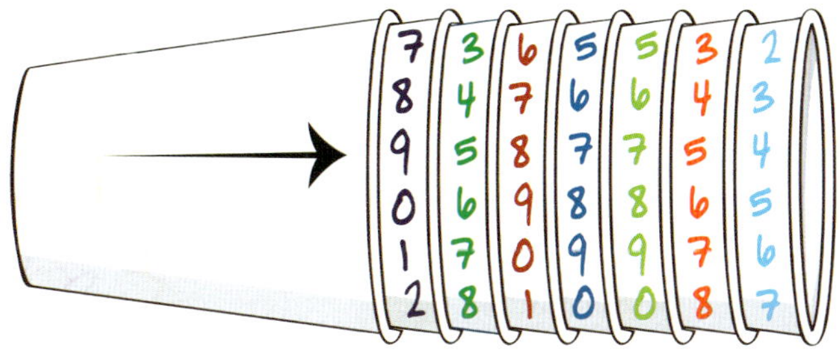

- Representa un número que tenga tres 5 y pídele a tu compañero que te diga a cuántas unidades equivale cada 5 dependiendo de la posición que ocupa.

4. Por parejas, representad cada uno un número. ¿Cuál es el más pequeño de los dos números que habéis representado?

5. ¿Cuál es el número más grande que podéis representar con los vasos? ¿Y el más pequeño?

6. Representa el número 7 247 547. Para sumar 2 000 tienes que girar el vaso de las unidades de millar.

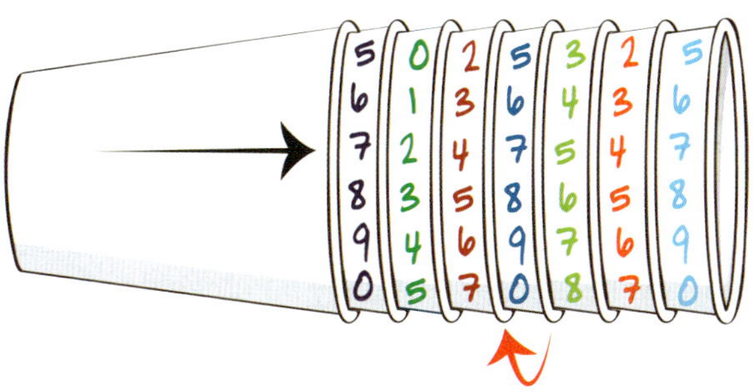

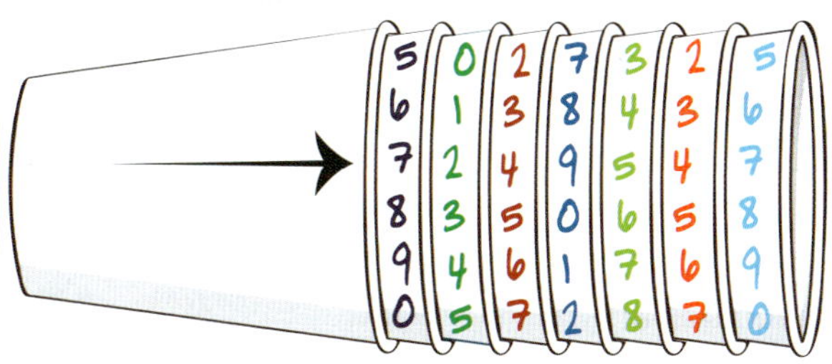

- Representa un número cualquiera en tus vasos y realiza estas operaciones:
  - primero suma 200,
  - luego suma 2 000
  - y por último resta 20 000.

7. En grupo, representad el número 341 278. Uno de vosotros dice en voz alta un número cualquiera indicando si se suma o se resta al número representado. A continuación, otro de vosotros dice en voz alta otro número indicando la operación que se realizará sobre el resultado obtenido anteriormente. Así hasta completar diez operaciones.

¡INOLVIDABLE!

1 ¿A cuántas unidades equivale la cifra 6 coloreada de naranja en cada caso?

65**6** 060 006   **6**56 060 006   656 0**6**0 006

2 Escribe en tu cuaderno cómo se leen estos números.

869 025	987 654	61 418
23 645 034	30 063 027	205 836 031

- ¿Cuál es el mayor? ¿Y el menor?

3 Relaciona en tu cuaderno cada número romano con su valor.

MDCCXI	703
DCCIII	1 241
MCCXLI	1 711
$\overline{XX}$XIX	20 019

4 Completa en tu cuaderno con los términos que faltan.

- 840 701 = 8 ..... + ... DM + 7 ..... + 1 .....
- 8 305 003 = ... UMM + ... CM + ... UM + ... U
- 72 875 304 = 72 ..... + 875 ..... + 304 .....
- 300 050 027 = ... CMM + ... DM + 27 .....

5 El código postal de la casa de María es el 28 702, y el de su amiga Victoria tiene 1 C y 6 D más y 2 U menos. ¿Cuál es el código postal de la casa de Victoria?

6 Une en tu cuaderno cada número con su representación en la recta numérica.

2 420   2 050   2 869

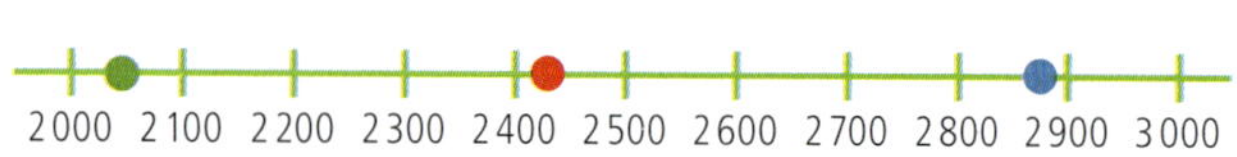

- ¿Cuál es el mayor?

7 ¿Qué número continúa en las siguientes series? Escribe en tu cuaderno.

409, 399, 389, 379, 369, ...

250, 225, 200, 175, 150, ...

8 Completa esta tabla en tu cuaderno.

	Decena más próxima	Centena más próxima	Millar más próximo
43 497			
74 656			
96 101			

9 Escribe los tres números de siete cifras mayores que puedas formar en cada caso.

5, 0, 3, 4, 8, 6, 2	6, 7, 1, 9, 2, 4, 3, 8
8, 1, 5, 0, 2, 3, 7	9, 2, 4, 5, 1, 0, 8

10 Inés quiere averiguar qué número se esconde tras las pistas. ¿Cuál es?

- La suma de sus cuatro cifras es 12.
- La cifra de las centenas es 7.
- Las cifras de las unidades y las decenas son iguales.
- La cifra de los millares es mayor que la de las unidades.

11 Jaime ha hecho una yincana y ha obtenido en la primera prueba 145 puntos, en la segunda solo ha conseguido 26 y en la tercera y última prueba, 89. ¿Cuántos puntos ha obtenido Jaime en la yincana?

12 Calcula mentalmente estas operaciones.

- 2 105 + 3 000
- 16 879 + 2 000
- 30 500 + 5 000
- 9 764 – 4 000
- 28 140 – 8 000
- 53 820 – 3 000

13 Ayer por la tarde fuiste al dentista y en la sala de espera encontraste varias revistas científicas. Al hojearlas, esta noticia te llamó la atención.

¿Cuántas especies viven en los océanos?

Durante años han sido muchos los biólogos que han intentado ofrecer una cantidad aproximada utilizando diversos métodos. Los resultados obtenidos variaban entre las 320 000 y las 760 000 especies.

Un equipo internacional de científicos ha publicado recientemente un estudio en el que se estima que hay entre 704 000 y 972 000 especies.

Aunque, según sus autores, el censo es el más preciso hasta el momento, en realidad solo han sido identificadas por los expertos una tercera parte de las especies que viven en los océanos, es decir, unas 230 000 especies conocidas. De ellas, la mayor parte pertenecen al reino animal, unas 200 000, y el resto a plantas y organismos microscópicos, como hongos, líquenes, etcétera.

A Conoces muchas cosas acerca de los seres vivos marinos, pero al leer la noticia te surgen las siguientes dudas. Contéstalas en tu cuaderno.

1. ¿Han podido entonces averiguar los científicos cuántas especies distintas viven en los océanos?
2. ¿Cuántas especies marinas han sido catalogadas y descritas por los expertos hasta el momento?

B ¿Sabrías expresar con letra las seis cantidades que aparecen en el texto del artículo? Escríbelas en tu cuaderno.

C Sigues sin hacerte una idea clara de los datos que se dan de las especies marinas y decides organizarlos para entender mejor la noticia. ¿Cómo lo harías? Elige una de estas opciones y hazlo en tu cuaderno.

Esquema | Tabla | Dibujo | Gráfico

D ¿Conoces alguna revista científica? Investiga y escribe en tu cuaderno el nombre de cuatro de ellas y sobre qué trata cada una.

14 Realiza un esquema con todo lo que has aprendido en esta unidad.

2 OPERACIONES

Con los números se pueden hacer operaciones de suma, resta, multiplicación y división. ¿Cómo resolverías mentalmente estas operaciones?

57 + 199

547 – 399

La misión que os ocupa os exigirá el dominio de las operaciones numéricas. ¡Concentraos y no perdáis la cuenta!

¿Por qué es bueno compartir?

¿Están bien hechas estas operaciones?

Suma y resta. Propiedades

Propiedad conmutativa de la suma

527 348 + 6 809 = 534 157 6 809 + 527 348 = 534 157

Propiedad asociativa de la suma

(13 490 + 4 810) + 61 039 → 18 300 + 61 039 → 79 339

13 490 + (4 810 + 61 039) → 13 490 + 65 849 → 79 339

Propiedad fundamental de la resta

Si sumo o resto un mismo número al minuendo y al sustraendo, el resultado de la resta no varía.

$$\begin{array}{r} 476 \\ -\,152 \\ \hline 324 \end{array} \xrightarrow{+3} \begin{array}{r} 479 \\ -\,155 \\ \hline 324 \end{array} \qquad \begin{array}{r} 476 \\ -\,152 \\ \hline 324 \end{array} \xrightarrow{-3} \begin{array}{r} 473 \\ -\,149 \\ \hline 324 \end{array}$$

1 Utiliza las propiedades de la suma y completa en tu cuaderno. Después, comprueba que el resultado no varía.

- 354 + 21 = ... + 354
- 209 + 3 245 = 3 245 + ...
- 5 074 + 218 = ... + 5 074
- ..... + 3 844 = 3 844 + 12 965
- 5 000 + ... = 3 518 + 5 000
- (26 + 173) + 10 = 26 + (..... + 10)
- 35 + (89 + 260) = (35 + 89) + ...
- (641 + 23) + 8 = ... + (23 + 8)
- 804 + (..... + 39) = (804 + 472) + 39
- 707 + (..... + 52) = (707 + 98) + 52

2 Suma o resta al minuendo y al sustraendo los números indicados y comprueba que el resultado de la resta no varía.

- 2 236 – 525 = 1 711 (+3)
- 4 927 – 2 630 = 2 297 (+8)
- 36 409 – 7 408 = 29 001 (–5)
- 35 692 – 20 849 = 14 843 (–7)
- 9 638 – 5 571 = 4 067 (+12)
- 783 506 – 180 420 = 603 086 (–68)

Amplía

La resta no cumple la propiedad conmutativa.

98 – 61 ≠ 61 – 98

3 Copia en tu cuaderno y une con flechas.

530 + 400	3 430 247	90 + 1 340
1 340 + 90	930	8 902 430 + 5 674 130
2 340 069 + 1 090 178	14 576 560	400 + 530
5 674 130 + 8 902 430	1 430	1 090 178 + 2 340 069

4 Observa el ejemplo y completa en tu cuaderno con los números que faltan.

326 + (11 + 97) = 326 + 108 = 434

- 55 + (33 + 8) = 55 + ... = ...
- (604 + 29) + ... = ... + 317 = 950
- 4 260 + (229 + 140) = ... + ... = ...
- (5 123 + 980) + 35 = ... + ... = ...

5 Averigua el término que falta y completa en tu cuaderno.

- 8 822 + ... = 51 290
- 4 150 – ..... = 3 850
- 73 419 – ..... = 42 762
- 24 745 + ... = 3 242 540
- ..... + 1 165 = 19 187
- ..... – 36 410 = 20 935
- ..... – 30 872 = 27 476
- ..... + 701 843 = 9 841 249

6 Beatriz tiene 12 peces, su hermana Paloma tiene 6 peces más que Beatriz, y su padre, 17 más que Beatriz.

- ¿Cuántos peces tienen Paloma y su padre?
- ¿Y cuántos tienen entre los tres?

7 En una plantación había 4 859 eucaliptos y ahora solo quedan 2 981. El resto se ha talado para fabricar papel. ¿Cuántos eucaliptos se han talado?

♥ ¿Cómo puedes tú cuidar el medioambiente? Pon dos ejemplos.

8 Para el entrenamiento de hoy, María debe recorrer 5 870 m. Si ha corrido 2 750 m hasta una fuente y luego 2 085 m, ¿cuántos metros le faltan para terminar el entrenamiento?

LÓGICA

9 Ramón tiene en su estuche bolígrafos azules, rojos y amarillos. Si todos son azules menos dos, todos son rojos menos dos y todos son amarillos menos dos, ¿cuántos bolígrafos de cada color tiene en su estuche? Resuelve el problema y explica a uno de tus compañeros por qué 3 azules, 3 rojos y 2 amarillos no es una solución correcta.

Multiplicación y sus propiedades

Una leona puede llegar a comer 475 kilogramos de carne en un trimestre. ¿Cuántos kilogramos comerían 136 leonas en un trimestre si cada una de ellas comiese esa cantidad de carne?

Multiplico 475 × 136.

1. Multiplico 475 por 6 y coloco el producto alineando las unidades.

```
 UM C D U
    4 7 5
  × 1 3 (6)
  -------
  2 8 5 0
```

2. Multiplico 475 por 3 y coloco el resultado debajo del anterior dejando un espacio a la derecha.

```
DM UM C D U
       4 7 5
   × 1 (3) 6
   ---------
     2 8 5 0
   1 4 2 5
```

3. Multiplico 475 por 1 y coloco el resultado debajo del anterior dejando un espacio a la derecha.

```
DM UM C D U
       4 7 5
   × (1) 3 6
   ---------
     2 8 5 0
   1 4 2 5
   4 7 5
```

4. Sumo los productos obtenidos.

```
DM UM C D U
       4 7 5
     × 1 3 6
   ---------
     2 8 5 0
   1 4 2 5
   4 7 5
   ---------
   6 4 6 0 0
```

En total comerían 64 600 kilogramos de carne.

- La multiplicación cumple estas propiedades:

Propiedad conmutativa

$25 \times 30 = 30 \times 25$

$750 = 750$

Propiedad asociativa

$(25 \times 30) \times 4 = 25 \times (30 \times 4)$

$750 \times 4 = 25 \times 120$

$3\,000 = 3\,000$

Propiedad distributiva

$25 \times (30 + 4) = 25 \times 30 + 25 \times 4$

$25 \times 34 = 750 + 100$

$850 = 850$

1 Coloca en vertical en tu cuaderno y calcula estas multiplicaciones.

- 654 × 218
- 3 902 × 241
- 973 × 456
- 5 678 × 156

2 Une en tu cuaderno cada operación con su resultado.

429 × 327	442 545
815 × 543	956 769
4 037 × 237	140 283
1 234 × 567	699 678

3 Observa el ejemplo y calcula en tu cuaderno.

```
       3 1 5
     × 4 0 6
   ---------
     1 8 9 0
 1 2 6 0
 -----------
 1 2 7 8 9 0
```

- 763 × 109
- 4 236 × 207
- 862 × 507
- 2 915 × 302

4 Completa en tu cuaderno el factor que falta y calcula el producto. ¿Reconoces alguna propiedad?

- 273 × 308 = ... × 273 = ...
- 580 × 215 = 215 × ..... = ...
- 38 × (24 × .....) = (38 × .....) × 51 = ...
- 1 542 × 593 = ... × 1 542 = ...
- 738 × 905 = 905 × ..... = ...
- (9 × .....) × 75 = 9 × (14 × .....) = ...

5 Expresa en tu cuaderno estas operaciones de otra forma aplicando la propiedad distributiva y calcula.

- 8 × (7 + 4)
- 70 × (39 + 81)
- 153 × (22 + 81)
- 6 × (29 + 3)
- 5 × (10 + 6)
- 641 × (232 + 4)

6 Observa el ejemplo y calcula las operaciones en tu cuaderno.

(29 – 8) × 4 = (29 × 4) – (8 × 4) = 116 – 32 = 84

- (95 – 26) × 7
- (20 – 18) × 63
- (31 – 12) × 3
- (172 – 40) × 78
- (365 – 15) × 29
- (243 – 61) × 208

7 Candela tiene una colección de fichas sobre animales archivadas en 10 álbumes de 100 páginas cada uno. Si en cada página hay 3 fichas de animales, ¿cuántas fichas de animales tiene Candela?

8 El edificio donde vive Enrique tiene 15 plantas y en cada una hay 14 viviendas. Si cada vivienda tiene 6 ventanas y un balcón, ¿cuántas ventanas hay en total en esas viviendas? ¿Cuántos balcones?

9 Un agricultor tiene 300 sacos y cada uno contiene 50 kg de manzanas. Si vende a 30 € cada saco, ¿cuánto dinero sacará por la venta?

10 En el colegio de Andrea y Tomás han comprado sillas nuevas. Para la clase de Andrea han comprado 35 sillas y para la de Tomás, 27. Cada silla ha costado 57 €. ¿Cuánto han costado las sillas de cada clase?

CÁLCULO

11 Calcula estas operaciones mentalmente.

- 1 355 + 1 000
- 31 654 + 2 000
- 2 176 + 3 000
- 84 903 + 5 000
- 5 687 + 4 000
- 46 985 + 6 000

Recuerda

3 875 + 1 000 = 4 875

45 932 + 2 000 = 47 932

12 Prepara papel y lápiz y calcula.

- 234 574 + 220 587
- 120 278 – 12 257
- 178 258 + 674 201
- 256 335 – 147 123

División. Propiedad fundamental de la división

Eduardo se ha comprado un álbum para colocar su colección de fotos de animales. El álbum tiene 102 páginas y colocará la misma cantidad de fotos en cada una. Si tiene 1 305 fotos, ¿cuántas pondrá en cada página?

Divido 1 305 por 102.

1. Divido 130 por 102.

```
1305 | 102
 28    1
```

2. Escribo la siguiente cifra del dividendo.

```
1305 | 102
 285   1
```

3. Divido 285 por 102.

```
1305 | 102
 285   12
  81
```

Eduardo colocará 12 fotos en cada página y le sobrarán 81.

- Para comprobar que una división está bien hecha, verifico que se cumple la **propiedad fundamental de la división,** siendo el resto menor que el divisor.

Dividendo = divisor × cociente + resto → $1\,305 = 102 \times 12 + 81$

resto < divisor → $81 < 102$

Por tanto, la división está bien hecha.

1 Calcula estas divisiones en tu cuaderno y comprueba el resultado.

	Dividendo	Divisor	Cociente	Resto
6 342 : 58				
2 914 : 94				
14 250 : 372				
793 267 : 563				

2 Explica si las divisiones anteriores son exactas o enteras y razona por qué.

3 Calcula en tu cuaderno las siguientes divisiones y comprueba que el resultado es correcto.

- 70 862 : 65
- 65 975 : 725
- 4 386 : 51
- 32 457 : 349

4 ¿Cómo podemos averiguar el factor que falta en una multiplicación? Observa el ejemplo y completa en tu cuaderno.

12 × ..... = 372 ⟶ 372 : 12 = **31** ⟶ 12 × **31** = 372

- 73 × ..... = 876
- ..... × 136 = 9 248
- 162 × ..... = 5 184
- ..... × 205 = 56 170
- 4 287 × ..... = 865 974
- ..... × 1 055 = 577 085

5 Raquel y sus hermanos han reunido 380 conchas este verano y quieren adornar con todas ellas las 25 macetas que tienen en casa.

- ¿Cuántas conchas adornarán cada maceta si en todas ellas colocan el mismo número de conchas?
- ¿Sobrará alguna? ¿Cuántas?
- Comprueba la operación.

Relación entre los términos de la división

- Si divido o multiplico el dividendo y el divisor de una **división exacta** por el mismo número, el cociente no varía y el resto sigue siendo cero.

12 : 2	← : 2	24 : 4	× 2 →	48 : 8
cociente 6, resto 0		cociente 6, resto 0		cociente 6, resto 0
resto = 0		resto = 0		resto = 0

- Si divido o multiplico el dividendo y el divisor de una **división entera** por el mismo número, el cociente no varía, pero el resto queda dividido o multiplicado por dicho número.

29 : 9	← : 2	58 : 18	× 2 →	116 : 36
cociente 3, resto 2		cociente 3, resto 4		cociente 3, resto 8
resto = 2		resto = 4		resto = 8

1 Calcula las siguientes divisiones en tu cuaderno. ¿Qué observas en los cocientes?

- 168 : 8
- 336 : 16
- 504 : 24
- 84 : 4
- 252 : 12
- 420 : 20

2 Copia en tu cuaderno estas divisiones y, sin calcularlas, rodea del mismo color las que tienen el mismo cociente. ¿Cómo lo has averiguado?

- 36 : 6
- 12 : 4
- 28 : 7
- 63 : 9
- 21 : 3
- 48 : 16
- 14 : 7
- 18 : 3
- 42 : 21
- 56 : 14

3 Escribe, en cada caso, en tu cuaderno otras dos divisiones que tengan el mismo cociente.

396 : 16 | 252 : 12 | 336 : 16 | 428 : 22 | 675 : 21

- ¿Cómo las has obtenido?
- ¿Qué le sucede al resto de estas divisiones? Explica por qué.

LÓGICA

4 Karen y Fabián tienen el mismo dinero ahorrado. Ella se gasta 8 € en una novela y él, 4 € en un cómic. Si después de la compra Karen tiene la mitad de dinero que Fabián, ¿cuántos euros tenían ahorrados?

Jerarquía de las operaciones combinadas

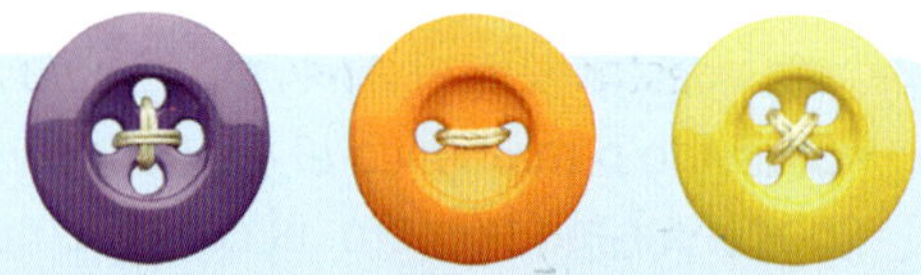

Para calcular operaciones combinadas con sumas, restas y multiplicaciones seguimos un orden.

- Si hay paréntesis, calculo primero las operaciones que hay dentro. Después, las multiplicaciones y, por último, las sumas o las restas.

$8 \times (19 - 4) + 7$

$8 \times 15 + 7$

$120 + 7$

127

- Si no hay paréntesis, primero calculo las multiplicaciones y, después, las sumas o las restas.

$8 \times 19 - 4 + 7$

$152 - 4 + 7$

$148 + 7$

155

Observa que los resultados son distintos.

1 Copia en tu cuaderno y completa los números que faltan.

$5 \times (8 + 3) - 7$
..... × ..... − .....
..... − .....
.....

$(9 - 7) \times 3 + 10$
..... × ..... + ...
..... + ...
.....

$(9 \times 2) + (7 \times 6)$
..... + ...
.....

$2 + 7 \times 4 - 3$
..... + ... − .....
..... − .....
.....

$6 \times 8 - 7 + 9$
..... − ..... + ...
..... + ...
.....

$3 \times 9 - 4 \times 5 + 2$
..... − ..... + ...
..... + ...
.....

2 Observa el ejemplo e inventa una canción que te ayude a recordar el orden en el que se calculan las operaciones combinadas.

> Los paréntesis calculo antes de multiplicar, para que mis orejas parezcan las de un murciélago al volar.

3 Calcula en tu cuaderno estas operaciones y explica los pasos que has seguido.

- $59 - (15 + 12)$
- $(3 + 17) \times 6 + 2$
- $(90 - 25) \times 3 + 32$
- $8 \times (7 + 15) - 30$
- $400 + (92 - 82) \times 5$
- $7 + 5 \times (25 - 10)$
- $54 + 10 \times (57 - 36)$
- $70 \times (40 - 30) + 60$

Recuerda

El resultado puede cambiar según se coloquen los paréntesis.

4 Calcula estas operaciones y compara los resultados con los de la actividad anterior.

- 59 – 15 + 12
- 3 + 17 × 6 + 2
- 90 – 25 × 3 + 32
- 8 × 7 + 15 – 30
- 400 + 92 – 82 × 5
- 7 + 5 × 25 – 10
- 54 + 10 × 57 – 36
- 70 × 40 – 30 + 60

5 Observa cómo resolver operaciones combinadas con la calculadora. Después, indica qué teclas pulsarías y en qué orden para calcular con ella el resultado de 8 × (5 – 3).

6 Utiliza la calculadora para resolver estas operaciones.

- 6 × 2 + 5
- 18 – 3 × 4
- 9 + 6 × 7
- 10 × 8 – 25
- 6 × (14 – 9)
- (5 + 28) × 7
- (4 + 16) × 3 + 1
- 8 + 6 × (29 – 24)

7 Para la clase de Plástica, Inés ha comprado 5 cajas con 12 ceras cada una y 7 cajas con 18 ceras cada una. ¿Cuántas ceras ha comprado en total?

8 Teresa colecciona cromos de animales. Ha hecho 28 montones con 5 cromos distintos en cada montón y quiere pegarlos en un álbum que tiene espacio para 150 cromos. ¿Le sobrarán o le faltarán cromos para completar el álbum?

9 Flavio ha comprado 11 zumos de naranja y 6 de manzana. Cada zumo de naranja costaba 40 cts. y el de manzana, 35 cts.

- Elige la operación adecuada para calcular el precio total de la compra.

(11 + 6) × (40 + 35)   (11 × 40) + (35 × 6)

- Recuerda que 100 cts. equivalen a 1 € y calcula cuánto dinero se ha gastado Flavio en total.

CÁLCULO

10 Calcula estas operaciones mentalmente.

- 2 301 – 1 000
- 6 001 – 5 000
- 5 274 – 2 000
- 7 457 – 6 000
- 4 114 – 3 000
- 9 374 – 9 000

11 Prepara papel y lápiz y calcula.

- (5 301 + 1 000) – 1 045
- 8 641 + (3 610 – 2 473)
- (33 005 + 1 825) – 2 019
- 36 743 005 – (107 825 – 29 019)

Amplía

8 × 9 + 3 = 75

9 + 3 × 8 = 33

Recuerda

5 241 – 1 000 = 4 241

7 042 – 2 000 = 5 042

¡NO HAY PROBLEMA!

Resolver un problema a partir de un gráfico

Hoy es el día del deporte y Ágata ha participado en una carrera que consiste en recorrer tres veces un camino con cuatro pruebas: salto de obstáculos, carrera de sacos, carrera de espaldas y carrera botando una pelota. ¿Cuántos metros ha recorrido Ágata en total?

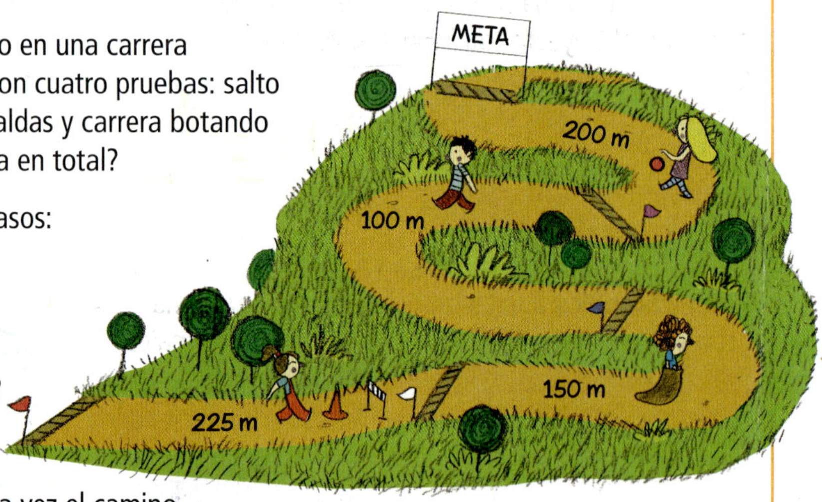

Para resolver el problema puedo seguir estos pasos:

- Leo el enunciado y observo el gráfico.
- Identifico la pregunta.

  ¿Cuántos metros ha recorrido Ágata en total?
- Planifico una estrategia y resuelvo.

  Calculo los metros recorridos al completar una vez el camino.

  225 + 150 + 100 + 200 = 675

  Calculo los metros recorridos al completar tres veces el camino.

  675 × 3 = 2 025
- En total Ágata ha recorrido 2 025 m.

¿Podrías calcular los metros recorridos en total sin calcular los metros recorridos en una vuelta? Explica por qué.

1 Un excursionista se encuentra en Seto y se para a mirar este plano para situarse antes de comenzar su paseo. Si quiere hacer el itinerario 1, ida y vuelta, y luego ir a Cuervo pasando por Colmena, ¿qué distancia recorrerá?

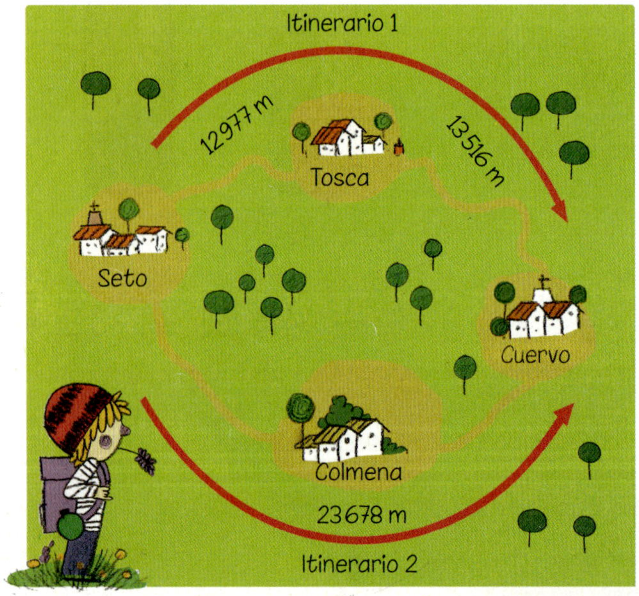

2 Las ciudades de Almendralejo y de Avellanejo están unidas por una autovía y una carretera de montaña.

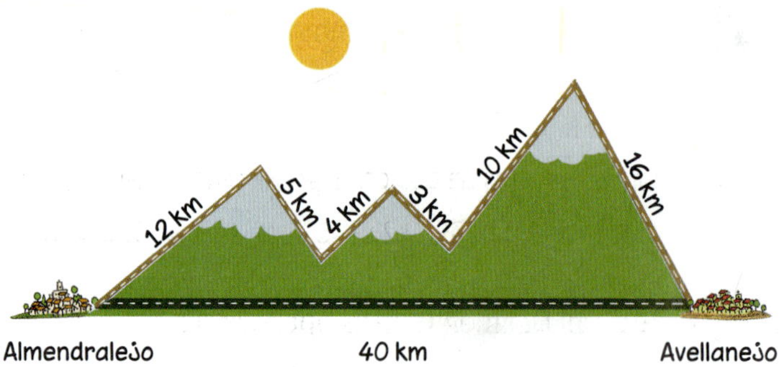

- ¿Cuántos kilómetros recorres si vas por la carretera de montaña?
- Si vas desde Almendralejo hasta Avellanejo por la carretera de montaña, ¿hay más kilómetros de subida o de bajada? ¿Cuántos kilómetros más?
- Y si fueras desde Avellanejo hasta Almendralejo por la carretera de montaña, ¿cuántos kilómetros más de bajada hay? ¿Cuántos kilómetros menos recorres si vas por la autovía?

3 Carlos ha realizado una ruta en bicicleta haciendo dos paradas en el camino. Observa la ruta y calcula cuántos metros ha recorrido Carlos en el último tramo si el trayecto total es de 52 432 m.

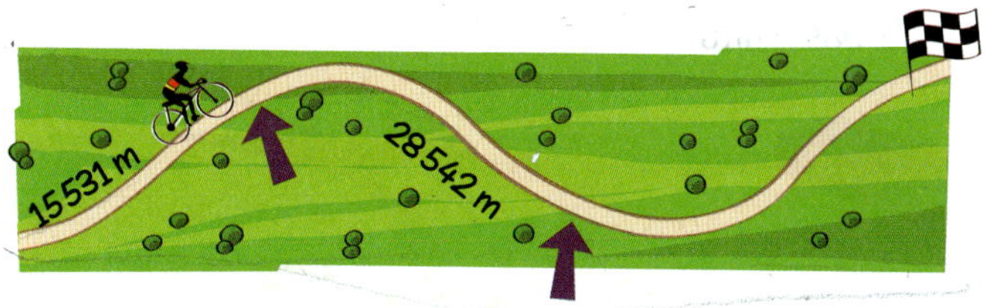

4 En el Parque Nacional de la Sierra de Guadarrama se ha realizado un recuento del número de animales que habitan en él.

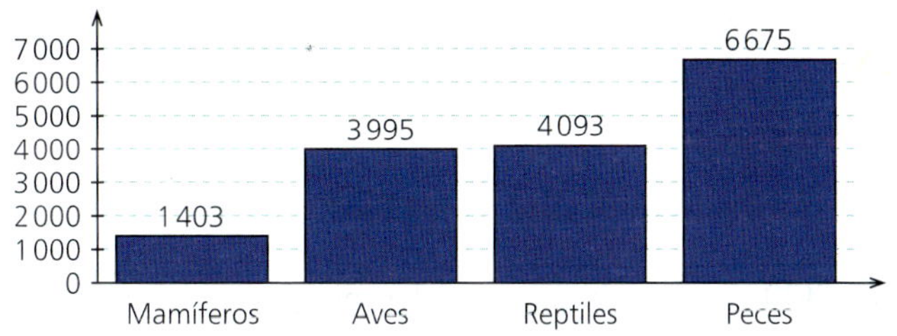

- ¿Cuántos mamíferos menos que aves hay en el Parque?
- ¿Cuántos animales viven en el Parque Nacional?

5 La madre de Nerea es piloto de aviones y le han mandado su plan de vuelo para este mes. Tiene que realizar los siguientes vuelos:

- De Nueva York a Johannesburgo haciendo escala en Madrid.
- De Johannesburgo a Londres haciendo escala en Madrid.
- De Madrid a Shanghái ida y vuelta.

Observa el mapa de sus rutas y calcula cuántos kilómetros realiza la madre de Nerea este mes.

¿Te sorprende que la madre de Nerea sea piloto de aviones? ¿Crees que hay trabajos que solo pueden realizar los hombres o que solo pueden realizar las mujeres? ¿Por qué?

CÁLCULO MENTAL

Multiplicar números de dos cifras por decenas o centenas exactas.

30 × 20 = 600 40 × 300 = 12 000

1 Calcula mentalmente estas operaciones.

- 81 × 60
- 70 × 200
- 51 × 800

Elabora una estrategia para calcular estas operaciones y comprueba el resultado con la calculadora.

30 × 4 000 20 × 5 000

2 Calcula mentalmente estas multiplicaciones.

- 70 × 6 000
- 90 × 7 000
- 80 × 8 000

AHORA INTÉNTALO TÚ

3 Encuentra el 305 operando con los siguientes números.

3 9 5 10 7

Solo puedes utilizar cada número una vez.

MANOS A LAS MATES

El triángulo de las multiplicaciones y las divisiones

¿Qué necesitamos?

Marcador naranja

Marcador azul

Tijeras

Sobre

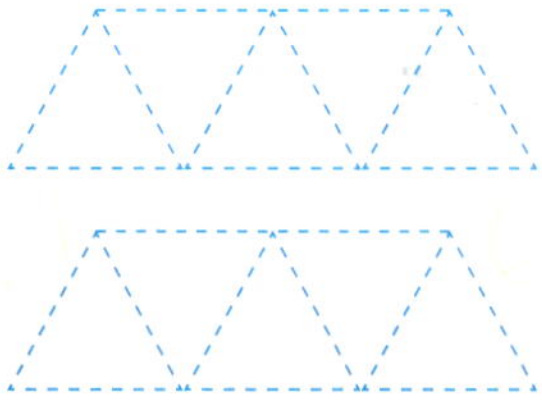
Plantilla

Construimos

1. Con ayuda de las tijeras, recorta los diez triángulos de la plantilla.

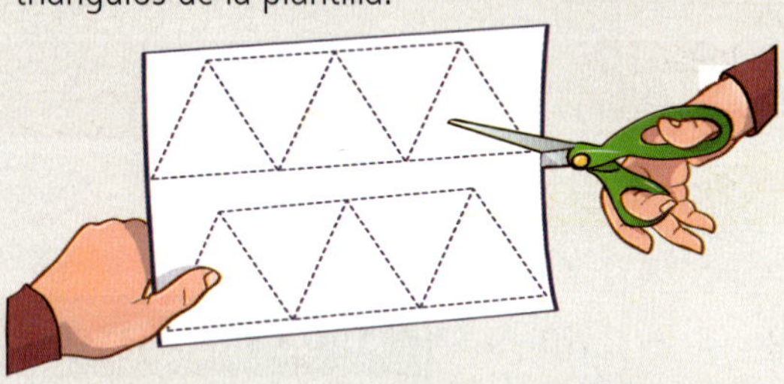

2. En cada uno de los vértices de uno de los triángulos escribe uno de estos números: 3, 4 y 12. Observa el dibujo.

3. Ahora, completa otros siete triángulos con estos grupos de números.

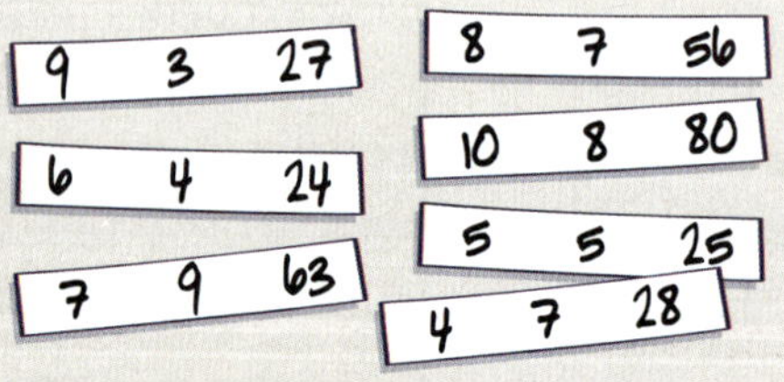

4. Guarda todos los triángulos en el sobre, incluidos los dos que quedan en blanco.

1. Coge uno de los triángulos que tenga escrito un grupo de números. ¿Qué relación crees que existe entre los números de sus vértices?

2. Saca todos los triángulos del sobre y colócalos sobre la mesa. En cada uno de ellos rodea de color naranja los factores y de color azul el producto. Vuelve a ponerlos sobre la mesa, pero con los números boca abajo. Aparta los triángulos en blanco para utilizarlos más tarde.

3. Coge un triángulo y muestra a tu compañero solo dos de los números ocultando el otro con el sobre.

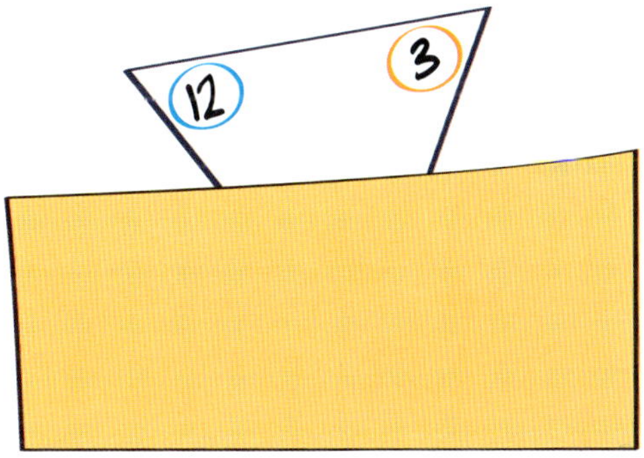

- ¿Qué número se esconde dentro del sobre?
- ¿Cómo lo has averiguado?
- ¿Podría ser otro el número escondido?
- Que ahora sea tu compañero el que coja un triángulo. Responde a las mismas preguntas.
- Repetid el proceso hasta que no haya ningún triángulo sobre la mesa.

4. Coge uno de los triángulos en blanco y escribe dos factores cuyo producto sea 120. Rodea de color naranja los factores y de color azul el producto. Mételo en tu sobre tapando uno de los factores y muéstraselo a tu compañero para que averigüe el otro factor. ¿Ha adivinado el que estaba escondido?

Factor	Factor	Producto
120		120
	2	120
30		120
	8	120
5		120
	40	120
6		120
	10	120

- ¿Qué factores has escrito?
- Ahora tu compañero debe mostrarte su triángulo. ¿Qué factores ha escrito?
- ¿Coinciden vuestros factores?
- ¿Qué otras posibilidades hay? Completad esta tabla en vuestro cuaderno.

5. Investigad cómo adaptar este juego para utilizar las operaciones de suma y resta. Escribid vuestras conclusiones en el cuaderno.

¡INOLVIDABLE!

1 Averigua los términos que faltan y completa en tu cuaderno para que se cumplan estas igualdades.

- 158 + 2 097 = 2 097 + ... = ...
- 6 142 + 329 = ... + 6 142 = ...
- 38 + (57 + 349) = (38 + 57) + ... = ...

2 Calcula la siguiente resta y escribe el resultado en tu cuaderno.

970 565 – 26 904

- Suma al minuendo y al sustraendo 5 unidades y calcula de nuevo la resta. ¿Obtienes el mismo resultado?
- ¿Qué propiedad has aplicado?

3 Relaciona en tu cuaderno con flechas las expresiones que tengan el mismo resultado.

95 × 27	(206 × 82) × 5
(136 × 4) × 39	136 × (4 × 39)
206 × (82 × 5)	27 × 95
53 × (35 + 98)	53 × 35 + 53 × 98

4 Calcula en tu cuaderno las siguientes operaciones.

- 527 × 100 + 20
- 83 + 54 × 307
- 750 + 1 200 : 10
- 62 × 18 – 34
- 618 – 15 × 6
- 3 901 – (45 + 186)

5 De lunes a viernes, Elena camina de casa al colegio y del colegio a la piscina. Si después de su clase de natación camina de la piscina a casa todos los días excepto los jueves, ¿cuántos metros habrá caminado en cinco semanas?

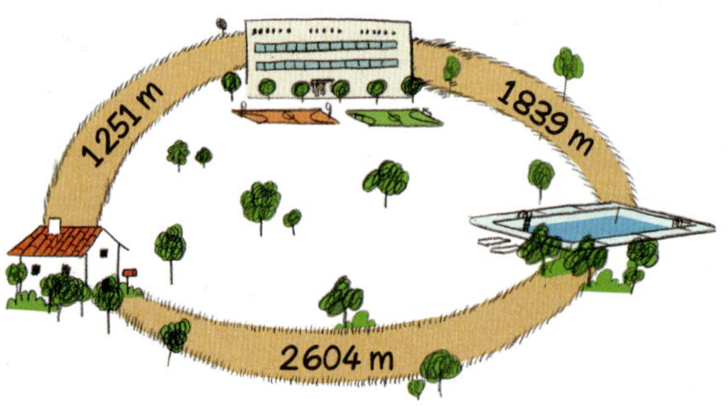

6 Calcula en tu cuaderno el cociente y el resto de las siguientes divisiones.

- 5 662 : 149
- 3 368 : 425
- 69 315 : 228
- 424 591 : 742

7 Indica en tu cuaderno si las siguientes afirmaciones son verdaderas o falsas.

- En una división entera se cumple que D = d × c.
- Si una división está bien hecha, el resto es mayor que el divisor.
- En una división exacta se cumple que D = d × c + r.

8 Recuerda la relación que existe entre los términos de la división para calcular, en cada caso, las operaciones de la derecha.

34 : 4 = 8 y resto 2 → 17 : 2 ; 136 : 16 ; 170 : 20

9 ¿Qué expresión representa el número total de rotuladores? Elige la respuesta correcta.

A) 2 × 5 + 3

B) 2 × (5 + 3)

C) (2 + 5) × 3

10 Expresa las siguientes operaciones de otra forma aplicando la propiedad distributiva y calcula el resultado.

- (115 + 75) × 15
- (255 + 55) × 11
- 20 × (286 + 86)
- 18 × (264 + 234)

11 Calcula mentalmente estas operaciones.

- 20 × 40
- 30 × 700
- 40 × 500
- 80 × 600
- 52 × 5 000
- 90 × 9 000

12 En el tablón de anuncios del ayuntamiento has visto un cartel que informa de una excursión a un parque de la naturaleza. Como tienes muchas ganas de ir, has decidido organizar tú mismo la excursión.

A Quieres convencer a tu familia y contárselo con todo detalle, pero para ello necesitas saber estos datos. Fíjate en la publicidad.

1. ¿Qué día será la excursión?
2. ¿A qué hora y desde qué sitio saldrá el autobús?
3. ¿Dónde y a qué hora hay que estar para ir de vuelta?
4. ¿Cuánto cuesta?

B A tu familia le ha parecido una buena idea y vais a ir al ayuntamiento a pagar la excursión. Haz en tu cuaderno las cuentas necesarias para calcular el precio total si al final vais tres adultos y dos niños.

C El día de la visita comeréis en el restaurante del parque. Observa los precios del menú e indica qué podrá elegir cada uno si tenéis un presupuesto de 60 € para todos.

D Para celebrar tu cumpleaños te gustaría ir con 6 amigos a un parque de aventura en la naturaleza. Busca en Internet uno e infórmate de horarios, precios, material necesario, etcétera. Elabora un presupuesto y escribe los argumentos para convencer a tu familia.

13 Realiza un esquema con todo lo que has aprendido en esta uniddad.

3 DIVISIBILIDAD

¿Qué experiencias y momentos de disfrute has compartido con tus amigos?

Saber organizar grupos y repartir elementos con criterio, será fundamental para el éxito de vuestra misión. ¡Que nadie se despiste!

¿Podrías guardar todos estos huevos en una huevera de media docena?

Si en la primera casilla pones un grano de arroz, en la segunda su doble, en la tercera el doble de la última, ¿cuántos granos de arroz tendrás en la quinta casilla?

Múltiplos y divisores de un número

- Para calcular los **múltiplos de un número,** multiplico el número por los números naturales: 0, 1, 2, 3…

	3 × 0	3 × 1	3 × 2	3 × 3	3 × 4	3 × 5	…
Múltiplos de 3	0	3	6	9	12	15	…

Los múltiplos de 3 son 0, 3, 6, 9, 12, 15…

- Para calcular todos los **divisores de un número,** divido el número por los números naturales menores o iguales que él.

8	1	8	2	8	3	8	4	8	5	8	6	8	7	8	8
0	8	0	4	2	2	0	2	3	1	2	1	1	1	0	1

Un número es **divisor** de otro si al hacer la división el resto es cero.

Los divisores de 8 son 1, 2, 4 y 8.

1 Escribe en tu cuaderno los cinco primeros múltiplos de los siguientes números.

- 2 • 3 • 5 • 7 • 8 • 9

2 Calcula los divisores de estos números.

- 10 • 18 • 24 • 30

3 Completa en tu cuaderno escribiendo *múltiplo de* o *divisor de* donde corresponda.

- 3 es ..... 18 • 32 es ..... 4 • 72 es ..... 9 • 5 es 85

4 Indica si son verdaderas o falsas las siguientes afirmaciones.

- 24 es múltiplo de 48.
- 48 es múltiplo de 24 y de 12.
- 60 es múltiplo de 30.
- 12 es divisor de 36 y de 24.
- 24 es divisor de 48.
- 12 es múltiplo de 48.

5 Escribe en tu cuaderno los divisores y los cuatro primeros múltiplos de estos números.

50 30 21 15 1

- ¿Cuántos divisores tiene cada uno?

Amplía

- El 1 es divisor de todo número natural.
- Todo número natural es divisor de sí mismo.
- Todo número natural tiene un número limitado de divisores.

6 La siguiente lista de números está formada por números divisores de 20 y de 30. Cópialos en tu cuaderno y rodea de azul los que sean divisores de 20 y de rojo los que sean divisores de 30.

1 2 3 4 5 6 10 15 20 30

- ¿Hay algún número que sea divisor de ambos?

7 Escribe en tu cuaderno los diez primeros múltiplos de 3 y de 4. ¿Qué números son múltiplos de ambos?

8 Observa y escribe en tu cuaderno si las siguientes afirmaciones son verdaderas o falsas.

12 : 3 = 4

- 4 es múltiplo de 12.
- 12 es múltiplo de 3.
- 3 es divisor de 12.
- 3 es divisor de 4.
- 12 : 3 es una división exacta.

9 ¿Podrías escribir todos los múltiplos de 3? Explica tu respuesta.

10 ¿Cuál es el mínimo número de divisores que puede tener un número?

11 Coge 10 palillos y agrúpalos de todas las formas posibles sin que sobre ninguno. ¿Qué observas, múltiplos o divisores? Razona tu respuesta.

12 El número 12, ¿de qué otros números es múltiplo? Explica cómo lo has averiguado.

13 Daniel tiene una colección de 42 minerales. ¿De cuántas formas puede hacer grupos iguales, de más de un mineral y de menos de 42, sin que sobre ninguno?

14 Candela y Leo son mellizos. Ambos son menores que su hermano Lucas, que tiene 12 años. Si la edad de los mellizos es múltiplo de 3 y de 2, ¿cuántos años tienen Candela y Leo?

15 Es el cumpleaños de Vera y, para decorar la fiesta que va a celebrar, compra bolsas de 6 globos de colores. ¿Puede comprar exactamente 90 globos? ¿Y 100?

CÁLCULO

en casa

16 Calcula mentalmente.

- 20 × 30
- 30 × 40
- 50 × 50
- 70 × 60
- 40 × 50
- 80 × 70

17 Prepara papel y lápiz y calcula.

- 26 710 × 31
- 3 730 × 46
- 9 072 × 12
- 8 491 × 98
- 4 273 × 89
- 2 408 × 76

Recuerda

20 × 40 = 800

Números primos y compuestos

Si conozco los divisores de un número puedo saber si es un número primo o compuesto.

- Un número es **primo** si tiene dos y solo dos divisores.

5 | 1	5 | 2	5 | 3	5 | 4	5 | 5
0 5	1 2	2 1	1 1	0 1

El número 5 solo tiene dos divisores, el 1 y él mismo.
El número 5 es un número primo.

- Un número es **compuesto** si tiene más de dos divisores.

6 | 1	6 | 2	6 | 3	6 | 4	6 | 5	6 | 6
0 6	0 3	0 2	2 1	1 1	0 1

El número 6 tiene más de dos divisores, el 1, el 2, el 3 y él mismo.
El número 6 es un número compuesto.

1 Haz una lista con los veinte primeros números primos.

2 Calcula todos los divisores de estos números e indica si son primos o compuestos.

- 7 • 8 • 11 • 15 • 17 • 21 • 22 • 31 • 36

3 Utilizando estas cifras, escribe un número de tres cifras que sea primo y otro que sea compuesto. Puedes utilizar la calculadora para demostrarlo.

3 4 5 7 1

4 Dibuja en tu cuaderno una tabla con 5 filas y 10 columnas y coloca en orden los números del 1 al 50. Después, sigue estos pasos.

1 Tacha los múltiplos de 2, menos el 2.
2 Tacha los múltiplos de 3, menos el 3.
3 Tacha los múltiplos de 5, menos el 5.
4 Tacha los múltiplos de 7, menos el 7.

- ¿Qué observas?

5 Nerea tiene una bolsa con 110 cuentas para hacer pulseras. ¿De cuántas formas puede hacer pulseras de grupos iguales, de más de 1 cuenta y de menos de 110, sin que sobre ninguna?

Amplía

El número 1 no es ni primo ni compuesto.

Criterios de divisibilidad

Para averiguar de forma rápida si un número es divisible por otro basta con aplicar los criterios de divisibilidad.

- Un número es **divisible por 2** si termina en 0 o en cifra par.

  18 es divisible por 2. 35 no es divisible por 2.

- Un número es **divisible por 3** si la suma de sus cifras es múltiplo de 3.

  27 es divisible por 3. 43 no es divisible por 3.

  ↓ ↓

  2 + 7 = 9 4 + 3 = 7

- Un número es **divisible por 5** si termina en 0 o en 5.

  20 es divisible por 5. 33 no es divisible por 5.

- Un número es **divisible por 9** si la suma de sus cifras es múltiplo de 9.

  72 es divisible por 9. 83 no es divisible por 9.

  ↓ ↓

  7 + 2 = 9 8 + 3 = 11

- Un número es **divisible por 10** si termina en 0.

  450 es divisible por 10. 69 no es divisible por 10.

1. Calcula los divisores de estos números ayudándote de los criterios de divisibilidad.

   • 8 • 13 • 4 • 36 • 22 • 120

2. Une con flechas en tu cuaderno. Ten en cuenta que de un número pueden salir varias flechas.

500	Divisible por 2
753	Divisible por 3
450	Divisible por 5
4644	Divisible por 9
9321	Divisible por 10

3. Comprueba, sin calcular las divisiones, si los números 2385 y 4794 son divisibles por 9.

4. Escribe en tu cuaderno un número de seis cifras que sea divisible por 2, 9 y 10.

5. En una clase de 5.º B hay 28 alumnos. ¿De cuántas formas podemos hacer grupos iguales, de más de 1 alumno y de menos de 28, sin que sobre ninguno?

6. En un colegio van a realizar una yincana para celebrar el día de la buena alimentación. Para ello, 222 alumnos de Primaria tienen que dividirse en grupos iguales de 10 alumnos como máximo. ¿Cuántos miembros podrá tener cada grupo?

LÓGICA

7. Si multiplicamos 1 por 2, por 3, por 4, por 5…, así hasta 30, y después dividimos el resultado entre 7, ¿cómo será la división, exacta o entera? Explica en tu cuaderno cómo lo has averiguado. ¿Podrás resolver el problema sin calcular ninguna operación?

Mínimo común múltiplo

- El **mínimo común múltiplo (m.c.m.)** de dos o más números es el menor de los múltiplos comunes distinto de cero. Por ejemplo, para calcular el m.c.m. de 4 y 6 sigo estos pasos:

  1.° Escribo los primeros múltiplos de cada número y marco los comunes.

  Múltiplos de 4 ⟶ 0, 4, 8, 12, 16, 20, 24, 28, 32, 36...

  Múltiplos de 6 ⟶ 0, 6, 12, 18, 24, 30, 36, 42, 48, 54...

  2.° Elijo el menor de los múltiplos comunes distinto de 0.

  El mínimo común múltiplo de 4 y 6 es 12.

  m.c.m. (4, 6) = 12

- El padre de Simón viaja cada 4 días a Madrid y su madre, cada 5. Si hoy han coincidido los dos en Madrid, ¿dentro de cuántos días volverán a coincidir allí?

  1.° Calculo los días que tardarán los padres de Simón en volver a viajar a Madrid.

  Múltiplos de 4 ⟶ 0, 4, 8, 12, 16, 20, 24, 28, 32...

  Múltiplos de 5 ⟶ 0, 5, 10, 15, 20, 25, 30, 35...

  2.° Para saber dentro de cuántos días volverán a coincidir en Madrid, calculo el mínimo común múltiplo de 4 y 5.

  m.c.m. (4, 5) = 20

  Coincidirán en Madrid dentro de 20 días.

1. Comprueba cuáles de estos números son múltiplos comunes de 3 y de 5.

30	165	95	150	36

2. Calcula el mínimo común múltiplo de estos números.

- 2 y 4
- 3 y 5
- 3 y 12
- 2 y 10
- 3 y 15
- 2 y 8

3. Indica en tu cuaderno si estas oraciones son verdaderas o falsas y explica por qué.

- 36 es el mínimo común múltiplo de 12 y 18.
- 25 es múltiplo común de 5 y 7.

4 Copia en tu cuaderno y relaciona con flechas según corresponda.

m.c.m. (13, 43)	133
m.c.m. (7, 19)	944
m.c.m. (9, 32)	559
m.c.m. (16, 59)	288

5 Calcula el mínimo común múltiplo de los siguientes tríos de números.

- 4, 8 y 9
- 3, 8 y 12
- 5, 10 y 15
- 3, 5 y 45
- 2, 5 y 8
- 2, 14 y 28

6 El número 24 es múltiplo de 6 y el número 120 es múltiplo de 24. ¿Podemos afirmar que 120 también es múltiplo de 6? Explica en tu cuaderno por qué.

7 Observa el ejemplo e indica otras dos situaciones cotidianas en las que te sea de utilidad el cálculo del mínimo común múltiplo de varios números.

> Calcular cuántos días pasarán hasta que vuelvas a coincidir en el parque con un amigo si tú vas cada 5 días, él cada 6 y habéis coincidido hoy.

8 ¿Podemos colocar 72 huevos en cartones de media docena? ¿Cómo podemos calcularlo?

9 Dos atletas tardan en dar una vuelta completa a un circuito 18 segundos y 20 segundos, respectivamente. Si han salido a la vez, ¿cuántos segundos transcurrirán hasta que se vuelvan a encontrar en la pista? ¿Cuántas vueltas habrá dado cada uno?

10 Andrés va al cine para ver una película cada 20 días y su amigo Sergio va al mismo cine cada 15 días. Si hoy han coincidido para ver una película, ¿dentro de cuántos días volverán a coincidir?

CÁLCULO

11 Calcula mentalmente.

- 740 × 200
- 520 × 300
- 350 × 500
- 810 × 600
- 910 × 700
- 410 × 800

12 Prepara papel y lápiz y calcula.

- 2 587 332 × 23
- 3 447 201 × 49
- 5 692 498 × 84
- 3 660 101 × 26
- 7 557 389 × 51
- 6 231 874 × 77

Recuerda

50 × 300 = 15 000

Máximo común divisor

- El **máximo común divisor (m.c.d.)** de dos o más números es el mayor divisor común de dichos números. Por ejemplo, para calcular el m.c.d. de 12 y 18 sigo estos pasos:

1.° Escribo los divisores de cada número y marco los comunes.

Divisores de 12 → 1, 2, 3, 4, 6 y 12

Divisores de 18 → 1, 2, 3, 6, 9 y 18

2.° Elijo el mayor de los divisores comunes.

El máximo común divisor de 12 y 18 es 6.

m.c.d. (12, 18) = 6

- En clase de Adela hay 12 chicos y 16 chicas y han formado grupos de chicos y grupos de chicas para hacer una coreografía. Todos los grupos tienen el mismo número de alumnos. Si el número de alumnos de cada grupo es el máximo posible, ¿cuántos alumnos tendrá cada grupo?

- Calculo los divisores de 12 y 16.

Divisores de 12 → 1, 2, 3, 4, 6 y 12

Divisores de 16 → 1, 2, 4, 8 y 16

- Para saber cuántos alumnos tendrá cada grupo calculo el máximo común divisor de 12 y 16.

m.c.d. (12, 16) = 4

Cada grupo tendrá 4 alumnos.

1 Calcula los divisores de 24 y de 36 y contesta a estas preguntas.
- ¿Cuáles son los divisores comunes?
- ¿Cuál es el máximo común divisor?

2 Calcula el máximo común divisor de estos pares de números.
- 5 y 9
- 10 y 20
- 42 y 18
- 12 y 15
- 28 y 32
- 33 y 55

3 Calcula los divisores de 9, de 18 y de 36. ¿Cuál es el máximo común divisor?

4 Copia en tu cuaderno e indica cuáles de las siguientes oraciones son verdaderas y cuáles falsas. Explica por qué.
- 2 es el máximo común divisor de 12 y 6.
- 1 es el máximo común divisor de 3, 7 y 11.
- 15 es divisor común de 60 y 75.

5 Contesta a estas preguntas.
- ¿Cuál es el máximo común divisor de 35 y 5?
- ¿Cuál es el mínimo común múltiplo de 35 y 5?
- Si un número es múltiplo de otro, ¿cuál es el máximo común divisor?

6 De este grupo de números busca tres que tengan 20 de divisor común. Después, calcula el máximo común divisor de esos tres números.

150	180	270	530	360	950	840	770

7 Copia en tu cuaderno y relaciona con flechas según corresponda.

m.c.d. (5, 15)	2
m.c.d. (20, 100)	5
m.c.d. (6, 50)	25
m.c.d. (25, 75)	20

8 Clara tiene dos cintas, una de 24 cm y otra de 18 cm. Si quiere cortarlas en trozos iguales y del mayor tamaño posible, ¿qué debe hacer para calcular la longitud de cada trozo? Elige la respuesta correcta.

- Calcular el máximo común divisor de 24 y 18.
- Calcular el mínimo común múltiplo de 24 y 18.

9 Daniel tiene 24 rosas rojas, 16 rosas blancas y 32 rosas amarillas para hacer unos ramos de flores.

- ¿Cuántas rosas de cada color tendrá cada ramo?
- ¿Cuántos ramos iguales puede hacer Daniel que contengan el máximo número de rosas de cada color?

10 Un artesano tiene pensado fabricar puzles de 16 cm de ancho por 24 cm de largo con piezas cuadradas. Quiere que las piezas sean lo más grandes posible y, además, que no le sobre ni falte ninguna una vez armado el puzle. ¿Cuánto medirá el lado de cada pieza?

11 Rosario quiere cortar una plancha de madera que mide 156 cm de largo y 76 cm de ancho en trozos cuadrados iguales y de la mayor longitud de lado posible, sin que le sobre madera. ¿Cuántos trozos obtendrá en total?

12 Henar tiene una cuerda verde de 12 m y otra amarilla de 45 m. Quiere cortarlas en trozos, todos de la misma longitud y lo más largos posible, de manera que no le sobre ningún trozo de cuerda. ¿Cuánto medirá cada trozo de cuerda?

- ¿Cuántos trozos tendrá de cada color?

LÓGICA

13 Encuentra un solo número que sea el cuadrado de un número y el cubo de otro.

Potencias

- Una **potencia** es una forma abreviada de expresar un producto de factores iguales.

$$5 \times 5 \times 5 = 5^3 = 125$$

Base: factor que se repite. ⟶ 5^3 ⟵ **Exponente:** número de veces que se repite el factor.

Para leer una potencia nombramos el número de la base seguido de la expresión «elevado a» y el número del exponente.

9^5 ⟶ Se lee *nueve elevado a cinco.*

- Las potencias de exponente 2 se denominan **cuadrados.**

$$6 \times 6 = 6^2 = 36$$

Se lee *seis al cuadrado.*

- Las potencias de exponente 3 se denominan **cubos.**

$$7 \times 7 \times 7 = 7^3 = 343$$

Se lee *siete al cubo.*

1 Escribe en forma de potencia los siguientes productos e indica cómo se leen.

- $5 \times 5 \times 5$
- 7×7
- $3 \times 3 \times 3 \times 3 \times 3$
- $6 \times 6 \times 6 \times 6 \times 6 \times 6$
- $9 \times 9 \times 9 \times 9$
- $8 \times 8 \times 8$

2 Escribe cómo se leen estas potencias. Después expresa cada potencia como un producto de factores iguales.

- 4^5
- 3^3
- 2^6
- 5^2
- 8^4
- 7^4
- 6^2
- 9^2

3 Héctor quiere guardar sus balones en dos cajas, y meter en cada caja dos balones. ¿Cuántos balones tiene Héctor?

4 ¿Cuál de los siguientes animales existentes en la península ibérica es el más veloz? ¿Cuál es el más lento? Observa estas fichas informativas y contesta realizando las operaciones que necesites con la calculadora.

Lince
7^2 km por hora

Oso pardo
8^2 km por hora

Liebre
3^4 km por hora

Halcón
7^3 km por hora

Potencias de base 10

- Una **potencia de base 10** es igual al 1 seguido de tantos ceros como indica el exponente. Estas potencias se utilizan para expresar grandes cantidades en otras más sencillas.

$10^1 = 10$

$10^2 = 10 \times 10 = 100$

$10^3 = 10 \times 10 \times 10 = 1\,000$

$10^4 = 10 \times 10 \times 10 \times 10 = 10\,000$

- Puedo descomponer cualquier número en suma de potencias de base 10.

21 052 →
- $20\,000 + 1\,000 + 50 + 2$
- $2 \times 10\,000 + 1 \times 1\,000 + 5 \times 10 + 2$
- $2 \times 10^4 + 1 \times 10^3 + 5 \times 10 + 2$

1 Escribe en tu cuaderno cómo se leen estas potencias y exprésalas en forma de producto.

- 10^2
- 10^7
- 10^3
- 10^8

2 Escribe los siguientes números como potencias de base 10.

- 10
- 100 000
- 20 000

3 Descompón estos números como suma de potencias de base 10.

- 1 342
- 37 841
- 53 023
- 638 105
- 70 491
- 347 006

4 Copia en tu cuaderno y relaciona con flechas según corresponda.

$10 \times 10 \times 10$	100	3×10
10×10	30	10^3
$10 + 10 + 10$	20	2×10
$10 + 10$	1 000	10^2

5 Mar tiene cuatro cajas de bombones. En cada una de esas cajas hay cuatro paquetes y en cada paquete hay cuatro bombones de chocolate. Si Luis tiene cuatro docenas de bombones, ¿quién de los dos tiene más bombones?

CÁLCULO

6 Calcula mentalmente.

- $540 \times 2\,000$
- $290 \times 3\,000$
- $460 \times 5\,000$
- $810 \times 6\,000$
- $560 \times 7\,000$
- $310 \times 8\,000$

7 Prepara papel y lápiz y calcula.

- $4\,556\,832 \times 35$
- $5\,340\,001 \times 89$
- $254\,772 \times 97$
- $12\,472\,285 \times 67$
- $22\,648\,247 \times 37$
- $3\,857\,210 \times 64$

Recuerda

$30 \times 7000 = 210\,000$

¡NO HAY PROBLEMA!

Simplificar un problema para resolverlo

Sonia ha repartido una bolsa de globos entre 12 de sus amigos y a cada uno le han tocado 4. Si repartiera el mismo número de globos entre 8 amigos, ¿cuántos le tocarían a cada uno?

Para resolver el problema puedo seguir estos pasos:

- Leo y comprendo el enunciado.
- Simplifico el problema.

  Sonia ha repartido una bolsa de globos entre 12 amigos. Si a cada uno le han tocado 4 globos, ¿cuántos globos tenía la bolsa?
- Resuelvo el problema simplificado.

  Calculo cuántos globos tenía la bolsa.

  $4 \times 12 = 48$

  – La bolsa tenía 48 globos.
- Resuelvo el problema original.

  Calculo cuántos globos tocarían si se reparte entre 8 amigos.

  $48 : 8 = 6$

  – A cada uno le tocarían 6 globos.

¿Podrías resolver el problema sin tener que simplificarlo? Razona tu respuesta.

1. Arancha ha repartido donetes entre sus 6 amigos y les han tocado 2 a cada uno. Si repartiera el mismo número de donetes entre 4 amigos, ¿cuántos le tocarían a cada uno?

2. En la librería de Abril, Sergio ha comprado tres libros a 16 € cada uno. El mes pasado gastó el mismo dinero y solo compró dos libros. Si el precio de los dos libros era el mismo, ¿cuánto le costó cada uno?

3. Con 8 huevos y 6 patatas, Paco prepara 2 tortillas. Si tiene 2 docenas de huevos y 18 patatas, ¿cuántas tortillas podrá preparar?

4. Maruja ha ordenado los libros de su habitación en 6 repisas y han quedado 4 en cada una. Si su hermana Paula le pide que los coloque contando con sus 2 repisas, ¿cuántos libros colocará en cada repisa si tiene que colocar la misma cantidad en cada una de ellas?

5 Carlota va a invitar a sus amigos a merendar en un restaurante para celebrar su cumpleaños. El restaurante es algo pequeño, solo tiene 4 mesas. En cada una de las mesas se han sentado 4 amigos. El precio del menú por persona cuesta 4 €. ¿Cuánto dinero le sobrará a Carlota si paga la merienda con 100 €?

♥ Haz una lista de las cosas buenas que tiene tener amigos. Después, compártela con tu compañero y fijaos en cuáles coincidís.

6 Este curso, en la clase de Martina han empezado a utilizar tabletas para compartir entre varios alumnos. El tutor, al formar los grupos, se ha dado cuenta de que pueden agruparse en grupos de 3, 5 y 6 sin que sobre ningún alumno. Si son menos de 40 alumnos, ¿cuántos alumnos hay en clase?

7 Silvia ha comenzado a ahorrar para poder pagar un viaje para toda su familia. Su hermano José quiere convencerla para ir a Tenerife, pero ella prefiere ir a los Pirineos. Para ello, ha comenzado a guardar cada día en su hucha 7 €. ¿Cuánto dinero habrá ahorrado Silvia al cabo de 7 semanas?

- Si el viaje a Pirineos cuesta 295 € y el viaje a Tenerife cuesta 300 €, ¿cuál de los dos viajes podrá hacer Silvia?

8 Laura y Andrea han dedicado el fin de semana a ordenar su colección de cómics de superhéroes guardándolos en cajas. Al amontonarlos se dieron cuenta de que se podían guardar en grupos de 7, quedando 3 sin guardar; y si los amontonaban en grupos de 5, no quedaba ninguno sin guardar. Si tienen entre 30 y 50 cómics, ¿cuántos cómics tiene la colección?

CÁLCULO MENTAL

Dividir números de tres o cuatro cifras acabados en 0 por decenas o centenas exactas.

240 : 20 = 12 6 300 : 300 = 21

1 Calcula mentalmente estas operaciones.

- 1 260 : 60
- 7 500 : 500
- 9 100 : 700

Elabora una estrategia para calcular estas operaciones y comprueba el resultado con la calculadora.

8 000 : 2 000 46 000 : 2 000

2 Calcula mentalmente estas divisiones.

- 36 000 : 6 000
- 36 000 : 4 000
- 96 000 : 8 000

AHORA INTÉNTALO TÚ

3 Encuentra el 12 operando con los siguientes números.

1 000 4 50 2 70

Solo puedes utilizar cada número una vez.

MANOS A LAS MATES

Potencias con garbanzos

¿Qué necesitamos?

Rotulador

Rotulador borrable

Garbanzos

6 platos de plástico

Construimos

1. Con el rotulador, etiqueta cada plato con su nombre, como en el dibujo.

2. Con el rotulador borrable, escribe en cada plato una potencia de base 2 cuyo exponente sea el número del plato, como aparece en el dibujo.

1 ¿Cómo usarías los garbanzos para representar la potencia que has escrito en cada plato?

2 Coloca dos garbanzos en el plato 1 para representar la potencia 2^1.

- ¿Cuántos garbanzos deberías poner en el plato 2?
- ¿Qué relación ves entre el número de garbanzos que hay en los platos 1 y 2?

- Esa relación ¿es la misma que la que hay entre los platos 2 y 3? ¿Y entre el 3 y el 4? Compruébalo utilizando tu material.

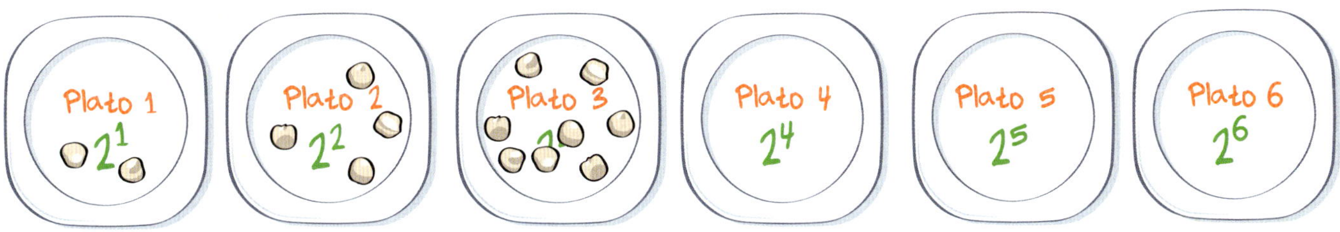

- Expresa con una multiplicación la potencia que hay en el plato 5.
- ¿Qué número añades a la multiplicación para pasar al plato 6?

3 Borra las potencias que están escritas en cada plato y escribe ahora las potencias que se muestran en el dibujo.

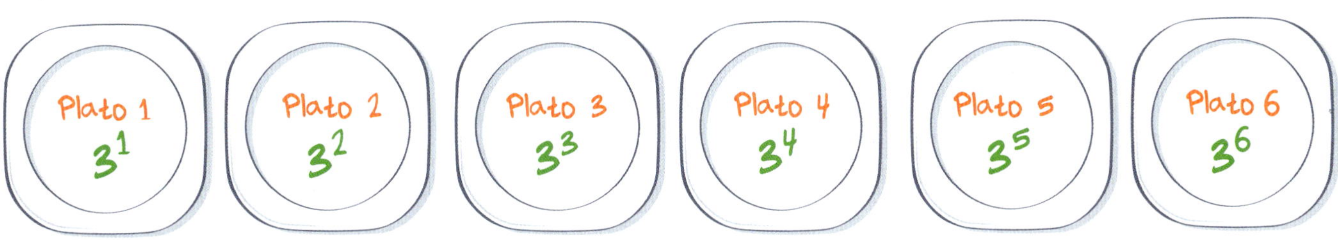

- ¿Cuántos garbanzos tienes que poner en el plato 1 para expresar la potencia que aparece ahí? ¿Y en el plato 2?
- ¿Qué relación existe entre los garbanzos que pondrías en el plato 3 y en el plato 2?
- ¿Es la misma que había cuando la base de la potencia era 2?

4 Si cambiáramos la base de los platos por otra cualquiera y representáramos esas potencias, ¿qué relación existiría entre las potencias que has escrito ahora?

¡INOLVIDABLE!

1 ¿Qué número sobra en cada uno de estos grupos?

Múltiplos de 4 ⟶ 8, 12, 4, 2, 44, 32

Divisores de 32 ⟶ 1, 2, 4, 8, 12, 16, 32

2 Copia en tu cuaderno y relaciona con flechas según corresponda.

17	Número primo
450	Número compuesto
41	
2 409	

3 Indica qué oraciones son verdaderas y cuáles son falsas.

- El número 33 es divisible por 9.
- El número 406 es divisible por 10.
- El número 9 752 es divisible por 2.
- El número 3 561 es divisible por 3.

4 Escribe estas potencias en forma de productos.

5^3 10^4 6^2 7^3 10^5

5 Completa en tu cuaderno con los signos +, – o × para que se cumpla la igualdad en cada caso.

- 10 ◯ 10 ◯ 10 = 10^3
- 10 ◯ 10 ◯ 10 = 10
- 10 ◯ 10 ◯ 10 = 110
- 10 ◯ 10 ◯ 10 ◯ 10 = 990

6 Descompón estos números en suma de potencias de base 10.

- 34 645
- 708 000
- 990 701
- 170 930

7 ¿Cuáles son los divisores de 179?

- 1, 3, 9 y 179
- 1 y 179
- 1, 17, 19 y 179
- 1, 9, 79 y 179

8 Copia en tu cuaderno y rodea los números que sean múltiplos de 4 y 5 a la vez.

20 24 36 60 80

9 ¿Cuál de estos números es divisible por 2, 3 y 5?

3 475 13 490 24 630

10 ¿Qué divisor tienen en común todos los números naturales?

11 Halla el m.c.m. y el m.c.d. de las siguientes parejas de números.

6 y 8 3 y 18 7 y 19

12 Completa en tu cuaderno con las palabras *primo* y *compuesto*.

- Un número es ..... cuando solo tiene dos divisores: el 1 y él mismo.
- Un número es ..... cuando tiene más de dos divisores.

13 Expresa con potencias la cantidad que se indica en cada caso.

- César tiene 3 estantes con 3 vasos en los que hay 3 pajitas en cada uno.
- Fátima tiene 7 cajas con 7 pulseras.

14 Sandra quiere poner pequeñas estanterías en su habitación. Para ello, dispone de dos tablones de madera, uno de 40 dm de largo y otro de 16 dm. Si quiere cortarlos en trozos de igual longitud y del mayor tamaño posible sin que le sobre madera, ¿cuántos decímetros deberá medir cada trozo?

15 Calcula mentalmente.

- 240 : 40
- 1 050 : 50
- 7 700 : 700
- 3 600 : 600
- 6 000 : 3 000
- 48 000 : 6 000
- 84 000 : 7 000
- 72 000 : 9 000

16 Se acerca la fecha de tu cumpleaños y quieres celebrarlo invitando a algunos de tus compañeros de colegio.

Al llegar a casa te pones manos a la obra… ¡Hay tanto trabajo por hacer!

A Quieres hacer una pequeña fiesta y decides invitar a 10 amigos. Escribe la lista de invitados en tu cuaderno y explica por qué motivo invitas a cada uno de ellos.

B Con tu familia has quedado en gastarte 15 € por persona. Si finalmente vais 14 personas, ¿cuál es entonces tu presupuesto?

C Observa las opciones, ten en cuenta el número de invitados, el horario y el presupuesto, y elige la más adecuada.

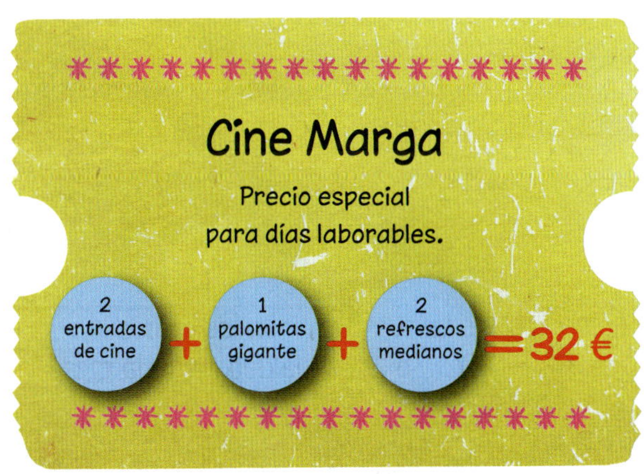

D Ahora que tienes la lista de invitados, ya puedes confeccionar las invitaciones. Escoge cartulinas de colores, decóralas a tu gusto y escribe con tu mejor letra todos los datos que necesitan saber tus invitados. No olvides pedir amablemente que te confirmen su asistencia.

E Al final van a ir nueve compañeros tuyos, dos padres del colegio, tu padre, tu madre y tú. Como hay cuatro adultos y cada uno lleva un coche de cuatro plazas, ¿podréis ir al cumpleaños en un solo viaje?

17 Realiza un esquema con todo lo que has aprendido en esta unidad.

4 FRACCIONES

Una alimentación equilibrada requiere comer al día un tercio de verduras y frutas, un tercio de pan o pasta o patatas, dos quinceavos de carne o pescado o huevos y también dos quinceavos de derivados lácteos. ¿Qué fracción podrías comer de dulces?

Recordad que estáis en esta misión porque la Biblioteca del Legado fue fraccionada por El Olvido. Esta unidad será clave para lograr recomponerla y que vuelva a la unidad.

¿Crees que es justo el reparto de alimentos? ¿Por qué?

¿Qué harías si quisieras repartir entre 12?

Fracciones equivalentes

Víctor tiene tres cartulinas del mismo tamaño y ha coloreado en ellas $\frac{1}{2}$, $\frac{2}{4}$ y $\frac{4}{8}$, respectivamente.

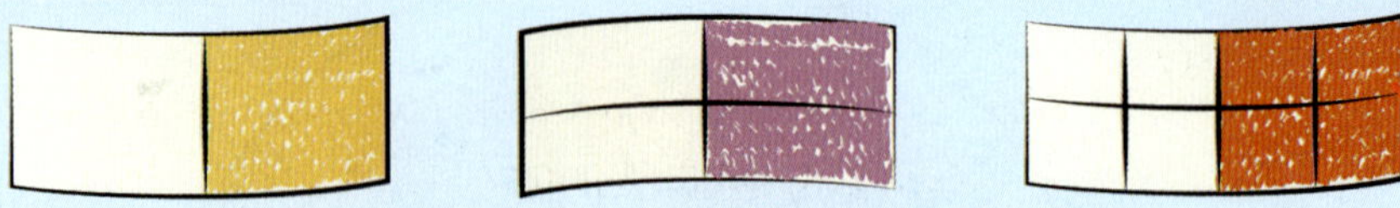

$$\frac{1}{2} = \frac{2}{4} = \frac{4}{8}$$

- Las fracciones que representan lo mismo se llaman **fracciones equivalentes.**

  Para obtener fracciones equivalentes a una dada, multiplico o divido su numerador y su denominador por el mismo número.

  $\frac{1}{2} \xrightarrow{\times 2} \frac{2}{4}$ amplificar $\frac{4}{8} \xrightarrow{:2} \frac{2}{4}$ simplificar

  Si una fracción no se puede simplificar más se llama **fracción irreducible.**

  Al multiplicar en cruz los términos de dos fracciones equivalentes obtengo el mismo producto.

  Las fracciones $\frac{1}{2}$ y $\frac{3}{6}$ son equivalentes → $\frac{1}{2} \bowtie \frac{3}{6}$ → **1 × 6 = 2 × 3**

1 Copia en tu cuaderno y rodea las parejas de fracciones que sean equivalentes. Luego añade una pareja más de fracciones equivalentes.

- $\frac{1}{5}$ y $\frac{2}{10}$
- $\frac{2}{7}$ y $\frac{4}{9}$
- $\frac{5}{8}$ y $\frac{3}{8}$
- $\frac{2}{6}$ y $\frac{4}{12}$

2 Copia en tu cuaderno estas figuras y representa con color la fracción que se indica en cada caso.

- $\frac{4}{10}$ 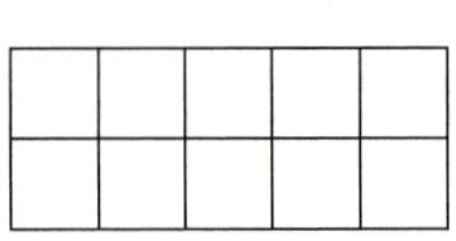
- $\frac{2}{5}$ 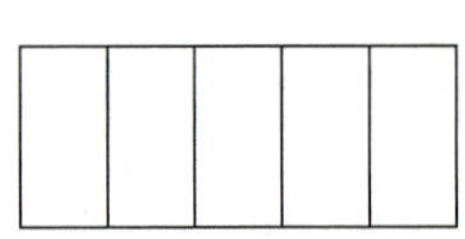
- ¿Qué observas?

3 Elige una pareja de fracciones equivalentes de la primera actividad y represéntala gráficamente. ¿Qué observas?

Recuerda

Términos de una fracción:

Numerador: número de partes respecto al total.

$\frac{5}{8}$

Denominador: número de partes en las que se divide el total.

Se lee *cinco octavos.*

4 Observa y completa estas fracciones en tu cuaderno. ¿Son equivalentes?

A
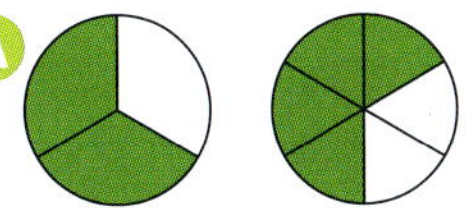
$\frac{2}{.....}$ $\frac{4}{.....}$

D
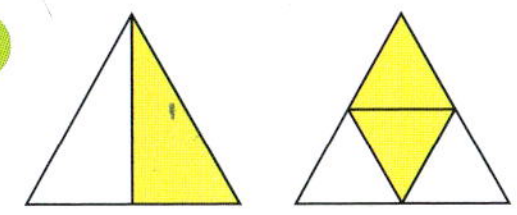
$\frac{.....}{2}$ $\frac{.....}{4}$

B
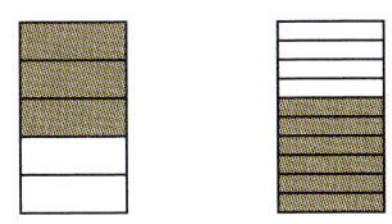
$\frac{3}{.....}$ $\frac{.....}{10}$

E

$\frac{4}{.....}$ $\frac{2}{.....}$

C
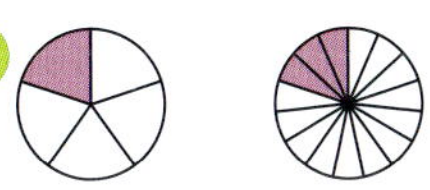
$\frac{.....}{5}$ $\frac{.....}{15}$

F
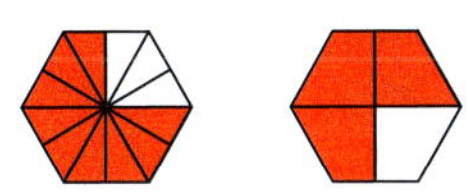
$\frac{9}{.....}$ $\frac{.....}{4}$

5 Escribe una fracción equivalente a cada una por amplificación.

- $\frac{4}{5}$
- $\frac{3}{8}$
- $\frac{9}{14}$
- $\frac{8}{10}$
- $\frac{11}{15}$

6 En cada caso, obtén una fracción equivalente por simplificación.

- $\frac{6}{9}$
- $\frac{7}{21}$
- $\frac{4}{16}$
- $\frac{10}{30}$
- $\frac{18}{24}$

7 Completa estas fracciones para que sean equivalentes. ¿Cuáles de ellas son irreducibles?

- $\frac{4}{8} = \frac{12}{.....}$
- $\frac{2}{7} = \frac{.....}{14}$
- $\frac{4}{.....} = \frac{8}{10}$

8 Simplifica estas fracciones hasta encontrar una que sea irreducible.

- $\frac{15}{3}$
- $\frac{9}{18}$
- $\frac{12}{27}$
- $\frac{30}{45}$

9 ¿Qué fracción representa la parte coloreada de las siguientes figuras?

A
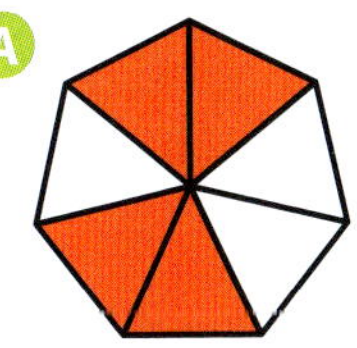

B
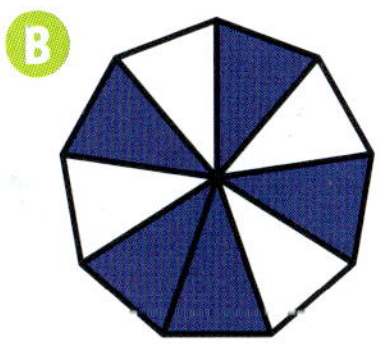

C
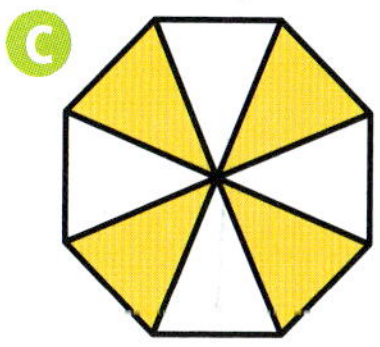

- ¿Cuál de las fracciones anteriores es una fracción irreducible?

10 Marcia y Felipe tienen dos tortitas iguales para merendar. Ella ha dividido la suya en 6 partes iguales y comerá solo 4. Si Felipe ha dividido la suya en 12 partes iguales, ¿cuántas tendría que comer para merendar la misma cantidad que Marcia?

11 Jonathan plantó semillas en 4 bandejas iguales. ¿Qué fracción de cada una tiene plantas ya? ¿Cuáles representan fracciones equivalentes?

CÁLCULO

12 Calcula mentalmente.

- 640 : 20
- 150 : 50
- 6 030 : 30
- 400 : 200
- 2 800 : 700
- 9 600 : 300

13 Prepara papel y lápiz y calcula.

- 136 339 : 25
- 405 047 : 20
- 213 783 : 26
- 789 825 : 51
- 301 602 : 34
- 928 028 : 8

Recuerda

460 : 20 = 23

9000 : 300 = 30

Suma y resta de fracciones

- Sumo fracciones con el mismo denominador.

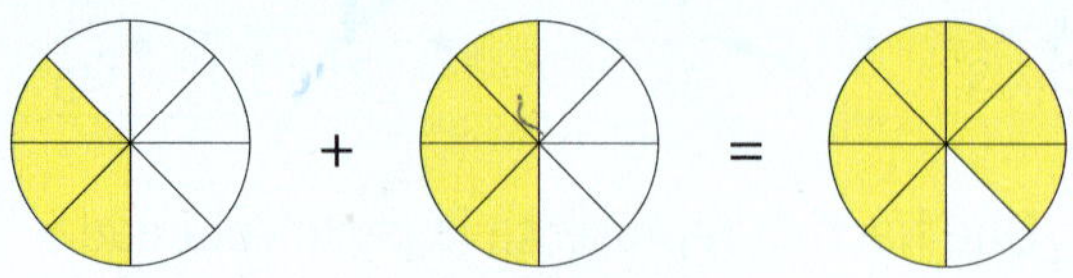

$$\frac{3}{8} + \frac{4}{8} = \frac{7}{8}$$

- Resto fracciones con el mismo denominador.

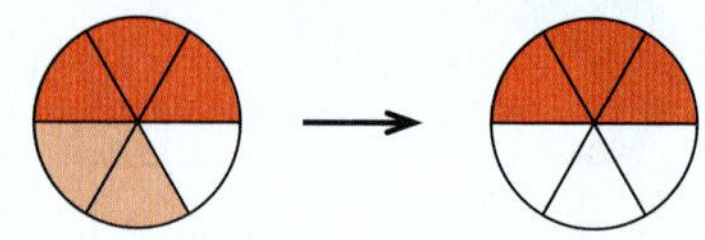

$$\frac{5}{6} - \frac{2}{6} = \frac{3}{6}$$

1 Calcula el resultado de estas sumas y represéntalo gráficamente.

- $\frac{2}{4} + \frac{5}{4}$
- $\frac{1}{6} + \frac{5}{6}$
- $\frac{3}{9} + \frac{4}{9} + \frac{5}{9}$
- $\frac{2}{7} + \frac{1}{7}$
- $\frac{5}{8} + \frac{3}{8}$
- $\frac{11}{10} + \frac{1}{10} + \frac{4}{10}$

2 Calcula el resultado de estas restas.

- $\frac{11}{14} - \frac{6}{14}$
- $\frac{8}{6} - \frac{7}{6}$
- $\frac{9}{7} - \frac{4}{7}$
- $\frac{7}{2} - \frac{5}{2}$
- $\frac{15}{25} - \frac{5}{25}$
- $\frac{21}{15} - \frac{11}{15}$

3 Copia y une en tu cuaderno cada suma con su representación y su resultado.

$\frac{2}{10} + \frac{4}{10} + \frac{1}{10}$

$\frac{3}{9} + \frac{2}{9} + \frac{4}{9}$

$\frac{3}{10} + \frac{4}{10} + \frac{2}{10}$

$\frac{9}{9}$

$\frac{9}{10}$

$\frac{7}{10}$

4 Para hacer un bizcocho, Alejandro y Daniel han utilizado $\frac{2}{12}$ de los huevos que hay en la nevera. Su hermano Mario ha hecho una tortilla con $\frac{4}{12}$ del total de los huevos que había en la nevera. ¿Cuántos huevos podrá utilizar su madre para hacer un flan?

5 De una piscina llena de agua se sacan primero $\frac{3}{8}$ y luego $\frac{2}{8}$ del total. ¿Qué fracción del total de agua queda en la piscina?

Comparación de fracciones con la unidad. Número mixto

- Dependiendo de su numerador y su denominador, una fracción puede ser:

Menor que la unidad

$\frac{6}{8} < 1$

El numerador es menor que el denominador.

Se llaman **fracciones propias.**

Igual que la unidad

$\frac{8}{8} = 1$

El numerador es igual que el denominador.

Mayor que la unidad

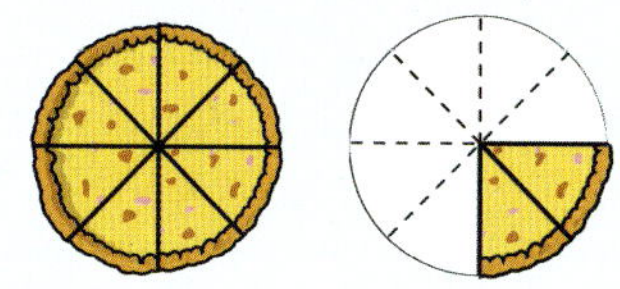

$\frac{10}{8} > 1$

El numerador es mayor que el denominador.

Se llaman **fracciones impropias.**

- Puedo expresar una fracción impropia del siguiente modo:

$$\frac{10}{8} = \frac{8}{8} + \frac{2}{8} = 1 + \frac{2}{8} \longrightarrow 1\frac{2}{8}$$

La expresión $1\frac{2}{8}$ se llama **número mixto** y se lee *uno y dos octavos*.

1 Haz una tabla en tu cuaderno para clasificar estas fracciones en menores, iguales y mayores que la unidad. Indica sus términos y cómo se leen.

- $\frac{5}{6}$ • $\frac{7}{7}$ • $\frac{12}{9}$ • $\frac{13}{31}$ • $\frac{8}{8}$

2 Copia y completa en tu cuaderno con los signos <, = o >.

- $\frac{5}{7}$ ◯ 1 • $\frac{3}{3}$ ◯ 1 • $\frac{15}{5}$ ◯ 1

3 Observa el ejemplo y representa gráficamente estas fracciones utilizando objetos cotidianos.

$\frac{3}{2}$

- $\frac{4}{3}$ • $\frac{6}{5}$ • $\frac{11}{9}$ • $\frac{5}{4}$

LÓGICA

4 ¿Qué fracción representa la parte coloreada de cada figura?

A 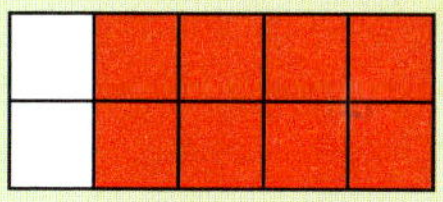

B 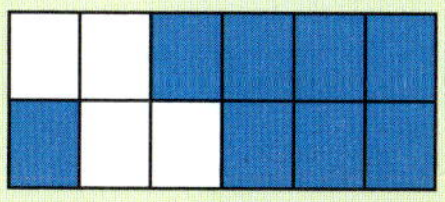

C 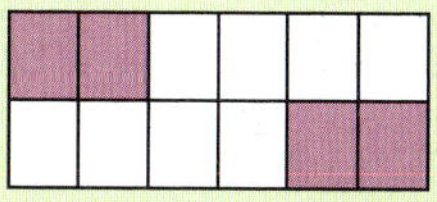

- Indica cuál de las fracciones que has escrito continúa la siguiente serie de fracciones. ¿Podrías averiguarlo sin determinar en primer lugar la regla que cumple la serie? ¿Por qué?

$\frac{2}{3}, \frac{4}{6}, \frac{6}{9}$, ¿?

Comparación de fracciones

- Para comparar fracciones con el mismo denominador, comparo los numeradores.

$\frac{5}{9}$  <  $\frac{6}{9}$

- Para comparar fracciones con el mismo numerador, comparo los denominadores.

$\frac{4}{9}$ 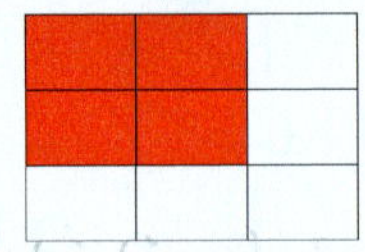 > 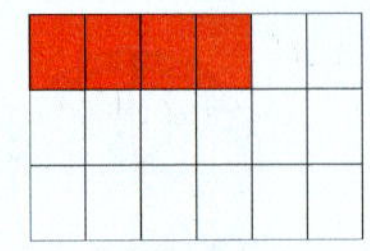 $\frac{4}{18}$

- Puedo comparar fracciones representándolas en la recta numérica. Para representarlas, divido la unidad en tantas partes como indica el denominador, y cojo tantas partes como indica el numerador.

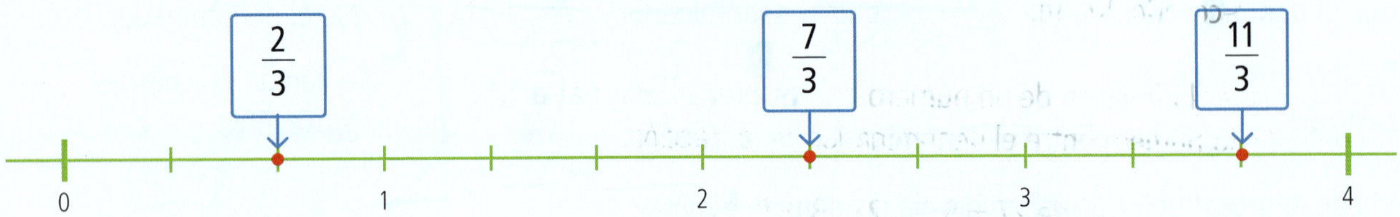

$\frac{2}{3} < \frac{7}{3} < \frac{11}{3}$

1 Escribe la fracción que representan estas figuras y compara las fracciones de cada par de imágenes.

A 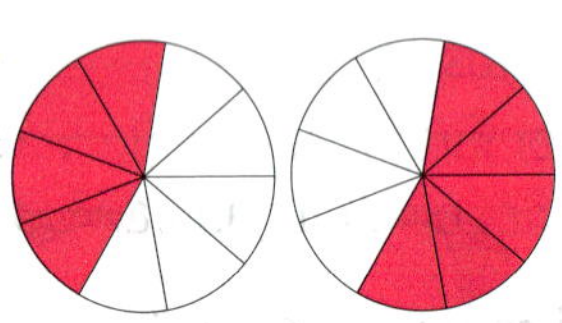

B 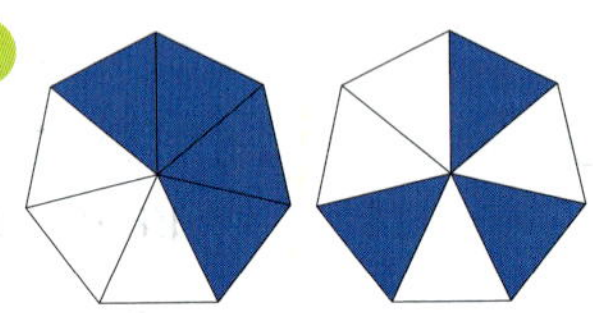

2 Ordena de mayor a menor las fracciones de cada grupo.

- $\frac{4}{13}$, $\frac{1}{13}$ y $\frac{9}{13}$
- $\frac{3}{4}$, $\frac{3}{5}$ y $\frac{3}{6}$

3 Ordena de menor a mayor estas fracciones representándolas en la recta numérica.

$\frac{2}{8}$ $\frac{1}{8}$ $\frac{6}{8}$ $\frac{5}{8}$ $\frac{7}{8}$

4 Copia en tu cuaderno y completa para que las comparaciones sean ciertas. ¿Crees que es la única solución posible?

- $\frac{5}{4} < \frac{.....}{4}$
- $\frac{1}{11} < \frac{4}{.....}$
- $\frac{5}{32} < \frac{.....}{32}$

Fracción de un número

La pista de atletismo mide 1 200 m y Carlota ha corrido $\frac{1}{6}$ de la pista. ¿Cuántos metros ha recorrido?

Calculo $\frac{1}{6}$ de 1 200.

- Para calcular la sexta parte de 1 200, divido entre 6.

$$1\,200 : 6 = 200$$

$$\frac{1}{6} \text{ de } 1\,200 = 200$$

Carlota ha recorrido 200 m.

- Para calcular la fracción de un número **con numerador igual a 1,** divido dicho número entre el denominador de la fracción.

$$\frac{1}{3} \text{ de } 27 = 9 \longrightarrow 27 : 3 = 9$$

- Para calcular la fracción de un número **con numerador distinto a 1,** divido dicho número entre el denominador de la fracción y multiplico por el numerador.

$$\frac{3}{4} \text{ de } 28 = 21 \longrightarrow (28 : 4) \times 3 = 21$$

1 Calcula las fracciones de los siguientes números.

- $\frac{1}{3}$ de 210
- $\frac{1}{7}$ de 560
- $\frac{3}{5}$ de 315
- $\frac{7}{8}$ de 184

2 Helena y Rodrigo han comprado una empanada para merendar con sus amigos. La han partido en 32 partes iguales. Si se han comido $\frac{6}{8}$ de la empanada, ¿cuántas de partes han comido? Ayúdate con un dibujo.

CÁLCULO

3 Calcula mentalmente.

- 4 000 : 1 000
- 6 000 : 2 000
- 8 000 : 4 000
- 36 000 : 3 000
- 48 000 : 12 000
- 50 000 : 25 000

Recuerda

8 000 : 2 000 = 4

4 Prepara papel y lápiz y calcula.

- 612 709 : 947
- 60 608 : 64
- 290 136 : 314
- 418 252 : 124
- 482 976 : 774
- 153 387 : 621

Comparación de fracciones con distinto denominador

Para comparar dos o más fracciones que no tienen el mismo denominador las sustituimos por otras que sí lo tengan.

Comparo las fracciones $\frac{2}{3}$ y $\frac{4}{5}$, para ello busco un denominador común siguiendo uno de estos dos métodos:

- **Productos cruzados**

Multiplico los términos de cada fracción por el denominador de la otra.

$$\frac{2}{3} \xrightarrow{\times 5} \frac{10}{15} \qquad\qquad \frac{4}{5} \xrightarrow{\times 3} \frac{12}{15}$$

Como $\frac{10}{15} < \frac{12}{15}$, entonces $\frac{2}{3} < \frac{4}{5}$.

- **Mínimo común múltiplo**

Calculo el mínimo común múltiplo de los denominadores.

Múltiplos de 3 → 0, 3, 6, 9, 12, **15**...

Múltiplos de 5 → 0, 5, 10, **15**, 20...

m.c.m. (3, 5) = 15

Pongo 15 como denominador de las nuevas fracciones y calculo el numerador de cada una dividiendo el m.c.m. por el denominador y multiplicando el resultado por el numerador.

$$\frac{2}{3} \rightarrow \boxed{\begin{matrix}15 : 3 = 5 \\ 2 \times 5 = 10\end{matrix}} \rightarrow \frac{10}{15} \qquad \frac{4}{5} \rightarrow \boxed{\begin{matrix}15 : 5 = 3 \\ 4 \times 3 = 12\end{matrix}} \rightarrow \frac{12}{15}$$

Como $\frac{10}{15} < \frac{12}{15}$, entonces $\frac{2}{3} < \frac{4}{5}$.

1 Expresa estas fracciones con el mismo denominador utilizando el método de productos cruzados.

- $\frac{2}{3}$ y $\frac{3}{5}$
- $\frac{1}{7}$ y $\frac{1}{2}$
- $\frac{1}{3}$ y $\frac{3}{7}$
- $\frac{5}{6}$ y $\frac{9}{5}$
- $\frac{4}{3}$ y $\frac{6}{9}$
- $\frac{7}{4}$ y $\frac{3}{7}$

2 Busca un denominador común para estas fracciones utilizando el método del mínimo común múltiplo.

- $\frac{1}{3}$ y $\frac{1}{2}$
- $\frac{2}{3}$ y $\frac{2}{5}$
- $\frac{2}{4}$ y $\frac{3}{5}$
- $\frac{8}{3}$ y $\frac{9}{12}$
- $\frac{4}{6}$ y $\frac{10}{15}$
- $\frac{1}{8}$ y $\frac{2}{24}$

3 Ordena las fracciones de cada grupo de menor a mayor. Busca primero un denominador común.

- $\frac{7}{12}$, $\frac{4}{12}$ y $\frac{3}{6}$
- $\frac{3}{7}$, $\frac{4}{6}$ y $\frac{3}{8}$
- $\frac{7}{9}$, $\frac{4}{3}$ y $\frac{3}{5}$
- $\frac{4}{3}$, $\frac{5}{9}$ y $\frac{4}{27}$
- $\frac{2}{6}$, $\frac{4}{5}$ y $\frac{3}{7}$
- $\frac{5}{7}$, $\frac{2}{6}$ y $\frac{8}{2}$

4 Gema ha comprado $\frac{2}{5}$ de metro de cuerda verde y $\frac{5}{2}$ de metro de cuerda marrón. ¿De qué cuerda ha comprado menos?

5 Con los alumnos de una clase se hacen tres grupos. En uno hay $\frac{4}{9}$ del total, en otro, $\frac{2}{6}$ del total, y en el tercero, el resto. ¿En cuál de los dos primeros grupos hay más alumnos? ¿Por qué?

6 Dos amigos tienen que hacer las mismas actividades del colegio en el fin de semana. Si uno de los amigos ha hecho ya $\frac{2}{3}$ de las actividades y el otro ha hecho $\frac{4}{5}$, ¿cuál de los dos ha hecho por ahora más cantidad de actividades?

7 En una heladería venden helados de todos los sabores, pero los más vendidos son los de chocolate, los de fresa y los de nata. De chocolate venden al día $\frac{1}{2}$ del total, de fresa, $\frac{1}{5}$ del total, y de nata, $\frac{1}{10}$. ¿De qué tipo de helados venden mayor cantidad?

8 En la clase de Víctor, $\frac{3}{8}$ del total de los alumnos practican el ciclismo, $\frac{2}{5}$ del total practican natación y el resto practica baloncesto. ¿Cuál es el deporte más practicado por los alumnos?

9 Irene tiene geranios, rosas y claveles. Los $\frac{3}{10}$ del total de las plantas son geranios, los $\frac{3}{8}$ del total son rosas y el resto son claveles. ¿De qué planta hay menos cantidad?

LÓGICA

10 Nadia colecciona cromos de su serie de televisión favorita. Si el número de cromos que tiene repetidos es múltiplo de 5, divisor de 150 y el máximo común divisor de ese número y 300 es igual a 30, ¿cuántos cromos repetidos tiene Nadia? Indica si todos los datos del problema son necesarios para resolverlo y explica por qué.

¡NO HAY PROBLEMA!

Simplificar un problema para resolverlo

En la puerta de un cine del centro de Madrid se ha realizado una encuesta sobre qué tipo de películas suelen ver los espectadores. De las personas encuestadas, $\frac{1}{5}$ prefieren las películas de terror y $\frac{1}{3}$ escogen comedias.

¿Cuál es el género cinematográfico más elegido por las personas encuestadas?

- Leo y comprendo el enunciado.
- Simplifico el problema.

  De las personas encuestadas, $\frac{1}{5}$ prefieren ver películas de terror y $\frac{2}{5}$ eligen comedias. ¿Cuál es el género cinematográfico más elegido?

- Resuelvo el problema simplificado.
  - Comparo las dos fracciones que tienen el mismo denominador.

    Como $1 < 2 \rightarrow \frac{1}{5} < \frac{2}{5}$

  - El género cinematográfico más elegido es la comedia.

- Resuelvo el problema original.
  - Calculo fracciones equivalentes a las dadas con el mismo denominador y las comparo.

$$\left.\begin{array}{l}\frac{1}{5} = \frac{2}{10} = \frac{3}{15} \\ \\ \frac{1}{3} = \frac{2}{6} = \frac{3}{9} = \frac{4}{12} = \frac{5}{15}\end{array}\right] \text{Como } 3 < 5 \rightarrow \frac{3}{15} < \frac{5}{15} \rightarrow \frac{1}{5} < \frac{1}{3}$$

  - El género cinematográfico más elegido es la comedia.

¿Por qué crees que se han modificado los datos del problema al simplificarlo?

1 Cristina ha forrado su carpeta con cuadrados de cartulina de colores. La mitad de los cuadrados de cartulina son azules, $\frac{1}{5}$ son rojos y $\frac{3}{10}$, amarillos. ¿De qué color hay menos cuadrados y de cuál hay más?

2 A Leticia su madre le ha dado 5 € para comprar un rotulador fluorescente que cuesta 1 €, un bolígrafo de seis colores por 2 € y unas etiquetas por 1 €. ¿Cuánto dinero le sobrará?

3 La semana pasada Paola fue a un evento gastronómico de comidas del mundo en un barrio muy conocido de Londres. De los platos elegidos, $\frac{2}{7}$ eran de Corea y $\frac{3}{5}$ de Rusia. ¿De qué país se eligió más platos?

♥ Imagina que te vas a mudar a otra localidad. ¿Qué echarías de menos del lugar donde vives actualmente? ¿Por qué?

4 Álvaro ha comprado estos refrescos para la fiesta de su cumpleaños: $\frac{1}{4}$ de los refrescos son de naranja y $\frac{2}{4}$ son refrescos de limón. ¿De qué refrescos ha comprado más cantidad?

- Si el resto de los refrescos que ha comprado son de cola, ¿qué fracción de refrescos son de cola?

5 Emilia va a hacer un bizcocho y emplea para amasar $\frac{1}{4}$ del total del tiempo y en hornear $\frac{3}{4}$ del total del tiempo. ¿En qué emplea Emilia más tiempo: en amasar o en hornear?

6 Fátima guarda los calcetines y las camisetas en uno de los cajones de su armario. Para los calcetines utiliza $\frac{1}{3}$ del cajón, y $\frac{2}{3}$ para guardar las camisetas. ¿Qué ocupa más espacio en el cajón, los calcetines o las camisetas?

7 Javier quiere decorar estas cuatro camisetas con alguno de estos tres dibujos. ¿Cuántas combinaciones posibles puede hacer?

8 Andrea y sus padres estuvieron de vacaciones por Europa el verano pasado. En Francia estuvieron $\frac{1}{3}$ de los días, y $\frac{3}{5}$ de los días, recorriendo la Selva Negra en Alemania. ¿Dónde estuvieron más tiempo?

CÁLCULO MENTAL

Sumar varios números de dos cifras cuando dos de ellos suman decenas exactas.

23 + **47** + 19 = **70** + 19 = 89

1 Calcula mentalmente estas sumas.

- 12 + 28 + 25
- 30 + 51 + 29
- 85 + 25 + 17

Elabora una estrategia para calcular estas operaciones y comprueba el resultado con la calculadora.

110 + **190** + 240 **250** + **135** + 150

2 Calcula mentalmente estas sumas.

- 140 + 360 + 174
- 592 + 108 + 165
- 602 + 298 + 198

AHORA INTÉNTALO TÚ

3 Encuentra el 1 347 operando con los siguientes números.

120 6 80 3 49

Solo puedes utilizar cada número una vez.

MANOS A LAS MATES

Fracciones en el reloj

¿Qué necesitamos?

Cartulinas de colores diferentes

Tijeras

Rotuladores

Lápiz

Pegamento

Regla

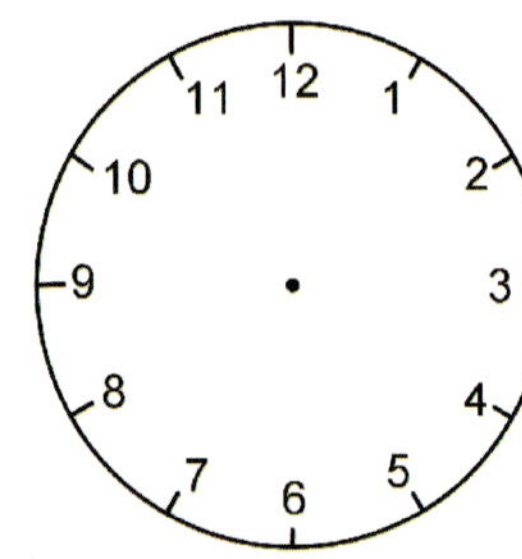

Plantilla

Construimos

1. Pega en cada una de las cartulinas una plantilla del reloj y recórtalas con las tijeras.

2. Coge el primer reloj y córtalo por la mitad. Para ello marca, con ayuda de la regla y el lápiz, una línea que una el 12 y el 6.

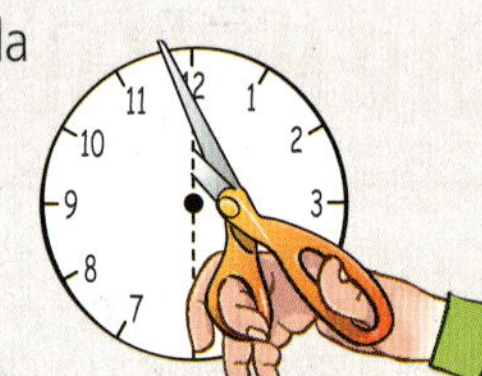

3. Ahora divide el segundo reloj en cuatro partes. Para ello marca las líneas entre el 12 y el 6 y entre el 9 y el 3. Corta por las líneas que has marcado.

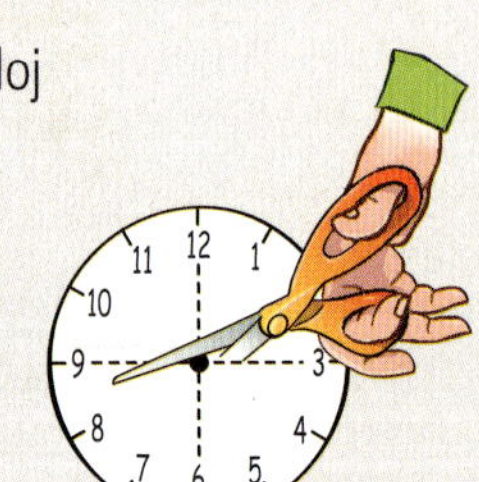

4. Por último, divide en tres el tercer reloj. Para ello marca las líneas entre el centro del reloj y el 12, el 4 y el 8, como en el dibujo. Corta por las líneas que has marcado.

1 Escribe, en cada una de las piezas de los relojes que has construido, la fracción que crees que representan.

- Recuerda que has dividido un reloj en dos partes, otro en tres y otro en cuatro partes.

2 Intenta construir un reloj completo a partir de piezas de dos tamaños diferentes. ¿Qué piezas has empleado? Compáralas con las de algún compañero.

3 En tu cuaderno, relaciona cada pieza de tu reloj con los minutos y las fracciones de hora que crees que corresponden en cada caso.

- $\frac{1}{4}$ de hora
- $\frac{1}{3}$ de hora
- $\frac{1}{2}$ de hora

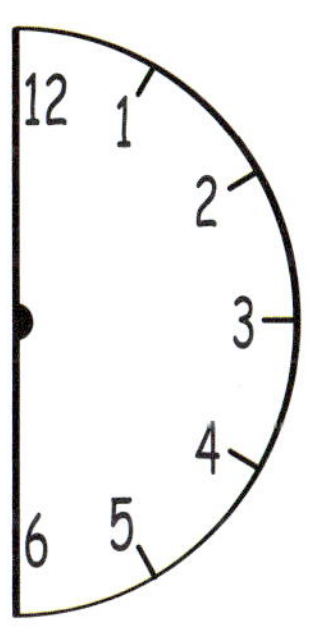

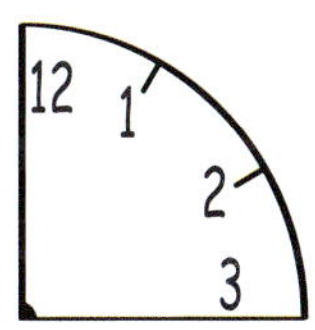

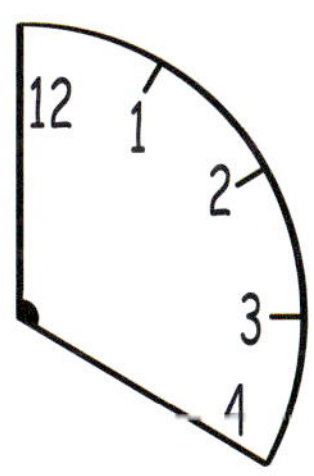

4 Comprueba con tus relojes cuánto tardan estos niños en llegar al colegio desde que se levantan.

– Gael tarda las $\frac{2}{3}$ partes de una hora.

– Patricia tarda $\frac{2}{4}$ partes de una hora.

- ¿Quién tarda más en llegar al colegio?

5 Ahora, comprueba con tus relojes cuánto tardan Gael y Patricia en regresar a casa después de salir del colegio.

– Gael tarda $\frac{1}{2}$ parte de una hora.

– Patricia tarda $\frac{2}{4}$ partes de una hora.

- ¿Qué observas?

6 Investiga cómo podrías dividir una hora en seis partes y cómo construirías un reloj con las fracciones de $\frac{1}{6}$.

¡INOLVIDABLE!

1 Escribe en tu cuaderno cómo se leen estas fracciones.

$\frac{12}{9}$ $\frac{4}{19}$ $\frac{7}{13}$ $\frac{16}{26}$ $\frac{2}{15}$

2 Compara estas fracciones en tu cuaderno utilizando los signos < o >.

- $\frac{5}{6}$ y $\frac{2}{6}$
- $\frac{7}{11}$ y $\frac{9}{11}$
- $\frac{9}{8}$ y $\frac{9}{10}$
- $\frac{8}{5}$ y $\frac{8}{4}$

3 Copia en tu cuaderno y relaciona cada fracción con su representación en la recta numérica.

$\frac{1}{2}$ $\frac{3}{4}$ $\frac{6}{3}$ $\frac{12}{4}$ $\frac{5}{2}$

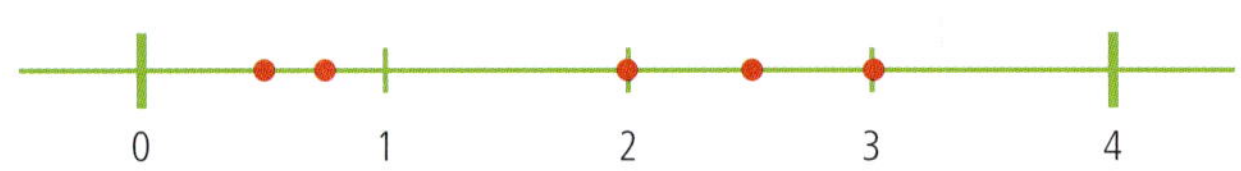

4 Copia y completa en tu cuaderno.

- $\frac{2}{5} + \frac{2}{5} =$ .....
- $\frac{2}{3}$ de 45 = ...
- $\frac{6}{5} - \frac{2}{5} =$ .....
- $\frac{5}{6}$ de 72 = ...

5 Alberto, Edurne y Fátima han ayudado a su madre a preparar una *pizza* para cenar. Alberto se ha comido $\frac{3}{8}$ de la *pizza*, Edurne $\frac{2}{5}$ y Fátima $\frac{1}{5}$. ¿Cuál de los tres ha comido más *pizza*?

- Representa gráficamente la cantidad de *pizza* que ha comido cada niño y comprueba tu respuesta.

6 Expresa en tu cuaderno estas fracciones como números mixtos.

$\frac{7}{4}$ $\frac{6}{5}$ $\frac{15}{7}$ $\frac{3}{2}$ $\frac{18}{13}$

7 Escribe la fracción irreducible de estas fracciones en tu cuaderno.

$\frac{6}{18}$ $\frac{28}{36}$ $\frac{3}{7}$ $\frac{15}{40}$

8 Obtén una fracción equivalente a las siguientes con el mismo denominador por el método de los productos cruzados.

- $\frac{3}{5}$ y $\frac{4}{3}$
- $\frac{4}{6}$ y $\frac{2}{12}$
- $\frac{5}{7}$ y $\frac{9}{4}$

9 Copia en tu cuaderno y relaciona cada fracción con su fracción irreducible.

$\frac{24}{56}$	$\frac{1}{2}$
$\frac{25}{50}$	$\frac{3}{7}$
$\frac{32}{36}$	$\frac{8}{9}$

10 Rocío, Carlos y Valeria están montando cuatro puzles cada uno. Si Rocío ha montado ya $\frac{14}{7}$ de sus puzles, Carlos $\frac{18}{7}$ y Valeria $\frac{23}{7}$, ¿quién lleva más avanzados sus puzles?

11 Obtén una fracción equivalente a las siguientes con el mismo denominador por el método del mínimo común múltiplo.

- $\frac{5}{2}$ y $\frac{2}{4}$
- $\frac{7}{5}$ y $\frac{10}{6}$
- $\frac{3}{7}$ y $\frac{6}{4}$

12 Calcula mentalmente.

- 12 + 28 + 13
- 384 + 621 + 279
- 265 + 320 + 235
- 15 + 62 + 85

13 Este verano has pasado una semana de vacaciones en el pueblo de unos amigos. Detrás de su casa tenían un terreno con distintos cultivos.

A En el colegio te han pedido una redacción sobre el lugar en el que has pasado tus vacaciones. Observa el dibujo y explica cómo era el terreno.

1. ¿Qué forma tenía?
2. ¿Cuáles de las siguientes cosas había en el terreno?
   - huerto
   - fuente
   - jardín
   - árboles frutales
   - columpios
   - césped
   - pozo
   - invernadero

B En la redacción también debes escribir sobre lo que hiciste en vacaciones.

1. Por las mañanas ibas al terreno de la parte de atrás con tus amigos. ¿Qué fracción del terreno ocupaba cada una de estas zonas? Contesta en tu cuaderno.
   - Árboles frutales ⟶ .....
   - Huerto ⟶ .....
   - Jardín ⟶ .....
2. De los 27 árboles que había en total, la tercera parte eran manzanos, seis eran perales y el resto, ciruelos. ¿Cuántos árboles había de cada variedad?

C Buscando imágenes de distintos árboles para decorar la redacción has encontrado esta ilustración. Observa con detalle el esquema y utilízalo para explicar a tus compañeros lo que sabes del proceso de la fotosíntesis.

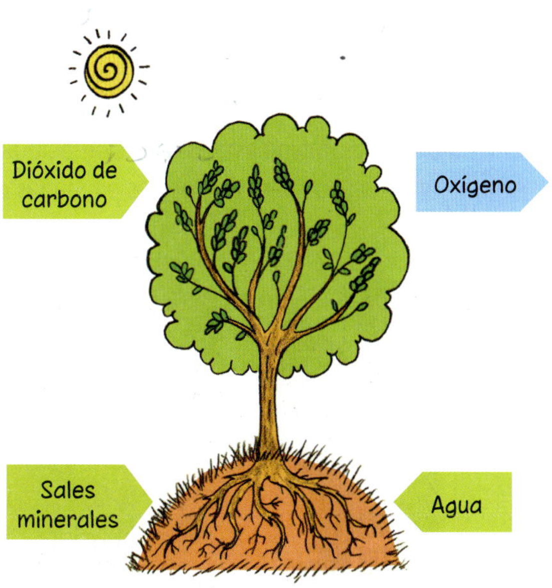

14 Realiza un esquema con todo lo que has aprendido en esta unidad.

ENTRENAMIENTO DE EQUIPO

¿Crees que puede haber magia en las matemáticas?

Cuando oímos la palabra magia, pensamos en algún mago famoso. Pero si oímos además la palabra matemáticas parece que se trata de un truco de números.

Para conocer mejor las curiosidades matemáticas, vamos a investigar en grupos.

Investigamos sobre las curiosidades matemáticas

Seguid estos pasos para preparar un juego de preguntas usando la técnica del **Rompecabezas.**

Lo primero que debéis hacer antes de preparar cada una de las actuaciones de la sesión es investigar sobre los tipos de curiosidades matemáticas que la formarán.

Dividimos el trabajo

Cada uno de los integrantes del equipo se encargará de la tarea de buscar información sobre:

Tarea 1
Trucos de números sin la calculadora.

Tarea 2
Juegos para realizar con la calculadora.

Tarea 3
Trucos con las cartas de una baraja.

Tarea 4
Trucos visuales con figuras.

Buscamos información

Para empezar, recopilad todo el material que encontréis en la biblioteca, Internet o que os facilite vuestro profesor sobre el tema que os ha tocado investigar a cada uno y leedlo con atención.

Comunicamos los resultados

Luego, reuníos cada uno con los compañeros de los grupos que tengan la misma tarea y poned en común todos los trucos o curiosidades que habéis recopilado. Comentad e intercambiad esta información para aclarar las posibles dudas. ¡Ayudaos y escuchaos para convertiros en magos expertos!

Preparamos la sesión de magia

Es el momento de preparar la sesión de magia. Reuníos de nuevo el equipo y explicad a los compañeros los trucos que habéis seleccionado los expertos de vuestra tarea; es vuestra responsabilidad explicarles todo de manera clara y sencilla.

Cuando hayáis terminado, el resto de los compañeros de equipo expondrá los trucos de la tarea asignada mientras los demás lo escucháis con atención y hacéis preguntas sobre lo que no entendéis.

- Decidid las secciones que van a aparecer en la sesión de magia y si se harán en directo o en vídeo.
- Entre toda la información que habéis recogido, elegid los trucos que os parezcan más adecuados para cada una de las acciones.

Realizamos la actuación

Para realizar la actuación, entre todos:

- Decidid el orden en el que se van a presentar las secciones.
- Controlad el tiempo que durará cada parte del espectáculo, incluyendo la presentación. Es importante que los trucos no sean demasiado largos para no aburrir al público.
- Elegid la música o los efectos que acompañarán a cada truco, así como la decoración del escenario.
- Buscad un lugar adecuado para la puesta en escena.
- Pensad en el vestuario apropiado para cada uno de los miembros del equipo.
- Ensayad cada número hasta poder presentarlo delante de la clase o grabarlo.

¡Felicidades! Habéis organizado vuestra particular sesión de magia matemática. ¡Sorprended a vuestros compañeros con estos trucos!

¡A PRUEBA!

1 ¿Qué número obtienes si en el siguiente intercambias la cifra de las unidades de millar con la de las decenas, le aumentas una decena de millar y divides por dos la cifra de las centenas de millar?

456 789

2 Nerea está revisando el número de llamadas que ha hecho con su teléfono móvil cada mes y lo ha anotado en esta tabla.

Mes	N.° de llamadas
Enero	35
Febrero	27
Marzo	43
Abril	36
Mayo	40
Junio	56
Julio	47
Agosto	41

- ¿Cuál ha sido el mes que más llamadas ha realizado?
- ¿Y el mes en el que ha realizado menos llamadas?
- Si cada llamada cuesta 1,50 €, ¿cuánto ha pagado en el mes de mayo por las llamadas realizadas?

3 Luis está haciendo la siguiente tabla para mostrar el número de cromos que tiene. Cada  representa quince cromos.

Colección	Número de cromos
Animales	
Superhéroes	
Cantantes	
Coches	

- Si tiene 135 cromos de coches, ¿cuántos  deberá dibujar en la última celda?

a. 5 **c.** 9
b. 20 **d.** 15

4 La madre de Noelia cumplió ayer cuatro decenas de años. Si la edad de Noelia es el doble de la mitad de la cuarta parte de la edad de su madre, ¿cuántos años tiene Noelia?

5 El Ayuntamiento de tu ciudad ha comprado este terreno para construir un parque infantil.

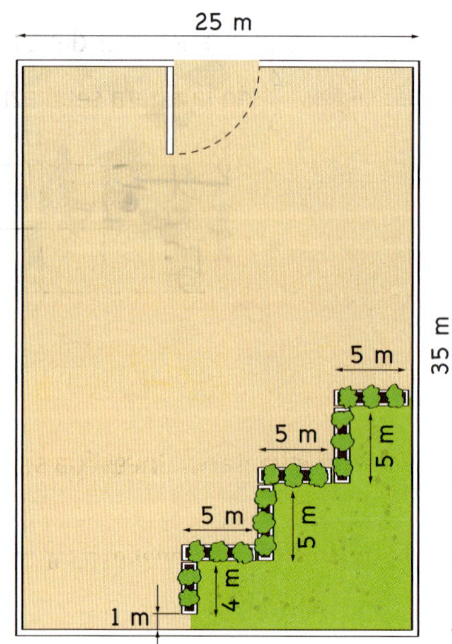

- Si se quiere poner una valla que delimite el parque, ¿qué longitud tendrá?
- El metro de valla cuesta 18 €. ¿Cuanto costará en total la valla?
- Para separar dos zonas en el parque, se va a poner unas jardineras que miden 1 m de largas y cuyo precio es de 25 €. ¿Cuántas jardineras se utilizarán? ¿Cuánto pagará el Ayuntamiento por ellas?
- Si la mano de obra es de 800 €, ¿cuánto costará en total hacer el parque infantil?

6 ¿Cuál de estas expresiones equivale a decir que Julia se comió $\frac{3}{6}$ de tarta?

a. Julia se comió $\frac{1}{3}$ de tarta.

b. Julia se comió $\frac{1}{2}$ de tarta.

c. Julia se comió $\frac{1}{6}$ de tarta.

d. Julia se comió $\frac{2}{3}$ de tarta.

7 ¿Qué fracción representa la parte coloreada de cada figura?

A

C

B

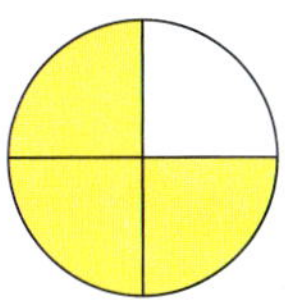

D

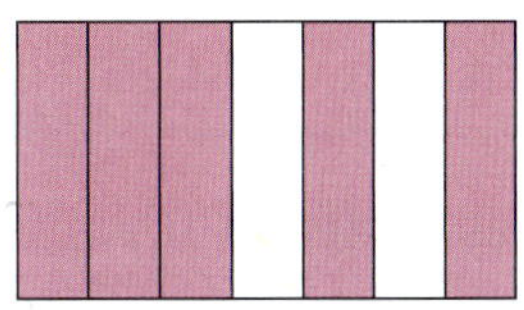

8 ¿Cuántos cuadrados pequeños más debes colorear de azul en la siguiente figura para que los $\frac{4}{5}$ de la figura sean azules?

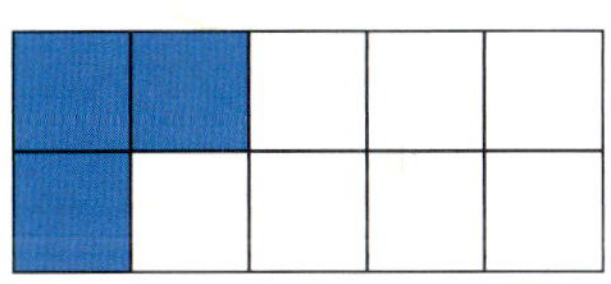

Esfuerzo y responsabilidad

9 ¿Sabes qué es un inventario? Investiga su significado y escríbelo en tu cuaderno.

- Haz el inventario de tu material escolar utilizando cinco categorías parecidas a las siguientes.

Material de escritura y dibujo	Material para hacer deporte	Material de estudio y lectura

- Compáralo con el de tus compañeros y contesta a estas preguntas.
  - – ¿Te falta algún objeto necesario para hacer tus tareas escolares?
  - – ¿Qué cosas del inventario no necesitas?
  - – ¿Sueles olvidar o perder algún material?
  - – ¿Qué puedes hacer para comprobar que siempre tienes todo lo necesario?

MATES EN ACCIÓN

La calculadora

Para calcular los múltiplos de 5 con la calculadora puedo seguir estos pasos:

- Tecleo un múltiplo de 5, por ejemplo el 0, y le sumo 5.

  [0] [+] [5]

- Presiono la tecla igual y obtengo el siguiente múltiplo de 5.

  [=] → 5

- Presiono la tecla igual tantas veces como múltiplos de 5 quiera obtener.

  [=] → 10   [=] → 15   [=] → 20   [=] → 25

1. Calcula los diez primeros múltiplos de los siguientes números con la calculadora.
   - 7
   - 12
   - 25
   - 80
   - 99

2. Busca la forma de calcular con la calculadora los múltiplos de 6 a partir de 60, sabiendo que 60 es múltiplo de 6.

3. Inventa un método para calcular con la calculadora los múltiplos de 9 mayores que 100.

4. Imagina que se ha estropeado la tecla [0] de tu calculadora. Idea la forma de escribir en la pantalla los siguientes números.

   40   720   805   3 010   5 900

5. Averigua cómo puedes obtener 100 en la pantalla de tu calculadora usando solo las teclas [3], [7], [+], [–], [=].

6. Inventa un método para calcular con la calculadora esta operación sin usar la tecla [×].

   $24 \times 17 \times 2$

   - Compara tu método con el de uno de tus compañeros.

7. Investiga sobre la historia de la calculadora y presenta un trabajo con imágenes, fechas y nombres.

Las fracciones en otras civilizaciones

¿Sabes cómo escribían las fracciones los antiguos egipcios?

Los egipcios solo utilizaban fracciones con numerador igual a 1, salvo algunas fracciones especiales como $\frac{2}{3}$ y $\frac{3}{4}$.

Excepto en el caso de $\frac{1}{2}$, escribían las fracciones de numerador igual a 1 dibujando un círculo encima del número del denominador.

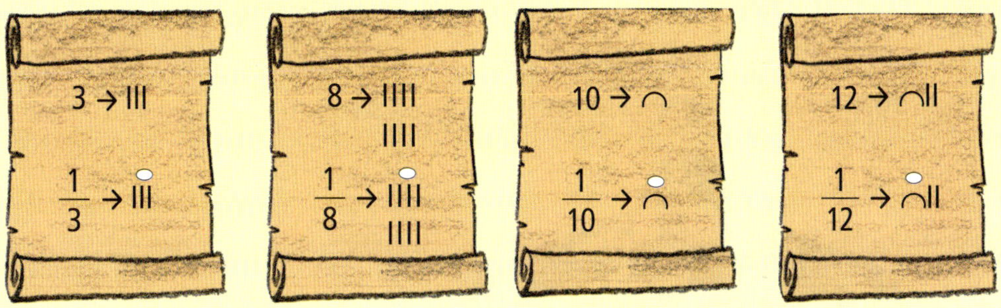

1 Busca información sobre el ojo de Horus y elabora un mural en el que expongas lo que has averiguado.

2 Escribe en tu cuaderno las siguientes fracciones como lo harían los egipcios.

$\frac{1}{4}$ $\frac{1}{20}$ $\frac{1}{6}$ $\frac{1}{15}$

3 Averigua cómo escribían los egipcios las siguientes fracciones y escríbelas en tu cuaderno.

$\frac{1}{2}$ $\frac{2}{3}$ $\frac{3}{4}$

4 Investiga sobre la historia de las fracciones en otras civilizaciones y responde a estas preguntas.

- ¿Conocían los mayas las fracciones?
- ¿Qué civilización comenzó a escribir las fracciones tal y como las conoces?
- ¿Cómo nombraban en la antigua civilización china al numerador y al denominador de una fracción?

5 Imagina que viajas en una máquina del tiempo a la antigua Roma. ¿Cómo le explicarías a un romano el concepto de fracción?

La Leyenda del Legado

haber habido

5

MATEMÁTICAS

SEGUNDO TRIMESTRE

AUTORAS

Victoria Augusto Buitrago
María Gallego Calvo

ASESOR DIDÁCTICO Y MATEMÁTICO

José Antonio Fernández Bravo

COLABORA LA ASOCIACIÓN

GAMIFICA TU AULA
M.ª Jesús Asturiano Albenca
Javier Barba Calatrava
Salvador Carrión del Val
Clara Cordero Balcázar
Juan Fernández Galera

EDELVIVES PRIMARIA

El 0,7 % de la venta de este libro se destina a proyectos de desarrollo de la ONGD SED (www.sed-ongd.org).

Saber hacer

¡No hay problema!	Cálculo mental	Manos a las mates
Resolver un problema siguiendo unos pasos	Sumar millares exactos a números de cuatro o cinco cifras Restar millares exactos a números de cuatro o cinco cifras	Números de hasta 7 cifras
Resolver un problema a partir de un gráfico	Multiplicar números de dos cifras por decenas o centenas exactas Multiplicar números de dos cifras por millares exactos	El triángulo de las multiplicaciones y las divisiones
Simplificar un problema para resolverlo	Dividir números de tres o cuatro cifras acabados en 0 por decenas o centenas exactas Dividir números de cuatro o cinco cifras acabados en 0 por millares exactos	Potencias con garbanzos
Simplificar un problema para resolverlo	Sumar varios números de dos cifras cuando dos de ellos suman decenas exactas Sumar varios números de tres cifras cuando dos de ellos suman centenas exactas	Fracciones en el reloj
¡A prueba!		Mates en acción
Escoger la estrategia más adecuada para resolver un problema	Sumar décimas o centésimas exactas a números decimales Restar décimas exactas a números decimales	¡10 veces menor! ¡100 veces menor!
Dividir un problema en varias etapas para resolverlo	Multiplicar números de dos cifras por 0,5 Multiplicar números de dos cifras por 0,1	Regla graduada
Dividir un problema en varias etapas para resolverlo	Dividir números de dos cifras por 0,5 Dividir números de dos cifras por 0,1	Dominó del tiempo
Estimar la solución de un problema y comprobar el resultado	Multiplicar números de dos cifras por 0,2 Dividir números de dos cifras por 0,2	Simetrías
¡A prueba!		Mates en acción
Buscar regularidades para resolver un problema	Multiplicar números decimales por 10 y por 100 Multiplicar números decimales por 1 000	Amplitud, posición y suma de ángulos
Buscar regularidades para resolver un problema	Dividir números decimales por 10 y por 100 Dividir números decimales por 1 000	El geoplano
Escoger la estrategia más adecuada para resolver un problema	Multiplicar números de dos cifras por 9 Multiplicar números de dos cifras por 99	Áreas con el tangram
Estimar la solución de un problema y comprobar el resultado	Calcular el producto aproximado de números de tres cifras Calcular el cociente aproximado de números de tres cifras	Tira el dado
¡A prueba!		Mates en acción

LA HORA DE TODOS

Para los habitantes de la Tierra ha sido muy importante medir el tiempo ya desde la antigüedad. Para resolver el segundo reto del curso, necesitáis conocer su historia y su evolución a lo largo de ella.

¡Adelante!

La cápsula del tiempo

Por si fuera de utilidad para las generaciones futuras, vamos a crear una cápsula del tiempo en la que recogeremos toda la información posible sobre la historia de la medida del tiempo. Podemos plantearnos guardar en ella documentación y también algún objeto representativo. ¡Comenzamos!

¿Cómo se medía el tiempo en el antiguo Egipto?

¿Cuáles son las unidades de medida del tiempo?

¿Qué información le sería útil a otras generaciones?

¿Cómo se calculan los años bisiestos?

Para investigar

Podéis obtener información útil para este reto:

- En la unidad 7, página 124.
- En la unidad 7, página 125.

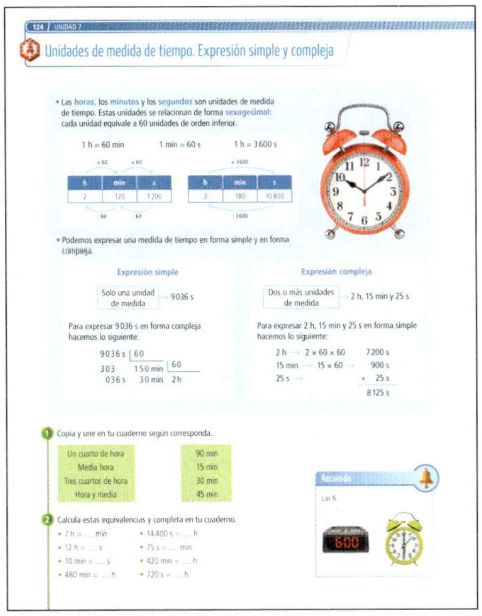

124 UNIDAD 7

4 Unidades de medida de tiempo. Expresión simple y compleja

- Las horas, los minutos y los segundos son unidades de medida de tiempo. Estas unidades se relacionan de forma sexagesimal: cada unidad equivale a 60 unidades de orden inferior.

1 h = 60 min   1 min = 60 s   1 h = 3600 s

h	min	s
2	120	7200

h	min	s
3	180	10800

- Podemos expresar una medida de tiempo en forma simple y en forma compleja.

Expresión simple: Solo una unidad de medida → 9036 s

Para expresar 9036 s en forma compleja hacemos lo siguiente:

9036 s : 60 = 150 min, resto 036 s; 150 min : 60 = 2 h, resto 30 min

Expresión compleja: Dos o más unidades de medida → 2 h, 15 min y 25 s

Para expresar 2 h, 15 min y 25 s en forma simple hacemos lo siguiente:

2 h → 2 × 60 × 60 → 7200 s
15 min → 15 × 60 → 900 s
25 s → + 25 s
8125 s

1 Copia y une en tu cuaderno según corresponda.

Un cuarto de hora	90 min
Media hora	15 min
Tres cuartos de hora	30 min
Hora y media	45 min

2 Calcula estas equivalencias y completa en tu cuaderno.
- 7 h = ... min
- 12 h = ... s
- 10 min = ... s
- 480 min = ... h
- 14400 s = ... h
- 75 s = ... min
- 420 min = ... h
- 720 s = ... h

Recuerda

Las 6.

6:00

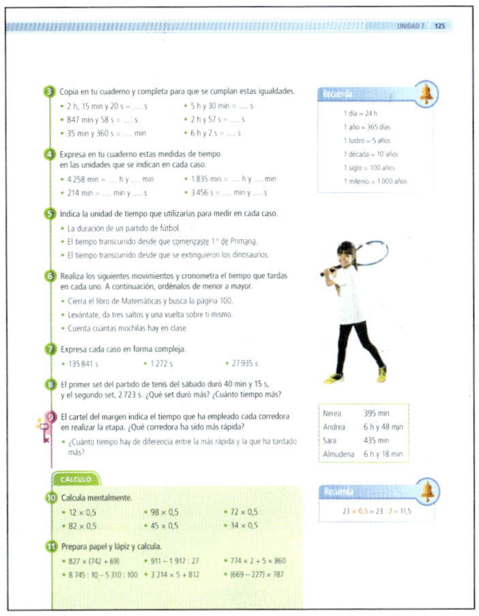

UNIDAD 7 125

3 Copia en tu cuaderno y completa para que se cumplan estas igualdades.
- 2 h, 15 min y 20 s = ... s
- 847 min y 58 s = ... s
- 35 min y 360 s = ... min
- 5 h y 30 min = ... s
- 2 h y 57 s = ... s
- 6 h y 2 s = ... s

4 Expresa en tu cuaderno estas medidas de tiempo en las unidades que se indican en cada caso.
- 4258 min = ... h y ..... min
- 214 min = ... min y ..... s
- 1835 min = ... h y ..... min
- 3456 s = ... min y ..... s

5 Indica la unidad de tiempo que utilizarías para medir en cada caso.
- La duración de un partido de fútbol.
- El tiempo transcurrido desde que comenzaste 1.º de Primaria.
- El tiempo transcurrido desde que se extinguieron los dinosaurios.

6 Realiza los siguientes movimientos y cronometra el tiempo que tardas en cada uno. A continuación, ordénalos de menor a mayor.
- Cierra el libro de Matemáticas y busca la página 100.
- Levántate, da tres saltos y una vuelta sobre ti mismo.
- Cuenta cuántas mochilas hay en clase.

7 Expresa cada caso en forma compleja.
- 135841 s
- 1272 s
- 27935 s

8 El primer set del partido de tenis del sábado duró 40 min y 15 s, y el segundo set, 2723 s. ¿Qué set duró más? ¿Cuánto tiempo más?

9 El cartel del margen indica el tiempo que ha empleado cada corredora en realizar la etapa. ¿Qué corredora ha sido más rápida?
- ¿Cuánto tiempo hay de diferencia entre la más rápida y la que ha tardado más?

Nerea	395 min
Andrea	6 h y 48 min
Sara	435 min
Almudena	6 h y 18 min

Recuerda

1 día = 24 h
1 año = 365 días
1 lustro = 5 años
1 década = 10 años
1 siglo = 100 años
1 milenio = 1000 años

CÁLCULO

10 Calcula mentalmente.
- 12 × 0,5
- 82 × 0,5
- 98 × 0,5
- 45 × 0,5
- 72 × 0,5
- 34 × 0,5

Recuerda

23 × 0,5 = 23 : 2 = 11,5

11 Prepara papel y lápiz y calcula.
- 827 × (742 + 69)
- 8745 : 10 − 5310 : 100
- 911 − 1917 : 27
- 3214 × 5 + 812
- 774 × 2 + 5 × 860
- (669 − 227) × 787

- En páginas en Internet sobre la historia de la medida del tiempo.
- Preguntando a vuestro profesor de Matemáticas o de Ciencias Sociales.
- Visitando el museo de Ciencia y Tecnología.
- En la biblioteca del colegio.

Para presentar

Podéis elaborar alguno de estos productos para presentar el resultado de vuestro trabajo:

- Elaborar un trabajo expositivo sobre la historia de la medida del tiempo.
- Hacer una presentación oral.
- Realizar una selección de fotografías que representen los objetos que guardaréis en la cápsula del tiempo.

5 NÚMEROS DECIMALES

El precio del kilogramo de fresones es de 7,80 €, lo que significa que no es ni 7 € y ni 8 €. ¿Qué significa 0,80 €?

Para reconquistar la Tierra será necesario manejar cifras, dimensiones y cantidades con toda la exactitud posible. ¡No olvidéis la importancia de las comas!

¿Por qué crees que es importante tener una buena higiene?

Si quieres comprar tres envases de coco y dos de mango, ¿cuánto dinero tienes que pagar?

Unidad, décima, centésima y milésima

• Puedo expresar los números decimales en forma de fracción.

1 unidad = 10 décimas

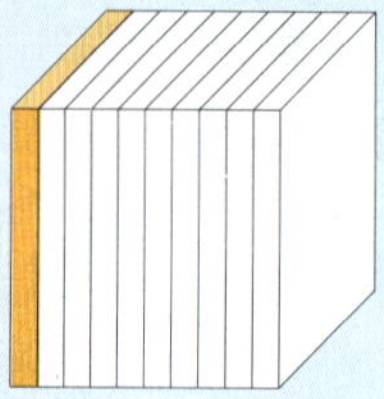

1 décima = 0,1

1 unidad = 100 centésimas

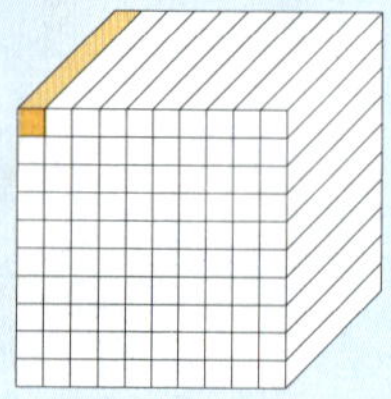

1 centésima = 0,01

1 unidad = 1 000 milésimas

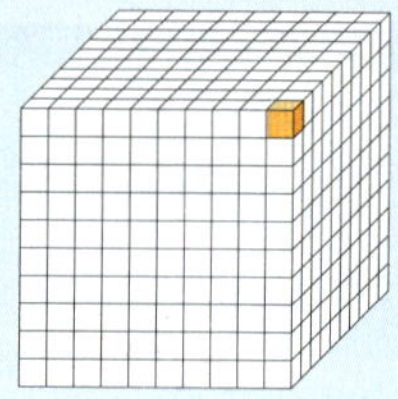

1 milésima = 0,001

• Puedo escribir una **décima** como fracción:

$$\frac{1}{10}$$

• Puedo escribir una **centésima** como fracción:

$$\frac{1}{100}$$

• Puedo escribir una **milésima** como fracción:

$$\frac{1}{1\,000}$$

• Puedo expresar las fracciones cuyo denominador es la unidad seguida de ceros como números decimales. Para ello, se escribe el numerador de la fracción y se separan con una coma, empezando por la derecha, tantas cifras decimales como ceros tiene el denominador.

$$\frac{43}{10} = 4{,}3$$

Se lee *cuatro coma tres*, o *cuatro unidades* y *tres décimas*.

$$\frac{65}{1\,000} = 0{,}065$$

Se lee *cero coma cero sesenta y cinco* o *sesenta y cinco milésimas*.

1 Observa el ejemplo y une en tu cuaderno.

2 décimas →	570 centésimas
15 décimas	20 centésimas
57 décimas	150 centésimas
38 décimas	3 800 milésimas

(Ejemplo: 2 décimas → 20 centésimas)

2 Observa los ejemplos y escribe en forma de número decimal o de fracción.

$\frac{3}{10} = 0{,}3$ • $\frac{4}{100}$ • $\frac{42}{1\,000}$ • $\frac{485}{10}$

$0{,}87 = \frac{87}{100}$ • 0,09 • 0,784 • 0,25

3 Descompón los siguientes números decimales como en el ejemplo.

48,6 → 4 D + 8 U + 6 décimas

• 5,47 • 82,024 • 0,217

4 Completa en tu cuaderno.

• 91,034 = ... unidades + ... milésimas
• ..... = 2 unidades + 5 milésimas

5 Lorena tiene 100 bolas del mismo color para hacer un collar. De ellas, 15 son grandes, 35 son medianas y el resto, pequeñas. Si el collar representa la unidad, ¿cuántas centésimas del collar son bolas grandes? ¿Cuántas son medianas? ¿Y pequeñas?

Comparación y aproximación de números decimales

¿Qué maleta tiene mayor masa? ¿Qué mochila tiene menor masa?

18,60 kg

17,63 kg

9,28 kg

9,25 kg

- Para comparar dos números decimales, comparo primero la parte entera. Es mayor el que tenga mayor parte entera.

18,	6	0	← Maleta roja
17,	6	3	← Maleta negra

18 > 17 18,60 > 17,63

Tiene mayor masa la maleta roja.

- Si la parte entera es igual, comparo sucesivamente las décimas, centésimas, milésimas...

9,	2	8	← Mochila amarilla
9,	2	5	← Mochila roja

2 = 2 y 8 > 5 9,28 > 9,25

Tiene menor masa la mochila roja.

- Para aproximar un número decimal a las centésimas, veo entre qué centésimas se encuentra y tomo la más cercana.

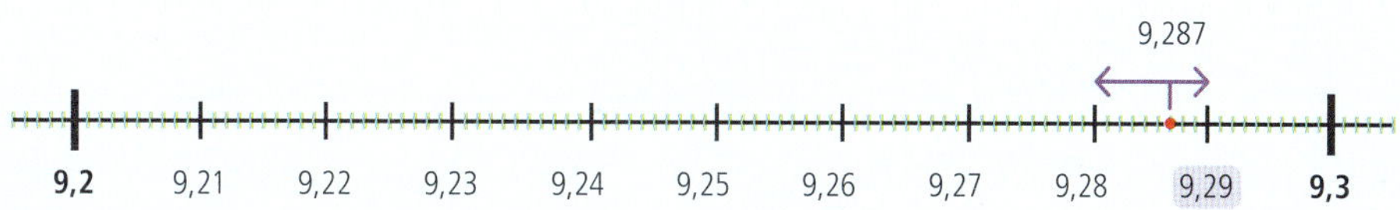

La aproximación a las centésimas de 9,287 es 9,29.

1 Compara los siguientes números en tu cuaderno con los signos <, = o >.

- 4,65 y 6,54
- 39,071 y 39,086
- 234,5 y 23,45
- 450,301 y 450,311

2 Representa estos números en la recta numérica.

2,357	5,474	4,863	7,547

- ¿Cuál es su aproximación a las centésimas?

LÓGICA

3 Celia dice que ha escrito en una tarjeta cuatro números decimales que están comprendidos entre el número 1,3 y el número 1,4.

- ¿Es eso posible? Explica por qué en tu cuaderno.
- ¿Podrías escribir 6 números menores que 0,72 y mayores que 0,71? Escríbelos en tu cuaderno.

Suma y resta de números decimales

Pilar ha pesado estas dos rocas para hacer un experimento. ¿Qué masa tienen entre las dos? ¿Cuántos kilogramos tienen de diferencia?

- Para sumar o restar números decimales, hago coincidir en la misma columna las cifras del mismo orden.

$$\begin{array}{r} 15{,}250 \\ +\ 13{,}426 \\ \hline 28{,}676 \end{array} \qquad \begin{array}{r} 15{,}250 \\ -\ 13{,}426 \\ \hline 01{,}824 \end{array}$$

Las dos rocas tienen una masa de 28,676 kg.

Una roca tiene 1,824 kg más que la otra.

- Observa que si un número no tiene suficientes cifras, escribo el número cero.

1 Copia en tu cuaderno y une con flechas.

24,057 + 46,98	278,08
74,3 + 203,78	49,29
297,74 + 6,547	71,037
75,89 – 26,6	304,287
247,03 – 84,3	81,93
84,6 – 2,67	162,73

2 Coloca en vertical y calcula.

- 325,08 + 5,279 + 63,4
- 46,195 + 148,36 + 23,51
- 7,403 + 81,02 + 55,48
- 489,37 – 42,59
- 54,961 – 3,64
- 905,16 – 78,385

3 Calcula las siguientes operaciones en tu cuaderno.

- 55,87 € + 32,46 €
- 653,45 km – 84,578 km
- 4 501,74 kg + 13 kg + 126,12 kg
- 48,999 l – 36,98 l

4 Consigue el catálogo de precios de una tienda a la que vayas con frecuencia. Después, elabora una lista en la que incluyas 6 artículos que tengan dos cifras decimales en su precio y calcula cuánto te costaría la compra.

- Compara tu lista de precios con la de un compañero. ¿A cuál de los dos os costaría más?

Recuerda

No olvides añadir al resultado la unidad correspondiente.

3,90 € + 2,55 € = 6,45 €

3,90 € – 2,55 € = 1,35 €

5 Calcula y completa en tu cuaderno con los números que faltan en cada caso. Comprueba que es correcto con la calculadora.

2,1 + ... = 4   7,2 – ...... = 3,12
1,10 + ... = 2   8,45 – ...... = 6,9

6 ¿Qué tres números de cada fila suman 2? Utiliza la calculadora para averiguarlo y cópialos en tu cuaderno.

- 0,750   0,150   0,600   0,650
- 0,790   0,410   0,780   0,800
- 0,760   0,500   0,050   0,740
- 0,570   0,600   0,830   0,330
- 0,670   0,980   0,670   0,350

7 Carlos ha salido a pasear con sus nietos el fin de semana. El sábado recorrieron 1,91 km y el domingo, 1,568 km.

- ¿Qué día han recorrido más kilómetros?
- ¿Cuántos kilómetros han recorrido entre los dos días?

8 La altura de Sabrina es 0,35 m mayor que la de Kevin, y la de él, 0,32 m menor que la de Juanjo. Si Juanjo mide 1,52 m de altura, ¿cuál es la altura de Kevin?

- ¿Cuál es la diferencia entre la altura de Sabrina y la de Juanjo?

9 De una cuerda se han cortado primero 2,18 m y luego 0,95 m y ahora mide 5,09 m. Realiza un esquema y contesta.

- ¿Qué longitud de la cuerda se ha cortado en total?
- ¿Qué longitud tenía la cuerda antes de hacerse los dos cortes?
- ¿Qué longitud tenía la cuerda después de hacerse el primer corte?

Amplía

En la calculadora se separa la parte entera de la parte decimal con un punto.

1 2 . 5 + 3 . 2 4 = 15.74

2 8 . 6 1 + 9 . 7 = 38.31

CÁLCULO

10 Calcula mentalmente.

- 42 + 17 + 28
- 21 + 33 + 17
- 15 + 25 + 45
- 89 + 20 + 11
- 56 + 13 + 44
- 43 + 27 + 21

11 Prepara lápiz y papel y calcula.

- 1 402 × 412
- 46 592 × 21
- 32 104 × 28
- 708 397 × 356
- 731 915 × 890
- 564 294 × 555

Recuerda

13 + 17 + 12 = 30 + 12 = 42

Multiplicación de números decimales

Daniel ha comprado 4 kg de uvas verdes a 2,83 € cada kilogramo y Alejandro ha comprado 5,5 kg de uvas moradas a 2,70 € cada kilogramo. ¿Cuánto se ha gastado cada uno?

- Multiplico 2,83 × 4.

Multiplico los dos números sin tener en cuenta la coma y, en el producto, separo con una coma, empezando por la derecha, tantas cifras decimales como tenga el factor decimal.

$$\begin{array}{r} 2,83 \\ \times \quad 4 \\ \hline 11,32 \end{array}$$

Dos cifras decimales

Daniel se ha gastado 11,32 €.

- Multiplico 2,70 × 5,5.

Multiplico los dos números sin tener en cuenta la coma y, en el producto, separo con una coma, empezando por la derecha, tantas cifras decimales como tengan en total los dos factores.

$$\begin{array}{r} 2,70 \\ \times \quad 5,5 \\ \hline 1350 \\ 1350 \\ \hline 14,850 \end{array}$$

Tres cifras decimales

Alejandro se ha gastado 14,85 €.

- Observa que la multiplicación cumple la **propiedad conmutativa.**

2,83 × 4 = 4 × 2,83 = 11,32   2,70 × 5,5 = 5,5 × 2,70 = 14,85

1 ¿Cuántas cifras decimales tendrá el resultado de estos productos?

- 35,89 × 8
- 86,14 × 4,9
- 5,3 × 27
- 8,87 × 20,7
- 278,807 × 46
- 64,241 × 57

2 Calcula en tu cuaderno las multiplicaciones de la actividad anterior.

3 Si 4,825 × 12 = 57,9, ¿cuál será el resultado de 12 × 4,825? Explica por qué en tu cuaderno.

4 Copia en tu cuaderno y une con flechas.

47,54 × 72,08	20 018,216
230,04 × 50,07	3 426,6832
35,92 × 557,3	11 518,1028

5 Calcula mentalmente y escribe el resultado en tu cuaderno.

- 76,8 × 10
- 56,9 × 100
- 65,89 × 1 000
- 85,63 × 10
- 54,67 × 100
- 4,312 × 1 000

Recuerda

3,27 × 10 = 32,7

3,27 × 100 = 327

3,27 × 1 000 = 3 270

Observa cuántos lugares se desplaza la coma a la derecha según el número de ceros que tiene el factor.

6 Observa el ejemplo y calcula los productos. Después, aproxímalos a las décimas.

5,79 × 6 = 34,74 → 34,7

- 5,7 × 3,4
- 23,9 × 12,8
- 5,2 × 4,3
- 4,93 × 76
- 32 × 0,87
- 4 × 197,67

7 Observa este paquete y calcula qué masa tendrá en total si todas las tarrinas de helado son iguales y el envase de cartón tiene una masa de 0,025 kg.

8 La gorra de Patricia cuesta 4,75 € y la de Esther, 98 cts. más.

- ¿Cuánto cuesta la gorra de Esther? ¿Y 7 gorras como la de Patricia?

9 Fernando y 7 amigos suyos han puesto 1,75 € cada uno para hacerle un regalo a una compañera. ¿Cuántos euros han reunido en total para el regalo?

10 Pilar ha comprobado que ahorra 0,45 l de agua cada día porque cierra el grifo mientras se lava los dientes. ¿Cuántos litros ahorrará en 30 días?

11 César necesita 1,250 kg de harina para hacer un bizcocho. En la tienda solo tienen paquetes de harina de 0,350 kg.

- Si compra cuatro paquetes, ¿cuánta harina le sobrará?
- Cada paquete de harina cuesta 1,05 €. ¿Cuánto le costarán los cuatro paquetes de harina?
- Si paga con un billete de 20 €, ¿cuánto le devolverán?

LÓGICA

12 Copia y completa en tu cuaderno con los números de la nevera para que el resultado de sumar los tres cubitos de cada lado sea 12,6.

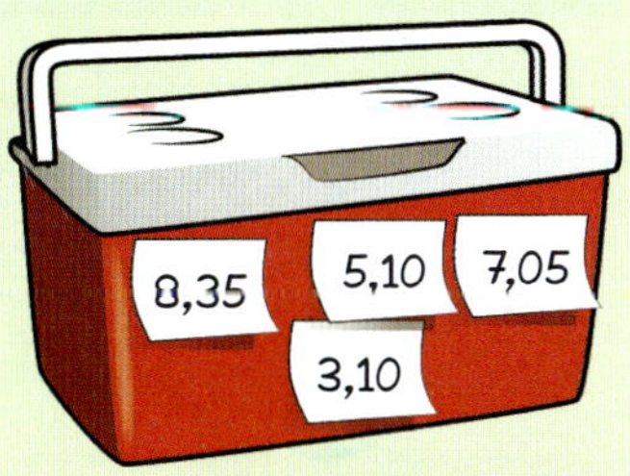

División de números decimales

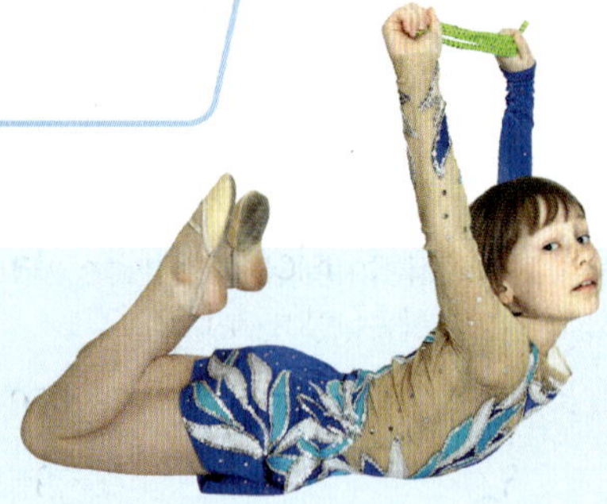

Arancha ha comprado 4 m de cuerda verde por 7,40 € y 4,5 m de cuerda roja por 5,76 € para hacer sus ejercicios de gimnasia. ¿Cuánto le ha costado cada metro de cuerda verde? ¿Y cada metro de cuerda roja?

- Para dividir 7,40 : 4 sigo estos pasos:

1. Divido la parte entera, 7, entre 4.

```
7,40 |4
3      1
```

Sobran 3 unidades, es decir, 30 décimas.

2. Escribo una coma en el cociente y sigo dividiendo la parte decimal.

```
7,40 |4
3 4    1,8
  2
```

Sobran 2 décimas, es decir, 20 centésimas.

3. Sigo el mismo proceso hasta obtener de resto cero.

```
7,40 |4
3 4    1,85
  20
   0
```

Cada metro de cuerda verde le ha costado 1,85 €.

- Para dividir 5,76 : 4,5 sigo estos pasos:

1. Calculo una división equivalente a la dada para quitar los decimales del divisor.

$$5{,}76 : 4{,}5 \xrightarrow{\times 10 \;/\; \times 10} 57{,}6 : 45$$

2. Calculo la división equivalente.

```
57,6 |45
12 6   1,28
  3 60
    00
```

3. Como las divisiones son equivalentes, el cociente es el mismo.

57,6 : 45 = 1,28

5,76 : 4,5 = 1,28

Cada metro de cuerda roja le ha costado 1,28 €.

1 Calcula el resultado de las siguientes divisiones.

- 47,92 : 6
- 9 281,2 : 3,9
- 7 807,346 : 8
- 92,45 : 1,2
- 867,34 : 19
- 309,271 : 4,6

2 Comprueba el resultado de las divisiones de la actividad anterior aplicando la propiedad fundamental de la división.

3 Calcula el dividendo de las siguientes divisiones.

- ..... = 15,29 × 8 + 0,05
- ..... = 17 × 3,68 + 0,09
- ..... = 6 × 8,086 + 0,004

Recuerda

Propiedad fundamental de la división:

D = d × c + r

4 Calcula estas divisiones y aplica la propiedad fundamental de la división para comprobar el resultado.

- 102,6 : 9
- 345,6 : 3,7
- 15 : 12
- 6 : 20
- 63,966 : 7
- 27 : 6
- 20,6 : 8,4
- 190,32 : 61
- 687,42 : 27

Recuerda

```
 2   | 8
20    0,25
 40
  0
```

5 Copia y relaciona cada columna en tu cuaderno. Comprueba tus resultados con la calculadora.

1 : 4	0,25	$\frac{1}{2}$
1 : 5	0,20	$\frac{1}{4}$
1 : 2	0,40	$\frac{3}{5}$
2 : 5	0,60	$\frac{2}{5}$
3 : 5	0,50	$\frac{1}{5}$

6 Josefina y otros 4 amigos se reparten 1,25 l de zumo de naranja entre los cinco a partes iguales. ¿Qué cantidad de zumo le corresponde a cada uno?

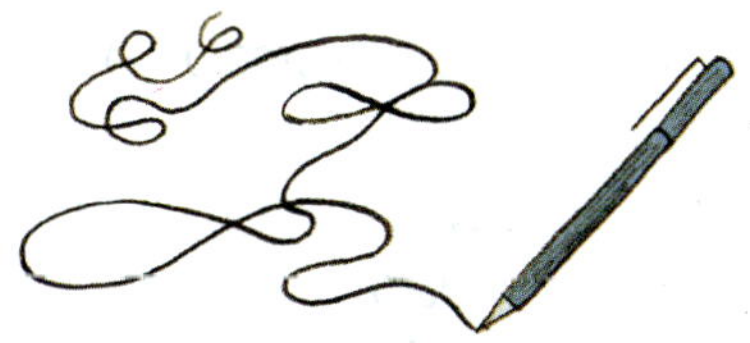

7 Ayuda a Roberto a calcular estos repartos. ¿Cuál es el resultado en cada caso? Escribe el resultado en tu cuaderno.

- 414 g de carne entre 45 platos.
- 154 l de agua entre 50 botellas.
- 45 kg de patatas entre 8 bolsas.
- 375 € entre 6 hermanos.

8 Obed ha comprado 4,5 kg de queso y tres botellas de un litro de aceite. Por el queso ha abonado 73,80 €; y por las tres botellas de aceite, 5,13 €. ¿Cuánto cuestan un kilogramo de ese queso y un litro de ese aceite?

- Si ha pagado con un billete de 50 € y con dos billetes de 20 €, ¿cuánto dinero le han devuelto?

CÁLCULO

9 Calcula mentalmente.

- 120 + 380 + 164
- 215 + 185 + 188
- 320 + 150 + 250
- 402 + 198 + 125
- 865 + 121 + 379
- 522 + 278 + 198

Recuerda

120 + 280 + 210 = 400 + 210 = 610

10 Prepara papel y lápiz y calcula.

- 3 234 : 117
- 22 456 : 208
- 47 391 : 674
- 834 502 : 173
- 90 482 : 267
- 520 556 : 859

¡NO HAY PROBLEMA!

Escoger la estrategia más adecuada para resolver un problema

Héctor y Elisa han ido de excursión a un pantano que se encuentra a 84,4 km de su ciudad. Cuando llevaban recorridos $\frac{3}{4}$ del camino, el autobús se estropeó y tuvieron que terminar el camino a pie. ¿Cuántos kilómetros recorrieron andando?

Para resolver el problema puedo seguir estos pasos:

- Leo y comprendo el enunciado.
- Identifico la pregunta.

  ¿Cuántos kilómetros recorrieron andando?

- Dibujo un croquis y resuelvo.

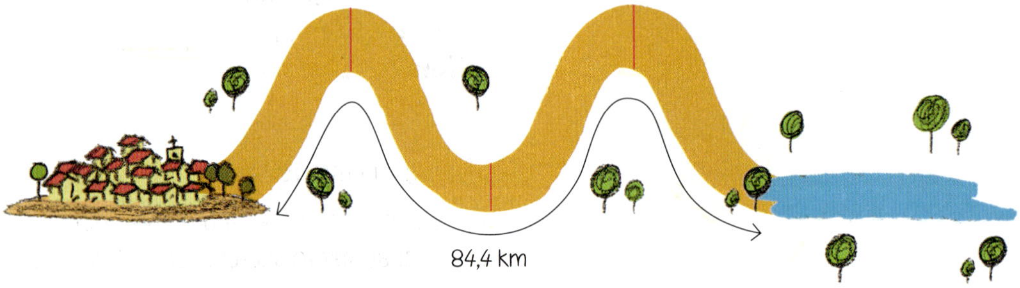

Distancia entre la ciudad y el pantano ⟶ 84,4 km

Recorrido en autobús ⟶ $\frac{3}{4}$ del camino

Fracción de camino a pie ⟶ $1 - \frac{3}{4} = \frac{4}{4} - \frac{3}{4} = \frac{1}{4}$

Distancia a pie ⟶ $\frac{1}{4}$ de 84,4 = 84,4 : 4 = 21,1

- Recorrieron 21,1 km andando.

¿Por qué se calcula $\frac{1}{4}$ de 84,4 para resolver el problema?

1 Mario ha comprado dos balones de baloncesto a 5,35 € cada uno y cuatro pelotas de tenis. Ha pagado con un billete de 20 € y le han devuelto 2,42 €. ¿Cuánto cuesta cada pelota de tenis?

- ¿Cuánto más cuesta un balón de baloncesto que una pelota de tenis?

2 A Zoe le han regalado 3 maceteros de diferentes colores y 3 plantas distintas. ¿De cuántas formas posibles podría colocar las plantas en los maceteros?

3 En un concierto benéfico la entrada costaba 46 €, y aunque 745 personas entraron con entradas gratis, se recaudaron 211 830 €.

- ¿Cuántas personas asistieron al concierto?
- ¿Cuál sería la recaudación si hubieran pagado todas las personas que asistieron al concierto?

4 Un *pack* de 6 botes de zumo cuesta 7,38 €. ¿Cuánto cuesta cada bote? ¿Cuánto costará cada bote si ponen el *pack* a la mitad de precio?

5 Ana y sus tres amigos se han comido 100 g de galletas entre todos. El paquete de galletas tiene la siguiente información:

Información nutricional por cada 100 g	
Valor energético	437,7 cal
Grasas	12,7 g
Hidratos de carbono	69,4 g
Proteínas	17,9 g

- Si todos han comido la misma cantidad de galletas, ¿cuántos gramos de proteína habrá ingerido cada uno? ¿Y de hidratos de carbono?

6 Jorge y Sara han estado cogiendo setas en el bosque. Jorge ha recogido 2,350 kg y Sara 2,41 kg. ¿Quién ha recogido más setas?

- Si el kilogramo de setas se vende a 3,60 €, ¿cuánto dinero recaudarán entre los dos?

7 La clase de Irene tiene programada una excursión al Museo de Ciencias Naturales. Cada entrada al museo cuesta 4 € y el autobús que los lleva hasta el museo cuesta 200 €. Si en total la excursión ha costado 288 €, ¿cuántos alumnos no han ido a la excursión si en total son 27 en clase?

♥ ¿Has estado en algún museo? ¿En cuál? ¿Para qué crees que existen?

8 Juan Carlos ha apuntado en su cuaderno la distancia que ha corrido durante cinco días en su entrenamiento:

- ¿Qué distancia más recorrió cada día?
- ¿Cuánto deberá correr el sábado y el domingo para que el aumento sea el mismo cada día?

CÁLCULO MENTAL

Sumar décimas o centésimas exactas a números decimales.

2,7 + 0,1 = 2,8 3,56 + 0,01 = 3,57

1 Calcula mentalmente estas sumas.

- 40,7 + 0,1
- 63,5 + 0,2
- 22,3 + 0,5

Elabora una estrategia para calcular estas operaciones y comprueba el resultado con la calculadora.

2,7 – 0,1 3,8 – 0,2

2 Calcula mentalmente estas restas.

- 7,8 – 0,3
- 8,33 – 0,6
- 6,29 – 0,2

AHORA INTÉNTALO TÚ

3 Encuentra el 898 operando con los siguientes números.

2 15 000 6 100

Solo puedes utilizar cada número una vez.

MANOS A LAS MATES

¡10 veces menor! ¡100 veces menor!

¿Qué necesitamos?

Sobre

1 cartulina roja, 1 amarilla y 8 blancas

Tijeras

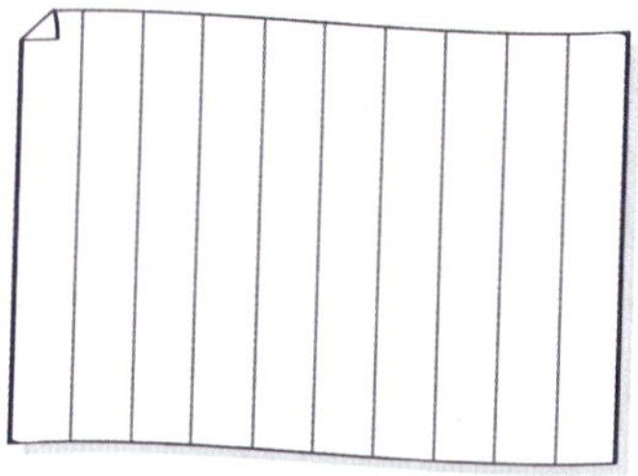
Plantilla de 10

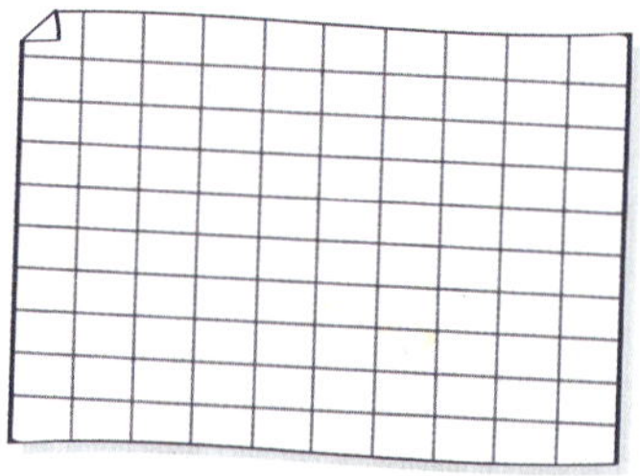
Plantilla de 100

Pegamento

Construimos

1. Pega la plantilla de 10 sobre la cartulina roja. Luego corta por las líneas, como en el dibujo.

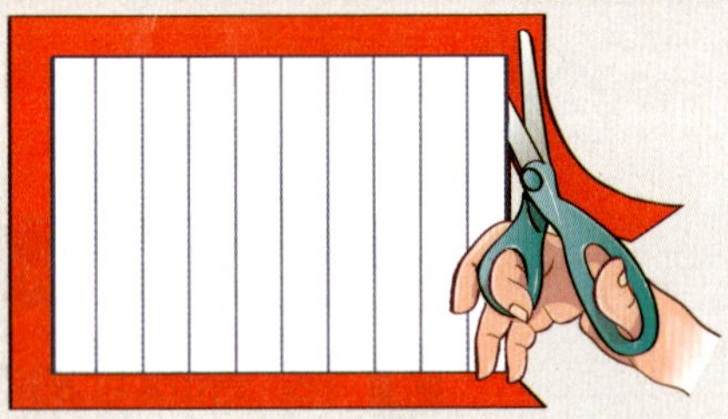

2. Ahora pega la plantilla de 100 sobre la cartulina amarilla y corta por las líneas.

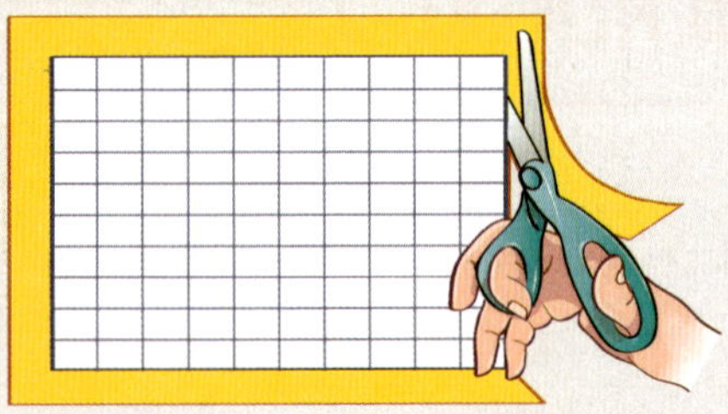

3. El sobre lo utilizarás para guardar tu material, y las cartulinas blancas las utilizarás a lo largo del taller.

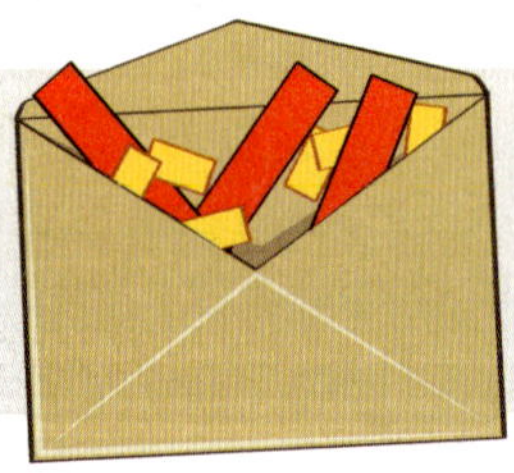

1. **¿Para qué crees que has cortado la cartulina roja en 10 partes iguales y la amarilla en 100 partes iguales?**

2. **Coge una cartulina de color blanco y todos los trozos en los que ha quedado cortada la de color rojo.**

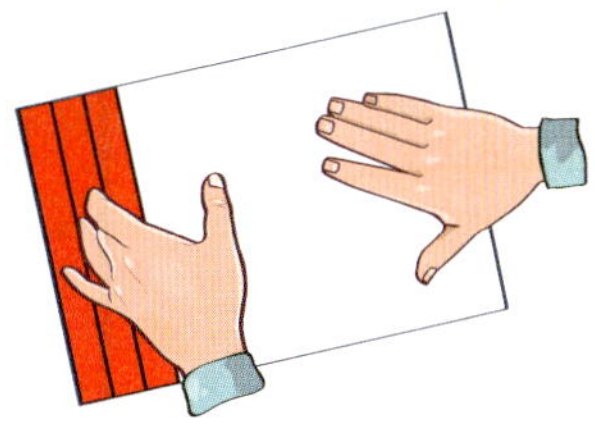

- Cubre al completo la cartulina blanca con los diez trozos de la cartulina roja. Si consideramos que la cartulina blanca es una unidad, ¿qué representa cada trozo de la cartulina roja?
- Y si hacemos lo mismo con la cartulina amarilla, ¿qué representa cada trozo de la cartulina amarilla?

3. **Observa cómo se representa el número decimal 2,5 con las cartulinas.**

- Representa con tus cartulinas estos números decimales.

6,7	4,8	8,9	5,1

- Pide a tu compañero que represente un número decimal con sus cartulinas blancas y rojas. ¿Qué número ha representado?

4. **Observa cómo se representa el número decimal 7,46.**

- Representa con tus cartulinas estos números decimales.

5,89	6,25	3,39	4,62

- Ahora, representa un número decimal con tus cartulinas blancas, rojas y amarillas y pide a un compañero que te diga qué número has representado.

5. **Por parejas, investigad cómo realizaríais la suma de números decimales utilizando vuestras cartulinas.**

¡INOLVIDABLE!

1 Escribe en tu cuaderno con cifras estos números decimales.

- Cero coma sesenta y ocho
- Cincuenta y dos coma ochenta y nueve
- Tres unidades y novecientas siete milésimas
- Cuarenta y dos unidades y ciento veintitrés milésimas

2 Escribe en tu cuaderno cómo se leen las siguientes cantidades.

- 15,89 €
- 25,25 €
- 13,20 €
- 0,72 €
- 69,81 €
- 97,34 €

3 Compara las siguientes cantidades con los signos <, = o >.

- 5,876 km y 5,852 km
- 3,95 l y 3,753 l
- 42,76 m y 45,76 m
- 54,854 l y 54,884 l
- 3,347 km y 3,343 km
- 98,104 m y 89,014 m
- 0,247 l y 0,472 l

4 Copia esta recta numérica en tu cuaderno y representa los siguientes números en ella. Después, ordenalos de mayor a menor.

24,3 | 24,2 | 24,8 | 24,5

5 Piensa y completa en tu cuaderno.

- 2,23 = 2 unidades + 2 ..... + 3 centésimas
- 4,123 = 4 ..... + 1 ..... + 2 ..... + 3 milésimas
- 6,47 = 6 ..... + 4 décimas + 7 .....
- 8,286 = 8 ..... + 2 ..... + 8 ..... + 6 .....

6 Copia estos números en tu cuaderno e indica cuál es su aproximación a las décimas.

- 205,28
- 88,421
- 45,66
- 38,384

7 ¿Cuál es el valor de la cifra 3 coloreada de naranja en los siguientes números decimales?

- 2,**3**4
- 2 260,29**3**
- 0,0**3**
- 1**3**7,06
- **3**87,7
- 2**3**,04

8 Calcula estas operaciones en tu cuaderno y expresa los números decimales obtenidos en forma de fracción.

- 342,55 + 23,2
- 48,13 × 16,2
- 78,566 – 12,784
- 56 × 2,34
- 81,23 + 67
- 333,2 : 8
- 93,7 × 5
- 8,4 : 2,5

9 Al acabar el curso, 4 alumnos le regalan a su profesora una brújula para orientarse y un libro de rutas de senderismo. Si en total se han gastado 73,84 € y todos han puesto la misma cantidad, ¿qué cantidad ha puesto cada uno?

- Si la brújula ha costado 57,81 €, ¿cuánto ha costado el libro de rutas de senderismo?

10 El director de un colegio ha comprado 3 ordenadores portátiles iguales. Como le han hecho un descuento de 180 €, al final ha pagado un total de 1 302,75 €. ¿Cuánto costaba cada ordenador?

11 Calcula mentalmente estas operaciones.

- 2,5 + 1,5
- 3,5 – 1,5
- 20 – 0,5
- 11,5 + 11,5

12 Este trimestre el colegio os llevará a visitar una planta de reciclaje. Como trabajo previo, el profesor os ha pedido que investiguéis sobre el tema y has encontrado la siguiente tabla sobre los kilogramos de papel y cartón que ha reciclado cada habitante de las distintas comunidades autónomas españolas durante un año.

Comunidad autónoma	Kilogramos de papel y cartón por habitante	Comunidad autónoma	Kilogramos de papel y cartón por habitante
Andalucía	14,7	Comunidad Foral de Navarra	52,8
Aragón	20,5	Comunidad Valenciana	19,8
Asturias	30,8	Extremadura	12,7
Canarias	37,4	Galicia	16,7
Cantabria	24	Illes Balears	33,2
Castilla y León	22,1	La Rioja	31,3
Castilla-La Mancha	24,5	País Vasco	35
Cataluña	28,7	Región de Murcia	12,3
Comunidad de Madrid	25,5		

A El día antes de la salida, el profesor te pide que muestres la tabla en clase y se la expliques a tus compañeros.

1. ¿Qué representan los números que aparecen en la tabla?
2. ¿Cómo están ordenadas las comunidades autónomas?
3. ¿Cuántos kilogramos de papel y cartón recicla cada habitante de tu comunidad autónoma?

B Para que tus compañeros puedan interpretar mejor los datos de la tabla, decides enseñárselos ordenados de mayor a menor. Piensa primero cómo hacerlo y escríbelo en tu cuaderno. Después, puedes mostrar tus conclusiones a tus compañeros.

1. ¿En qué comunidad autónoma se recicló más cantidad de papel y cartón por habitante? ¿Y en cuál menos?
2. Si la media en España es de 23,5 kilogramos de papel y cartón por habitante, ¿qué comunidades autónomas superan la media nacional?

C Por último, debes dictar los datos de la tabla a tus compañeros para que los anoten en sus cuadernos. Para abreviar, decides redondear los datos a las unidades. Hazlo en tu cuaderno.

D ♥ Después de la visita, te has propuesto reciclar para ayudar a mejorar el medioambiente. Elabora una lista de medidas que puedes tomar para reciclar papel y cartón en casa y en el colegio.

13 Realiza un esquema con todo lo que has aprendido en esta unidad.

6 SISTEMA DECIMAL Y SISTEMA MÉTRICO DECIMAL

¿Cómo averiguarías en qué botella hay más aceite?

En esta misión vais a necesitar tomar medidas. Aquí se os facilitarán algunas indicaciones para que lo hagáis con éxito. ¡Adelante!

¿Qué importancia crees que tiene el kilómetro cero, situado en la Puerta del Sol de la capital de España?

¿Cuál es la masa de estas cuatro manzanas?

Sistema de numeración decimal y sistema métrico decimal

En el **sistema de numeración decimal,** el valor de cada cifra en un número depende de la posición que ocupe.

CMM	DMM	UMM	CM	DM	UM	C	D	U
1	0	0	0	0	0	0	0	0

- Diez unidades de cualquier orden forman una unidad del orden inmediato superior.

10 U = 1 D   10 D = 1 C   10 C = 1 UM

- Una unidad de cualquier orden se divide en diez unidades del orden inmediato inferior.

1 CM = 10 DM = 100 UM = 1 000 C = 10 000 D = 100 000 U

El **sistema métrico decimal** establece las mismas equivalencias que el sistema de numeración decimal.

- El **metro** es la unidad principal de medida de **longitud.**

× 10   × 10   × 10   × 10   × 10   × 10

km	hm	dam	m	dm	cm	mm

: 10   : 10   : 10   : 10   : 10   : 10

- El **litro** es la unidad principal de medida de **capacidad.**

× 10   × 10   × 10   × 10   × 10   × 10

kl	hl	dal	l	dl	cl	ml

: 10   : 10   : 10   : 10   : 10   : 10

- El **kilogramo** es la unidad principal de medida de **masa** y el **gramo** es una de las unidades más usadas.

× 10   × 10   × 10   × 10   × 10   × 10

kg	hg	dag	g	dg	cg	mg

: 10   : 10   : 10   : 10   : 10   : 10

Para masas mayores que 1 000 kg se usa la **tonelada (t):** 1 tonelada = 1 000 kilogramos

1 ¿Qué unidad de medida utilizarías en cada caso? Copia en tu cuaderno y une con flechas.

El largo de un campo de fútbol	kl
La capacidad de una piscina olímpica	m
La masa de una persona	kg

2 Escribe en tu cuaderno qué magnitud mides con las siguientes unidades.

- Hectolitro
- Centímetro
- Metro
- Miligramo
- Centilitro
- Decagramo

3 Expresa en tu cuaderno estas longitudes en la unidad de medida indicada en cada caso.

kilómetros	centímetros	decámetros
5 471 m	52 m	21 km
510 dam	2,7 dm	4,8 hm
58,7 m	4,57 km	700 dm

4 Convierte en gramos estas masas y ordénalas de menor a mayor.

1,45 kg | 6 dag | 58 hg | 1 560 cg

5 Completa en tu cuaderno y convierte los litros a las unidades que se indican.

- 7 852 l = ... kl
- 840 l = ... dal
- 2 741 l = ... hl
- 1 001 l = ... kl

6 Javier tiene cuerdas de colores de distinta longitud. ¿Cuáles son menores que un metro?

130 cm | 870 mm | 97 cm | 3 244 mm

- Expresa todas las longitudes en centímetros y averigua cuál es la cuerda más larga.

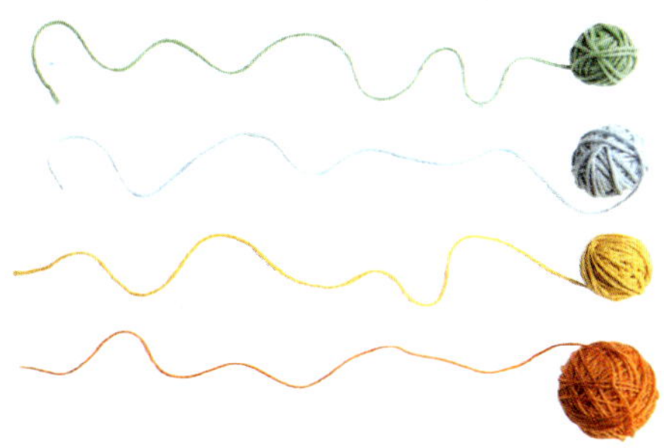

7 Penélope ha leído en la etiqueta de información del tetrabrik de zumo que tiene 1 250 g y 1 l.

- ¿Qué magnitud mide su peso?
- ¿Y la cantidad de líquido que contiene?

CÁLCULO

8 Calcula mentalmente.

- 70,5 + 0,1
- 42,5 + 0,2
- 62,2 + 0,5
- 5,8 + 0,2
- 12,3 + 0,3
- 5,2 + 0,6

Recuerda

5,6 + 0,1 = 5,7

9 Prepara papel y lápiz y calcula.

- 3 575 × 246
- 2 155 × 402
- 1 004 × 684
- 592 × 747
- 1 272 × 392
- 1 187 × 793

Unidades de medida. Expresión simple y compleja

La distancia entre los pueblos de Sita y Petros está indicada de dos formas distintas en estos carteles.

- Puedo expresar una longitud de forma simple o de forma compleja.

km	hm	dam	m	dm	cm	mm
3	0	2	6			
		4	0	6		
		7	1	2	5	

Expresión simple ← Solo una unidad de medida

3 026 m = 3 km y 26 m

4,06 dam = 4 dam y 6 dm

7 125 cm = 7 dam, 1 m y 25 cm

→ Expresión compleja: Dos o más unidades de medida

1 Escribe en forma simple estas longitudes en las unidades de medida que se indican en tu cuaderno.

km	hm	dam	m	dm	cm	mm	
		5	6	0	4		→ dam
5	3	4	0				→ km
			8	0	2		→ m

2 Copia y completa en tu cuaderno.

- 5 408 m = ... km y ..... m
- 205 mm = ... dm y ..... mm
- 675 dam = ... km y ..... dam
- 139 cm = ... m, ... dm y ..... cm

3 Observa los ejemplos y expresa en tu cuaderno cada caso en forma simple.

6 kg y 654 g = 6 000 g + 654 g = 6 654 g

- 7 kg y 87 g
- 24 kg y 470 g
- 5 kg y 250 g
- 54 kg y 23 g

8 g y 74 cg = 800 cg + 74 cg = 874 cg

- 9 g y 471 cg
- 1 320 g y 591 cg
- 25 g y 147 cg
- 77 g y 2 123 dg

4 Observa los ejemplos y expresa en tu cuaderno cada caso en forma compleja.

6 103 l = 6 000 l + 103 l = 6 kl y 103 l

- 9 078 l
- 4 332 l
- 52 347 l
- 25 487 l
- 2 871 l
- 3 478 l

247 cl = 200 cl + 47 cl = 2 l y 47 cl

- 224 cl
- 1 007 cl
- 10 347 cl
- 2 687 cl
- 9 207 cl
- 24 585 cl

5 Copia y relaciona los elementos de las dos columnas en tu cuaderno.

Medio litro	25 cl
Cuarto de litro	50 cl
Tres cuartos de litro	75 cl

6 Copia en tu cuaderno y rodea la cantidad que representa cinco kilolitros y cuatro hectolitros.

54 l | 0,54 kl | 5,4 hl | 5,4 kl

7 Un camión ha cargado 4 toneladas de carbón en una mina y otro, 10,5 hg. ¿Cuál de los dos ha cargado mayor cantidad de carbón?

8 Sofía se ha pesado en la báscula de su baño y la pantalla indica 65,8 kg. Expresa la masa de Sofía en forma compleja con kilogramos y gramos.

9 Jaime tiene dos cuerdas y ha medido su longitud cuando están estiradas. Indica a cuántos centímetros equivale cada longitud y ordénalas de menor a mayor.

1 m y 273 mm

3,5 m

10 Expresa las distancias de este mapa en metros y contesta.

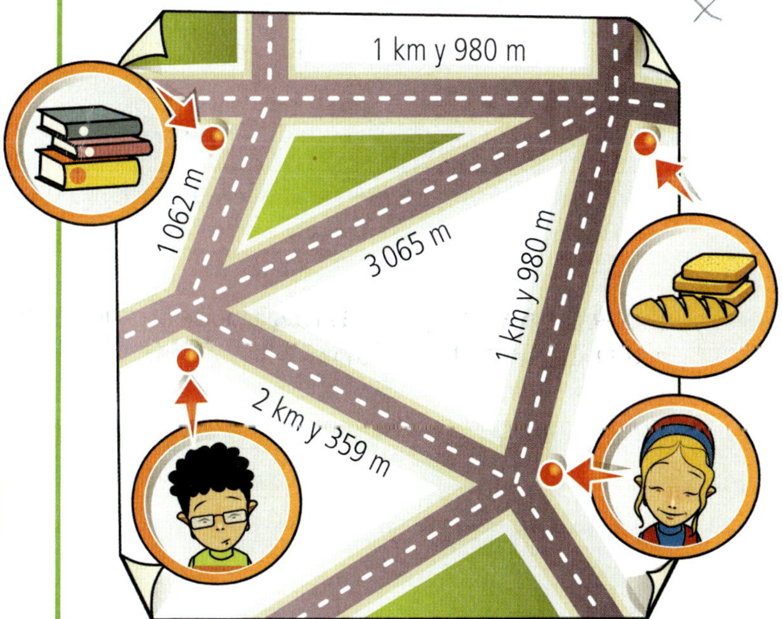

- Luciana fue de su casa a casa de Domingo y después fueron juntos a la panadería. ¿Qué distancia recorrió Luciana?
- Domingo fue tres días a la biblioteca andando y volvió andando. ¿Cuántos kilómetros recorrió?

LÓGICA

11 La altura de Matilde es mayor que la de Andrea, pero menor que la de Irene. Sandra mide más que Andrea y menos que Matilde. Si Irene mide 1 m y 30 cm, ¿cuál de estas longitudes corresponde a cada chica?

119 cm | 12 dm y 5 cm | 1 m y 10 cm

Operaciones con unidades de longitud

Un equipo de atletismo entrena los fines de semana. Los sábados recorren 4 250 m y los domingos, 2 769 m. ¿Cuántos kilómetros recorren el fin de semana? ¿Cuántos kilómetros más recorren el sábado que el domingo? ¿Y cuántos recorren en tres fines de semana?

- Para operar, las cantidades deben estar expresadas en la misma unidad de medida.

4 250 m + 2 769 m 7 019 m	4 250 m − 2 769 m 1 481 m	7 019 m × 3 21 057 m
7 019 m = 7,019 km	1 481 m = 1,481 km	21 057 m = 21,057 km
El fin de semana recorren 7,019 km.	El sábado recorren 1,481 km más que el domingo.	En tres fines de semana recorren 21,057 km.

- Observa que también puedo hacer las operaciones de este otro modo:

4 250 m = 4,250 km 2 769 m = 2,769 km

4,250 km + 2,769 km 7,019 km	4,250 km − 2,769 km 1,481 km	7,019 km × 3 21,057 km

1 Calcula en tu cuaderno el resultado de estas operaciones.

- 652 cm + 187 cm
- 489 cm + 216,3 cm
- 3,45 dm + 20 dm
- 5,4 km + 8,2 km
- 0,45 m + 0,068 m
- 9 730 m − 5 064 m
- 4,1 km − 2,38 km
- 5 328 m × 5
- 53,89 dm × 5
- 786,89 cm × 7

2 En cada caso, expresa las cantidades en la unidad de medida que se indica y calcula el resultado.

- 8 km y 325 m + 5 087 m ⟶ metros
- 5 m y 650 cm + 4 019 cm ⟶ centímetros
- 4 178 m − 3 km y 26 m ⟶ metros
- 3 325 dm − 1 m y 7 dm ⟶ decímetros
- 52 km y 654 m − 8 421 m ⟶ metros

Recuerda

Puedo expresar una longitud de forma simple y de forma compleja.

4 km y 709 m = 4 709 m

5 dm y 9 cm = 5,9 dm

3 Observa el ejemplo y calcula utilizando distintas unidades de medida.

9 km – 7 km y 275 m = → 9 000 m – 7 275 m = 1 725 m
→ 9 km – 7,275 km = 1,725 km

- 5 km y 678 m + 3 km y 7 m
- 9 km y 56 m – 7 km y 275 m
- 4 m y 508 mm – 2 m y 765 mm

4 Busca en Internet las alturas del Teide y el Everest. ¿Cuántos decámetros menos mide la altura del Teide que la del Everest?

5 ¿En qué unidad de longitud medirías la altura de tu mesa? ¿Cuánto estimas que mide esa altura? Comprueba el resultado midiendo tu mesa con un metro.

6 Asunción ha desplazado una maceta 1,75 m con la ayuda de su hermano. ¿Cuántos centímetros la ha desplazado? Si tenía que moverla 200 cm de donde estaba, ¿cuántos decímetros más debe moverla aún?

7 ¿Cuántos trozos de 10 cm puede hacer Charo de una cinta elástica de dos metros y medio?

8 Carmen tiene un terreno de 374 m de perímetro y quiere poner una alambrada alrededor del terreno. Si el rollo de alambrada mide 4 dam, ¿cuántos rollos tendrá que comprar?

- ¿Cuántos metros de alambrada le sobrará?

9 Expresa las longitudes de estas cuerdas en centímetros y calcula cuántos centímetros miden en total las tres. ¿Cuál es la cuerda más corta?

32 m y 59 cm

36,7 dm

29 dm y 8 cm

Recuerda

Puedo medir longitudes pequeñas con la regla graduada.

CÁLCULO

10 Calcula mentalmente.

- 20,2 – 0,1
- 28,5 – 0,2
- 24,8 – 0,3
- 7,6 – 0,1
- 25,9 – 0,6
- 8,6 – 0,5

Recuerda

3,6 – 0,3 = 3,3

11 Prepara papel y lápiz y calcula.

- 278 687 × 672
- 836 425 × 246
- 531 741 × 824
- 341 614 × 849
- 443 521 × 357
- 275 152 × 793

Operaciones con unidades de capacidad y masa

Observa la cantidad de plastilina y agua que han utilizado Luis y Matilde en sus maquetas. ¿Cuántos kilogramos de plastilina han utilizado para las dos maquetas? ¿Cuántos decilitros más que Luis ha utilizado Matilde?

Luis
3,16 kg de plastilina
905 dl de agua

Matilde
2,981 kg de plastilina
1 032 dl de agua

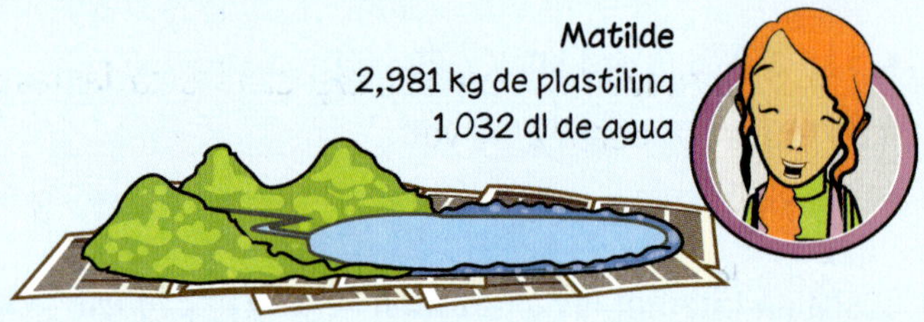

- Para averiguarlo, puedo calcular las operaciones en forma simple.

$$\begin{array}{r} 3{,}16\ \ \ \text{kg} \\ +\,2{,}981\ \text{kg} \\ \hline 6{,}141\ \text{kg} \end{array} \qquad \begin{array}{r} 1\,032\ \text{dl} \\ -\ \ 905\ \text{dl} \\ \hline 127\ \text{dl} \end{array}$$

Han utilizado 6,141 kg de plastilina para las dos maquetas.

Matilde ha utilizado 127 dl de agua más que Luis.

- Si Arturo ha utilizado la mitad de plastilina que Luis, ¿cuántos kilogramos ha utilizado?

$$\begin{array}{l|l} 3{,}16\ \text{kg} & 2 \\ \hline 1\ 1 & 1{,}58\ \text{kg} \\ \ \ 16 & \\ \ \ \ 0 & \end{array} \rightarrow$$

3,16 kg : 2 = 1,58 kg

Arturo ha utilizado 1,58 kg de plastilina.

1 Calcula en tu cuaderno las siguientes operaciones.

- 652 cl + 187 cl
- 12,753 kl + 9,2 kl
- 5 261 g + 302,5 g
- 4,089 kg + 2,163 kg
- 9,730 l – 5,064 l
- 7 985 dl – 908 dl
- 5,06 dag – 3,4 dag
- 4 g – 2,38 g

2 En cada caso, expresa las cantidades en la unidad de medida que se indica y calcula el resultado.

- 9 kl y 436 l + 6 092 l → litros
- 6 kg y 780 cg + 3 524 g → gramos
- 5 803 cl – 34 l y 71 dl → decilitros
- 4 436 g – 2 kg y 89 dg → kilogramos

3 Multiplica en tu cuaderno. Después, expresa los resultados en litros y ordénalos de mayor a menor.

- 4 806 cl × 5
- 4,03 dal × 6
- 5 219 dl × 8
- 18,47 hl × 3

Recuerda

Puedo medir la capacidad con recipientes graduados.
Puedo medir la masa con la balanza.

4 Divide en tu cuaderno. Después, expresa los cocientes en gramos y ordénalos de menor a mayor.

- 385 kg : 7
- 15 129 mg : 3
- 546,03 dg : 9
- 80,45 hg : 5

5 César ha comprado 400 g de comida para su hámster y Andrés, 50 dag para el suyo.

- Si en 20 días el hámster de César se acaba la comida y come la misma cantidad todos los días, ¿cuánto come a diario?
- Si el hámster de Andrés come todos los días la mitad de comida que el de César, ¿cuántos días tardará en terminar los 50 dag de comida?

6 Escribe la masa de estos minerales en gramos.

Cornalina: 4 hg y 5 g

Rhodonita: 30 dag y 10 g

- ¿Cuánto suman entre los dos minerales?

7 En la plaza mayor del pueblo de Miriam hay una fuente con dos caños. Uno de ellos vierte 125,27 l de agua en una hora y el otro, 182 l y 51 cl.

- ¿Cuántos litros y centilitros vierten en una hora los dos caños juntos?
- En una hora, ¿cuántos litros y centilitros echa un caño más que otro?

LÓGICA

8 Observa que la balanza está equilibrada y adivina el dato que falta.

820 g

1,450 kg

1 100 g

¿?

Porcentaje. Porcentaje de una cantidad

- Las expresiones 35 % y 65 % son **porcentajes** y se leen:

35 % → *Treinta y cinco por ciento*

65 % → *Sesenta y cinco por ciento*

Un porcentaje indica cuántas partes tomamos de cien.

35 % → $\frac{35}{100}$ → 35 de cada 100

65 % → $\frac{65}{100}$ → 65 de cada 100

Observa que 35 % + 65 % = 100 %.

Jaime tiene el 35 % del dinero de su hucha en monedas y el 65 % en billetes. Si en la hucha tiene 200 €, ¿cuánto dinero tiene en monedas?

- Podemos resolverlo de estas dos formas:

1. El 35 % de 200 € es igual a $\frac{35}{100}$ de 200 €.

$\frac{35}{100}$ de $200 = 35 \times \frac{200}{100} = \frac{7\,000}{100} = 70$

2. El 35 % de 200 € es igual a $\frac{35}{100}$ de 200 €.

$\frac{35}{100} \times 200 = 0{,}35 \times 200 = 70$

Jaime tiene 70 € en monedas.

1 Escribe cómo se leen estos porcentajes y exprésalos en forma de fracción.

- 6 %
- 8 %
- 55 %
- 75 %
- 12 %
- 37 %

2 Observa la figura e indica qué porcentaje se ha pintado de cada color.

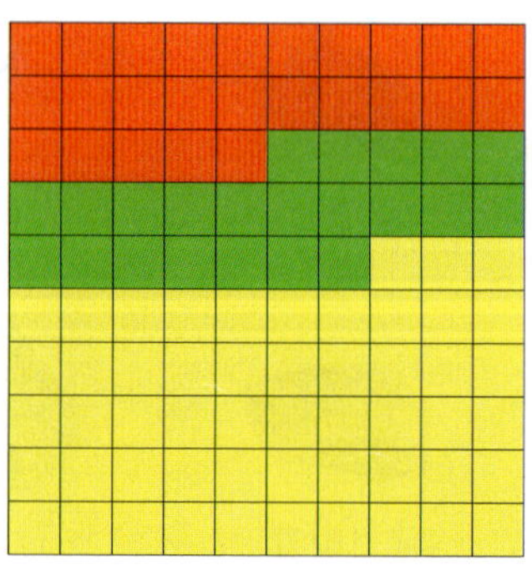

3 Calcula el porcentaje que falta en cada caso.

47 % + ... = 100 %	45 % + ... = 100 %
95 % + ... = 100 %	53 % + ... = 100 %

4 Calcula el porcentaje de estas cantidades.

- 9 % de 350 g
- 11 % de 3 640 l
- 30 % de 5 780 m
- 7,5 % de 100 €
- 0,85 % de 1 000 €
- 6,5 % de 630 dl
- 0,5 % de 807 kg
- 50 % de 250 €

5 Observa el ejemplo y expresa estos números decimales como porcentajes.

$0{,}42 = \frac{42}{100} \rightarrow 42\ \%$

- 0,55
- 0,86
- 0,37
- 0,63

6 Observa el ejemplo y expresa estas fracciones como porcentajes.

$\frac{14}{50} = \frac{28}{100} \rightarrow 28\ \%$

- $\frac{3}{20}$
- $\frac{9}{10}$
- $\frac{7}{25}$
- $\frac{1}{2}$

Amplía

Para expresar una fracción como porcentaje busco una fracción equivalente con denominador 100.

7 Chema ha comprado un videojuego por 75 € para regalárselo a su hermana. El 20 % del precio lo ha pagado en monedas y el resto en billetes.

- ¿Cuántos euros ha pagado en monedas? ¿Y en billetes?
- Si ha pagado con billetes de 20 € y 5 €, y con monedas de 2 € y 1 €, ¿cuántos billetes y monedas de cada tipo ha utilizado para pagar el videojuego? Compara tu solución con la de uno de tus compañeros. ¿Coincide?

8 En un polideportivo hay 300 balones. El 56 % son de baloncesto, el 24 % de *rugby* y el resto medicinales. Calcula los balones que hay de cada tipo.

9 En una clase de 30 alumnos, dos no se han podido presentar al examen de Inglés porque estaban en el médico. Si del total de los presentados han aprobado el 75 %, calcula cuántos alumnos han aprobado.

10 En un teatro hay 800 butacas. Al estreno de la obra de teatro han asistido 500 personas, de las cuales el 60 % son adultas y la mitad del resto son niños. ¿Cuántas personas adultas han asistido al estreno?

- ¿Qué porcentaje de niños han acudido al teatro?
- ¿Qué porcentaje de butacas han quedado vacías?

CÁLCULO

11 Calcula mentalmente.

- 0,08 + 0,01
- 0,06 + 0,02
- 0,25 + 0,05
- 0,09 – 0,03
- 0,06 – 0,04
- 0,68 – 0,05

Recuerda

0,06 + 0,01 = 0,07

0,06 – 0,01 = 0,05

12 Prepara papel y lápiz y calcula.

- 392 462 : 358
- 6 069 078 : 746
- 51 701 115 : 951
- 2 857 161 : 463
- 78 135 750 : 825
- 35 370 132 : 651

Aumentos y descuentos

En una tienda de informática le han aplicado un 15 % de descuento al precio inicial de esta tableta. ¿Cuánto cuesta ahora?

- Para averiguarlo, calculo el precio con el descuento.

Precio inicial: 560 €

$15\ \%\ \text{de}\ 560 = 15 \times \frac{560}{100} = \frac{8\,400}{100} = 84$

Resto al precio inicial el descuento.

$560 - 84 = 476$

La tableta cuesta ahora 476 €.

560 €

En la misma tienda, al precio inicial de este portátil le han aumentado un 21 % de IVA, ¿cuánto cuesta ahora?

- Para averiguarlo, calculo el precio aplicando el aumento.

Precio inicial: 450 €

$21\ \%\ \text{de}\ 450 = 21 \times \frac{450}{100} = \frac{9\,450}{100} = 94{,}5$

Sumo al precio inicial el aumento.

$450 + 94{,}5 = 544{,}5$

El portátil cuesta ahora 544,5 €.

450 €

1 Calcula la cantidad que queda después de aplicar estos descuentos.

- 320 kg menos el 20 %
- 240 € menos el 9 %
- 550 l menos el 5 %
- 480 € menos el 15 %

2 Calcula el precio final de estos objetos si al precio inicial hay que añadirle el 21 % de IVA.

35 €

40 €

70 €

20 €

96 €

46 €

52 €

3 Si al precio inicial de las dos bicicletas se les aplica un descuento, ¿qué bicicleta tiene menor precio?

580 €
descuento 35 %

430 €
descuento 20 %

4 Busca tiendas de tu barrio donde a los siguientes productos les hayan aplicado un descuento.

Una prenda de vestir	Una lata de conservas
Un kilo de fruta	Un teléfono

- ¿Cuál era el precio inicial de estos productos? ¿Cuánto cuestan tras el descuento?

5 César quiere comprar una nevera cuyo precio es de 850 €. Si se le aplica un descuento del 15 %, ¿cuál será el precio con descuento de la nevera?

- Al ir a la caja a pagar, el cajero le comenta que hoy es el día sin IVA, y que se le hará un descuento adicional del 21 %. ¿Cuánto tendrá que pagar César finalmente por la nevera?

6 El padre de Sergio ha ahorrado 10 800 € y quiere comprar una moto que cuesta 12 000 €. ¿Podrá comprarla con el dinero que tiene si le hacen un descuento del 18 %?

7 El año pasado comían en el comedor de un colegio 280 alumnos. Si este año se ha incrementado un 10 % el número de alumnos que comen en el colegio, ¿cuántos alumnos comen en el comedor?

8 Si la entrada a un museo cuesta 15 € y a los niños les hacen un 50 % de descuento, ¿cuánto costarían dos entradas de niño y una de adulto?

LÓGICA

9 Si Fátima compra un abrigo hoy le hacen un descuento del 20 %, y si se espera a mañana tiene un aumento del 7 %. ¿Cómo puede averiguar Fátima la diferencia de precio de comprar el abrigo hoy o mañana? Explícalo con tus palabras.

¡NO HAY PROBLEMA!

Dividir un problema en varias etapas para resolverlo

Samuel y sus 8 amigos están organizando una merienda en grupo. Han pensado comprar 12 batidos de sabores y 24 palmeras de chocolate. Un batido cuesta 1,30 € y una palmera, 1,90 €. Si todos pagan lo mismo, ¿cuánto dinero tendrá que pagar cada uno?

Para resolver el problema puedo seguir estos pasos:

- Leo y comprendo el enunciado.
- Identifico la pregunta.

  ¿Cuánto dinero tendrá que pagar cada uno?
- Divido el problema en etapas y resuelvo.

  ¿Cuánto costarán los batidos?

  12 × 1,30 = 15,60 ⟶ Costarán 15,60 €.

  ¿Cuánto costarán las palmeras?

  24 × 1,90 € = 45,60 ⟶ Costarán 45,60 €.

  ¿Cuánto costarán los batidos y las palmeras?

  15,60 + 45,60 = 61,20 ⟶ Costarán 61,20 €.

  ¿Cuánto pagará cada amigo?

  61,20 : 9 = 6,80 ⟶ Cada amigo pagará 6,80 €.
- Cada uno tendrá que pagar 6,80 €.

¿Podrías dividir el problema en otras etapas para resolverlo? Escríbelas en tu cuaderno.

1. Rosa y su familia deciden donar 110 € a un centro de recuperación de aves rapaces. Rosa dona 12 €; su hermano, el triple de lo que da Rosa, y los padres aportan lo que falta hasta 110 €. ¿Cuánto dinero donan los padres?

2. Fernando compró un videojuego por 24,95 € y un libro a 18,29 €. Calcula aproximadamente cuántos euros le devolvieron si pagó con un billete de 50 €.

3. Lucía ha recibido un ramo con una docena de flores por el día de su cumpleaños. Si $\frac{1}{2}$ de las flores son rosas, $\frac{1}{3}$ claveles y el resto margaritas, ¿cuántas margaritas tiene el ramo?

4. Rubén compró 700 g de judías verdes, 1 kg y 35 dag de calabacines y 2 hg menos de pimientos que de calabacines. ¿Podrá cargar toda su compra en la bolsa si esta aguanta una masa de 30 hg?

5 Para prepararse para la marcha solidaria que se celebrará en su localidad, Victoria ha anotado las distancias que ha recorrido a lo largo de la semana. El lunes recorrió 6,2 km; el miércoles, 575 dam; y el jueves, 46,05 hm. ¿Cuántos metros tendrá que recorrer durante el fin de semana para llegar a un total de 25 km semanales?

6 Una botella de 250 ml de zumo cuesta 1 €. Una lata de 0,20 l del mismo zumo cuesta 40 céntimos menos. Si Silvia quiere comprar 2 l de zumo, ¿qué tendrá que comprar para pagar lo menos posible? ¿Cuál sería el importe de la compra?

7 En el partido de baloncesto del fin de semana pasado, Daniel ha encestado quince dobles y cuatro triples, mientras que en el de este fin de semana ha encestado dieciocho dobles y un triple. ¿Cuál es la diferencia de puntos conseguidos por Daniel en los dos partidos de baloncesto?

♥ ¿Qué prefieres: practicar un deporte con tus compañeros o hacerlo tú solo? ¿Por qué?

CÁLCULO MENTAL

Multiplicar números de dos cifras por 0,5.

$$17 \times 0{,}5 = 17 \times \frac{1}{2} = 17 : 2 = 8{,}5$$

1 Calcula mentalmente estas operaciones.

- $24 \times 0{,}5$
- $68 \times 0{,}5$
- $71 \times 0{,}5$

Elabora una estrategia para calcular esta operación y comprueba el resultado con la calculadora.

$$20 \times 0{,}1$$

2 Calcula mentalmente estas operaciones.

- $74 \times 0{,}1$
- $46 \times 0{,}1$
- $99 \times 0{,}1$

AHORA INTÉNTALO TÚ

3 Encuentra el 157,2 operando con los siguientes números.

1 500 8 10 6 3

Solo puedes utilizar cada número una vez.

MANOS A LAS MATES

Regla graduada

¿Qué necesitamos?

Pegamento

Compás

Lápiz

Tijeras

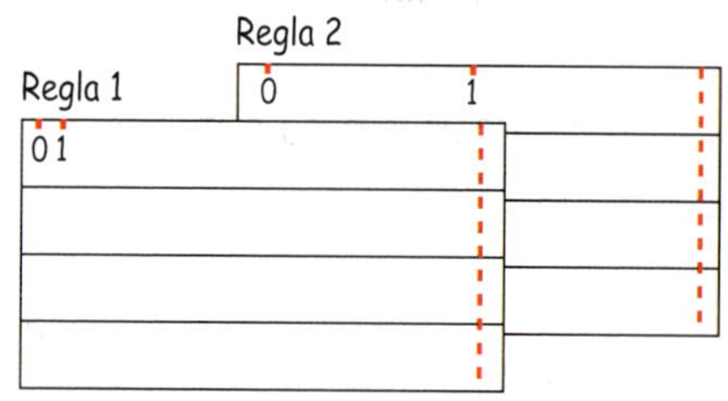

Plantillas

Construimos

1. Coge la plantilla de la regla 1 y córtala, como en el dibujo.

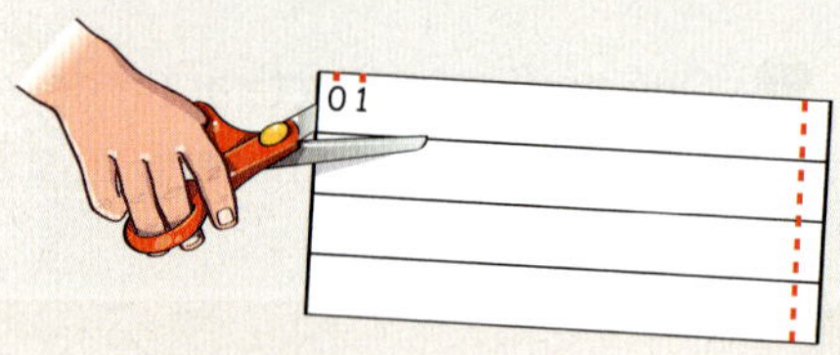

2. Pega los trozos por la marca.

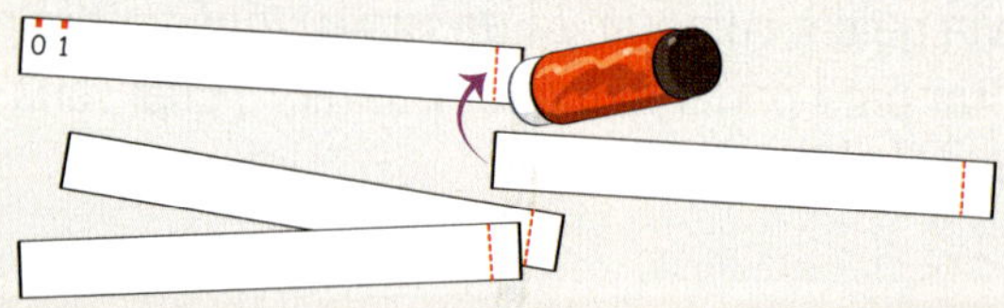

3. Abre el compás y con los extremos pincha en el 0 y en el 1.

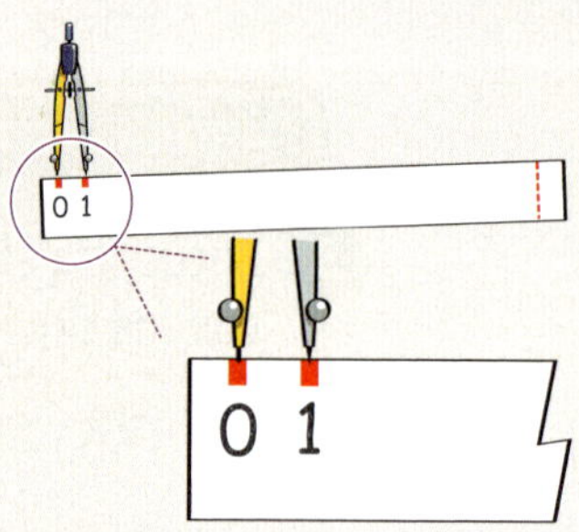

4. Pincha en el 1 y con la mina marca en la tira poniendo debajo 2, como en el dibujo. Repite este paso hasta marcar toda la tira.

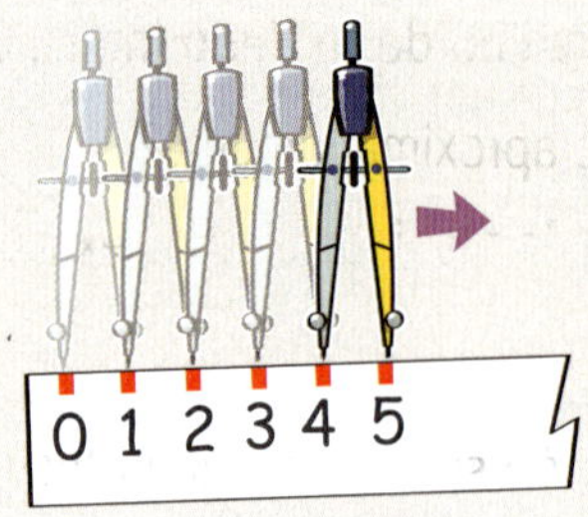

5. Repite todos los pasos anteriores con la plantilla de la regla 2.

1. ¿Por qué las divisiones de las reglas que has construido deben ser exactamente iguales?

2. ¿Qué unidad mide la regla 1? ¿Y la regla 2? ¿Qué relación hay entre las dos reglas?

3. ¿Qué regla usarías para obtener una medida más exacta si mides un rotulador? ¿Por qué?

4. Mide ahora el largo y el ancho de tu mesa con las reglas y completa la tabla en tu cuaderno.

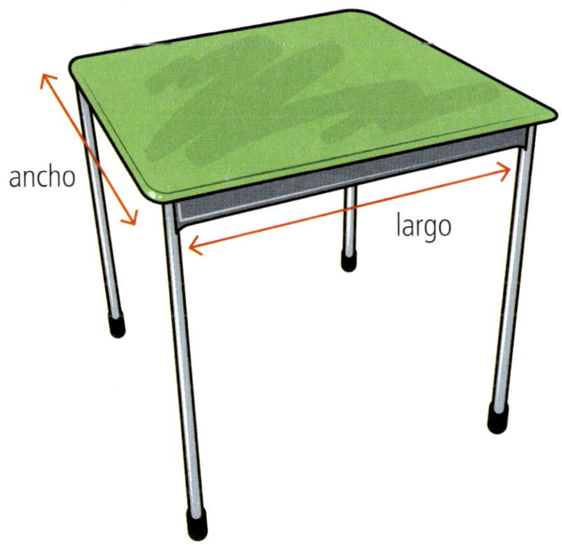

	Largo de mi mesa	Ancho de mi mesa
Con la regla 1 mide		
Con la regla 2 mide		

5. Ahora mide el ancho de tu dedo índice con las dos reglas.
   - ¿Cuánto mide aproximadamente?
   - Si quieres que la medida sea más exacta, ¿qué unidad de medida utilizarías?

6. Busca información sobre las siguientes unidades de medida utilizadas en la antigüedad e indica cuál es su equivalencia con las unidades de medida del sistema métrico decimal.

Vara	Pulgada
Braza	Pie

¿Algunas de ellas se siguen utilizando actualmente?

¡INOLVIDABLE!

1 Ordena estas medidas de la menor a la mayor en tu cuaderno.

0,23 kg	0,57 dag	4 t
8 g	412 mg	25,78 hg

2 Escribe estas medidas en tu cuaderno en la unidad indicada.

- 2 m = ... mm
- 6 hl = ... kl
- 34 cg = ... g
- 123 hm = ... m
- 4,6 dal = ... dl
- 51 t = ... g

3 Relaciona con flechas en tu cuaderno las cantidades que indiquen el mismo valor.

25 ml	2,5 cl
0,047 km	0,25 kg
250 g	0,47 hm

4 En cada caso, expresa en tu cuaderno las siguientes cantidades en forma simple.

- 70 kg y 22 g = ... g
- 67 dal y 587 cl = ... cl
- 25 dam y 84 cm = ... cm

5 Expresa en tu cuaderno las siguientes cantidades en forma compleja.

- 9 240 m = ... km y ..... dam
- 8 430 l = ... kl y ..... dal
- 23,4 m = ... dam y ..... dm
- 30,4 dal = ... hl y l
- 7,34 g = ... g y ..... cg

6 En cada caso, expresa los datos en la unidad de medida que se indica y calcula el resultado en tu cuaderno.

- 9 kl y 732 l + 925 l ⟶ litros
- 8 kg y 504 cg – 6 432 g ⟶ gramos
- 68,7 m y 25 cm + 5 dm ⟶ centímetros
- 56,93 g – 0,07 cg ⟶ decigramos

7 La mochila de Julia tiene una masa de 1,56 kg y la de Pedro, de 14 dg y 400 g. ¿Cuál es la masa de las dos mochilas?

- ¿Cuánto pesa más una mochila que la otra?

8 Si un senderista sale de Teyes a Corrubias y ya ha recorrido 4 km y 597 m, ¿a qué distancia se encuentra de su destino?

9 Copia estas expresiones y calcula el resultado de cada una de ellas.

- 27 % de 8 671
- 46 % de 47 500
- 61 % de 552
- 22 % de 3 308

10 Indica la fracción de cuadros que representa cada color en la figura y escribe su porcentaje.

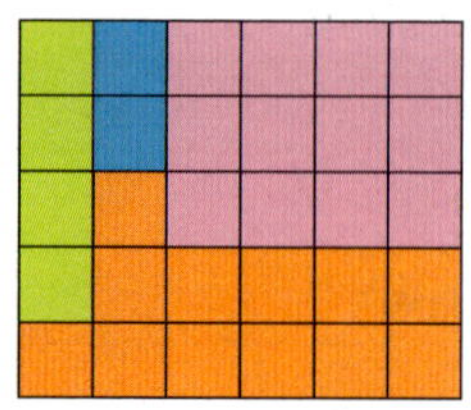

11 Ismael quiere apuntarse a clases de natación en la piscina municipal de su barrio y el conserje de recepción le ha dado la siguiente información:

– Cada clase de natación de 1 h de duración cuesta 10 €.

– Si adquiere un bono de 10 h, se le aplicará un descuento del 25 % a cada hora.

– A los precios establecidos se les aplicará un aumento del 21 %.

- ¿Cuánto le costará como mínimo 20 horas de clase?

12 Calcula mentalmente estas operaciones.

- 28 × 0,5
- 43 × 0,5
- 32 × 0,1
- 75 × 0,1

13 En el colegio estáis preparando una exposición de minerales y rocas, así que el fin de semana, al salir al campo, recoges una roca de granito. En el laboratorio, el profesor os pide que cada uno midáis la masa de vuestra pieza y la cantidad de líquido que desplaza al ser sumergida en un litro de agua.

A Observa la roca que has encontrado y los resultados de tu experimento.

1. ¿Cómo se llama la roca?
2. ¿Qué instrumento has utilizado para medir su masa?
3. ¿Cuántos gramos marca?
4. ¿Cómo has medido el agua desplazada y qué instrumento de medida de capacidad has usado?
5. ¿Cuántos mililitros ha desplazado?

B Otro compañero de tu clase también ha encontrado una roca de granito. La suya tiene una masa de 675 g y desplaza 250 ml de agua. Os ponéis a compararlas y os surgen las siguientes dudas. Haz en tu cuaderno las cuentas necesarias para despejarlas.

1. ¿Cuál de los dos ejemplares tiene más masa? ¿Cuánta más?
2. ¿Cuánta agua se desplazaría si introdujerais las dos rocas a la vez?

C En la exposición, cada roca o mineral debe ir acompañada de una ficha con su nombre y sus características: color, brillo, masa y cantidad de agua desplazada. Elabora en tu cuaderno la ficha de tu hallazgo.

14 Realiza un esquema con todo lo que has aprendido en esta unidad.

7 SISTEMA SEXAGESIMAL

¿Qué ventajas tiene trabajar de forma coordinada con los compañeros?

Tomad las medidas oportunas para que El Olvido no se lleve los conocimientos que adquiristeis en la unidad anterior y podáis aplicarlos en esta.

¿Cómo se mide la hora con un reloj de sol?

¿Qué significa cada grupo de dígitos de este cronómetro digital?

Unidades de medida de tiempo. Expresión simple y compleja

- Las **horas,** los **minutos** y los **segundos** son unidades de medida de tiempo. Estas unidades se relacionan de forma **sexagesimal:** cada unidad equivale a 60 unidades de orden inferior.

1 h = 60 min 1 min = 60 s 1 h = 3600 s

(× 60 de h a min, × 60 de min a s; : 60 de s a min, : 60 de min a h)

h	min	s
2	120	7 200

(× 3600 de h a s; : 3600 de s a h)

h	min	s
3	180	10 800

- Podemos expresar una medida de tiempo en forma simple y en forma compleja.

Expresión simple

Solo una unidad de medida → 9 036 s

Para expresar 9 036 s en forma compleja hacemos lo siguiente:

```
9036 s |60
 303     150 min |60
  036 s   30 min  2 h
```

Expresión compleja

Dos o más unidades de medida → 2 h, 15 min y 25 s

Para expresar 2 h, 15 min y 25 s en forma simple hacemos lo siguiente:

```
2 h    → 2 × 60 × 60     7 200 s
15 min → 15 × 60 →         900 s
25 s   →                 +  25 s
                         -------
                         8 125 s
```

1 Copia y une en tu cuaderno según corresponda.

Un cuarto de hora	90 min
Media hora	15 min
Tres cuartos de hora	30 min
Hora y media	45 min

2 Calcula estas equivalencias y completa en tu cuaderno.

- 7 h = ... min
- 12 h = ... s
- 10 min = ... s
- 480 min = ... h
- 14 400 s = ... h
- 75 s = ... min
- 420 min = ... h
- 720 s = ... h

Recuerda

Las 6.

3 Copia en tu cuaderno y completa para que se cumplan estas igualdades.

- 2 h, 15 min y 20 s = ... s
- 847 min y 58 s = ... s
- 35 min y 360 s = ... min
- 5 h y 30 min = ... s
- 2 h y 57 s = ... s
- 6 h y 2 s = ... s

Recuerda

1 día = 24 h
1 año = 365 días
1 lustro = 5 años
1 década = 10 años
1 siglo = 100 años
1 milenio = 1 000 años

4 Expresa en tu cuaderno estas medidas de tiempo en las unidades que se indican en cada caso.

- 4 258 min = ... h y ..... min
- 214 s = ... min y ..... s
- 1 835 min = ... h y ..... min
- 3 456 s = ... min y ..... s

5 Indica la unidad de tiempo que utilizarías para medir en cada caso.

- La duración de un partido de fútbol.
- El tiempo transcurrido desde que comenzaste 1.º de Primaria.
- El tiempo transcurrido desde que se extinguieron los dinosaurios.

6 Realiza los siguientes movimientos y cronometra el tiempo que tardas en cada uno. A continuación, ordénalos de menor a mayor.

- Cierra el libro de Matemáticas y busca la página 100.
- Levántate, da tres saltos y una vuelta sobre ti mismo.
- Cuenta cuántas mochilas hay en clase.

7 Expresa cada caso en forma compleja.

- 135 841 s
- 1 272 s
- 27 935 s

8 El primer set del partido de tenis del sábado duró 40 min y 15 s, y el segundo set, 2 723 s. ¿Qué set duró más? ¿Cuánto tiempo más?

9 El cartel del margen indica el tiempo que ha empleado cada corredora en realizar la etapa. ¿Qué corredora ha sido más rápida?

- ¿Cuánto tiempo hay de diferencia entre la más rápida y la que ha tardado más?

Nerea	395 min
Andrea	6 h y 48 min
Sara	435 min
Almudena	6 h y 18 min

CÁLCULO

10 Calcula mentalmente.

- $12 \times 0,5$
- $82 \times 0,5$
- $98 \times 0,5$
- $45 \times 0,5$
- $72 \times 0,5$
- $34 \times 0,5$

Recuerda

$23 \times 0,5 = 23 : 2 = 11,5$

11 Prepara papel y lápiz y calcula.

- $827 \times (742 + 69)$
- $8\,745 : 10 - 5\,310 : 100$
- $911 - 1\,917 : 27$
- $3\,214 \times 5 + 812$
- $774 \times 2 + 5 \times 860$
- $(669 - 227) \times 787$

Unidades de medida de ángulos

- Además del **grado,** para medir la amplitud de un ángulo con mayor exactitud se utilizan los **minutos** y los **segundos.** Estas unidades se relacionan de forma **sexagesimal:** cada unidad equivale a 60 unidades de orden inferior.

1 grado = 60 minutos

$1° = 60'$

× 60 → × 60 →

grado	minuto	segundo
1	60	3 600

← : 60 ← : 60

1 minuto = 60 segundos

$1' = 60''$

× 3 600 →

grado	minuto	segundo
1	60	3 600

← : 3 600

- El instrumento para medir la amplitud de un ángulo es el **transportador.** Para medir un ángulo con el transportador sigo estos pasos:

1. Coloco el centro del transportador sobre el vértice del ángulo y hago coincidir el 0 sobre uno de sus lados.

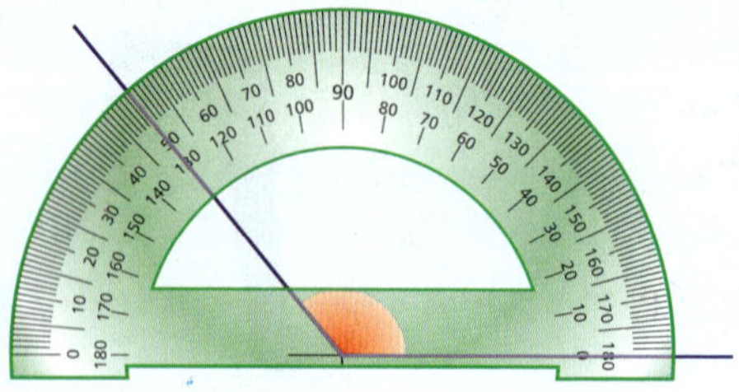

2. El otro lado marca la amplitud del ángulo en grados.

$\hat{A} = 130°$

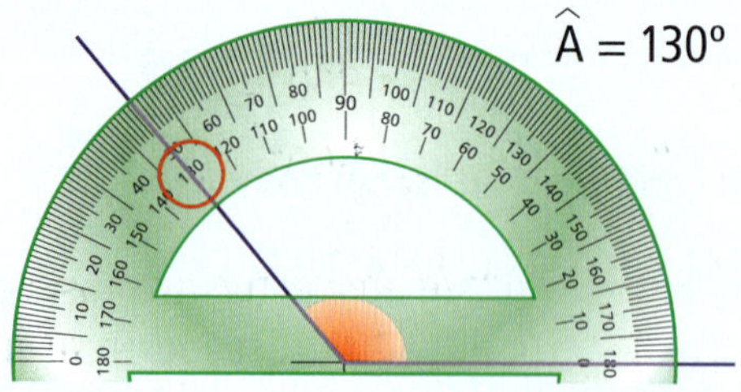

1 Cuando mido la amplitud de un ángulo, ¿mido la longitud o la abertura de sus lados?

2 ¿Cuál es la amplitud de estos ángulos? Mide con el transportador y escribe su amplitud en grados.

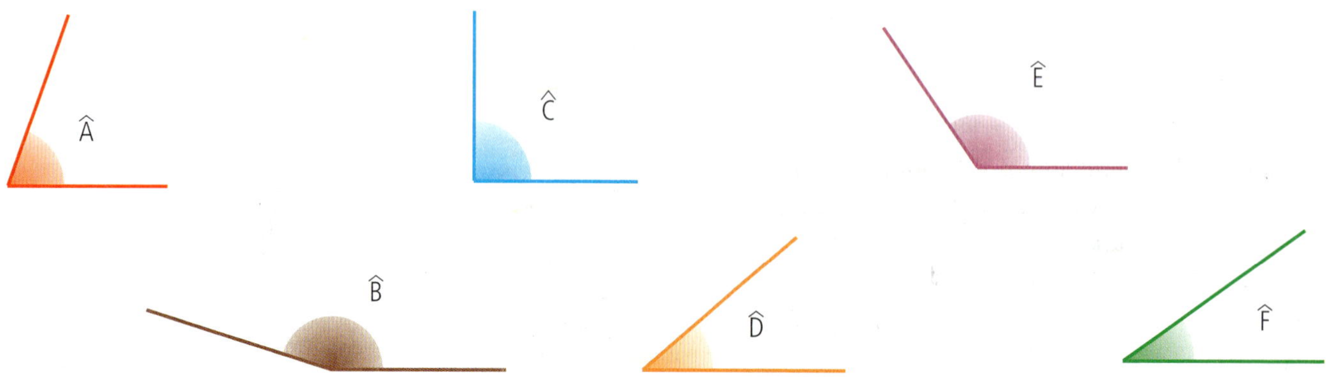

3 Observa cómo se dibuja el ángulo $\widehat{A} = 105°$ y dibuja en tu cuaderno los siguientes.

1. Trazo una semirrecta con origen el punto A y coloco el transportador.

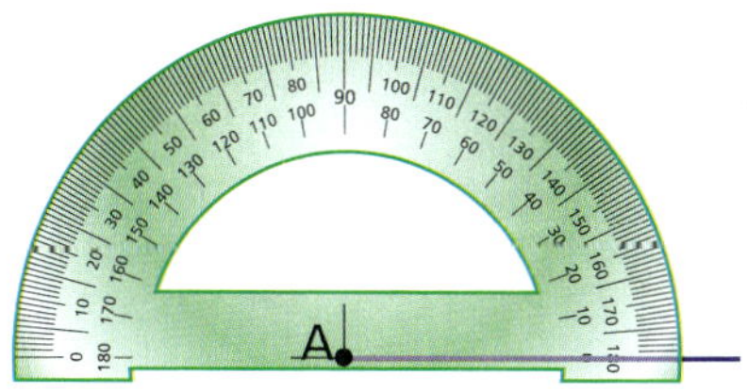

2. Marco la amplitud indicada, en este caso 105°.

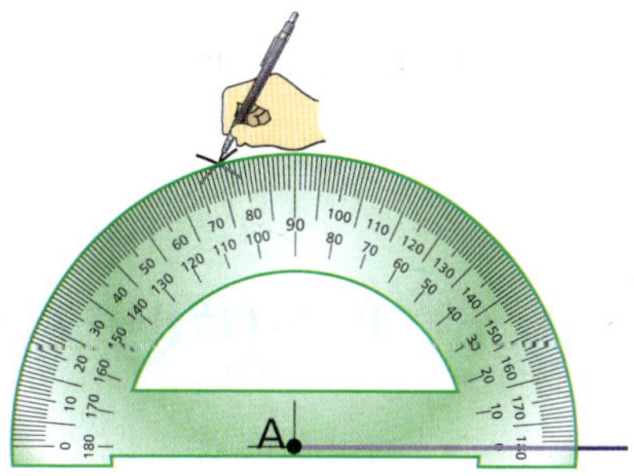

3. Trazo el otro lado con origen el punto A y pasando por la marca.

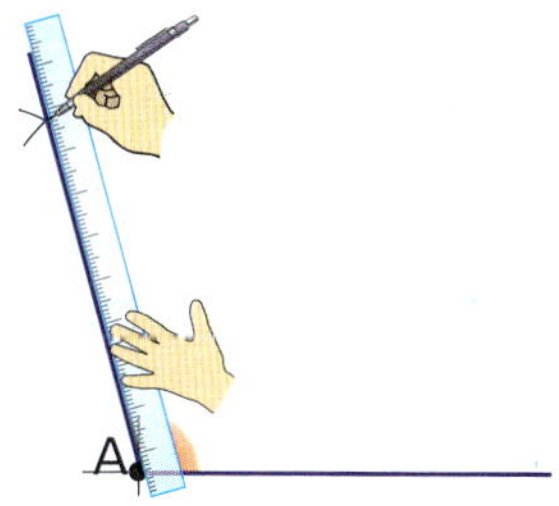

- $\widehat{B} = 35°$
- $\widehat{C} = 95°$
- $\widehat{D} = 80°$
- $\widehat{E} = 115°$

4 Observa y completa estas equivalencias en tu cuaderno.

$7° \rightarrow 7 \times 60 = 420 \rightarrow 7° = 420'$

$120' \rightarrow 120 : 60 = 2 \rightarrow 120' = 2°$

- 4° = ... '
- 360' = ... °
- 13° 45' = ... '
- 36' = ... ''
- 300'' = ... '
- 8° 25' 31'' = ... ''

5 Busca objetos de la clase en los que puedas identificar ángulos. ¿Cuánto estimas que mide su amplitud? Escribe en tu cuaderno.

- Mídelos con el transportador y comprueba el resultado.

6 La veleta de la casa de Julio se ha movido 151 234''. Julio dice que esa medida equivale a 42° 34''. ¿Cómo lo ha calculado? Explica los pasos en tu cuaderno.

```
151234'' | 60
 31        2520' | 60
  12        120'   42°
  034''      00'
```

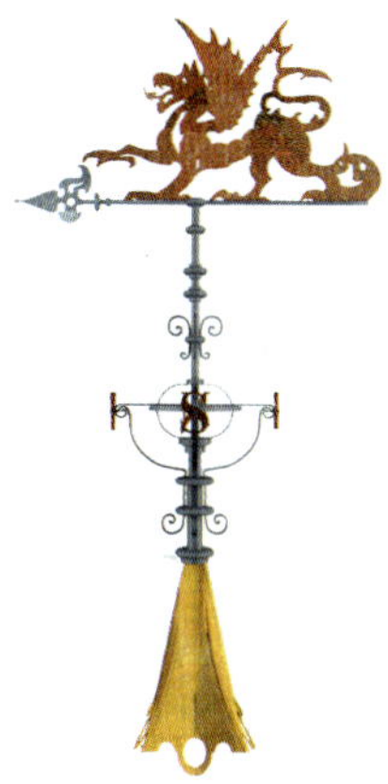

LÓGICA

7 Si hace dos horas había pasado tanto tiempo desde la una de la tarde como el que faltaba para la una de la mañana, ¿qué hora es ahora? Razona la respuesta.

Operaciones: tiempo

Pilar y su hermano Adrián se preparan para un campeonato. Hoy han entrenado 2 h y 26 min por la mañana y 115 min por la tarde. ¿Cuántas horas entrenaron en total? ¿Cuántos minutos más entrenaron por la mañana que por la tarde?

- Para averiguarlo, puedo calcular las operaciones en forma simple utilizando la misma unidad de medida.

2 h y 26 min = 146 min

$$\begin{array}{r} 146 \text{ min} \\ +\ 115 \text{ min} \\ \hline 261 \text{ min} \end{array} \longrightarrow \begin{array}{r|l} 261 \text{ min} & 60 \\ \cline{2-2} 021 \text{ min} & 4 \text{ h} \end{array}$$

$$\begin{array}{r} 146 \text{ min} \\ -\ 115 \text{ min} \\ \hline 031 \text{ min} \end{array}$$

Entrenaron 4 h y 21 minutos en total.

Por la mañana entrenaron 31 min más que por la tarde.

- Si ayer entrenaron el doble de tiempo que hoy, ¿cuántas horas entrenaron ayer?

$$\begin{array}{r} 261 \text{ min} \\ \times\ \ 2 \\ \hline 522 \text{ min} \end{array} \longrightarrow$$

522 min = 8 h y 42 min
Ayer entrenaron 8 h y 42 min.

1 Copia estas operaciones en tu cuaderno y calcula.

- 458 h + 127 h
- 132 s + 892 s
- 1 243 min + 306 min
- 6 780 h – 295 h
- 78 901 s – 50 824 s
- 87 349 h × 5
- 608 436 s × 9
- 261 709 h × 14

2 En cada caso, expresa las medidas de tiempo en la unidad que se indica y calcula el resultado.

- 3 h y 45 min + 8 h y 20 min ⟶ min
- 2 h, 37 min y 12 s + 4 min y 43 s ⟶ s
- 4 h y 45 min – 2 h y 38 min ⟶ min
- 7 h, 26 min y 49 s – 5 h y 45 s ⟶ s

3 Expresa el resultado en la unidad de medida que se indica.

- 37 min y 35 s × 6 ⟶ s
- 54 min y 23 s × 7 ⟶ s
- 21 h y 43 min × 2 ⟶ min
- 7 h y 14 s × 3 ⟶ s
- 6 h y 23 min × 9 ⟶ s
- 3 h y 36 min × 5 ⟶ s

4 Expresa el dividendo en minutos o segundos y divide en tu cuaderno.

- 6 h y 42 min : 3
- 45 min y 55 s : 5
- 78 min y 39 s : 3
- 32 h y 18 min : 2
- 56 h, 42 min y 56 s : 8
- 45 h, 31 min y 12 s : 4

5 Javier trabaja diariamente 8 h y 30 min. Si el domingo descansa, ¿cuántas horas y minutos trabaja en total en una semana?

6 Carmen montó un puzle de 100 piezas en 42 min y 18 s, y su hermano Román tardó la mitad en montar otro con las mismas piezas. ¿Cuánto tiempo tardó Román? Expresa la solución con minutos y segundos.

7 Rebeca tarda 2 h y 36 min en hacer una ruta en bicicleta, y Héctor, el triple que ella. ¿Cuánto tiempo tarda él en hacer la ruta?

8 Nerea ha estado tres cuartos de hora delante de la televisión para ver un capítulo completo de su serie favorita de dibujos animados. Si el capítulo duraba 35 minutos, ¿cuántos minutos de anuncios han puesto?

9 Calcula cuántos segundos han transcurrido desde una hora a la otra. Después, expresa el resultado en forma compleja con horas, minutos y segundos.

CÁLCULO

10 Calcula mentalmente.

- 45 × 0,1
- 38 × 0,1
- 53 × 0,1
- 84 × 0,1
- 76 × 0,1
- 94 × 0,1

11 Prepara papel y lápiz y calcula.

- (63 472 – 343) × 157
- 712 × (35 744 + 825)
- 11 050 : (325 – 26)
- 48 944 : (874 + 8 934)
- 4 584 × (874 – 274)
- 95 202 : (258 + 87 584)

Recuerda

19 × **0,1** = 19 : **10** = 1,9

Operaciones: ángulos

Al sumar o restar ángulos, obtengo otro ángulo cuya amplitud es la suma o resta de las amplitudes de los ángulos iniciales.

$\widehat{A} = 85^\circ\ 14'\ 32''$

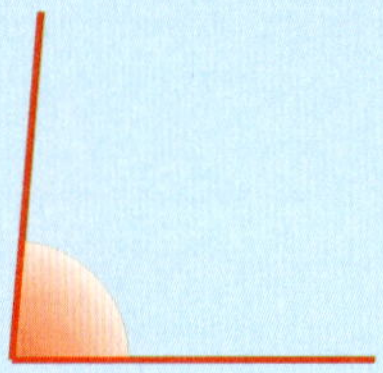

$\widehat{B} = 60^\circ\ 50'\ 42''$

El ángulo $\widehat{C}$ es el **ángulo suma** de $\widehat{A}$ y $\widehat{B}$.

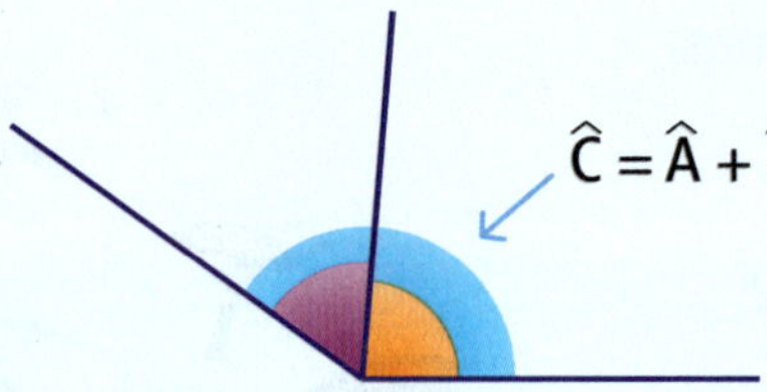

$$
\begin{array}{r}
85^\circ\ 14'\ 32'' \\
+\ 60^\circ\ 50'\ 42'' \\
\hline
145^\circ\ 64'\ 74'' \\
+ \qquad\quad 1' \\
\hline
145^\circ\ 65'\ 14'' \\
+ \quad 1^\circ \qquad\quad \\
\hline
146^\circ\ \ 5'\ 14''
\end{array}
$$

$74'' = 60'' + 14'' = 1' + 14''$

$65' = 60' + 5' = 1^\circ + 5'$

El ángulo $\widehat{D}$ es el **ángulo resta** de $\widehat{A}$ y $\widehat{B}$.

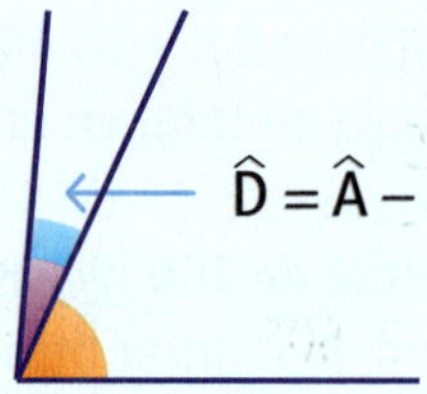

- No puedo restar 42″ a 32″:

$$
\begin{array}{r}
85^\circ\ 14'\ 32'' \\
-\ 60^\circ\ 50'\ 42'' \\
\hline
85^\circ\ 13'\ 92'' \\
-\ 60^\circ\ 50'\ 42'' \\
\hline
50''
\end{array}
$$

$14' = 13' + 60''$

- No puedo restar 50′ a 13′:

$$
\begin{array}{r}
84^\circ\ 73'\ 92'' \\
-\ 60^\circ\ 50'\ 42'' \\
\hline
24^\circ\ 23'\ 50''
\end{array}
$$

$85^\circ = 84^\circ + 60'$

1 Observa la amplitud de estos ángulos y calcula los resultados de las operaciones que se indican. Después, dibuja los ángulos en tu cuaderno.

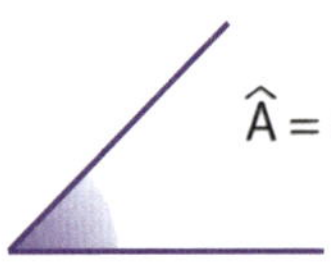

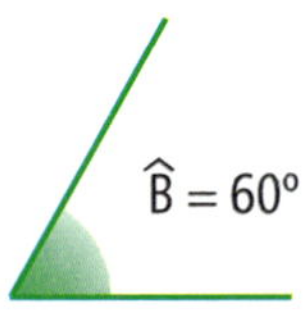

- $\widehat{A} + \widehat{C}$
- $\widehat{B} + \widehat{A}$
- $\widehat{B} - \widehat{A}$
- $\widehat{B} - \widehat{C}$

2 De las siete medidas de ángulos que aparecen en la actividad anterior, ¿cuál es la mayor? ¿Y la menor?

3 Calcula la amplitud del ángulo suma de estos pares de ángulos.

$$\begin{array}{r} 80^\circ\ 15' \\ +\ 25^\circ\ 40' \\ \hline \end{array} \qquad \begin{array}{r} 130^\circ\ \ 50'' \\ +\ 45^\circ\ 13'\ 48'' \\ \hline \end{array}$$

$$\begin{array}{r} 110^\circ\ 38'\ 17'' \\ +\ 80^\circ\ 34'\ 47'' \\ \hline \end{array} \qquad \begin{array}{r} 45^\circ\ 25'\ 40'' \\ +\ 12^\circ\ 32'\ 50'' \\ \hline \end{array}$$

4 Copia y une en tu cuaderno.

54° 26′ – 28° 35′	29° 39′ 28″
79° 34′ – 19° 54′	25° 51′
120° 18′ 45″– 90° 39′ 17″	32° 55′ 40″
45° 38′ 30″– 12° 42′ 50″	59° 40′

5 Carla ha dibujado estas figuras y ha sacado dos conclusiones.

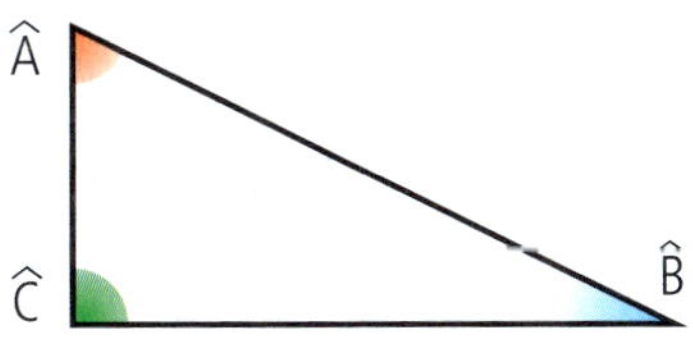

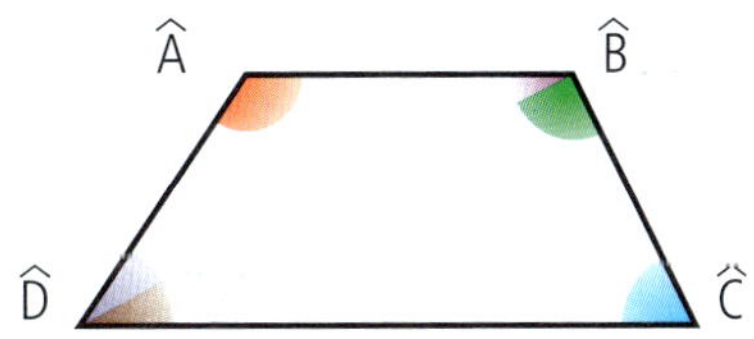

- Utiliza el transportador y mide los ángulos de cada figura.
- Calcula la suma de los ángulos del triángulo. ¿Es cierta la primera conclusión de Carla?
- Descompón el cuadrilátero en dos triángulos y razona si es cierta o no la segunda conclusión.

6 Celia ha dibujado en su cuaderno un ángulo de 30° 54′ 30″. Andrés ha dibujado un ángulo a continuación de el de Celia de manera que entre los dos tienen una amplitud de 180°. ¿Qué amplitud tiene el ángulo que ha dibujado Andrés?

- Y si Andrés hubiera dibujado un ángulo de manera que entre los dos tuvieran una amplitud de 360°, ¿cuál es la amplitud del ángulo dibujado por Andrés?

LÓGICA

7 La escuadra y el cartabón tienen ángulos de 90°, 60°, 45° y 30°. Utiliza estas herramientas para dibujar los siguientes ángulos.

- 75°
- 135°
- 105°
- 150°
- 120°
- 180°

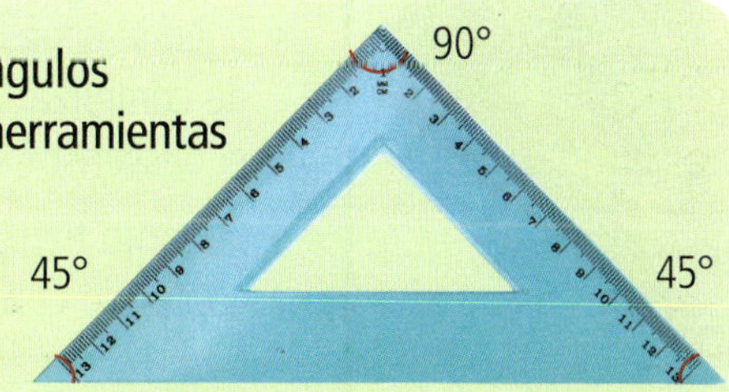

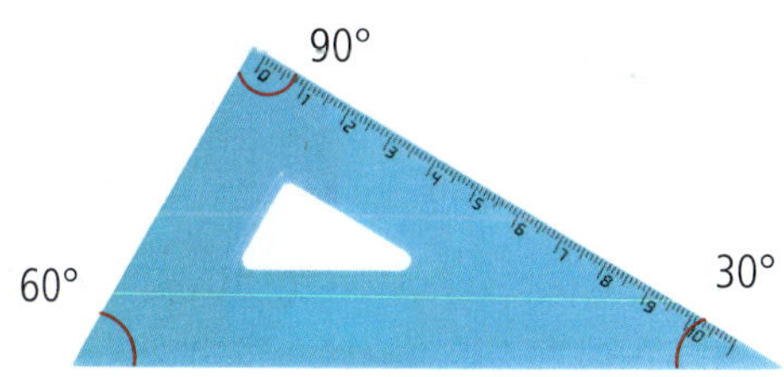

¡NO HAY PROBLEMA!

Dividir un problema en varias etapas para resolverlo

Paloma y sus amigos van a ir al cine a la sesión de las 17 h y después se quedarán a merendar en la pastelería de al lado. Si la película dura 1 h y 25 min y acabarán de merendar 30 min después de que termine, ¿a qué hora tendrán que quedar con sus padres para que los recojan?

Para resolver el problema puedo seguir estos pasos:

- Leo y comprendo el enunciado.
- Identifico la pregunta.

  ¿A qué hora tendrán que quedar con sus padres para que los recojan?
- Divido el problema en etapas y resuelvo.

  ¿A qué hora terminará la película?

  17 h y 00 min
  \+ 1 h y 25 min
  ———————
  18 h y 25 min

  ¿A qué hora terminarán de merendar?

  18 h y 25 min
  \+ 30 min
  ———————
  18 h y 55 min
- Tendrán que quedar a las 18 h y 55 min.

Explica con tus palabras a un compañero en qué consiste la estrategia del ejemplo.

1 Cintia y César se van de vacaciones. Él coge el tren por la mañana y tarda en llegar a su destino 5 h y 24 min, y ella viaja en avión por la noche y tarda en llegar a su destino 81 min.

- Calcula las horas y minutos que ha tardado Cintia en llegar a su destino.
- ¿Cuántos minutos menos ha tardado Cintia que César en llegar a su destino?

2 Sara inicia la escalada de una montaña de 1 600 m de altura a las 8 h y 30 min. Durante la subida, tarda una hora y cuarto en ascender cada 800 m, y durante la bajada tarda 1 h y 10 min en descender esa misma distancia.

- ¿Cuántas horas y minutos tarda en ascender hasta la cima?
- ¿Cuánto tiempo tarda en descender hasta la base de la montaña?
- Si en la cima descansa media hora antes de comenzar a bajar, ¿a qué hora termina el descenso?
- ¿Cuánto tiempo en total ha durado la escalada contando con el tiempo de descanso?

3 El ordenador de Sergio hace una copia de lo que está escribiendo cada 5 min. Hace 3 min y 40 s, el ordenador grabó una copia. ¿Cuánto tiempo falta para que grabe la siguiente?

4 El mes pasado entraron a una cueva 40 grupos de 5 personas y 50 grupos de 7 personas. Este mes se dejará entrar al mismo número total de personas pero en grupos de 10 personas. ¿Cuántos grupos entrarán este mes?

¿Por qué es importante conservar estos lugares?

5 Alberto ha pedido para su cumpleaños que le regalen, entre toda la familia, una bicicleta con el casco y las rodilleras que cuesta, el paquete completo, 3 410 €. Si la familia consta de 22 miembros y cada uno pone 160 €, ¿cuánto dinero les sobrará para comprarle una luz para la bicicleta?

6 Un polideportivo organiza una jornada deportiva con partidos y exhibiciones. De los doscientos participantes, $\frac{3}{5}$ son chicos y el resto, chicas. De las chicas, la cuarta parte se han apuntado a baloncesto y el resto, a voleibol. ¿Cuántas chicas se han apuntado a voleibol?

- Teniendo en cuenta que esta jornada deportiva comienza a las diez y media de la mañana y termina a las 19 h y 45 min, ¿cuánto tiempo dura?

CÁLCULO MENTAL

Dividir números de dos cifras por 0,5.

17 : 0,5 = 17 × 2 = 34

1 Calcula mentalmente estas operaciones

- 19 : 0,5
- 71 : 0,5
- 33 : 0,5

Elabora una estrategia para calcular esta operación y comprueba el resultado con la calculadora.

24 : 0,1

2 Calcula mentalmente estas operaciones.

- 63 : 0,1
- 87 : 0,1
- 58 : 0,1

AHORA INTÉNTALO TÚ

3 Encuentra el 4 253 operando con los siguientes números.

1 058,25 10 6 20

Solo puedes utilizar cada número una vez.

MANOS A LAS MATES

Dominó del tiempo

¿Qué necesitamos?

Sobre

Tijeras

Rotulador

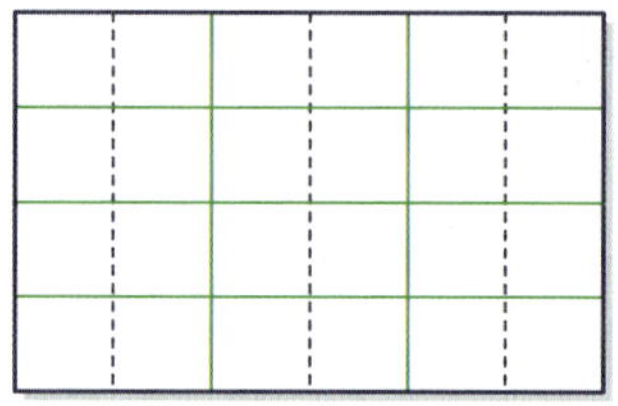
Plantilla

Construimos

1. Con ayuda de las tijeras, recorta las 12 piezas de la plantilla por las líneas continuas.

2. En una de las partes de una de las piezas, escribe la siguiente unidad de tiempo. Observa el dibujo.

3. Ahora, completa las otras 11 piezas con estas unidades de tiempo:
   - 240 min
   - 3 645 s
   - 1 h y 27 s
   - 2 h y 24 min
   - 43 200 s
   - 1 h, 16 min y 18 s
   - 144 min
   - 12 h
   - 4 578 s
   - 1 h y 45 s
   - 3 627 s

4. Guarda todas las piezas en el sobre.

1. ¿Para qué puedes usar las piezas que has recortado?

2. Copia en tu cuaderno y completa para que se cumplan estas igualdades. Explica cómo lo has hecho.
   - 4 h = ... min
   - 12 h = ... s
   - 2 h y 24 min = ... min
   - 1 h y 27 s = ... s
   - 3 645 s = ... h y ..... s
   - 4 578 s = ... h, ... min y ..... s

3. Saca tus piezas del sobre y junta los pares de piezas comprobando qué unidades de tiempo son equivalentes.

4. Ahora, copia y completa en tu cuaderno para que se cumplan estas igualdades.
   - 1 día = ... h
   - 1 ..... = 365 días
   - 1 lustro = ... años
   - 1 ..... = 10 años
   - 1 siglo = ... años
   - 1 ..... = 1 000 años

5. Junto a tu compañero, completad las partes que están en blanco de vuestras piezas escribiendo en cada una, una de las unidades de medida de la actividad anterior. Pero tened en cuenta que tú y tu compañero no podéis escribir la misma unidad de medida en la misma pieza, para no tener piezas iguales. Observad el ejemplo.

Tu pieza	
4 h	1 año

La pieza de tu compañero	
4 h	1 milenio

6. Ahora, juega con tu compañero al dominó, teniendo en cuenta las siguientes reglas:
   - Juntad las piezas de tu compañero y las tuyas.
   - Dad la vuelta a todas las piezas para que no se vean y removedlas.
   - Coged cada uno 12 piezas y poned mucho cuidado en que vuestro compañero no vea vuestras piezas.
   - Empieza uno de vosotros colocando una pieza. Observa el ejemplo 1.
   - El otro debe colocar la pieza cuya unidad de medida sea equivalente con una, y solo una, de las dos unidades de tiempo. Observa el ejemplo 2.
   - Id colocando piezas de forma alterna hasta que uno de vosotros coloque todas. Este será el ganador.

7. Investigad cómo adaptar este juego para utilizar trabajar con las unidades de medida de ángulos.

1

4 h	1 año

2

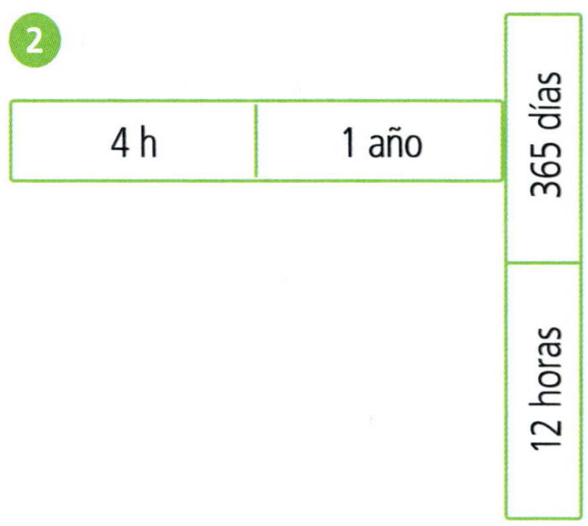

¡INOLVIDABLE!

1 Expresa en tu cuaderno estas cantidades en segundos.

12 h, 27 min y 12 s
3 h, 45 min y 4 s
16 h, 10 min y 3 s

- Ordénalas de mayor a menor.

2 Expresa en tu cuaderno en horas y minutos la duración de estas excursiones.

Excursión A: 179 min

Excursión B: 216 min

- ¿Cuál de ellas tiene mayor duración?

3 Este reloj tuvo una avería y señala la hora con 25 min de retraso. Dibújalo en tu cuaderno marcando la hora correcta.

4 Copia y completa en tu cuaderno para que se cumplan estas igualdades.

- 235 min = ... h y ..... min
- 4 h y 52 min = ... min
- 34 809 s = ... h , ... min y ..... s

5 Calcula las siguientes operaciones en tu cuaderno.

- 14 h, 6 min y 30 s + 5 h, 10 min y 45 s
- 566 min − 1 h y 56 s
- 2 h y 35 min × 5
- 567 s : 9

6 Completa en tu cuaderno estas equivalencias.

- 35′ = ...″
- 62° = ...″
- 43° = ...″
- 151 200″ = ...°
- 720′ = ...°
- 25 200″ = ...°

7 Ordena en tu cuaderno de mayor a menor utilizando la forma compleja para expresar su amplitud.

- 23° 12′ 54″
- 2 731″
- 434 073″
- 325 211″

8 Calcula el tu cuaderno el resultado de estas operaciones.

$\hat{A} = 100° \ 32' \ 45''$

$\hat{B} = 45° \ 56' \ 9''$

$\hat{C} = 65° \ 19'$

- $\hat{A} + \hat{B}$
- $\hat{B} + \hat{C}$
- $\hat{A} - \hat{B}$
- $\hat{C} - \hat{B}$

9 La suma de los ángulos de un triángulo es de 180°. Si dos de ellos suman 120°, ¿cuánto mide el otro ángulo?

10 Dibuja en tu cuaderno, con la regla y el transportador, un ángulo de 150° y otro de 45°. Calcula la suma y la resta de esos ángulos. Después, dibuja los ángulos que han resultado en tu cuaderno.

11 Rodrigo tiene que coger un avión a las 8 de la mañana. El taxi tarda tres cuartos de hora en recorrer la distancia que hay desde su casa al aeropuerto, y facturar la maleta le lleva 20 min. Si tiene que estar en la sala de espera del aeropuerto dos horas antes de la salida del vuelo, ¿a qué hora tiene que coger Rodrigo el taxi para no perder el avión?

12 En la prueba de triatlón, Mario ha tardado los siguientes tiempos en cada disciplina: en natación, 17 min y 3 s; en carrera, 29 min y 12 s; y en ciclismo, 22 min y 34 s. ¿Cuánto tiempo ha tardado en realizar la prueba? Expresa el resultado en forma compleja.

13 Calcula mentalmente.

- 24 : 0,5
- 32 : 0,1
- 63 : 0,5
- 91 : 0,1

14 El próximo fin de semana vas a ir con unos amigos a hacer senderismo. En la biblioteca has encontrado una guía de rutas por tu comarca y has elegido la siguiente.

Senda de las Águilas

Longitud: 10 km **Dificultad:** media

Ruta: Partir del centro de interpretación que hay en las afueras del pueblo. Seguir el camino que se dirige hacia el **norte** y, al llegar al pinar, tomar el desvío que sale a la derecha hacia el valle Escondido. Allí iniciar la ascensión hacia el pico de las Águilas hasta el refugio. Descender después por la cara **este** de la montaña, cruzar el puente sobre el río y seguir hasta la fuente de la Jara. Por último, tomar el camino hacia el **oeste** para volver al lugar de partida.

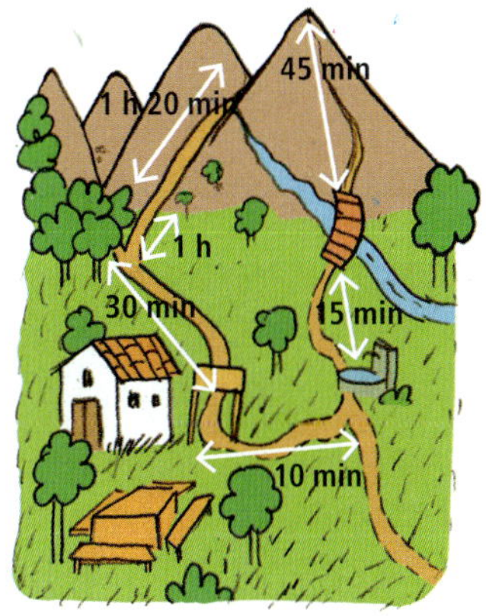

A Has quedado el viernes con tus amigos para planificar la excursión y necesitáis saber los siguientes datos. Fíjate en la información que acompaña al mapa y contesta.

1. ¿Cuál es el punto de partida? ¿Y el de llegada?
2. ¿Cuántos kilómetros tiene la senda en total?

B ¿Qué llevaréis en las mochilas? Elígelo entre estos objetos.

Cantimplora	Secador de pelo	Chubasquero
Crema solar	Flotador	Cámara de fotos
Videoconsola	Bolsa de basura	Gafas de sol

C Habéis quedado en comenzar la ruta a las 9 de la mañana y hacer un descanso hacia las 12 para tomar algún tentempié. ¿Qué lugar será el más apropiado para hacer esa parada?

D Calcula la hora aproximada de regreso teniendo en cuenta que dedicaréis tres cuartos de hora a descansar y tomar el tentempié.

E Planifica una visita al observatorio astronómico con la información del folleto y haz una lista con lo que necesitas llevar.

1. Si la visita a la sala del telescopio comienza a las 10 de la mañana, ¿a qué hora termina?

15 Realiza un esquema de todo lo que has aprendido en esta unidad.

8 SITUACIÓN Y MOVIMIENTO EN EL PLANO

¿Por qué las personas mayores nos pueden enseñar? ¿Qué nos pueden enseñar?

Recolonizar la Tierra es una misión compleja. Comprobad en esta unidad si sois aptos para recibir los planos que os ayudarán a superarla.

¿Esta flor tiene simetría?

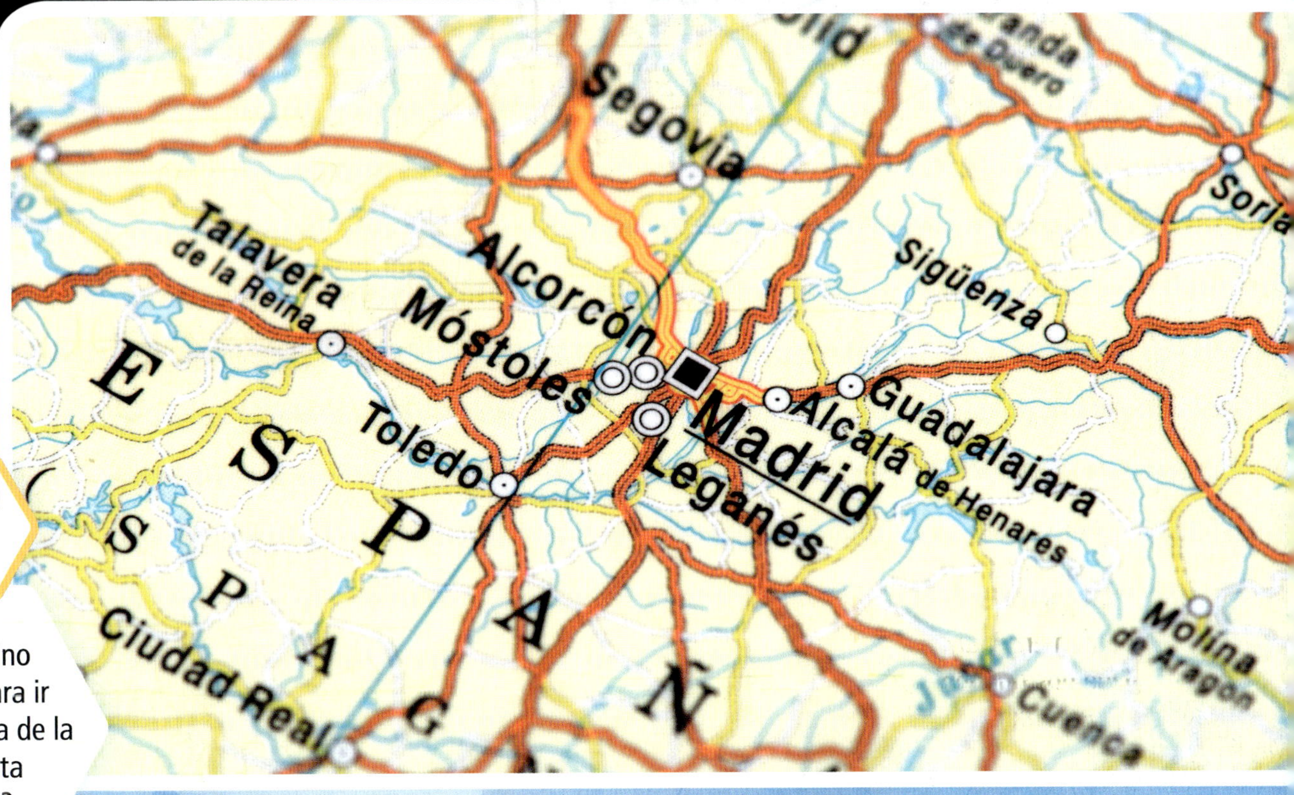

¿Qué camino seguirías para ir desde Talavera de la Reina hasta Sigüenza?

Representación de puntos en el plano

- Represento puntos en el plano utilizando dos **ejes de coordenadas positivos.**

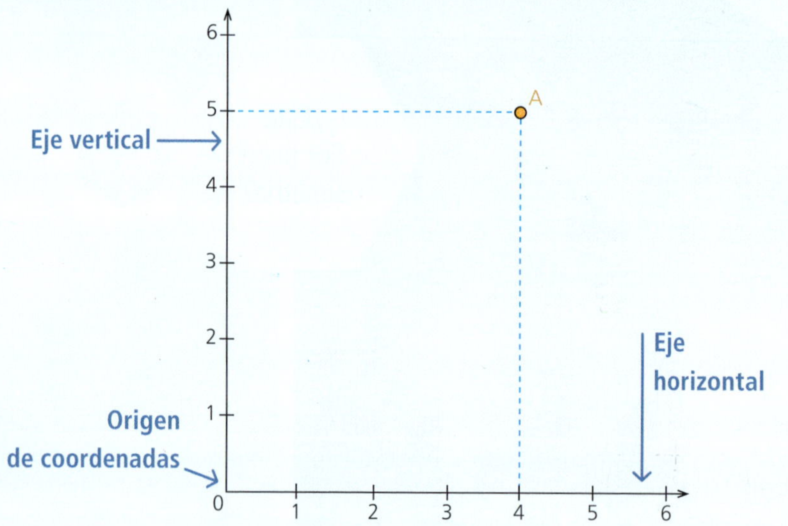

Cada punto del plano está determinado por un par de **coordenadas.** Para leer y escribir las coordenadas de un punto se nombra primero la del eje horizontal y después la del vertical.

A ⟶ (4, 5)

1 Completa en tu cuaderno las coordenadas de cada uno de los puntos que hay representados en estos ejes.

A ⟶ (2, ...)	E ⟶ (5, ...)
B ⟶ (....., 1)	F ⟶ (....., 4)
C ⟶ (3, ...)	G ⟶ (5, ...)
D ⟶ (....., 3)	H ⟶ (....., 2)

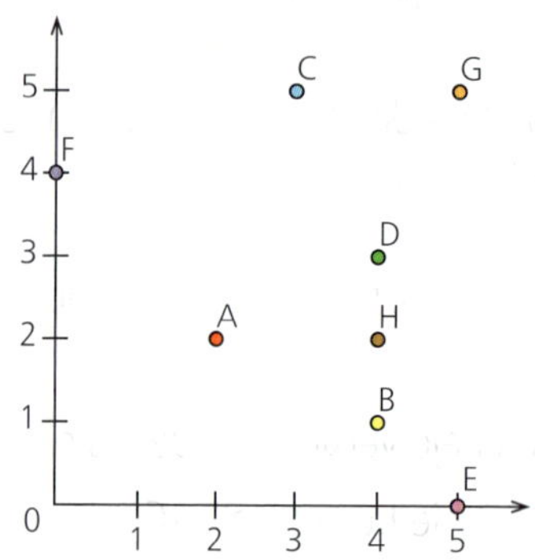

2 Dibuja sobre una hoja cuadriculada dos ejes de coordenadas y representa estos puntos.

B ⟶ (1, 2) D ⟶ (6, 2) F ⟶ (0, 4) O ⟶ (0, 0)

3 Observa estos ejes e indica en tu cuaderno a qué punto corresponden las siguientes coordenadas.
¿Cuál es la palabra secreta?

☐	⟶	(1, 3)
☐	⟶	(2, 3)
☐	⟶	(2, 6)
☐	⟶	(3, 1)
☐	⟶	(0, 0)

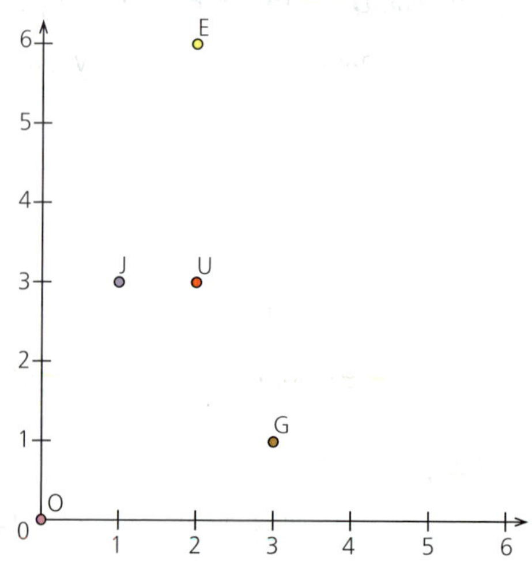

4 Averigua y escribe en tu cuaderno las coordenadas de los vértices del siguiente triángulo.

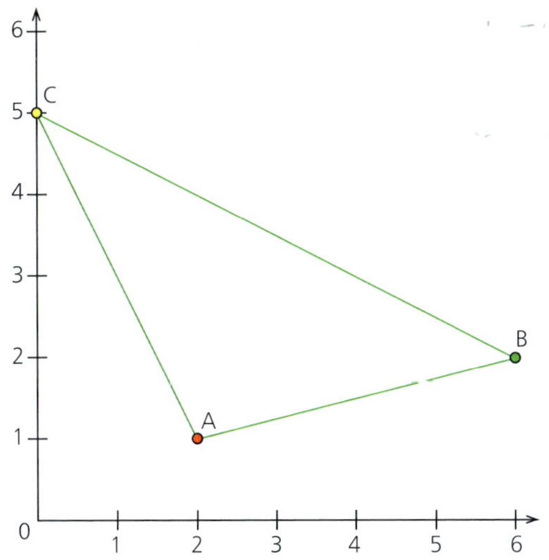

5 Dibuja sobre una hoja cuadriculada dos ejes de coordenadas y representa los siguientes puntos.

A ⟶ (2, 2)	B ⟶ (5, 2)	C ⟶ (2, 4)

- Si los puntos A, B y C son tres de los vértices de un rectángulo, ¿cuáles son las coordenadas del cuarto vértice?

6 Observa estos ejes y escribe en tu cuaderno las coordenadas de cada punto.

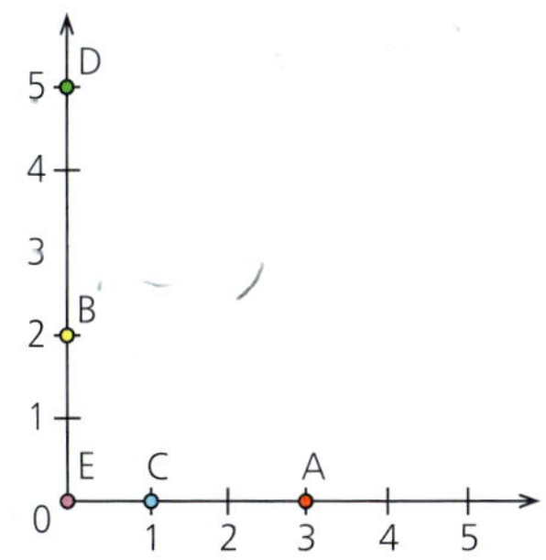

- ¿Qué puntos están sobre el eje vertical? ¿Cuál es su primera coordenada?
- ¿Qué puntos están sobre el eje horizontal? ¿Cuál es su segunda coordenada?

7 Las coordenadas del recorrido de dos grupos de *scouts* son estas. Las del grupo «Leones»: A ⟶ (3, 4), B ⟶ (4, 1) y C ⟶ (5, 4); y las del grupo «Águilas»: D ⟶ (5, 3), E ⟶ (0, 2) y F ⟶ (4, 5).

- Dibuja los ejes de coordenadas en tu cuaderno y marca el recorrido de cada grupo.

CÁLCULO

8 Calcula mentalmente.

- 62 : 0,5
- 53 : 0,5
- 80 : 0,5
- 46 : 0,5
- 92 : 0,5
- 28 : 0,5

9 Prepara papel y lápiz y calcula.

- 254 × 78,3
- 268,4 × 96
- 2 482 × 59,7
- 5 872 × 28,4
- 4 713,6 × 78
- 1 567,58 × 538,5

Recuerda

12 : 0,5 = 12 × 2 = 24

Simetrías, traslaciones y giros

- Esta figura es **simétrica,** pues al doblarla por un eje de simetría sus dos mitades coinciden. Una figura simétrica puede tener varios ejes de simetría.

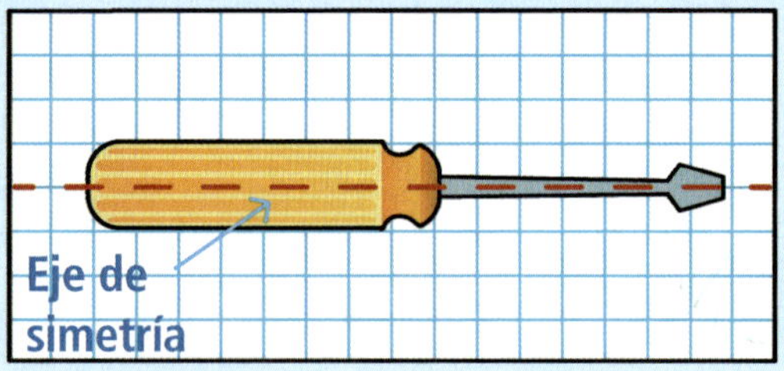

- Estas figuras tienen **simetría,** pues al doblar por el eje de simetría los puntos de una figura coinciden con los puntos de la otra.

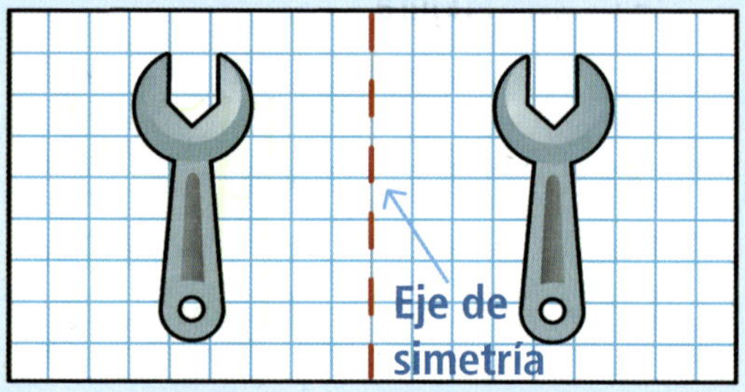

- Si muevo la figura A 6 cuadrados a la derecha obtengo la figura B; he realizado una **traslación.**

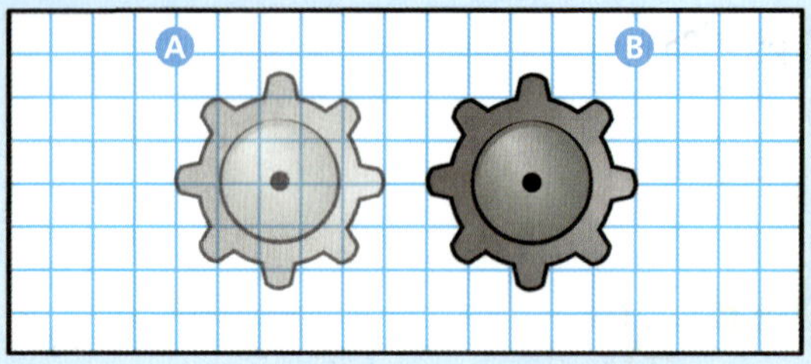

- Si **giro** la figura A 90° en sentido negativo obtengo la figura B.

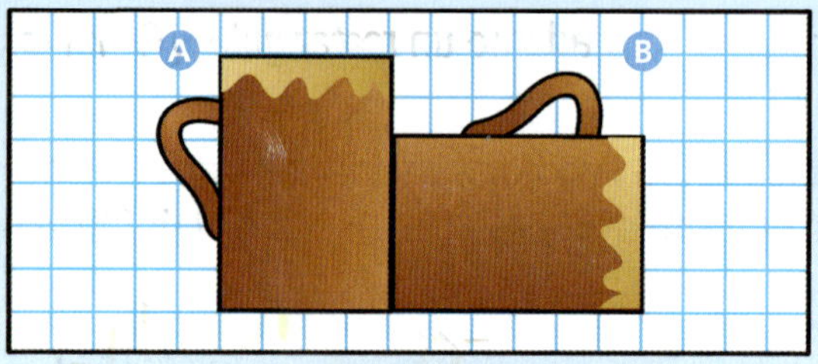

1 ¿Qué objetos son simétricos?

2 Copia en tu cuaderno las figuras que sean simétricas y traza alguno de sus ejes de simetría.

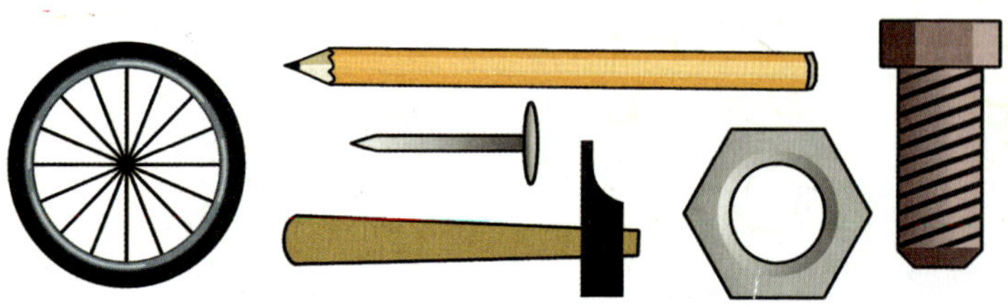

3 Dibuja en tu cuaderno dos objetos de clase que sean simétricos y traza alguno de sus ejes.

4 Copia estas figuras en tu cuaderno y marca en color rojo los que son ejes de simetría en cada figura.

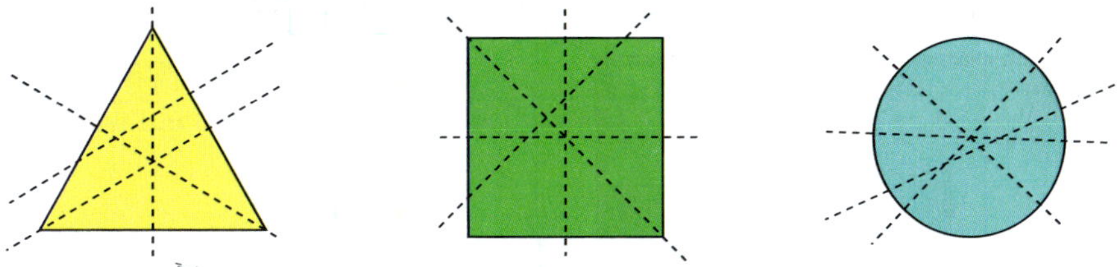

- ¿Cuántos ejes de simetría has marcado en color rojo en cada figura?
- ¿Podrías dibujar en el círculo más ejes de simetría?

5 Dibuja en tu cuaderno un rectángulo. ¿Cuántos ejes de simetría puedes trazar?

6 Identifica qué figuras se han formado por traslación de A.

7 Averigua qué balón ve Andrea en cada caso si gira sobre el taburete, desde esa posición, los ángulos indicados.

- Gira 90° en sentido negativo.
- Gira 45° en sentido positivo.
- Gira 180° en sentido negativo.
- Gira 90° en sentido positivo.
- Gira 270° en sentido negativo.
- Gira 45° en sentido negativo.

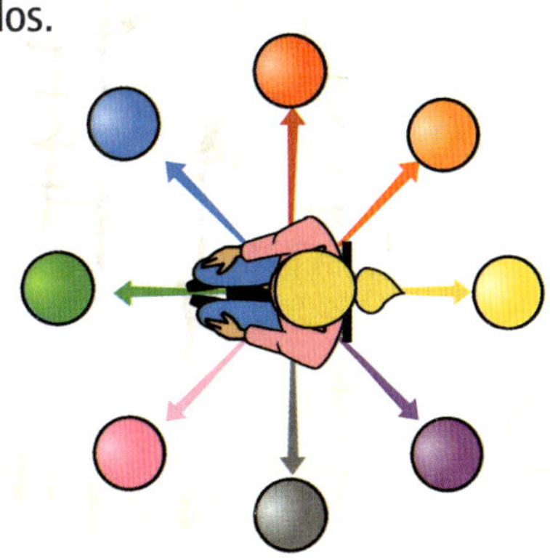

Recuerda

Sentido de un giro:

- **Sentido positivo** si sigue el sentido contrario a las agujas del reloj.
- **Sentido negativo** si sigue el sentido de las agujas del reloj.

LÓGICA

8 Observa la primera figura y averigua cuál de las siguientes indica un giro positivo de 225°. Razona la respuesta.

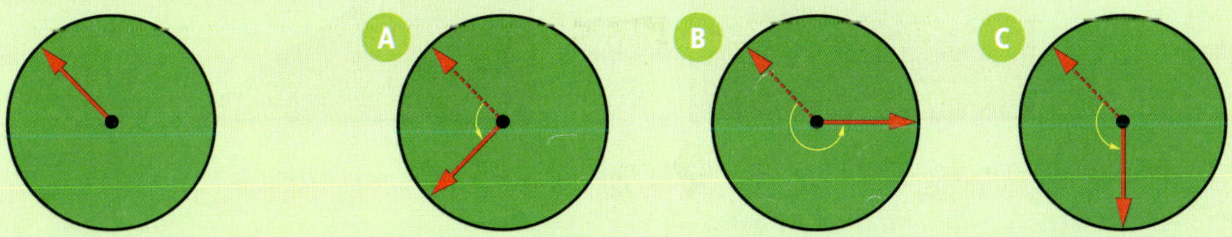

Escalas en planos y mapas

- Los **planos** y los **mapas** son representaciones gráficas, a tamaño reducido, de la realidad.

La **escala numérica** de un plano o mapa es la relación que existe entre sus medidas y las medidas reales.

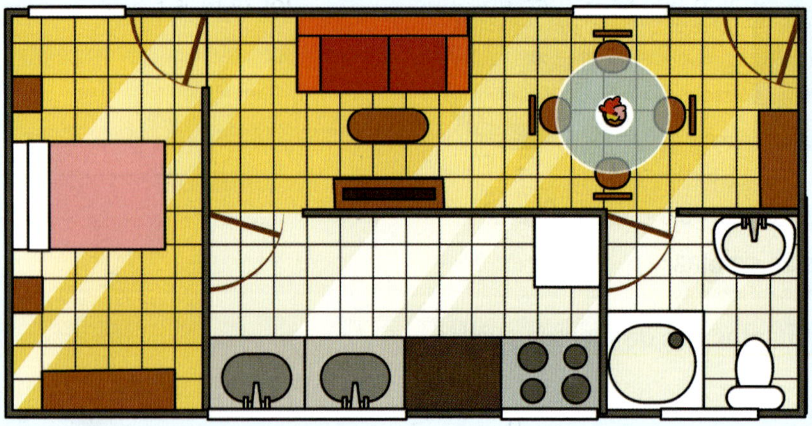

La escala **1:150** indica que cada 150 cm de la realidad equivalen a 1 cm en el plano.

1 cm → 150 cm

De forma gráfica se representa así:

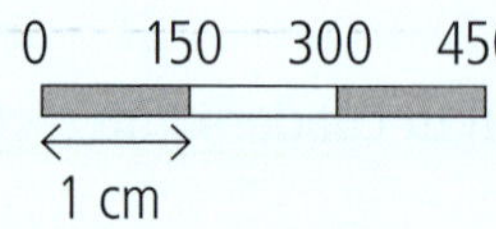

Las dimensiones reales del piso son:

Longitud en la realidad → 11 × 150 = 1 650 → 1 650 cm = 16,50 m

Ancho en la realidad → 5,4 × 150 = 810 → 810 cm = 8,1 m

1 Observa el plano de la presentación y con ayuda de la regla y de la escala contesta a estas preguntas.

- ¿Cuáles son las dimensiones de la cocina en el plano?
- ¿Cuáles son las dimensiones reales del salón?

2 Estos segmentos están dibujados a escala 1:10. Calcula la longitud real de cada uno de ellos.

3 Estas figuras están hechas a escala 1:2. Mídelas y dibuja las figuras reales en tu cuaderno.

- ¿Cuáles son las dimensiones reales de cada una de las figuras que has dibujado?

4 Observa cómo se divide un segmento en partes iguales con el compás. Después, dibuja en tu cuaderno los segmentos indicados y divide el segmento grande en partes iguales que midan lo que el segmento pequeño.

1. Pinchamos en el punto A del segmento y abrimos el compás para tomar la medida del segmento hasta el punto B.

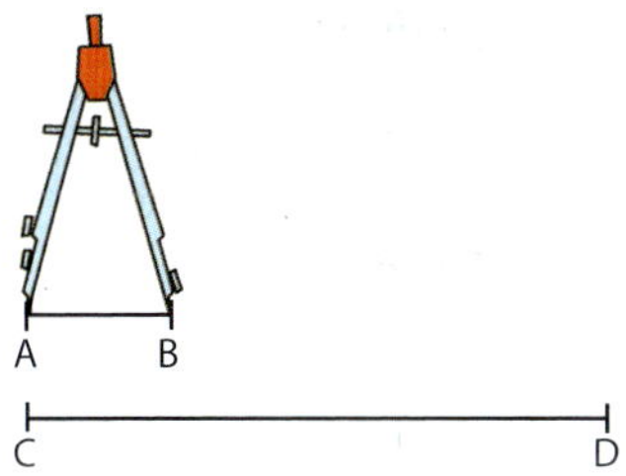

2. Con centro en C y con la misma abertura, dibujamos un arco que se cortará en E.

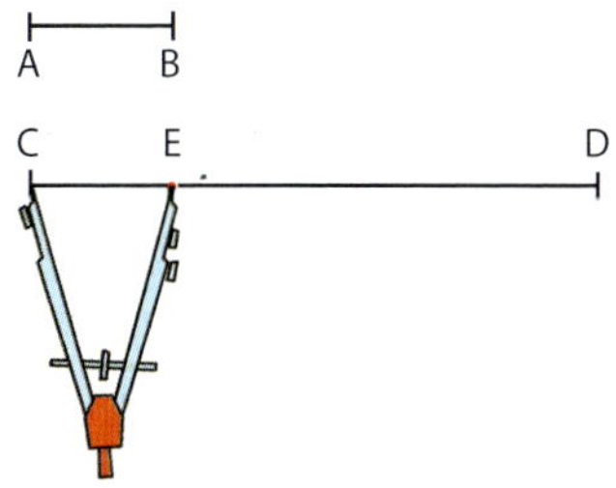

3. Realizamos el mismo proceso desde el punto E para trazar los puntos F y G.

5 Observa el recorrido que ha realizado en vacaciones la familia Aguilera.

- Si el mapa está representado a escala 1:15 000 000, ¿qué distancia han recorrido a lo largo de todas las vacaciones?

CÁLCULO

6 Calcula mentalmente.

- 29 : 0,1
- 84 : 0,1
- 72 : 0,1
- 69 : 0,1
- 47 : 0,1
- 37 : 0,1

7 Prepara papel y lápiz y calcula.

- 34 678 : 2,5
- 78 541 : 36,7
- 687,54 : 24
- 856,9 : 73
- 874,6 : 362
- 5 712,5 : 675

Recuerda

18 : 0,1 = 18 × 10 = 180

Figuras iguales y figuras semejantes

- Observa que estas **figuras** son **iguales** porque tienen la misma forma y el mismo tamaño. El cociente de dividir las medidas de una entre las medidas de la otra es 1.

- Las **figuras semejantes** tienen la misma forma pero distinto tamaño. Además, el cociente de dividir las medidas de una entre las medidas de la otra es el mismo y es distinto de 1.

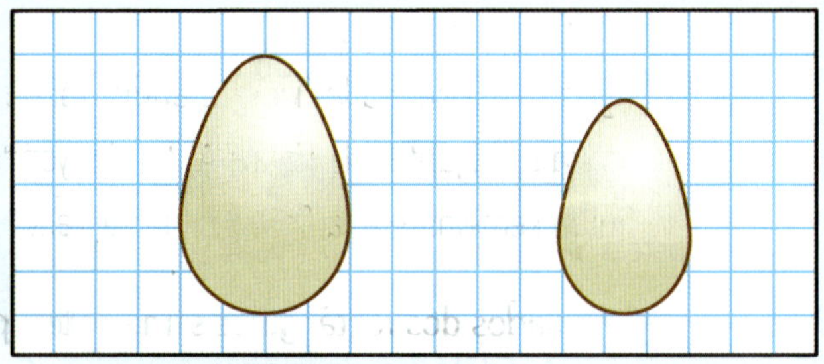

1 ¿Cuáles de las siguientes figuras son iguales? ¿Y semejantes?

2 Mide las siguientes figuras y comprueba si son iguales o semejantes. ¿Cuál es el cociente de sus medidas?

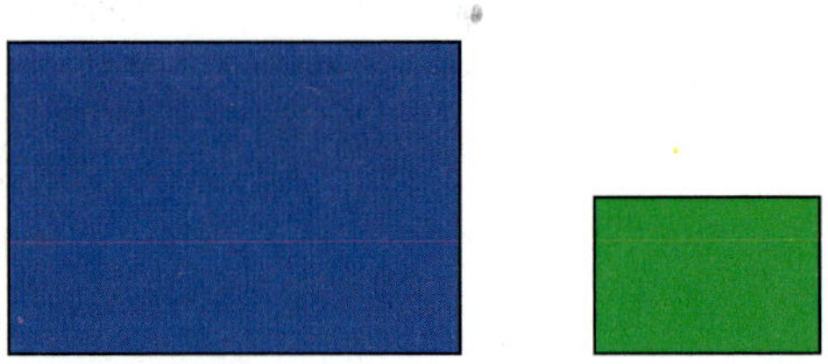

Amplía

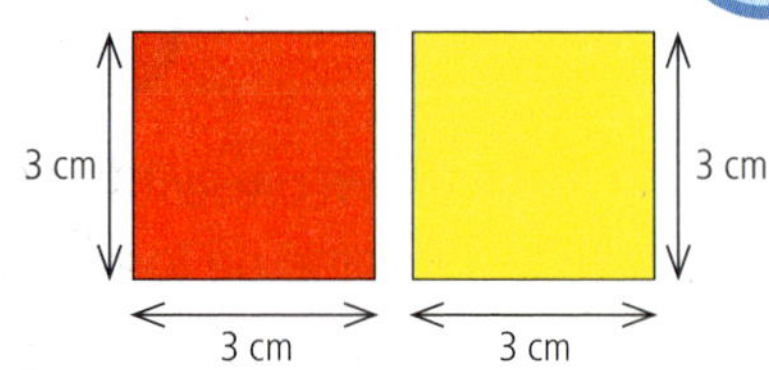

3 cm : 3 cm = **1**

3cm : 3 cm = **1**

Son figuras **iguales.**

3 Indica en tu cuaderno si estas oraciones son verdaderas o falsas.

- Las figuras iguales tienen la misma forma, pero distinto tamaño.
- Las figuras semejantes tienen el mismo tamaño, pero distinta forma.
- Las figuras iguales tienen la misma forma y el mismo tamaño.
- Las figuras semejantes tienen la misma forma, pero distinto tamaño.
- Las figuras semejantes tienen distinta forma y tamaño.

4 Observa estos triángulos y contesta.

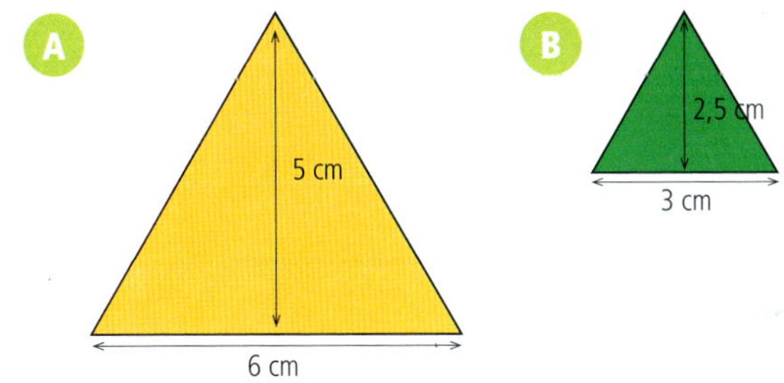

- ¿Son figuras iguales o semejantes?
- Dibuja una figura igual a la figura A.
- Dibuja una figura semejante a la figura B aumentando sus medidas.
- Dibuja una figura semejante a la figura A disminuyendo sus medidas.
- Dibuja una figura semejante a la figura A aumentando sus medidas.

5 Rodrigo tiene dibujados dos rectángulos semejantes, pero le faltan algunas medidas. Ayúdale a averiguarlas.

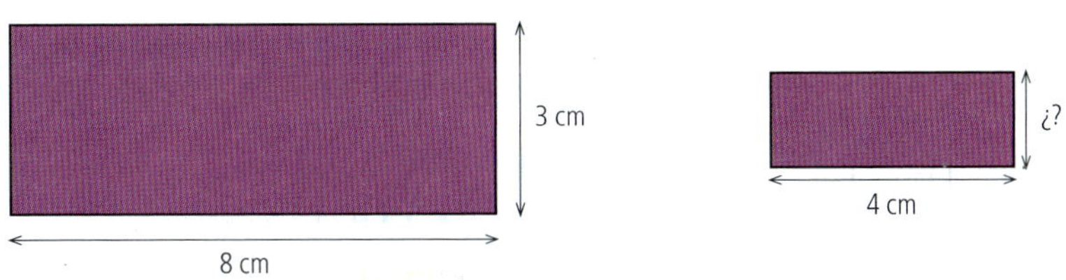

6 Dibuja un círculo en tu cuaderno de radio 3 cm. A continuación, dibuja otro círculo con el mismo radio. ¿Son semejantes o iguales?

- Ahora dibuja un círculo cuyo radio sea la mitad del anterior. ¿Es semejante o igual a los anteriores?

Amplía

- Para construir una figura ampliada, multiplicamos todas las medidas de la figura original por el mismo valor.
- Para construir una figura disminuida, dividimos todas las medidas de la figura original por el mismo valor.

LÓGICA

7 Averigua qué plano representa el dibujo. Razona tu respuesta.

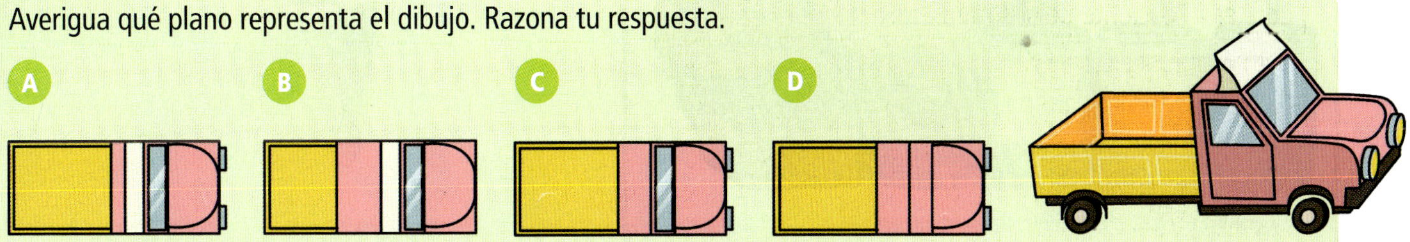

¡NO HAY PROBLEMA!

Estimar la solución de un problema y comprobar el resultado

A Lucía le han regalado un juego de construcción de un castillo a escala 1:72. Si la torre más alta de la maqueta mide 47 cm de altura, ¿cuál es la altura de la torre más alta del castillo original?

Antes de resolver el problema estimo la solución.

- Primero aproximo los datos a las decenas.

  1:72 ⟶ 1:70   47 cm ⟶ 50 cm

- Después estimo la altura del castillo original.

  50 cm × 70 = 3 500 cm = 35 m

  La torre más alta del castillo original tendrá aproximadamente 35 m de altura.

- Resuelvo el problema para ver que la estimación es correcta.

  47 cm × 72 = 3 384 cm = 33,84 m

- La altura del castillo original es de 33,84 m.

¿Por qué crees que puede ser de utilidad estimar la solución de un problema?

1 Blanca y Abel colaboran como voluntarios en un centro de recuperación de animales en peligro de extinción. Entre otras cosas, todos los días se encargan de repartir 6 botes de leche para los cachorros de lince ibérico y 3 kg de comida para las crías de águila imperial ibérica.

- ¿Cuánto cuesta la leche diaria de estos animales?
- ¿Y la comida?

2 Ziro ha comprobado que cada vez que se lava los dientes gasta 6,25 l de agua, mientras que su hermana gasta 8,75 l. Si ambos se lavan los dientes tres veces al día, ¿cuánta agua habrá ahorrado Ziro respecto a su hermana al cabo de una semana?

- Al cabo de un año, ¿cuántas veces se podría haber lavado los dientes Ziro con el agua que ha malgastado su hermana durante ese año?

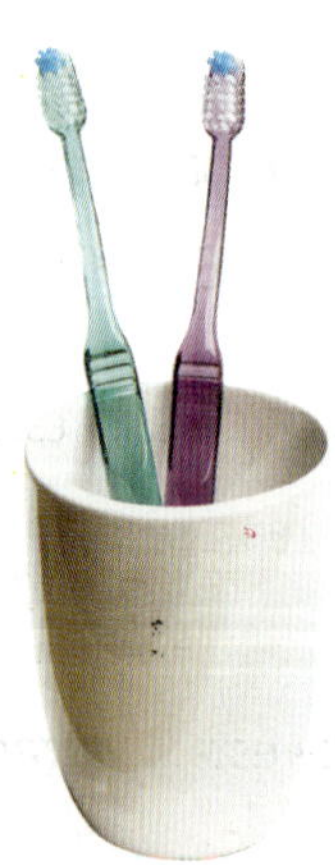

3 Para un partido de baloncesto benéfico se van a poner a la venta dos tipos de entradas: 5 231 de grada y 987 de palco. La entrada de grada cuesta 28 € y la de palco, 112 €. ¿Cuánto dinero estimas que se recaudará si se venden todas las entradas?

Debate con tu compañero cómo podéis ayudar a otras personas, por ejemplo a los ancianos o a quienes carecen de recursos económicos.

4 Una familia de cuatro personas está planeando viajar a Lisboa en tren. ¿Cuánto pagarán aproximadamente por los billetes si cada uno cuesta 67,87 € y les descuentan 10 € del total por ser cuatro personas?

5 Ernesto tiene un viñedo con 3 947 filas. En cada fila hay 253 cepas y cada cepa produce aproximadamente 7 kilos de uva. ¿Cuántos kilogramos de uva produce aproximadamente el viñedo?

6 Irene tiene una colección de siete libros de aventuras. Cada libro tiene las siguientes páginas: 76, 87, 101, 34, 67, 81 y 91. ¿Cuántas páginas aproximadamente tendrá que leer Irene al día si quiere terminar la colección en 95 días?

CÁLCULO MENTAL

Multiplicar números de dos cifras por 0,2.

43 × **0,2** = (43 × **2**) : **10** = 8,6

1 Calcula mentalmente estas operaciones.

- 54 × 0,2
- 33 × 0,2
- 29 × 0,2

Elabora una estrategia para calcular esta operación y comprueba el resultado con la calculadora.

21 : **0,2**

2 Calcula mentalmente estas operaciones.

- 35 : 0,2
- 64 : 0,2
- 43 : 0,2

AHORA INTÉNTALO TÚ

3 Encuentra el 22 579 operando con los siguientes números.

27 200 300 4 107,03

Solo puedes utilizar cada número una vez

MANOS A LAS MATES

Simetrías

¿Qué necesitamos?

Dos espejos

Lápiz

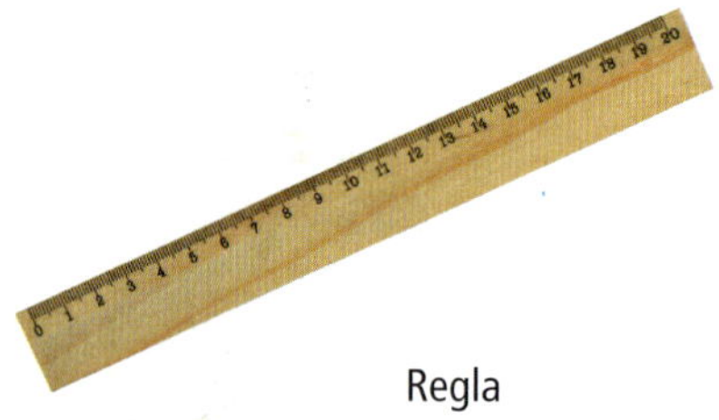

Regla

Folio

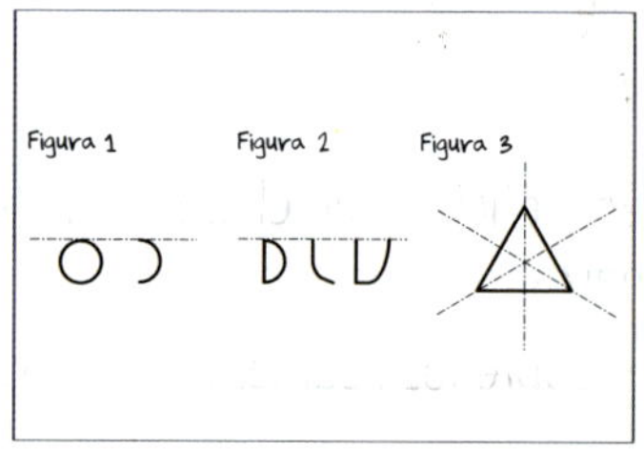

Plantilla

Construimos

1. Traza en el folio, con ayuda de la regla, un segmento y un punto a la derecha.

2. A continuación, traza dos segmentos perpendiculares y un punto, como en el dibujo.

3. No olvides la plantilla y los dos espejos.

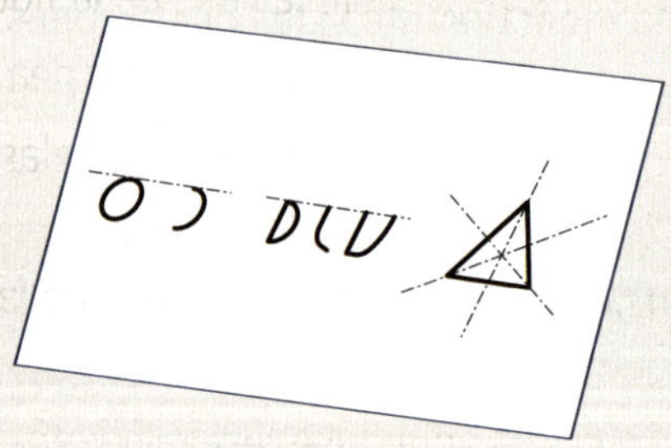

1. ¿Para qué crees que puedes utilizar los espejos sobre los dibujos que has hecho?

2. Coge tus espejos y el folio con los dibujos y colócalos como se muestra. Después, contesta a las preguntas.

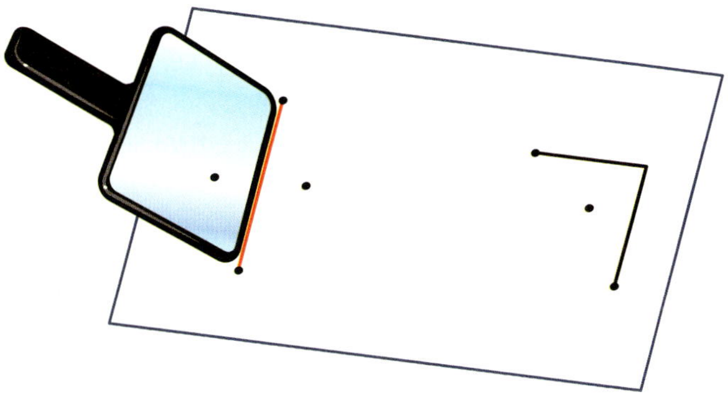

- El punto que aparece reflejado en el espejo, ¿tiene el mismo tamaño que el punto original?
- Pon los dos espejos sobre los segmentos que has trazado en el paso 2.

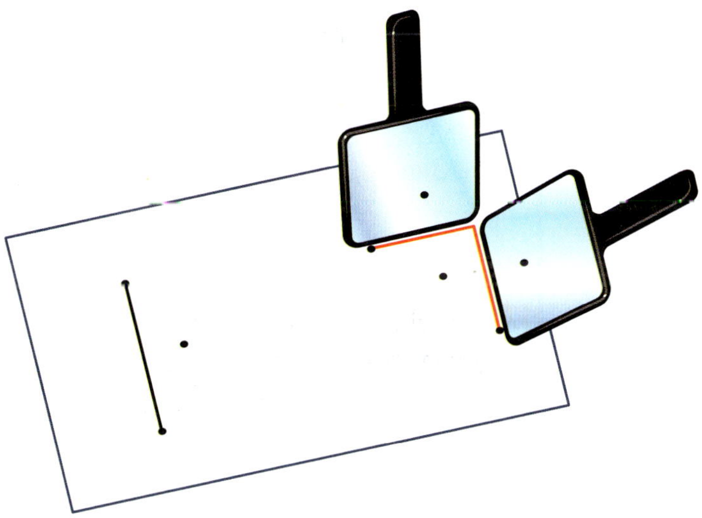

Si pudieras unir los tres puntos, ¿qué figura obtendrías?

3. Ahora coge la plantilla impresa y tus espejos y contesta a estas preguntas.

- Sitúa el espejo sobre la línea de la figura 1. ¿Qué número obtienes?
- Ahora, coloca el espejo sobre la línea de la figura 2. ¿Qué observas?
- ¿Hay más letras simétricas? Escríbelas en mayúsculas y compruébalo con tu espejo, como en el dibujo.
- Coloca el espejo sobre cada una de las líneas discontinuas de la figura 3. ¿Qué observas?
- Dibuja otra figura que tenga simetría y compruébalo con tu espejo.

4. ¿Qué ocurriría si en vez de un espejo utilizaras una cuchara?

¡INOLVIDABLE!

1 Dibuja en tu cuaderno estos ejes de coordenadas y sitúa los siguientes puntos.

- A ⟶ (1, 1)
- B ⟶ (5, 0)
- C ⟶ (0, 0)

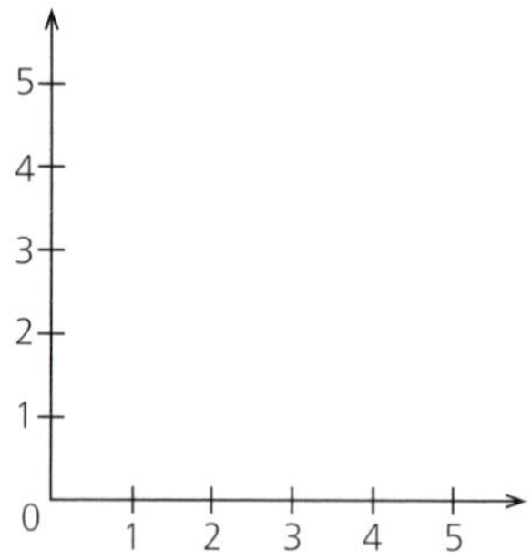

2 ¿Qué objetos son simétricos?

A

B

C

3 Dibuja en papel cuadriculado esta figura. Luego traza a la derecha su simétrica respecto al eje.

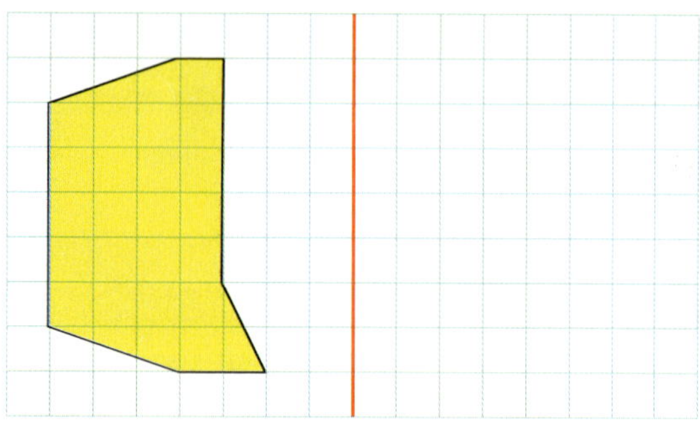

4 Observa este mando y escribe en tu cuaderno qué número señalará en cada caso después de hacer el giro indicado desde la posición inicial.

- 180° positivo
- 90° negativo
- 270° negativo
- 135° positivo

5 Calcula la distancia real entre dos ciudades si en un mapa representado a escala 1:150 000 se encuentran a 4 cm.

6 El patio del colegio de Samir es rectangular y se van a colocar papeleras cada 25 m en todo su perímetro. El patio mide 150 m de largo y 75 m de ancho. ¿Cuántas papeleras se colocarán en total?

- Dibuja en tu cuaderno el patio a escala 1:1 000 y sitúa las papeleras utilizando el compás comenzando por un vértice.

7 Una zona del Sistema Central se ha repoblado con 2 345 223 árboles. Se estima que el próximo año habrán crecido la mitad de los árboles plantados. ¿Cuántos árboles aproximadamente habrán crecido?

8 ¿Qué ancho tendrá la puerta pequeña para que sea semejante a la grande?

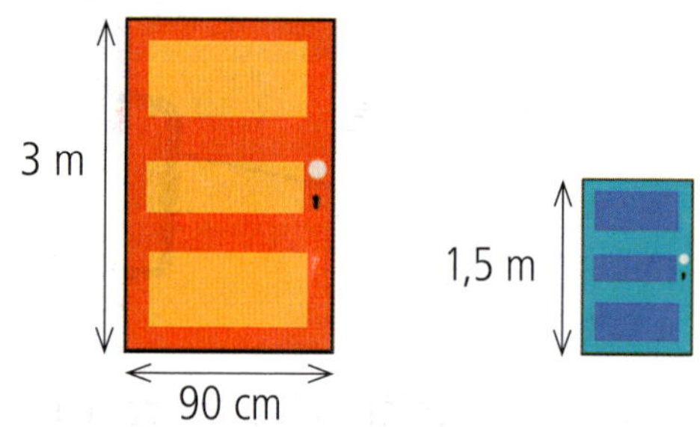

9 Indica si estas oraciones son verdaderas o falsas.

- El origen de coordenadas siempre es (0, 0).
- Para leer las coordenadas, nombro primero las del eje vertical.
- Si dos figuras son simétricas, son semejantes.

10 Si el dibujo de un objeto lo hacemos primero a escala 1:10 y luego a escala 1:20, ¿qué representación será de mayor tamaño? ¿Por qué?

11 Dos turistas han comprado un plano de Granada. Uno está hecho a escala 1:20 000 y el otro a escala 1:200. ¿En cuál de ellos se verán las calles con más detalle?

12 Calcula mentalmente estas operaciones.

- $43 \times 0,2$
- $54 : 0,2$
- $86 \times 0,2$
- $98 : 0,2$

13 Este fin de semana vais a visitar una de las zonas más céntricas de Madrid. Como trabajo previo, el profesor os ha pedido el día de antes de la visita que trabajéis sobre este mapa.

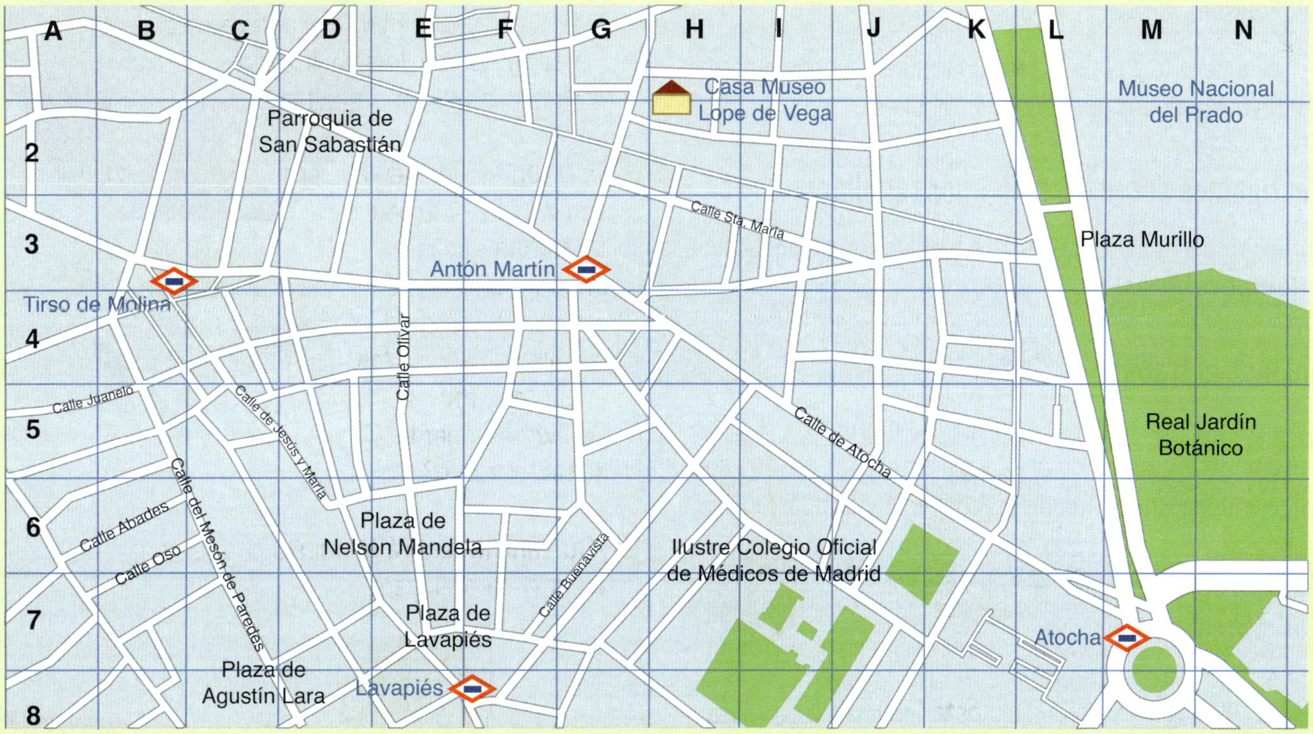

Escala: 1:200

A Como lugar de reunión vais a quedar en la salida del metro de Atocha. ¿En qué casilla del plano se encuentra?

B Coral vive en la primera calle paralela a la calle Abades, bajando por la calle del Mesón de Paredes.

1. ¿En qué calle vive?
2. ¿Qué plaza está al lado de su casa?

C Un autobús sale de la estación de Atocha, rodea la glorieta y sube por la calle de Atocha. Al llegar a la salida de la estación de metro de Antón Martín, gira a la derecha, deja dos calles a su derecha y gira a la derecha en la tercera calle, deteniéndose frente al museo que hay en esa calle, en la que finaliza su trayecto.

1. Indica con coordenadas el recorrido que ha seguido.
2. ¿Cómo se llama el museo que se encuentra frente a la parada de fin de trayecto?

14 Realiza un esquema con todo lo que has aprendido en esta unidad.

ENTRENAMIENTO DE EQUIPO

¿Sabrías construir mosaicos a partir de polígonos regulares con regla y compás?

Este trabajo cooperativo te enseñará a dibujarlos con la ayuda de tus compañeros y del profesor.

Aprende a hacerlo y podrás crear una exposición con mosaicos como elementos decorativos formados por polígonos regulares.

Investigamos sobre los polígonos regulares

En grupos, seguid estos pasos para preparar la investigación usando la técnica del **Rompecabezas.**

Dividimos el trabajo

Lo primero que debéis hacer es dividiros en grupos. Cada uno de los integrantes del equipo se encargará de una tarea: buscad los pasos a seguir para construir los siguientes polígonos regulares con regla y compás.

Tarea 1	Tarea 2	Tarea 3	Tarea 4
Triángulo equilátero.	Cuadrado.	Hexágono regular.	Octógono regular.

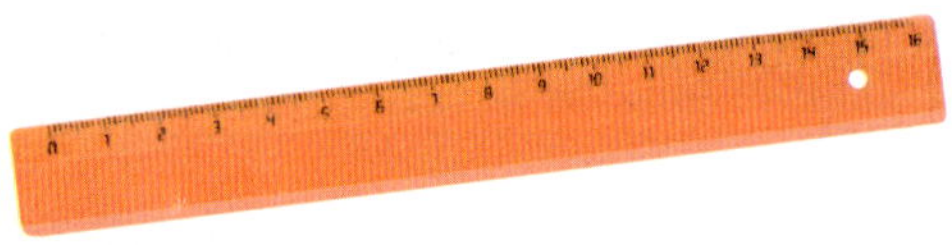

Buscamos información

Para empezar, recopilad todo el material que encontréis en la biblioteca, en Internet o que os facilite vuestro profesor sobre el polígono regular que os ha tocado investigar a cada uno y leedlo con atención.

Investigad también sobre cómo se pueden formar los mosaicos a partir de distintos polígonos regulares.

Comunicamos los resultados

Después, reuníos cada uno con los expertos en la misma tarea de los otros grupos y poned en común la información recogida. Comentad e intercambiad la experiencia de cada uno y resolved entre todos las dudas o las dificultades que habéis encontrado. Es importante que todos sepáis cómo se realiza vuestra tarea y que seáis capaces de explicarla en vuestro equipo.

Preparamos la exposición

Reuníos de nuevo el equipo y explicad a los compañeros lo que habéis aprendido sobre vuestra tarea; es vuestra responsabilidad explicarles la construcción de manera clara y sencilla para que lo entiendan sin problemas. Después, escuchad lo que han aprendido los compañeros de equipo, pues cada uno formáis una pieza necesaria para poder crear una exposición de mosaicos con figuras regulares.

A continuación, construid varios polígonos en papel o cartulina. Podéis hacerlos de diferentes tamaños y colores y formar mosaicos con ellos.

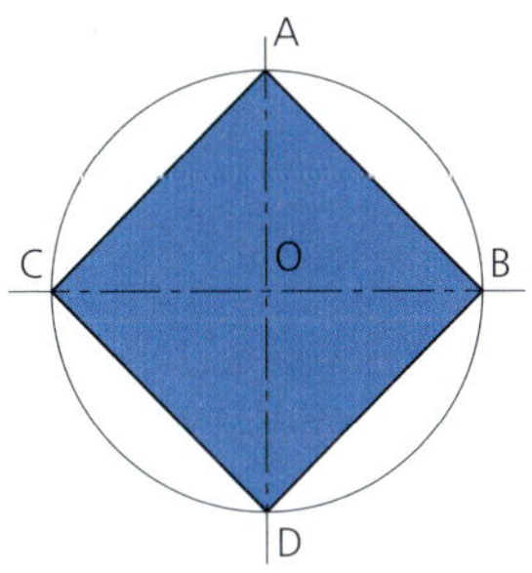

Realizamos la exposición

Para realizar la exposición, entre todos:

- Realizad murales donde se expliquen los pasos a seguir para la construcción de cada uno de los polígonos regulares de la exposición.
- Decidid dónde se expondrán los mosaicos o adornos que vais a construir.
- Realizad un muestrario variado de mosaicos y elaborad unas etiquetas identificativas para explicar qué polígonos lo componen y cuántos hay de cada tipo.
- Podéis animar la exposición utilizando música de fondo y haciendo una pequeña demostración de cómo se construye un polígono regular.

¡Enhorabuena! Habéis conseguido crear una exposición de mosaicos preciosos. Dad una vuelta y disfrutad.

¡A PRUEBA!

1 Completa el siguiente término de esta serie de fracciones.

$$0, \frac{1}{2}, \frac{3}{4}, \frac{7}{8}, \frac{15}{16}, \frac{31}{32}, ...$$

- ¿Algún término de esta serie será igual o mayor que la unidad?

2 Lorena ha invitado a sus mejores amigos a celebrar su cumpleaños y les ha pedido que confirmen su asistencia. De las 10 invitaciones que ha enviado, cuatro quintos ya le han confirmado que irán y uno le ha dicho que no podrá ir.

- ¿Cuántos la han confirmado?
- ¿Cuántos amigos faltan por confirmar su asistencia?

3 Andrea ha ido en coche con sus padres al aeropuerto a recoger a su tío, que viene de viaje. Mientras esperan a que aterrice el avión han aparcado el coche en el aparcamiento del aeropuerto, que tiene las siguientes tarifas.

Primeros 30 minutos	→	0,30 € cada minuto
Del minuto 31 al 60	→	0,20 € cada minuto
A partir del minuto 60	→	0,10 € cada minuto

- Si han tardado 2 h y 35 min en recoger el coche, ¿cuánto tendrán que pagar?

4 Óscar está preparando una *pizza*. Mientras coloca los ingredientes encima de la masa pone a precalentar el horno durante 10 minutos. Después, mete la *pizza* a hornear durante 12 minutos y al finalizar la cocción debe dejarla reposar 4 minutos más. Si Óscar quiere tomarse la *pizza* a las 20:00 h, ¿a qué hora debe encender el horno como muy tarde?

5 Jorge ha invitado a su amiga Sara a las siete en punto para jugar en su casa. Jorge mira el reloj para saber qué hora es. ¿Cuántos minutos tiene para recoger su cuarto antes de que llegue su amiga?

6 Mónica ha hecho un ramo con 36 flores. Un sexto de las flores son margaritas, dos sextos son rosas y el resto son claveles. ¿Cuántas margaritas tiene el ramo? ¿Y rosas?

- ¿Cuántos claveles más que rosas tiene el ramo?

7 ¿Cuánto cuesta la compra de estos dos objetos?

8 Elena quiere mandar dos paquetes a su prima Sofía, que vive en otra ciudad. La empresa de mensajería cobra el envío dependiendo de la masa de los paquetes según la siguiente tabla.

Masa	Precio
Hasta 1 kg	8,20 €
De 1,001 kg hasta 2 kg	8,75 €
De 2,001 kg hasta 3 kg	9,45 €
De 3,001 kg hasta 5 kg	10,70 €
De 5,001 kg hasta 10 kg	13,20 €
De 10,001 kg hasta 15 kg	15,65 €
De 15,001 kg hasta 20 kg	18,05 €

- Si los paquetes son de 1,5 kg y 4,5 kg, ¿qué le resultará a Elena más económico, mandarlos por separado o meterlos en una caja y mandar los dos juntos en un solo envío?

9 Rubén quiere preparar perritos calientes. En la tienda se venden los panecillos en paquetes de tres unidades y las salchichas, en paquetes de cuatro.

- ¿Cuál es el mínimo número de paquetes de salchichas y el mínimo número de paquetes de panecillos que Rubén debe comprar para que no le sobre ninguna salchicha ni ningún panecillo?
- Si el paquete de salchichas cuesta 0,57 € y el de panecillos 0,94 €, ¿cuánto dinero se gastará?

Desarrollo de las capacidades afectivas

10 ¿Qué tiempo dedicas a los demás? Elabora un plan semanal con el tiempo que te gustaría pasar con las personas a las que aprecias.

- Construye una tabla como la del ejemplo en la que incluyas los siete días de la semana y las horas del día que estás despierto.

Hora	L	M	M	J	V	S	D
...							
8:00							
9:00							
...							

- En la casilla correspondiente, escribe el nombre de la persona con la que quieres estar e indica los minutos que le dedicarás.
- Comparte tu plan con tus compañeros y cuéntales cómo inviertes el tiempo que pasas con las personas que has incluido en la tabla.

MATES EN ACCIÓN

Instrumentos de medida

¿Qué instrumentos utilizamos para medir?

- Para medir longitudes puedes usar la regla.

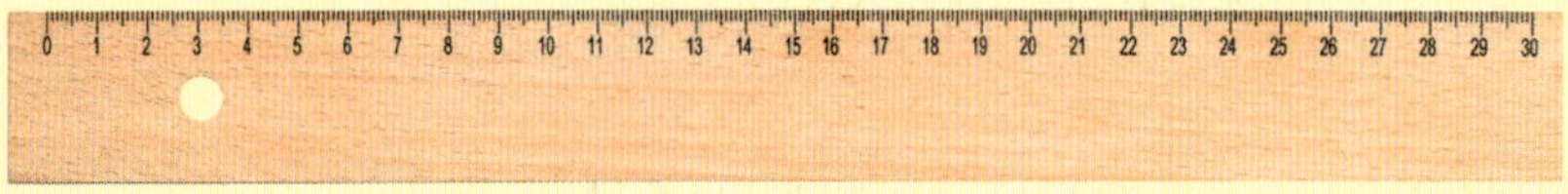

- Para medir capacidades puedes usar un recipiente graduado.

- Para medir masas puedes usar la balanza digital.

1 Utiliza tu ingenio y los instrumentos de medida anteriores para realizar los siguientes experimentos.

- Mide la longitud de tu dedo índice y escribe en tu cuaderno los pasos que has seguido para hacerlo.
- Mide un litro de agua, ponla en una cacerola a hervir durante 10 minutos, deja que se enfríe y vuelve a medir el agua de la cacerola. ¿Qué ha pasado?

2 Escribe en tu cuaderno una lista con cinco instrumentos de medida de longitud, cinco de capacidad y cinco de masa y descríbelos.

3 Observa el siguiente listado de instrumentos de medida. Investiga qué magnitud miden, qué aspecto tienen, cómo se usan, qué objetos se pueden medir con ellos y en qué oficios o profesiones se suelen utilizar.

probeta	podómetro	romana
metro plegable	bureta	micrómetro
cuentagotas	cuentakilómetros	pipeta
calibre	altímetro	cinta de costurera

4 Realizad por grupos un trabajo de investigación sobre los instrumentos de medida tradicionales que se usaban antiguamente en el medio rural. ¿En qué unidades medían la capacidad, la longitud y la masa?

¿Conoces GeoGebra?

GeoGebra es una herramienta informática con la que podemos trabajar la Geometría. Observa cómo podemos representar puntos en el plano utilizando esta herramienta.

En primer lugar, abre el programa GeoGebra desde el menú Inicio/Programas y sigue estos pasos.

1. En el menú «Apariencias» que aparece en la parte derecha de la pantalla, selecciona «Álgebra y Gráficos».

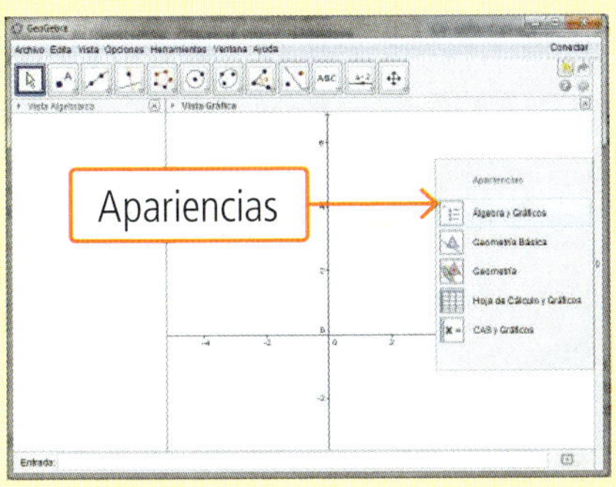

2. Haz clic en el botón «Punto» y selecciona la opción punto del menú que se despliega.

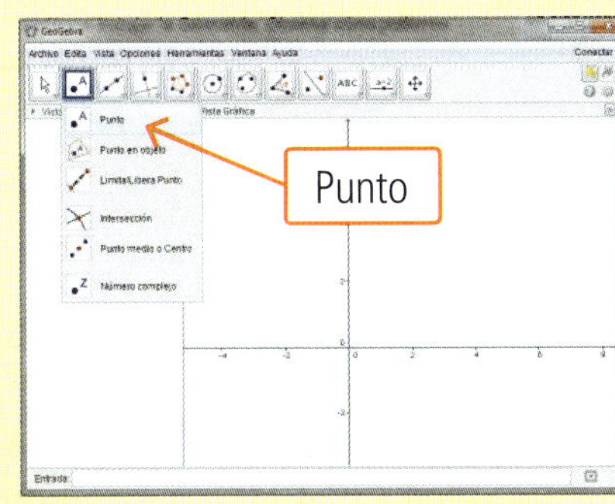

3. Pincha sobre cualquier lugar del plano en la Vista gráfica, a la derecha.

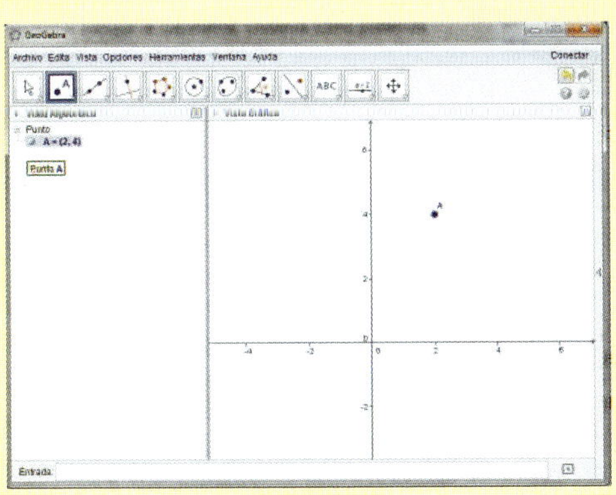

4. Observa que las coordenadas del punto que has dibujado aparecen en la Vista algebraica, a la izquierda.

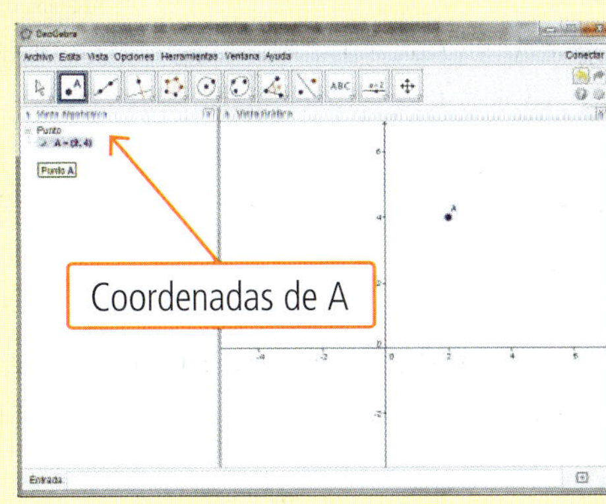

1 Investiga cómo hacer que el plano tenga cuadrícula desplegando el menú de «Vista gráfica».

2 Dibuja tres puntos sobre el eje horizontal y otros tres sobre el eje vertical. Comprueba sus coordenadas en la Vista algebraica. ¿Qué observas?

3 Dibuja ahora los siguientes puntos.

A ⟶ (2, 1)	C ⟶ (2, 2)	E ⟶ (1, 5)
B ⟶ (3, 4)	D ⟶ (4, 3)	F ⟶ (0, 0)

4 Investiga la utilidad de los diferentes botones de la herramienta y realiza estas actividades.

- Encuentra el botón «Polígono» y averigua cómo representar un cuadrilátero.
- Mueve el cuadrilátero que has dibujado por la pantalla «Vista gráfica».
- Averigua cómo dibujar figuras simétricas y construye un cuadrilátero simétrico al que has dibujado en los apartados anteriores. Después, mueve el cuadrilátero por la pantalla. ¿Qué observas?

6

MATEMÁTICAS

SEGUNDO TRIMESTRE

AUTORAS

Victoria Augusto Buitrago
María Gallego Calvo

AUTORA DE MANOS A LAS MATES

M.ª Dolores Todolí Bofí

ASESOR DIDÁCTICO Y MATEMÁTICO

José Antonio Fernández Bravo

COLABORA LA ASOCIACIÓN

GAMIFICA TU AULA
M.ª Jesús Asturiano Albenca
Javier Barba Calatrava
Salvador Carrión del Val
Clara Cordero Balcázar
Juan Fernández Galera

EDELVIVES PRIMARIA

	Unidad		Saber Contenidos	
PRIMER TRIMESTRE	**Escáner del Olvido**	PÁGS. 8-11	Operaciones Números romanos, decimales y ordinales Unidades de medida	
	La hora de todos	PÁGS. 12-13	El cuadrado inverso	
	1 Números y operaciones	PÁGS. 14-29	Sistema de numeración decimal Operaciones con números naturales Jerarquía de las operaciones combinadas	Criterios de divisibilidad Máximo común divisor Mínimo común múltiplo
	2 Potencias y raíz cuadrada	PÁGS. 30-45	Potencias Descomposición de números con potencias de base 10	Raíz cuadrada Aproximación de la raíz cuadrada de un número
	3 Fracciones y operaciones	PÁGS. 46-61	Comparación de fracciones Suma y resta de fracciones con distinto denominador	Multiplicación y división de fracciones Ordenación de números de distinto tipo
	4 Porcentajes y proporcionalidad	PÁGS. 62-77	Descuentos y aumentos Magnitudes proporcionales. Proporcionalidad directa	Reducción a la unidad Regla de tres
	Trimestral	PÁGS. 78-83	**Entrenamiento de equipo**	
SEGUNDO TRIMESTRE	**La hora de todos**	PÁGS. 84-85	¿Positivo o negativo?	
	5 Unidades de medida	PÁGS. 86-101	Unidades de medida de longitud. Operaciones Unidades de medida de capacidad y masa. Operaciones Medida del tiempo	Unidades de medida del tiempo. Operaciones Unidades de medida de la información
	6 Números enteros	PÁGS. 102-115	Números enteros Representación en la recta numérica de números enteros	Suma de números enteros
	7 Rectas y ángulos	PÁGS. 116-131	Posición en el plano de rectas y circunferencias Ángulos consecutivos, adyacentes y opuestos	Bisectriz de un ángulo Mediatriz de un segmento Alturas de un triángulo. Ortocentro
	8 Escalas y movimientos en el plano	PÁGS. 132-145	Sistema de coordenadas cartesianas Escalas en planos y mapas	Ampliaciones y reducciones Movimientos en el plano
	Trimestral	PÁGS. 146-151	**Entrenamiento de equipo**	
TERCER TRIMESTRE	**La hora de todos**	PÁGS. 152-153	Diseño de piezas	
	9 Área de figuras planas	PÁGS. 154-167	Unidades de superficie. Operaciones Área de los cuadriláteros Área de un polígono regular	Área del círculo Área de un polígono irregular
	10 Cuerpos geométricos	PÁGS. 168-183	Poliedros. Poliedros regulares Clasificación de prismas y pirámides Clasificación de paralelepípedos	Cilindro, cono y esfera Área lateral y área total de cuerpos geométricos
	11 Volumen	PÁGS. 184-197	Volumen Unidades de volumen. Expresión simple y compleja	Operaciones con unidades de medida de volumen Volumen de los prismas y las pirámides Volumen del cilindro y del cono
	12 Estadística y probabilidad	PÁGS. 198-213	Frecuencia absoluta y relativa. Media aritmética y moda Mediana y rango Gráfico de barras triple Polígono de frecuencias triple	Gráfico de sectores Azar y probabilidad Ley de Laplace
	Trimestral	PÁGS. 214-219	**Entrenamiento de equipo**	

Saber hacer

¡No hay problema!	Cálculo mental	Manos a las mates
Resolver un problema siguiendo unos pasos	Multiplicar números de cuatro y cinco cifras por centenas y millares exactos ¿Dividir números de cuatro y cinco cifras por centenas o millares exactos?	Calculando el m.c.d. y m.c.m.
Estimar la solución de un problema y comprobar el resultado	Calcular el cuadrado de decenas exactas ¿Calcular el cuadrado de centenas exactas?	Calculadora de potencias de base 10
Resolver un problema con ayuda de un esquema	Multiplicar números de dos o tres cifras por 0,1 ¿Multiplicar números de dos o tres cifras por 0,01?	Ruedas de fracciones
Resolver un problema empezando por el final	Multiplicar números de dos cifras por 0,25 ¿Multiplicar números de dos cifras por 0,4?	Pizza de porcentajes
¡A prueba!		**Mates en acción**
Simplificar un problema para resolverlo	Dividir números de dos cifras por 0,25 ¿Dividir números de dos cifras por 0,4?	Carrera ciclista
Resolver gráficamente un problema y comprobar la solución obtenida	Multiplicar números de dos cifras por 1,5 ¿Multiplicar números de dos cifras por 0,75?	Aparcando coches
Resolver gráficamente un problema y comprobar la solución obtenida	Calcular el 10 % de una cantidad ¿Calcular el 50 % de una cantidad?	Triángulo de ángulos variables
Resolver un problema a partir de un gráfico	Calcular el 20 % de una cantidad ¿Calcular el 30 % de una cantidad?	Ampliando y reduciendo
¡A prueba!		**Mates en acción**
Simplificar un problema dado para resolverlo	Calcular el 40 % de una cantidad ¿Calcular el 60 % de una cantidad?	El enigma de las áreas
Buscar patrones para resolver un problema	Calcular el 25 % de una cantidad ¿Calcular el 75 % de una cantidad?	Diseñando estructuras
Resolver un problema empezando por el final	Aumentar el 10 % a una cantidad ¿Disminuir el 10 % a una cantidad?	Midiendo con cubos
Escoger la estrategia más adecuada para resolver un problema	Aumentar el 25 % a una cantidad ¿Disminuir el 25 % a una cantidad?	Azar y probabilidad
¡A prueba!		**Mates en acción**

LA HORA DE TODOS

Guardianes, los números pueden ser positivos o negativos. Para pasar con éxito el segundo reto del curso tendréis que investigar las características de este tipo de números. ¡A por el segundo reto!

¿Positivo o negativo?

Un grupo de alumnos de 6.º de Primaria están preparando un viaje para la semana cultural del colegio. Han encontrado dos posibilidades: o bien zona de playa en la que tendrán una temperatura de +23 ºC, o bien zona de montaña donde las temperaturas podrán bajar hasta los –5 ºC. El profesor nos pide que ayudemos a los alumnos que no entienden el significado de un signo positivo o negativo delante de un número.

¿Qué pensáis que pueden significar esos signos puestos delante de los números?

¿Conocéis algún número que sea igual en positivo que en negativo?

¿Conocéis otras situaciones en las que se emplee el signo + y el signo – delante de números?

¿Dónde podréis encontrar información acerca de este tipo de números?

Para investigar

Podéis obtener información útil para este reto:

- En la unidad 6, páginas 104 y 105

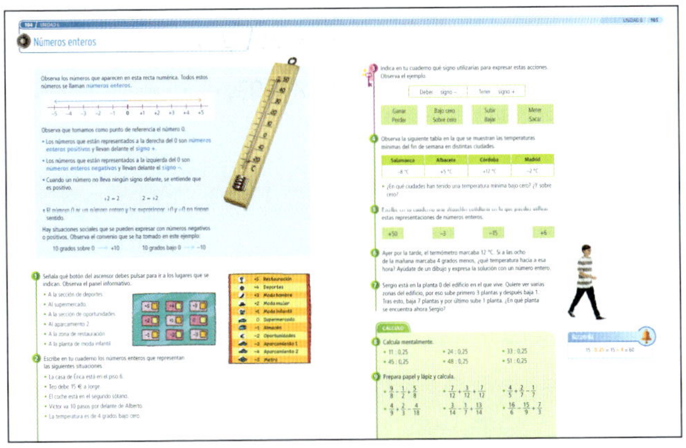

- En la unidad 6, páginas 106 y 107

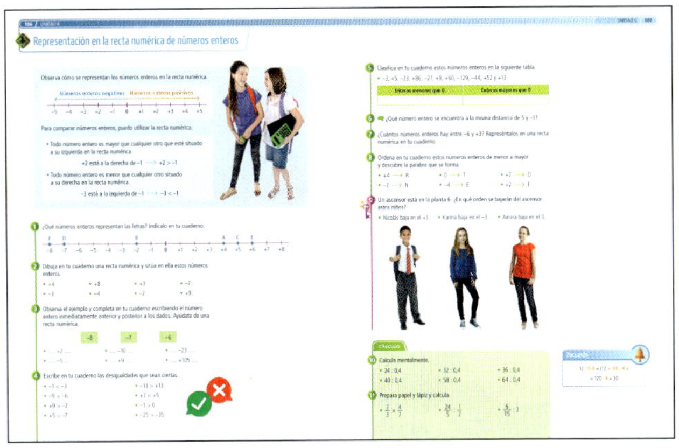

- Preguntando a vuestro profesor de Matemáticas.
- Buscando, con ayuda de un adulto, información en Internet acerca de este tipo de números.
- Con ayuda de libros de matemáticas que encontréis en la biblioteca del colegio.

Para presentar

Podéis elaborar alguno de estos productos para presentar el resultado de vuestro trabajo:

- Una presentación oral indicando cómo se denominan estos números con el signo delante, cómo se representan, etc.
- Un relato en el que aparezcan situaciones cotidianas en las que se utilicen números con el signo delante.
- Una presentación con diapositivas con información sobre este tipo de números.

5 UNIDADES DE MEDIDA

¿Cuántos litros de agua gastas en un día? ¿Crees que podrías reducir el gasto?

Guardianes, tendréis que medir bien vuestros esfuerzos para lograr los objetivos de esta misión. ¡Adelante!

¿Cómo podrías calcular cuántos días has vivido hasta hoy?

¿Cuántos milímetros equivalen a 3 dm?

Unidades de medida de longitud. Operaciones

- El **metro** es la unidad principal de medida de longitud.

km	hm	dam	m	dm	cm	mm

(× 10 from each unit to the next lower unit; : 10 from each unit to the next higher unit)

Observa que cada unidad es 10 veces mayor que la inmediatamente inferior y 10 veces menor que la inmediatamente superior.

- Durante su migración, una cigüeña recorrió 163 km y 859 m el primer día y 182 km y 391 m el segundo. ¿Cuántos kilómetros voló en total esos dos días? ¿Cuántos kilómetros más recorrió el segundo día que el primero?

Una forma de resolver el problema sería esta:

```
   +1
  163 km   859 m
+ 182 km   391 m
-----------------
  346 km 1 250 m
```

```
 182⁻¹ km ¹391 m         181 km  1391 m
−163   km  859 m   →     163 km   859 m
----------------        ----------------
                          18 km   532 m
```

En total recorrió 346 km y 250 m.

El segundo día recorrió 18 km y 532 m más que el primero.

1 Une con flechas en tu cuaderno las siguientes medidas según corresponda.

4,324 m	8,021 dam
16,02 dm	39,4 dm
0,014 km	0,01602 hm
8 021 cm	14 m
0,394 dam	4 324 mm

2 Observa el ejemplo y completa en tu cuaderno estas igualdades.

4,6 km = 4,6 × 100 = 460 dam

- 3,78 m = ... mm
- 5 467 m = ... dam
- 6 989 m = ... km
- 3 978 mm = ... m
- 3,45 hm = ... cm
- 40,511 dam = ... dm

3 Expresa en forma simple como en el ejemplo.

3 m y 45 cm = 300 cm + 45 cm = 345 cm

- 23 m y 29 cm
- 4 km y 657 m
- 6 km y 89 m
- 3 m y 78 cm

4 Clasifica en tu cuaderno las longitudes propuestas.

25 dm	890 cm	1 200 cm	6 dam
2 600 mm	0,4 hm	14,4 dam	95 dm

Mayores que 10 m	Menores que 10 m

5 Ordena de menor a mayor en tu cuaderno las siguientes longitudes.

- 54,3 dam
- 5,43 m
- 68 m
- 6 845 dm
- 0,865 km
- 56 980 mm

2 En europa el clima polar

1 En españa 3 la vegetación del clima mediterraneo se adapta a la

3 C, A, D, B

5 que son los espacios naturales protegidos

6 nombra los cuatro tipos de espacios protegidos que has estudiado

6 Estima y une con flechas en tu cuaderno. ¿Qué instrumentos utilizarías para medir estas longitudes?

El largo de la clase	15 km
El alto de una botella de 1 l	9 mm
El ancho de una uña	3,5 dm
La distancia entre dos pueblos	15 m

7 José quiere ir a un parque. Estas son las distancias de los parques a su casa. ¿Cuál es el más cercano? Ordénalos en tu cuaderno del más cercano al más lejano.

- Parque del Lago ⟶ 3 km y 345 m
- Parque de los Almendros ⟶ 56 hm y 5 m
- Parque de los Patos ⟶ 3 672 m
- Parque de la Alegría ⟶ 25 dam y 15 m

8 Ana mide 13,4 dm, y Hugo, 137 cm. ¿Quién es más alto de los dos? ¿Cuál es la diferencia de altura entre ambos en centímetros?

9 La distancia entre la casa de Jorge y la academia de baile es de 125,6 dam. Si Jorge va a la academia 3 días a la semana y camina esa distancia cada vez, ¿cuántos kilómetros habrá realizado para ir a la academia y volver a casa en una semana?

10 En las pruebas de triple salto de longitud, Irene ha avanzado en el primer salto 41 dm, 378 cm en el segundo y 4,33 m en el tercero. ¿Cuántos metros ha realizado en total Irene?

11 Una finca rectangular mide 3 hm y 42 m de largo y 240 m de ancho.

- Calcula el perímetro en metros.
- Si en los lados más largos colocamos un árbol cada 6 m, empezando desde las esquinas, ¿cuántos árboles habrá que plantar en total? Ayúdate de un dibujo.

Recuerda

El **perímetro** de un polígono es la suma de la longitud de todos sus lados.

CÁLCULO

12 Calcula mentalmente.

- $24 \times 0{,}25$
- $86 \times 0{,}25$
- $32 \times 0{,}25$

Recuerda

$12 \times 0{,}25 = 12 : 4 = 3$

13 Prepara papel y lápiz y calcula.

- $\frac{1}{3} + \frac{2}{3} + \frac{5}{3}$
- $\frac{5}{6} + \frac{8}{6} - \frac{2}{3}$
- $\frac{1}{4} + \frac{5}{2} + \frac{7}{8}$

Unidades de medida de capacidad y masa. Operaciones

- El **litro** es la unidad principal de medida de capacidad.

kl	hl	dal	l	dl	cl	ml

(× 10 de cada unidad a la siguiente hacia la derecha; : 10 hacia la izquierda)

- El **kilogramo** es la unidad principal de medida de masa y el gramo es una de las unidades más usadas.

kg	hg	dag	g	dg	cg	mg

(× 10 de cada unidad a la siguiente hacia la derecha; : 10 hacia la izquierda)

- La masa de Mateo junto con su mochila es de 40 kg y 187 g. Si la masa de la mochila vacía es de 650 g y lleva en su interior dos cuadernos que tienen una masa de 257 g cada uno, ¿cuál es la masa de Mateo?

Una forma de resolver el problema sería esta:

$$257\ g \times 2 = 514\ g$$

$$514\ g + 650\ g = 1\,164\ g$$

$$40\ kg\ 187\ g - 1\ kg\ 164\ g = 39\ kg\ 023\ g$$

La masa de la mochila con los cuadernos es de 1 kg y 164 g.
La masa de Mateo es de 39 kg y 23 g.

1 Escribe en tu cuaderno la unidad que falta en cada caso.

- 440 dal = 4,4 …
- 300 cl = 0,3 …
- 0,34 kl = 3 400 …
- 6 190 ml = 619 …
- 93 g = 0,093 …
- 0,081 hg = 810 …
- 73 cg = 0,073 …
- 14 852 dg = 14,852 …

2 Ordena estas medidas de menor a mayor.

2 067 ml	2,067 kl	20,67 ml
20,067 l	0,2067 dl	2 067 dal

- Expresa la cantidad mayor en centilitros.

3 Escribe en tu cuaderno en forma simple estas cantidades en las unidades que se indican.

- 3 hl y 25 l = … hl
- 12 hl y 45 l = … hl
- 5 kl y 103 dal = … kl
- 4 g y 56 cg = … cg
- 36 kg y 236 g = … g
- 81 dag y 12 hg = … hg

4 Calcula el resultado de las siguientes operaciones.

- 9 l y 21 cl + 12 l y 93 cl
- 32 kg y 8 hg – 13 kg y 4 hg
- 194 hl × 4
- 7 dag y 301 cg + 14 dag y 109 cg
- 86 dal y 12 dl – 14 dal y 33 dl
- 6 809 mg : 11

5 Une en tu cuaderno con flechas según corresponda.

35 cl y 8 ml	583 l
3 hl y 58 l	358 cl
58 dal y 3 l	358 ml
35 dl y 8 cl	358 l

6 Indica en tu cuaderno si estas afirmaciones son verdaderas o falsas.

- 1 400 cg es igual que 14 dg.
- 381 l es más que 1 120 dl.
- 957 dal y 6 l es igual que 9 576 l.

7 Escoge tres objetos de tu clase y estima su masa.

8 Nerea ha comprado 6 kiwis. Si cada pieza tiene una masa de 97 g, ¿cuál será la masa de todos los kiwis que ha comprado Nerea?

9 Una asociación de vecinos está recogiendo alimentos para una ONG que lucha contra el hambre en el mundo. Ha recogido 70 kg de arroz al día. Si son ya 12 días los que llevan con la recogida de alimentos, ¿cuántos gramos de arroz ha recolectado?

♥ ¿Has participado alguna vez en alguna campaña de recogida de alimentos? ¿Por qué crees que son necesarias?

10 Alfredo, Ana y Pedro tienen una masa entre los tres de 109,15 kg. Si la masa de Pedro es de 38 kg, y la de Ana es 750 g mayor que la de Pedro, ¿cuál es la masa de cada uno?

LÓGICA

11 Dibuja estos móviles en tu cuaderno y averigua el valor de las piezas vacías para que estén equilibrados.

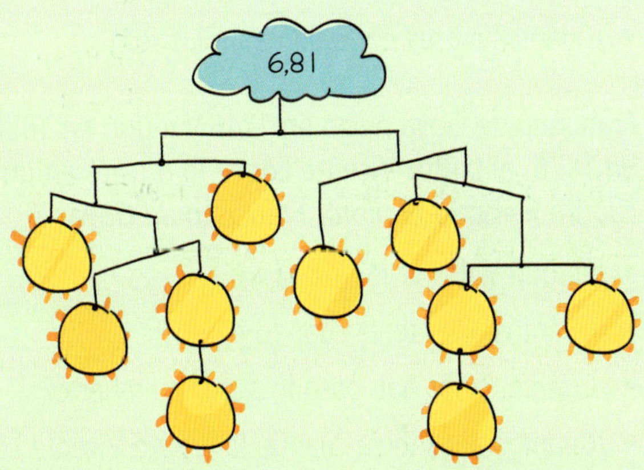

Medida del tiempo

- La Tierra gira sobre sí misma y tarda un día en dar una vuelta completa. Un día tiene **24 horas.**

  La Tierra también gira alrededor del Sol y tarda en hacerlo 365 días y 6 horas aproximadamente. Para corregir ese desfase de 6 horas, cada 4 años se añade un día más al calendario. Ese año se llama **bisiesto** y tiene 366 días.

- Se puede medir el tiempo con periodos mayores y menores que un año.

Periodos mayores que un año					Periodos menores que un año			
Milenio	**Siglo**	**Década**	**Lustro**	**Año**	**Trimestre**	**Mes**	**Quincena**	**Semana**
1 000 años	100 años	10 años	5 años	12 meses	3 meses	30, 31, 28 o 29 días	15 días	7 días

- Los **siglos** se representan con números romanos. Para calcular a qué siglo pertenece un año, primero hay que fijarse en si acaba en dos ceros o no.

Acaba en dos ceros

Año **100** ⟶ 1 ⟶ Siglo I

Año **10**00 ⟶ 10 ⟶ Siglo X

Año **20**00 ⟶ 20 ⟶ Siglo XX

No acaba en dos ceros

Año **2**95 ⟶ 2 + 1 ⟶ Siglo III

Año **17**86 ⟶ 17 + 1 ⟶ Siglo XVIII

Año **20**19 ⟶ 20 + 1 ⟶ Siglo XXI

1 Copia estas preguntas en tu cuaderno y responde.

- ¿Cuántos minutos equivalen a una semana?
- ¿Cuántos segundos equivalen a tres horas?
- ¿Cuántos meses equivalen a un lustro?

2 Francisco de Goya nació en 1746 y murió en 1828. En 1826, el pintor Vicente López lo retrató en un cuadro llamado *El pintor Francisco de Goya.*

- ¿En qué siglos vivió?
- ¿Cuántos años tenía cuando murió?
- ¿Cuántos años han pasado desde su muerte?
- ¿Cuántos años tenía cuando lo retrató Vicente López?

3 Calcula lo indicado y señala en tu cuaderno por qué número multiplicas en cada caso.

- Los días de 4 semanas.
- Los años de 2 décadas.
- Los trimestres de 5 años.

4 Andrés tiene 1 lustro y 72 meses de edad. ¿Cuántos años tiene?

5 Para preparar un proyecto de robótica, Adela y Luis han necesitado dos años completos (uno de ellos bisiesto), el mes de enero y las dos primeras semanas del mes de febrero. ¿Cuántos días han estado trabajando los dos amigos en el proyecto?

Unidades de medida del tiempo. Operaciones

Rebeca va al polideportivo a jugar al fútbol 3 veces a la semana. Juega durante 1 h y 50 min y tarda en cambiarse 17 min. ¿Cuánto tiempo está en el polideportivo a la semana?

Una forma de averiguarlo sería esta:

$$\begin{array}{rrrr} & 1\text{ h} & 5\ 0\text{ min} \\ + & & 1\ 7\text{ min} \\ \hline & 1\text{ h} & 6\ 7\text{ min} \end{array} \longrightarrow 2\text{ h y }7\text{ min}$$

$$\begin{array}{rrr} & 2\text{ h} & 7\text{ min} \\ \times & & 3 \\ \hline & 6\text{ h} & 21\text{ min} \end{array}$$

Rebeca está en el polideportivo 6 h y 21 min a la semana.

1 Copia y calcula en tu cuaderno.

- 245 h + 246 h
- 317 h × 7
- 45 342 min + 24 235 min
- 678 s : 6
- 584 min – 347 min
- 150 h : 10

2 Relaciona con flechas en tu cuaderno según corresponda.

2 h y 40 min – 46 min	108 h y 934 s
35 min y 50 s : 5	114 min
4 h y 3 s × 10	430 s
90 h y 915 min + 3 h y 34 s	2 400,5 min

3 Ordena en tu cuaderno de menor a mayor.

47 min	1 h 23 min	73 min
1 500 s	1 h 80 min	144 min

4 Indica en tu cuaderno si cada una de las siguientes expresiones es simple o compleja.

- 12 h, 41 min y 54 s
- 6 920 min
- 742 h y 3 s
- 34 h

5 Un crucero ha tardado en realizar una travesía 15 días completos. ¿Cuántas horas han podido disfrutar los pasajeros del viaje? ¿Y cuántos minutos?

6 Para viajar de Madrid a un pueblo cercano a Estambul, María tiene que coger un avión, un tren y un autobús. El viaje en avión se prolonga durante 4 h y 36 min, el viaje en tren dura 45 min, y el viaje en autobús, 14 min menos que el viaje en tren. Si María emplea 23 minutos en los trayectos de un transporte a otro, ¿cuánto tiempo dura su viaje?

CÁLCULO

7 Calcula mentalmente.

- 32 × 0,4
- 53 × 0,4
- 75 × 0,4

8 Prepara papel y lápiz y calcula.

- $2 \times \frac{1}{2}$
- $35 \times \frac{2}{8}$
- $\frac{1}{7} \times \frac{5}{6}$

Recuerda

60 × **0,4** = (60 × **4**) : **10** =

= 240 : **10** = 24

Unidades de medida de la información

La unidad mínima de almacenamiento de información en los ordenadores, en los móviles, en las *tablets*, etc., es el **bit.**

La unidad más común de almacenamiento de información es el **byte,** que contiene 8 bits.

Bit	Unidad mínima
Byte (B)	8 bits = 2^3 bits
Kilobyte (KB)	1 024 bytes = 2^{10} bytes
Megabyte (MB)	1 048 576 bytes = 2^{20} bytes
Gigabyte (GB)	1 073 741 824 bytes = 2^{30} bytes
Terabyte (TB)	1 099 511 627 776 bytes = 2^{40} bytes

En esta tabla puedes ver cómo se expresan los múltiplos del byte.

TB	GB	MB	KB	B
2^{10} GB	2^{10} MB	2^{10} KB	2^{10} B	1 B

Observa que cada unidad de medida es 2^{10} veces mayor que la inmediatamente inferior y 2^{10} veces menor que la inmediatamente superior.

1 Completa las siguientes igualdades en tu cuaderno según corresponda.

- 2^{10} B = .1.. KB
- 1 GB = ... B
- 2^{20} B = 1 .....
- 2^{10} KB = ... MB
- 2^{10} GB = 1 .....
- 1 GB = ... MB
- 2 MB = ... KB
- 4 B = ... bits
- 5 KB = ... B

2 Relaciona con flechas en tu cuaderno según corresponda.

1 GB	2^{30} B
1 MB	2^{10} B
1 TB	2^{20} B
1 B	2^{40} B
1 KB	2^3 bits

3 Indica en tu cuaderno si son verdaderas o falsas las siguientes afirmaciones.

- Un byte equivale a 8 bits.
- El kilobyte es la unidad mínima de almacenamiento de información.
- Un terabyte almacena más información que un gigabyte.

4 Copia y completa en tu cuaderno con los signos <, = o >.

- 8 TB ..... 1 024 GB
- 1 KB ..... 2 490 B
- 3 915 B ..... 2 KB
- 2 GB ..... 2 TB
- 2 048 MB ..... 2 GB
- 3 GB ..... 4 096 MB
- 7 MB ..... 73 400 MB
- 12 B ..... 86 bits
- 9 216 KB ..... 5 MB

5 Calcula los megabytes que pueden almacenar estos aparatos. Utiliza la calculadora.

- Una tarjeta de memoria de 8 GB.
- Un ordenador de 2 TB.
- Un móvil de 16 GB.

6 Haz una lista con los aparatos de almacenamiento de información que hay en tu casa. ¿Qué capacidad de almacenamiento tienen?

- ¿Cuál tiene mayor capacidad?
- ¿Y menor?

7 En una tienda de informática venden USB con capacidades de 4 GB, 8 GB y 16 GB. Si Mario quiere almacenar 8 discos de música que ocupan 80 MB cada uno, 6 películas de 1 GB cada una y una carpeta de fotografías que tiene 2 GB, ¿qué USB tendría que comprar?

8 La consola de Irene tiene una capacidad de 800 GB, y la de Unai, de 1 TB. ¿Qué consola tiene mayor capacidad?

- Si Irene tiene instalados 6 juegos de 50 GB cada uno y 8 juegos que ocupan 40 GB cada uno, ¿cuánto espacio le queda libre en la consola?
- ¿Podrá Unai instalar en la consola 20 juegos de 60 GB cada uno?

9 Cristóbal se ha comprado un lector de libros electrónicos con capacidad para almacenar 8 GB. Se ha descargado una saga de libros que ocupan 450 MB y una colección de cómics de 2,4 GB. ¿Cuánto espacio le queda libre en el lector de libros electrónicos?

- ¿Cuántos megabytes ocupa la colección de cómics?

LÓGICA

10 Una de estas canicas tiene mayor masa que el resto. ¿Cómo la descubrirías en tres pesadas?

¡NO HAY PROBLEMA!

Simplificar un problema para resolverlo

Manuel ha ido de excursión a Salamanca. Durante la visita ha comprado en una tienda de recuerdos 2 bolígrafos a 2,05 € cada uno y 1 sudadera a 14 € y 25 cts. También ha adquirido en un supermercado 3 bocadillos a 3,56 € la unidad y 4 botellas de agua a 1,75 € cada una. Si le han sobrado 13 € y 97 cts., ¿cuánto dinero llevaba Manuel para la excursión?

Para resolver el problema, puedo seguir estos pasos:

- Simplifico el problema.

  Manuel ha comprado 2 bolígrafos a 2,05 € cada uno, 1 sudadera a 14,25 €, 3 bocadillos a 3,56 € la unidad y 4 botellas de agua a 1,75 € cada una. ¿Cuánto dinero ha pagado en total?

  – Calculo el precio de cada producto.

  Bolígrafos → $2 \times 2{,}05 = 4{,}10$

  Sudadera → 14,25

  Bocadillos → $3 \times 3{,}56 = 10{,}68$

  Botellas de agua → $4 \times 1{,}75 = 7$

  – Hallo lo que ha pagado en total.

  $$4{,}10 + 14{,}25 + 10{,}68 + 7 = 36{,}03$$

  Manuel ha pagado 36,03 €.

- Resuelvo el problema original.

  $$36{,}03 + 13{,}97 = 50$$

  Manuel llevaba 50 € para la excursión.

¿Podrías resolver el problema utilizando otras unidades de medida? Explica en tu cuaderno cómo lo harías.

1. A comienzos del verano, Ernesto se propuso realizar los 755,4 km del Camino de Santiago. Las $\frac{3}{5}$ partes del trayecto las hizo andando, 292 km y 160 m los completó en bicicleta, y los últimos metros, en patinete. ¿Cuántos kilómetros recorrió en este último medio de locomoción?

2. Gloria va a participar en una carrera de *karts*. El circuito tiene una longitud de 2,32 km, la carrera consta de 15 vueltas, y los *karts* tienen que parar para repostar cuando llevan completado el 45 % de la carrera. Una vez hayan repostado, ¿cuántos kilómetros les quedará para finalizar la carrera?

3. Nacho bebe cada día en el desayuno $\frac{2}{5}$ de una jarra que contiene 500 ml de zumo de naranja natural y antes de cenar un vaso de 3 dl de zumo. Si para hacer 1 l de zumo necesita 5 naranjas, ¿cuántas naranjas precisará para preparar el zumo que beberá en 10 días?

4 En una calle hay tres semáforos. Uno de ellos se pone en verde cada 3 minutos; otro, cada 5 minutos, y el tercero se pone en verde cada 4 minutos. Si todos los semáforos están en verde en este momento, ¿cuántos minutos pasarán hasta que vuelvan a ponerse en verde los tres a la vez?

- Si están los tres semáforos en verde al mismo tiempo, ¿cuántas veces se habrá puesto en verde cada semáforo al cabo de 4 horas?

5 En el jardín de Lourdes, $\frac{2}{8}$ de las plantas son arbustos, $\frac{2}{5}$ son frutales, y $\frac{1}{4}$ son flores. Si la fracción restante del jardín está cubierta por césped, ¿qué fracción de césped hay en el jardín de Lourdes?

¿Qué cuidados crees que necesita un jardín?

6 Un cartero recorre los lunes, miércoles y viernes una distancia de 9,56 km cada día. Los martes y jueves recorre un 25 % menos. Si los sábados y domingos descansa, ¿cuántos kilómetros habrá realizado al cabo de 6 semanas de trabajo?

7 Jaime tiene una cinta azul de 10 m y otra naranja de 24 m. Quiere cortar ambas en partes iguales sin que sobre ningún trozo. ¿De cuántas formas puede hacerlo?

8 Victoria da pasos de 60 cm cuando camina y de 80 cm cuando corre. Desde su casa al colegio hay una distancia de 3 000 m. ¿Cuántos pasos dará para completar esta distancia si realiza $\frac{2}{5}$ partes del trayecto corriendo?

CÁLCULO MENTAL

Dividir números de dos cifras por 0,25.

12 : **0,25** = 12 × **4** = 48

1 Calcula mentalmente estas divisiones.

- 17 : 0,25
- 56 : 0,25
- 70 : 0,25

Elabora una estrategia para calcular estas operaciones y comprueba el resultado con la calculadora.

20 : **0,4**   12 : **0,4**

2 Calcula mentalmente las operaciones propuestas.

- 42 : 0,4
- 22 : 0,4
- 62 : 0,4

AHORA INTÉNTALO TÚ

3 Encuentra 12,27 operando con los siguientes números.

2   0,25   570,5   0,055   47

Solo puedes utilizar cada número una vez.

MANOS A LAS MATES

Carrera ciclista

¿Qué necesitamos?

Tijeras

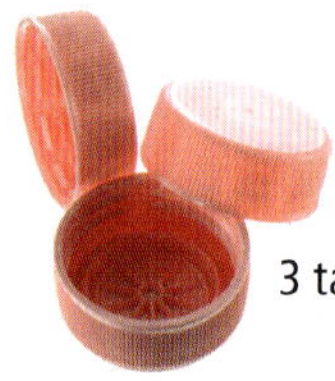
3 tapones

Papel adhesivo transparente

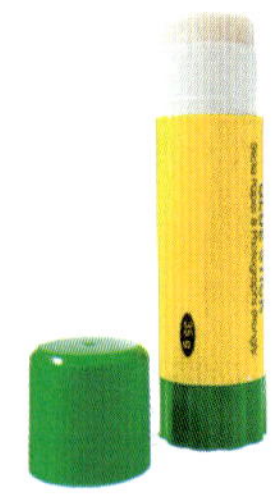
Pegamento

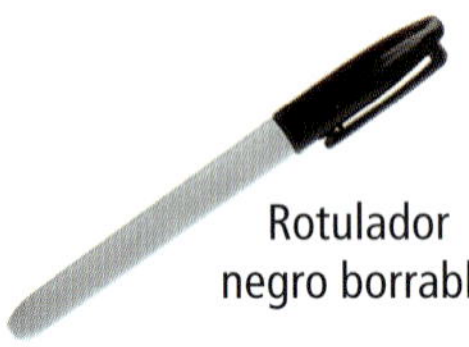
Rotulador negro borrable

2 cartulinas blancas tamaño folio

Sobre

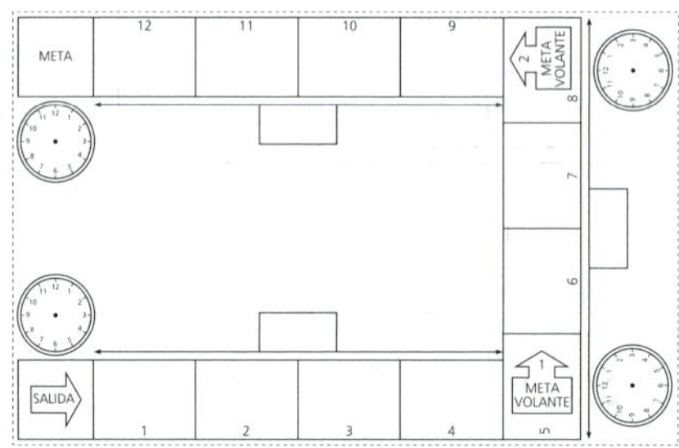

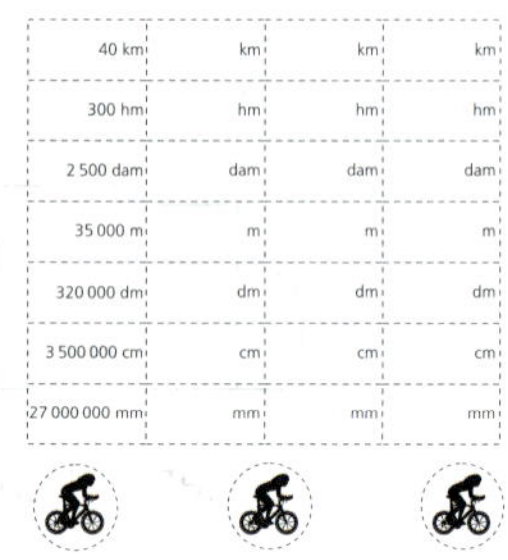

Plantillas de la carrera ciclista

Construimos

1. Pega la plantilla de la carretera en una de las cartulinas y plastifícala con el papel adhesivo.

2. Pega la otra plantilla en la otra cartulina, plastifícala con el papel adhesivo y recorta las piezas.

3. Coloca a los ciclistas dentro de los tapones.

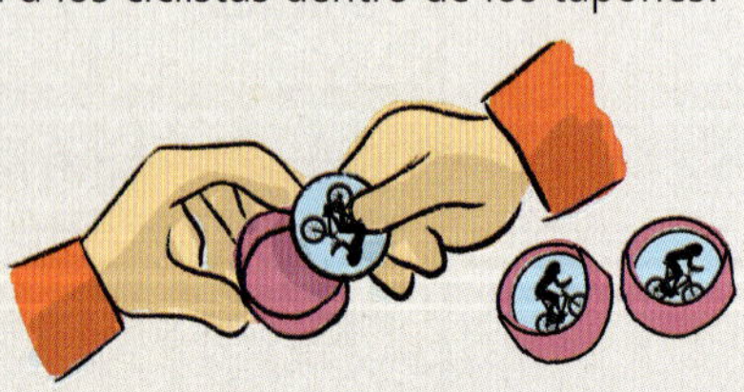

4. Por último, guarda las piezas recortadas en el sobre.

1 Observa el circuito ciclista. ¿Dónde colocarías las piezas recortadas?

2 En esta carrera participan 3 ciclistas, y cada tramo, dividido en 4 casillas, tiene una longitud diferente. Observa el dibujo, coloca en cada tramo las siguientes medidas y contesta a las preguntas.

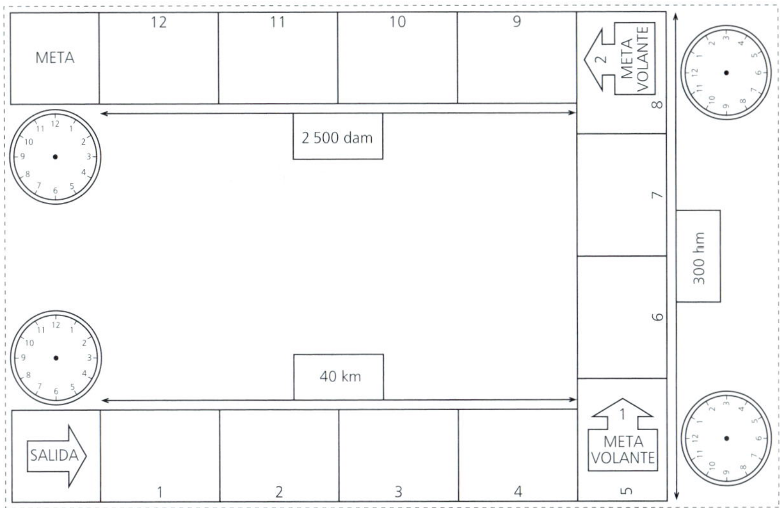

- ¿Cuántos metros tiene el primer tramo? ¿Y cada una de las casillas?
- Coloca a un ciclista entre las casillas 2 y 3. ¿Cuántos kilómetros habrá recorrido?
- Ahora, pon otro ciclista entre las casillas 10 y 11. ¿Cuántos kilómetros habrá realizado? ¿Cuántos kilómetros más ha recorrido el segundo ciclista?

3 Sigue estos pasos y contesta a las preguntas.

– Dibuja las agujas para que marquen las 8:00 en el reloj de la salida, las 9:45 en el de la meta volante 1, las 11:00 en el de la meta volante 2 y las 12:20 en el de la meta final.

– Escribe en tres de las piezas que has recortado las siguientes medidas: 41 000 m, 34 km y 290 hm, y coloca cada una en uno de los tres tramos.

– Por último, sitúa un ciclista en la meta.

  - ¿Cuántos minutos ha tardado el ciclista en recorrer el circuito?
  - ¿Cuántos kilómetros ha realizado? ¿Y metros?
  - ¿Cuántos segundos ha tardado en ir de la meta volante 1 a la 2?

4 Por parejas, escribe en las piezas que has recortado las longitudes que van a tener cada uno de los tres tramos del circuito y pide a tu compañero que dibuje las agujas en los cuatro relojes. Plantead tres preguntas sobre el circuito e intercambiadlo con otra pareja para resolverlas.

5 Investiga cómo podrías averiguar la velocidad a la que van las bicicletas, teniendo en cuenta la distancia y el tiempo.

¡INOLVIDABLE!

1 Expresa estas capacidades en litros y ordénalas de menor a mayor.

- 75 cl
- 7 000 ml
- 8,5 dal
- 725 dl
- 0,06 cl
- 56 hl

2 Completa esta tabla en tu cuaderno.

kg	hg	dag	g
		0,6037	
			56,9
	0,421		
0,153		15,3	

3 Calcula en tu cuaderno.

- 2 h 35 min 40 s + 57 min 39 s
- 23 h 15 min 40 s – 15 h 7 min 51 s
- 13 h 29 min 38 s × 4
- 16 h 48 min 32 s : 8

4 Ordena de menor a mayor.

30 añ | 25año | 396 días

3 décadas | 5 lustros | 33 años

medio siglo | 324 meses | 56 días

50 años | 9720 días

5 Completa en tu cuaderno estas igualdades para que se cumplan.

- 6 semestres = … meses
- 1 siglo = … lustros
- 5 trimestres = … meses
- 8 décadas = … meses

6 Expresa en forma compleja estas cantidades.

- 209,3 kg
- 910,83 dam
- 1 861,5 l
- 42 755 min
- 777,3 kl
- 8 345,7 hg

7 ¿A cuántos bytes equivalen estas medidas de información?

- 6 KB
- 3 GB
- 10 MB
- 9 TB

8 ¿Cuál es la edad de Máximo si su hermana Brianda tiene 28 trimestres de edad y es 1 lustro menor?

9 Carlos ha pedido 3 kg y 6 hg de queso en la charcutería y le han dado 3 850 g. ¿Le han dado la cantidad correcta?

- ¿Cuántos gramos le faltan o le sobran?

10 Escribe en tu cuaderno la unidad correcta para medir estas magnitudes.

- Cantidad de agua en una piscina

  kilolitro | kilómetro | kilogramo

- Altura de una mesa

  decilitro | decímetro | decigramo

- Masa de un jarrón

  hectolitro | hectómetro | hectogramo

11 Para conseguir pintura morada, Vanesa utiliza 150 cl de témpera azul y 960 ml de témpera roja. ¿Cuántos mililitros más de témpera azul utiliza que de témpera roja?

- ¿Cuántos litros de témpera morada obtendrá?

12 Calcula mentalmente estas operaciones.

- 40 : 0,25
- 26 : 0,4
- 24 : 0,4
- 15 : 0,25
- 84 : 0,4
- 75 : 0,25

13 Te han regalado entradas para asistir a una carrera de Fórmula 1 que se va a celebrar en el circuito de Montmeló. El circuito tiene las siguientes características.

G.P. Montmeló (Barcelona)

Fecha de la carrera: 23 de octubre
Hora de comienzo: 13:00
Número de participantes: 22
Precio de la entrada: 156 €
Información del circuito
Consumo de gasolina: 70 l cada 100 km
Número de curvas: 16
Longitud: 4,655 km

A Estás tan emocionado que se lo cuentas a tus amigos. Pero, como ellos no conocen el circuito, tú les explicas cómo es.

1. ¿En qué ciudad se encuentra?
2. ¿Cuántas curvas tiene?
3. ¿Qué longitud tiene la pista?

B Tus amigos quieren saber más cosas y tienes que echar mano de tus conocimientos matemáticos para contestarles.

1. En la carrera que vas a presenciar los coches darán 57 vueltas al circuito. ¿Cuántos kilómetros recorrerán en total?
2. ¿Aproximadamente cuántos litros de gasolina habrá consumido cada coche cuando finalice la carrera? ¿Y en cada vuelta al circuito?
3. Si la masa de uno de los coches que van a participar en la carrera es de 535 kg y 284 g; la de la gasolina con el tanque lleno, de 80 kg y 596 g, y la de su piloto, de 68 kg y 913 g, ¿cuál es la masa total en el momento de la salida?

C Dos amigos tuyos vienen desde Madrid hasta Barcelona para asistir a la carrera y te han encargado que les compres las entradas.

1. Si llegan al aeropuerto a las 11:47, ¿cuántos minutos tienen para llegar al circuito?
2. Del aeropuerto al circuito hay una distancia de 39 km y 523 m. ¿Qué distancia recorrerás si vas a buscarlos desde el circuito al aeropuerto y los llevas al circuito?
3. Si te dan 2 billetes de 100 € y 1 de 200 € por las entradas, ¿cuánto dinero les tienes que devolver?

D Debate en clase sobre la siguiente pregunta: ¿te gustan las carreras de coches o las de motos? Expresa tus motivos y opiniones y escucha las de tus compañeros.

14 Realiza un esquema con todo lo que has aprendido en esta unidad.

6 NÚMEROS ENTEROS

¿Sabes cuánto dinero ahorras cada mes? ¿Y cuánto gastas? ¿Crees que es importante controlar el nivel de ahorro y gasto?

Guardianes, en esta misión vais a descubrir unos números muy especiales que os ayudarán en vuestra tarea. ¿Estáis preparados?

¿Cuántos grados ha de subir la temperatura para llegar a 0 °C?

¿Qué botón debería pulsar si quiere llegar a un piso inferior a la planta cero?

Números enteros

Observa los números que aparecen en esta recta numérica. Todos estos números se llaman **números enteros.**

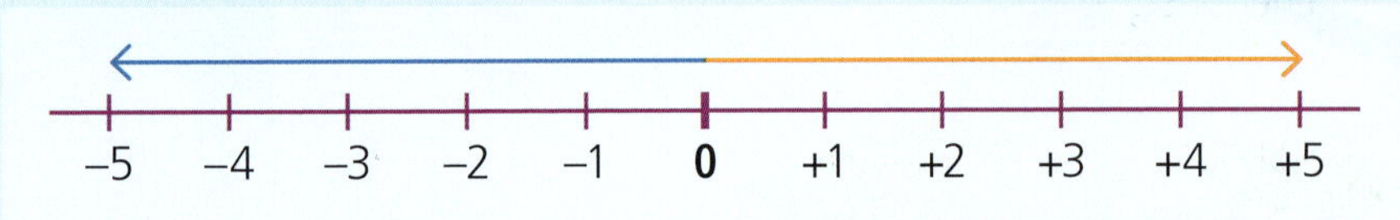

Observa que tomamos como punto de referencia el número 0.

- Los números que están representados a la derecha del 0 son **números enteros positivos** y llevan delante el **signo +.**
- Los números que están representados a la izquierda del 0 son **números enteros negativos** y llevan delante el **signo –.**
- Cuando un número no lleva ningún signo delante, se entiende que es positivo.

$$+2 = 2 \qquad\qquad 2 = +2$$

- El número 0 es un número entero y las expresiones +0 y –0 no tienen sentido.

Hay situaciones sociales que se pueden expresar con números negativos o positivos. Observa el convenio que se ha tomado en este ejemplo:

10 grados sobre 0 ⟶ +10 10 grados bajo 0 ⟶ –10

1 Señala qué botón del ascensor debes pulsar para ir a los lugares que se indican. Observa el panel informativo.

- A la sección de deportes.
- Al supermercado.
- A la sección de oportunidades.
- Al aparcamiento 2.
- A la zona de restauración.
- A la planta de moda infantil.

+5	Restauración
+4	Deportes
+3	Moda hombre
+2	Moda mujer
+1	Moda infantil
0	Supermercado
–1	Almacén
–2	Oportunidades
–3	Aparcamiento 1
–4	Aparcamiento 2
–5	Metro

2 Escribe en tu cuaderno los números enteros que representan las siguientes situaciones.

- La casa de Érica está en el piso 6.
- Teo debe 15 € a Jorge.
- El coche está en el segundo sótano.
- Víctor va 10 pasos por delante de Alberto.
- La temperatura es de 4 grados bajo cero.

3 Indica en tu cuaderno qué signo utilizarías para expresar estas acciones. Observa el ejemplo.

Deber signo –	Tener signo +

Ganar Perder	Bajo cero Sobre cero	Subir Bajar	Meter Sacar

4 Observa la siguiente tabla en la que se muestran las temperaturas mínimas del fin de semana en distintas ciudades.

Salamanca	Albacete	Córdoba	Madrid
–8 °C	+5 °C	+12 °C	–2 °C

- ¿En qué ciudades han tenido una temperatura mínima bajo cero? ¿Y sobre cero?

5 Escribe en tu cuaderno una situación cotidiana en la que puedas utilizar estas representaciones de números enteros.

+50   –3   –15   +6

6 Ayer por la tarde, el termómetro marcaba 12 °C. Si a las ocho de la mañana marcaba 4 grados menos, ¿qué temperatura hacía a esa hora? Ayúdate de un dibujo y expresa la solución con un número entero.

7 Sergio está en la planta 0 del edificio en el que vive. Quiere ver varias zonas del edificio, por eso sube primero 3 plantas y después baja 1. Tras esto, baja 7 plantas y por último sube 1 planta. ¿En qué planta se encuentra ahora Sergio?

CÁLCULO

8 Calcula mentalmente.

- 11 : 0,25
- 24 : 0,25
- 33 : 0,25
- 45 : 0,25
- 48 : 0,25
- 51 : 0,25

Recuerda

15 : 0,25 = 15 × 4 = 60

9 Prepara papel y lápiz y calcula.

- $\frac{9}{8} - \frac{1}{2} + \frac{5}{8}$
- $\frac{7}{12} + \frac{3}{12} + \frac{7}{12}$
- $\frac{4}{5} + \frac{2}{7} - \frac{1}{7}$
- $\frac{4}{9} + \frac{2}{3} - \frac{4}{18}$
- $\frac{3}{14} - \frac{1}{7} + \frac{13}{14}$
- $\frac{16}{6} - \frac{15}{9} + \frac{7}{3}$

Representación en la recta numérica de números enteros

Observa cómo se representan los números enteros en la recta numérica.

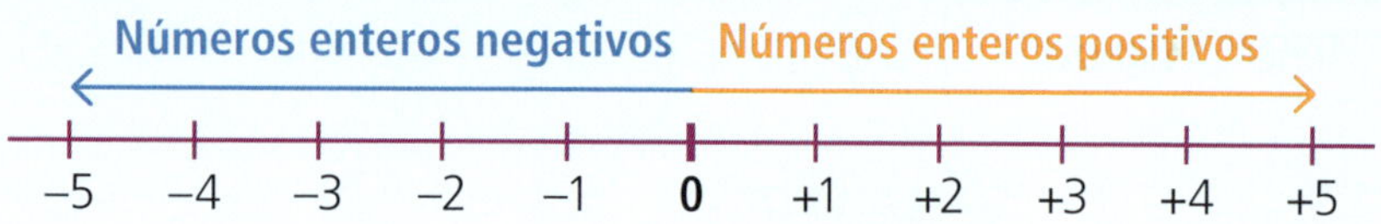

Para comparar números enteros, puedo utilizar la recta numérica.

- Todo número entero es mayor que cualquier otro que esté situado a su izquierda en la recta numérica.

  +2 está a la derecha de –1 → +2 > –1

- Todo número entero es menor que cualquier otro situado a su derecha en la recta numérica.

  –3 está a la izquierda de –1 → –3 < –1

1 ¿Qué números enteros representan las letras? Indícalo en tu cuaderno.

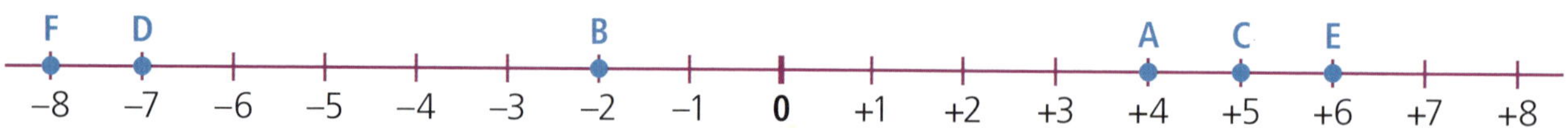

2 Dibuja en tu cuaderno una recta numérica y sitúa en ella estos números enteros.

- +4
- –3
- +8
- –4
- +3
- –2
- –7
- +9

3 Observa el ejemplo y completa en tu cuaderno escribiendo el número entero inmediatamente anterior y posterior a los dados. Ayúdate de una recta numérica.

–8 –7 –6

- ..... +2 .....
- ..... –5 .....
- ..... –10 .....
- ..... +9 .....
- ..... –23 .....
- ..... +105 .....

4 Escribe en tu cuaderno las desigualdades que sean ciertas.

- –1 < –3
- –9 > –6
- +9 > –2
- +5 > –7
- –13 > +13
- +7 < +5
- –1 > 0
- –25 > –35

5 Clasifica en tu cuaderno estos números enteros en la siguiente tabla.

- −3, +5, −23, +86, −27, +9, +60, −129, −44, +52 y +13

Enteros menores que 0	Enteros mayores que 0

6 ¿Qué número entero se encuentra a la misma distancia de 5 y −1?

7 ¿Cuántos números enteros hay entre −6 y +3? Represéntalos en una recta numérica en tu cuaderno.

8 Ordena en tu cuaderno estos números enteros de menor a mayor y descubre la palabra que se forma.

- +4 ⟶ R
- 0 ⟶ T
- +7 ⟶ O
- −2 ⟶ N
- −4 ⟶ E
- +2 ⟶ E

9 Un ascensor está en la planta 6. ¿En qué orden se bajarán del ascensor estos niños?

- Nicolás baja en el +3.
- Karina baja en el −3.
- Ainara baja en el 0.

CÁLCULO

10 Calcula mentalmente.

- 24 : 0,4
- 32 : 0,4
- 36 : 0,4
- 40 : 0,4
- 58 : 0,4
- 64 : 0,4

11 Prepara papel y lápiz y calcula.

- $\frac{2}{3} \times \frac{4}{7}$
- $\frac{24}{5} : \frac{1}{2}$
- $\frac{6}{15} : 3$

Recuerda

12 : 0,4 = (12 × 10) : 4 =

= 120 : 4 = 30

Suma de números enteros

Sumar números enteros con el mismo signo

- Sumo $(-2) + (-5)$ con ayuda de la recta numérica.

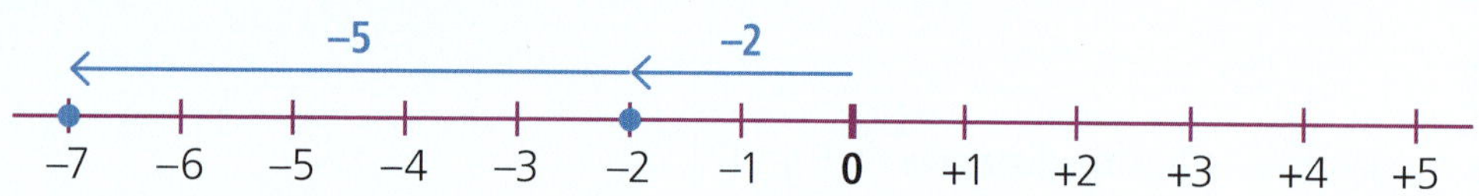

$$(-2) + (-5) = -7$$

Sumar números enteros con distinto signo

- Sumo $(-2) + (+4)$ con ayuda de la recta numérica.

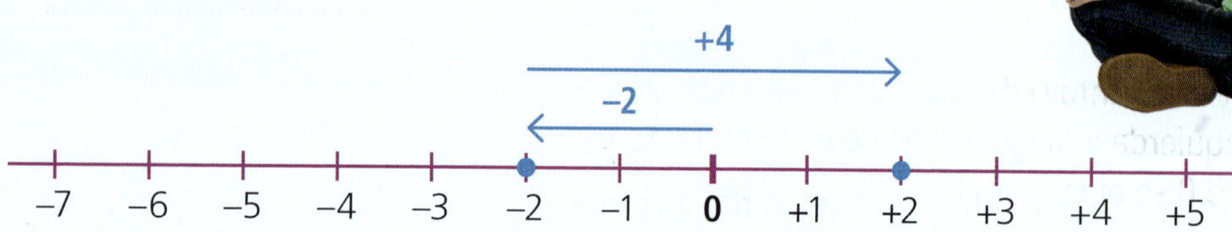

$$(-2) + (+4) = +2$$

1 Copia esta recta en tu cuaderno y sitúa en ella el resultado de estas operaciones.

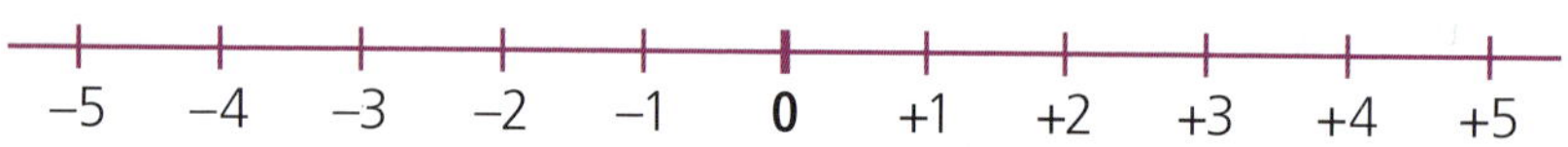

- $(-3) + (-1)$
- $(+1) + (+1)$
- $(-2) + (+1)$
- $(-2) + (-2)$

2 Une con flechas en tu cuaderno cada suma con su resultado.

$(+3) + (+1)$	$+1$
$(-10) + (+3)$	-7
$(+9) + (-8)$	$+4$
$(-8) + (-2)$	-10

3 Coloca en tu cuaderno el signo que corresponda en cada operación.

- $(+6) + (.....5) = +1$
- $(-8) + (.....3) = -5$
- $(+12) + (.....7) = +5$
- $(-7) + (.....6) = -1$
- $(.....9) + (+12) = +3$
- $(.....2) + (-10) = -8$

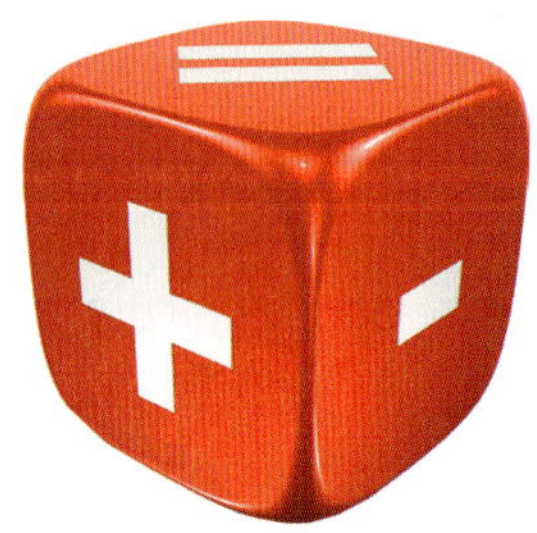

4 Continúa estas series en tu cuaderno siguiendo siempre el mismo criterio en cada una. Ayúdate dibujando una recta numérica.

–8	–5	–2			
–9	0	+9			
+9	+5	+1			

5 Calcula el resultado de estas sumas de números opuestos y explica a un compañero qué ocurre.

- (+5) + (–5)
- (+7) + (–7)
- (+10) + (–10)

Amplía

Se represента el número **opuesto** de un número entero de esta forma.

- +3 es el opuesto de –3.
- –3 es el opuesto de +3.

6 Una hormiga se encuentra en el punto 0 de una recta numérica. Primero se desplaza 3 puntos a la izquierda y luego 2 más de nuevo a la izquierda. ¿A cuántos puntos del punto 0 se encuentra la hormiga? Representa los datos y la solución del problema en una recta numérica.

7 Un submarino está a una profundidad de 15 hm. Si asciende 4 hm, ¿cuántos hectómetros le faltan para llegar a la superficie? Represéntalo en la recta numérica.

8 Un ascensor está en la planta –1. Sube 5 plantas y recoge a Fermín. Después, Fermín baja 3 plantas en el ascensor. ¿En qué planta está Fermín ahora?

9 Un banco de peces nada a 7 m de profundidad. Al cabo de una hora asciende 2 m. Después, asciende otros 2 m más. ¿A qué profundidad está ahora el banco de peces?

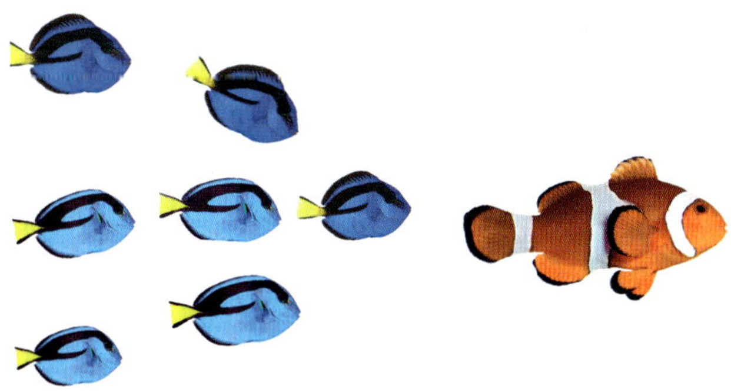

LÓGICA

10 Averigua qué número entero representa cada fruta.

	+		= –8
+		+	
	+		= –1
= –1		= –8	

¡NO HAY PROBLEMA!

Resolver gráficamente un problema y comprobar la solución obtenida

Laura y Daniel han ido al polideportivo. Sus padres han aparcado en la planta –1. Para ir a la piscina, han de subir 3 plantas. ¿En qué planta está la piscina?

Para resolver el problema, puedo seguir estos pasos:

- Realizo un gráfico sencillo para calcular la solución.

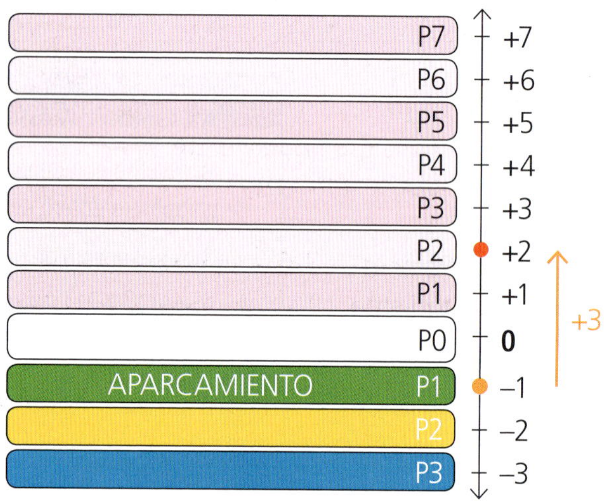

Planta en la que está el coche ⟶ –1

Plantas que tienen que subir ⟶ +3

(–1) + (+3) = +2 ⟶ La solución obtenida es correcta.

- La piscina se encuentra en la planta 2.

¿Es necesario elaborar un gráfico para averiguar la solución del problema? Justifica tu respuesta a un compañero.

1 En una fila de 13 alumnos colocados hombro con hombro, Juan ocupa la posición cero de la fila y tiene a su derecha a 5 compañeros y a su izquierda a 7. Mario representa el número +3 y Silvia el número –4. ¿Dónde se sitúan Juan, Mario y Silvia en la fila? Representa gráficamente la situación para poder resolverla.

2 Carmen y Nicolás van al cine a ver una película en tres dimensiones. Carmen va a recoger las gafas a la planta 2, dos plantas por debajo de la sala del cine. Nicolás va a comprar agua a la tienda que está una planta por debajo de la sala el cine. ¿En qué planta está Nicolás?

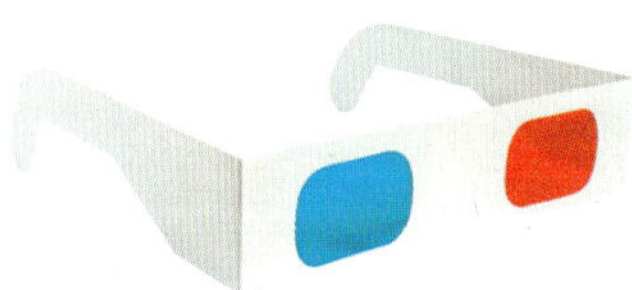

3 Belén ha ido a pasar el fin de semana a Teruel. A lo largo de la semana se han registrado temperaturas mínimas de –3 °C y máximas de 11 °C. ¿Cuál ha sido la diferencia de temperatura?

4 Un cormorán realiza una inmersión en el mar a 3 dam de profundidad para alimentarse. Después se eleva 1 dam sobre el nivel del mar. ¿Cuántos decámetros ha ascendido?

5 En la calle donde vive Inés, el termómetro marca 3 °C. Si hace una hora marcaba 5 grados menos, ¿qué temperatura hacía hace una hora?

6 Un submarino navega a 3 km por debajo del nivel del mar y un avión vuela a 10 km de altura. ¿Qué diferencia de altura hay entre ellos?

7 Después de subir 8 pisos, el ascensor en el que iba Bárbara se paró en la planta 6. ¿En qué planta se montó Bárbara en el ascensor?

8 Ayer amaneció a 3 grados bajo cero. A las 13:00, la temperatura había subido 8 grados, y 2 grados más a las 17:00. A las doce de la noche bajó 4 grados y desde esa hora hasta las seis de la mañana descendió 6 grados más. ¿Qué temperatura hacía a las seis de la mañana?

9 En la estación de esquí de La Covatilla, la temperatura más alta ha sido de 2 grados sobre cero, y la más baja, de 12 grados bajo cero. ¿Cuántos grados hay entre estas dos temperaturas?

10 Candela debe 3 € a su hermana Blanca. Si sus padres le han dado de paga 12 €, ¿cuánto dinero le queda?

¿Recibes alguna paga de tus padres? ¿Crees que es necesaria? ¿Por qué?

CÁLCULO MENTAL

Multiplicar números de dos cifras por 1,5.

12 × 1,5 = 12 + (12 : 2) = 12 + 6 = 18

1 Calcula mentalmente estas operaciones.

- 16 × 1,5
- 60 × 1,5
- 72 × 1,5

Elabora una estrategia para calcular esta operación y comprueba el resultado con la calculadora.

12 × 0,75

2 Calcula mentalmente estos productos.

- 34 × 0,75
- 52 × 0,75
- 46 × 0,75

AHORA INTÉNTALO TÚ

3 Encuentra 27 operando con los siguientes números.

3 2 4 6 –3

Solo puedes utilizar cada número una vez.

MANOS A LAS MATES

Aparcando coches

¿Qué necesitamos?

Cartulina blanca tamaño folio

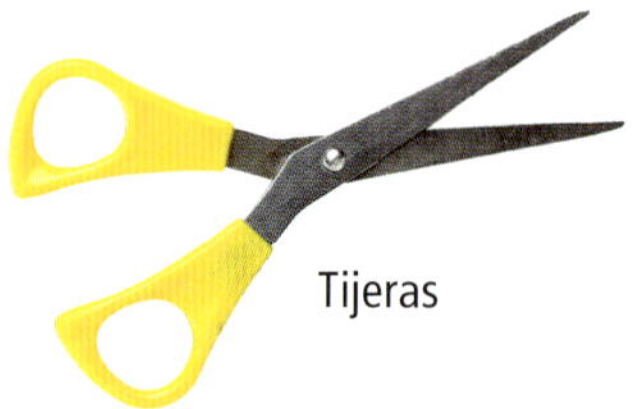

Tijeras

Sobre

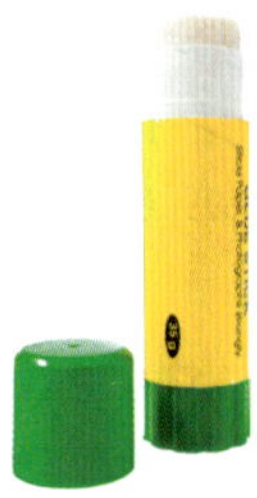

Pegamento

Rotulador negro

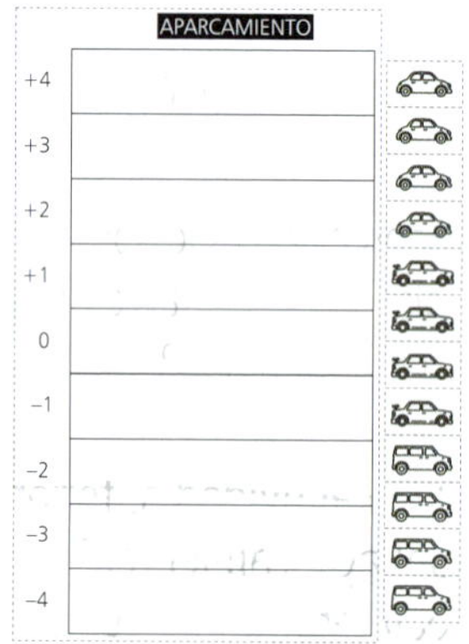

Plantilla del aparcamiento y los coches

Lápices de colores

Construimos

1. Pega la plantilla en la cartulina y recorta el aparcamiento y cada uno de los coches.

2. Colorea los coches, cada grupo de un color: rojo, amarillo y azul.

3. Con el rotulador, numera los coches de cada color del 1 al 4.

4. Guarda todos los coches en el sobre.

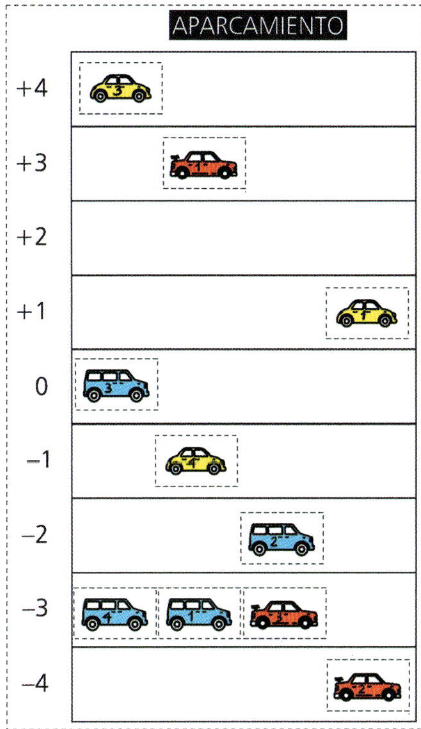

1 ¿Cuántos coches crees que caben en la plantilla del aparcamiento? ¿Cómo los colocarías?

2 Observa el dibujo y ordena los coches como se indica. Después, contesta a las preguntas.

- ¿En qué planta hay más coches aparcados?
- Mueve el coche 2 azul hasta la planta que está vacía. ¿Cuántas plantas ha tenido que subir?
- Si el coche 2 rojo sube 3 plantas, ¿en cuál se encontrará? Realiza el movimiento en tu material.
- Si el coche 1 amarillo baja 4 plantas, ¿a cuál llegará? Coloca el coche en dicha planta.
- Como en cada planta solo pueden aparcar 4 vehículos, el coche 2 amarillo llega a la única planta que está completa y sube 2 plantas para aparcar. ¿En qué planta ha aparcado?

3 Invéntate una situación similar a la de la actividad anterior, colocando los coches en las diferentes plantas del aparcamiento. Después, muéstraselo a tu compañero y plantéale preguntas que se puedan contestar a través de operaciones con números enteros, para que él las responda. Por último, intercambiad los papeles.

4 Ayúdate de tu material para colocar los coches en las distintas plantas.

– El coche 2 amarillo está en la planta +1 y sube 3 plantas.
– El coche 1 azul está en la planta +3 y baja 5 plantas.
– El coche 3 azul está en la planta –4 y sube 4 plantas.
– El coche 4 rojo está en la planta –3 y sube 4 plantas.
– El coche 2 rojo está en la planta –2 y sube una planta más que el coche 1 rojo.

- ¿Qué plantas han quedado vacías?
- ¿Cuántas plantas tiene que subir el coche 3 azul para coincidir con el coche 2 amarillo?
- ¿Cuántas plantas tiene que bajar el coche 4 rojo para aparcar junto al coche 1 azul?

5 Debate con tus compañeros sobre las ventajas del uso del transporte público. ¿Qué consecuencias crees que tiene respecto al cambio climático?

6 ¿Cuántas plantas de diferencia hay entre la que está más arriba y la que está más abajo? Busca información acerca de cómo restar con números enteros y calcula el resultado mediante una resta.

¡INOLVIDABLE!

1 Representa estas situaciones con un número entero.

- Debe diez euros.
- Sube tres pisos.
- Hace ocho grados bajo cero.
- Gana cien euros.

2 Une con flechas en tu cuaderno cada operación con su resultado.

(+5) + (+6)	+4
(+1) + (+2)	−2
(+1) + (−3)	+11
(+4) + (+6)	+10
(+6) + (−2)	+3

3 Compara en tu cuaderno cada pareja de números enteros utilizando los signos <, = o >.

- −4 ..... −8
- +4 6
- +10 ..... −10
- −5 ..... +8
- 5 ..... +5
- +8 ..... −11

4 Ordena en tu cuaderno de mayor a menor estos números enteros.

−3	+5	−10	+7
−1	−5	+3	0

5 Completa en tu cuaderno con los números enteros que faltan.

- (+4) + ... = +1
- (−1) + ... = −5
- ..... + (−2) = 0
- ..... + (+3) = +7
- (−9) + (+5) = ...
- (+8) + (−12) = ...

6 La temperatura a las diez de la mañana era de 5 grados bajo cero. Si a las doce había subido 7 grados, ¿qué temperatura marcaba el termómetro a esa hora?

7 ¿Cuántos números enteros existen entre −6 y +4? Escríbelos en tu cuaderno.

8 Escribe en tu cuaderno a qué número corresponde cada letra en esta recta numérica.

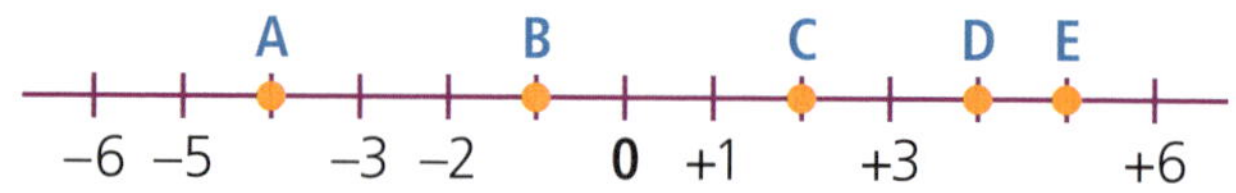

9 Alicia tiene una deuda de 24 € y, para cancelarla, entrega dos billetes de 20 €. ¿Cuántos euros le tienen que devolver?

10 Escribe en tu cuaderno lo que se indica.

- Un número entero positivo que sea menor que +4.
- Un número entero negativo que esté entre −3 y +2.
- Un número entero que esté entre −1 y +3.

11 En una mina están haciendo excavaciones a 6 m de profundidad. Si la próxima semana pretenden descender otros 6 m, ¿a qué profundidad se encontrarán?

12 Un gato se escapó de su casa y bajó al segundo sótano. Luego subió tres plantas, descansó unos minutos y siguió subiendo otras cuatro plantas para entrar a su casa. ¿En qué planta vive el gato?

13 Calcula mentalmente estas operaciones.

- 30 × 1,5
- 50 × 1,5
- 70 × 1,5
- 64 × 0,75
- 236 × 0,75
- 96 × 0,75

14 Este sábado vas a ir de compras con tus amigos a un centro comercial. Observa el directorio.

- +4 Cafeterías, restaurantes y multicines
- +3 Gimnasio y guardería
- +2 Tiendas
- +1 Supermercado
- 0 Información, punto de encuentro y servicios
- -1 Taller mecánico y autolavado
- -2 Aparcamiento marrón
- -3 Aparcamiento rosa

A Como es la primera vez que vas a este centro comercial te fijas con interés en el directorio para saber cómo es y lo que hay.

1. ¿Cuántas plantas tiene el centro comercial?
2. ¿En cuántas plantas podéis aparcar el coche?
3. ¿En qué planta se encuentra el supermercado?
4. ¿A qué planta debéis ir si queréis comer algo?
5. ¿Puedes ir al cine en este centro comercial?

B Este directorio os va a servir durante todo el día para saber cuántas plantas subir o bajar según lo que queráis hacer.

1. Lo primero que hacéis es ir al aparcamiento rosa para que el padre de tu amigo aparque el coche. ¿En qué planta habéis estacionado?
2. Después, os dirigís al supermercado para comprar varias botellas de agua. ¿A qué planta tenéis que ir?
3. A continuación, os separáis porque cada uno queréis hacer una cosa. Tu mejor amigo sube a preguntar los precios del gimnasio, el resto del grupo se va de tiendas, y tú vas a merendar a una de las cafeterías. ¿Cuántas plantas habéis subido cada uno?
4. Para regresar juntos a casa, habéis decidido reuniros al cabo de 2 horas. ¿Qué sitio elegirías para quedar? ¿Por qué?

C En las escaleras mecánicas del centro comercial había carteles con indicaciones de seguridad. Observa los dibujos y explica qué crees que significa cada uno.

15 Realiza un esquema con todo lo que has aprendido en esta unidad.

7 RECTAS Y ÁNGULOS

¿Cómo podrías calcular el ángulo que forma la torre de Pisa con respecto al suelo?

Guardianes, en esta misión tendréis que aprender algunos conceptos geométricos muy importantes. ¡Que no se despiste nadie!

¿Cómo se llaman las circunferencias que tienen dos puntos en común?

¿Qué indican las señales de tráfico triangulares?

Posición en el plano de rectas y circunferencias

Una recta puede tener las siguientes posiciones en el plano respecto de una circunferencia.

Recta exterior	Recta tangente	Recta secante
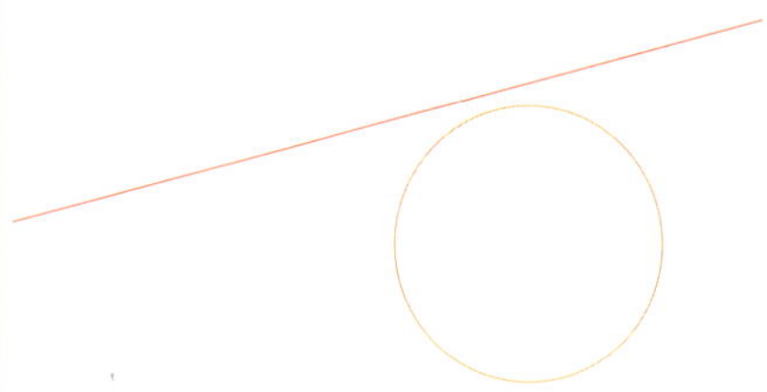	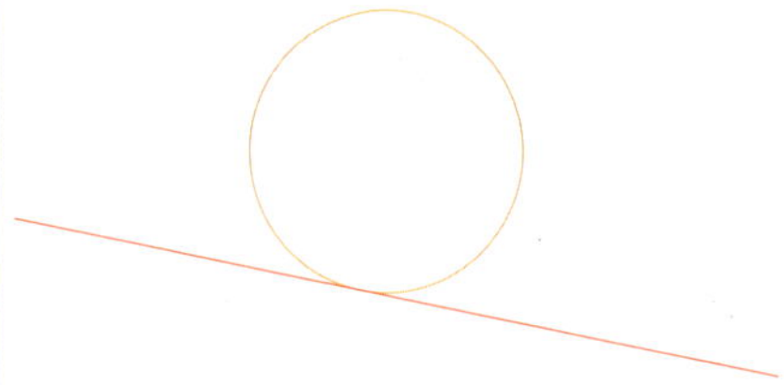	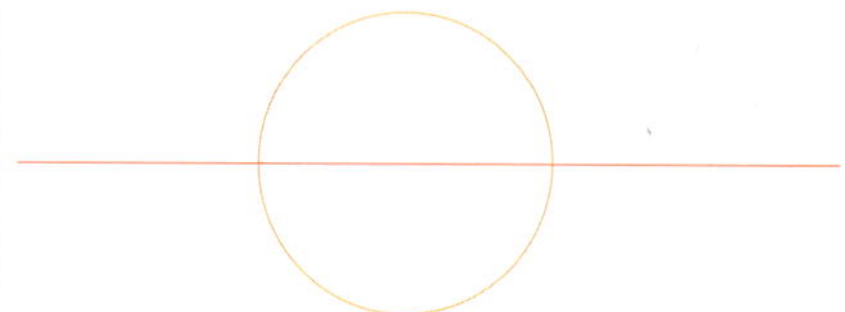
No tienen ningún punto en común.	Tienen un punto en común.	Tienen dos puntos en común.

1 Escribe qué posición en el plano ocupan las siguientes rectas y circunferencias.

A

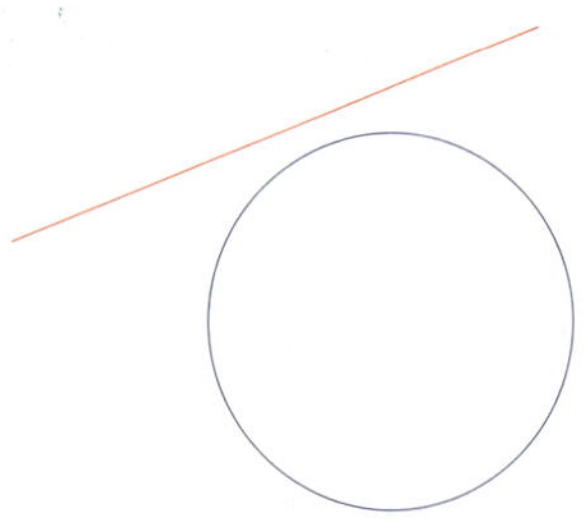

B

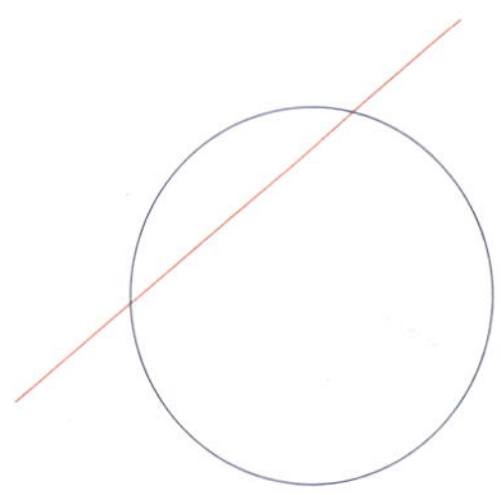

2 Observa la figura y contesta.

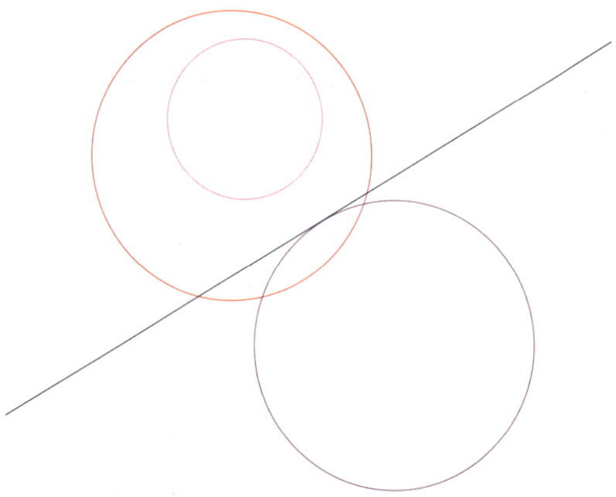

- ¿Qué posición ocupan las circunferencias roja y morada?
- ¿Y las circunferencias rosa y morada?
- ¿Y la recta y la circunferencia roja?

3 Indica en tu cuaderno si estas oraciones son verdaderas o falsas y explica por qué a un compañero.

- Si una recta y una circunferencia son secantes, tienen dos puntos en común.
- Si una recta y una circunferencia son tangentes, tienen dos puntos en común.
- Una recta y una circunferencia en el plano pueden tener tres puntos en común.

4 Lee atentamente las indicaciones y dibuja en tu cuaderno estas figuras utilizando tus instrumentos de dibujo.

Una circunferencia, C1, y una recta, *r*, secante a C1.
Una circunferencia, C2, que sea tangente exterior a C1 y tangente a la recta *r*.
Una recta, *s*, secante a C2 y paralela a *r*.

5 Para decorar su cuaderno de Matemáticas, Mario ha dibujado en la tapa superior dos circunferencias interiores y una recta secante a la más pequeña. ¿Qué posición en el plano ocupa la recta con respecto a la circunferencia más grande?

Ángulos consecutivos, adyacentes y opuestos

Dos ángulos que tienen el mismo vértice pueden ser:

Ángulos consecutivos	Ángulos adyacentes	Ángulos opuestos por el vértice
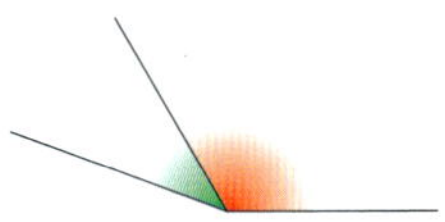	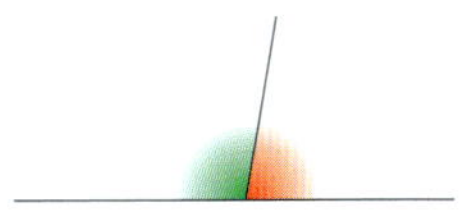	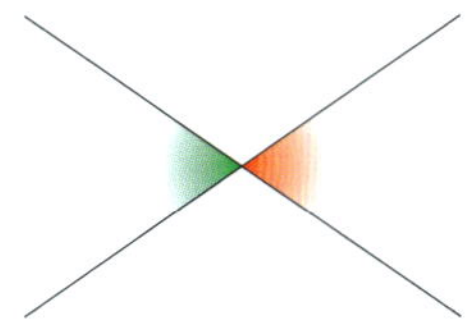
Tienen un lado en común.	Son consecutivos y suman 180°.	Son los formados por dos rectas secantes.

Dos ángulos que suman 90° son **complementarios** el uno del otro y dos ángulos que suman 180° son **suplementarios** el uno del otro.

Ángulos complementarios	Ángulos suplementarios
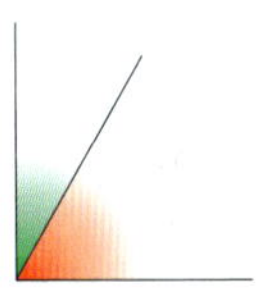	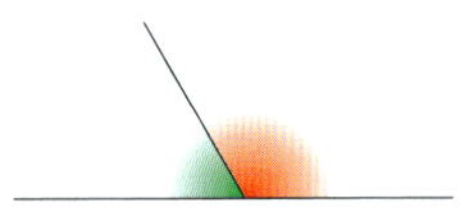
Suman 90°.	Suman 180°.

1 Dibuja en tu cuaderno dos ángulos adyacentes, dos ángulos consecutivos y dos ángulos opuestos por el vértice.

2 Mide los siguientes ángulos con tu transportador y dibuja en tu cuaderno el ángulo complementario a cada uno de ellos.

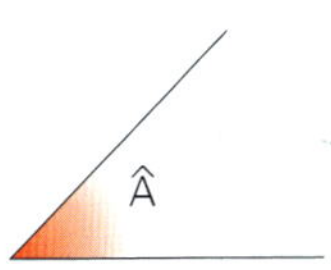

3 Beatriz está construyendo la maqueta de un edificio de su ciudad. Ha colocado una rampa para minusválidos que forma un ángulo de 6° con respecto al suelo. ¿Cuántos grados medirá su ángulo suplementario? Ayúdate de un dibujo e indica en él ambos ángulos.

- ¿Son ángulos consecutivos, adyacentes u opuestos por el vértice?
- ¿Consideras que es necesario situar rampas para minusválidos en los edificios? ¿Por qué?

CÁLCULO

4 Calcula mentalmente.

- 90 × 1,5
- 72 × 1,5
- 38 × 1,5
- 28 × 1,5
- 64 × 1,5
- 84 × 1,5

Recuerda

12 × 1,5 = 12 + (12 : 2) =
= 12 + 6 = 18

5 Prepara papel y lápiz y calcula.

- 382,34 – 97,12
- 2 361,59 – 340,3

Bisectriz de un ángulo

La **bisectriz** de un ángulo es una semirrecta con origen en el vértice del ángulo que lo divide en dos ángulos de igual amplitud.

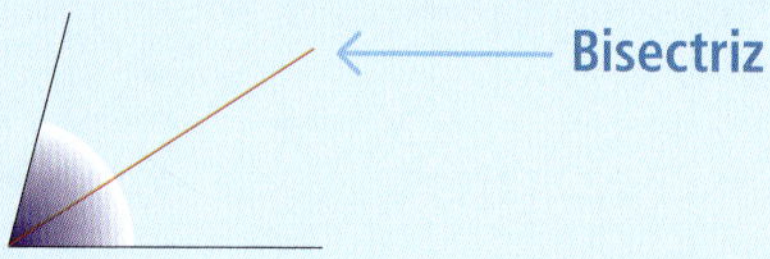

Para trazar la bisectriz de un ángulo, puedo seguir estos pasos:

1. Pincho con el compás en el vértice y dibujo un arco que corte a los lados en los puntos A y B.

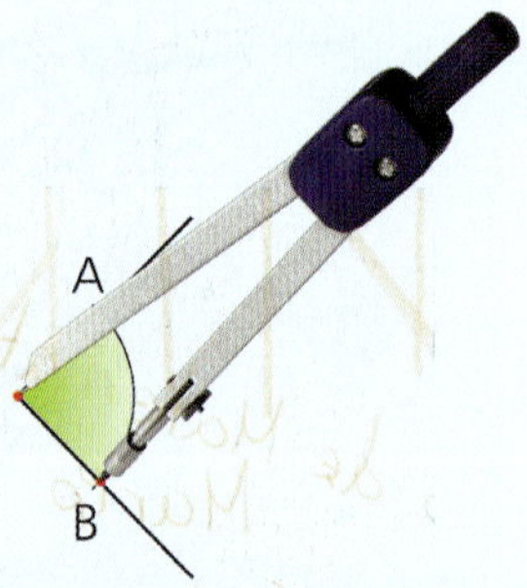

2. Con centro en el punto A, dibujo un arco en el interior del ángulo.

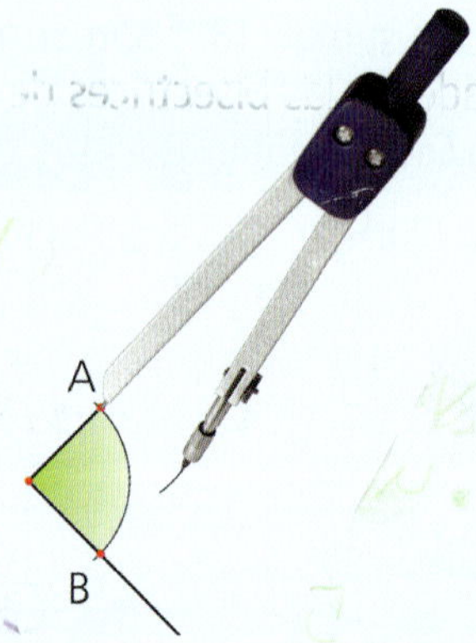

3. Con centro en el punto B y con la misma abertura que en el paso 2, dibujo un arco que corte al arco anterior.

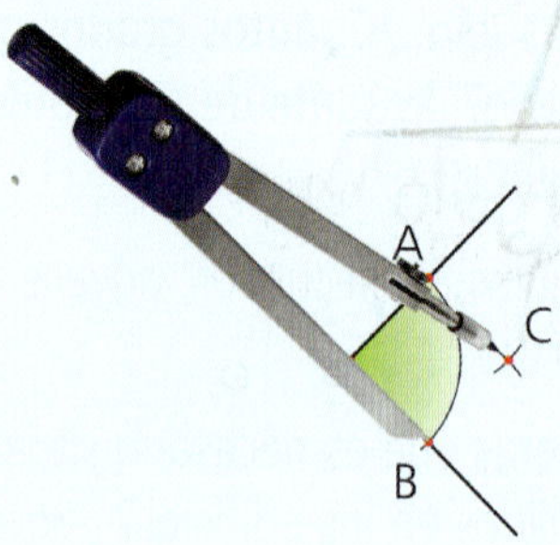

4. Uno el punto C con el vértice del ángulo y obtengo la **bisectriz** del ángulo.

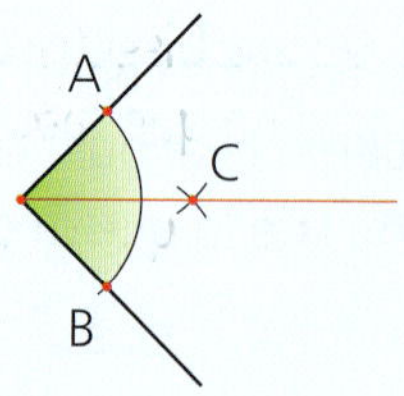

1 Dibuja estos ángulos en tu cuaderno y traza sus bisectrices. Después, mide los ángulos en los que han quedado divididos con ayuda de un transportador.

- 30°
- 50°
- 80°
- 120°
- 140°
- 180°

2 Explica cómo podrías hallar la bisectriz de un ángulo sin utilizar un compás.

3 Traza en tu cuaderno un ángulo llano utilizando tu regla y dibuja su bisectriz. Después, traza la bisectriz de los ángulos en los que ha quedado dividido el ángulo llano.

- ¿En cuántos ángulos ha quedado dividido el ángulo llano?
- ¿Cuánto miden cada uno de esos ángulos?
- ¿Qué relación tienen esos ángulos con el ángulo llano?

4 Dibuja en tu cuaderno ángulos de las siguientes medidas y traza sus bisectrices.

- Ángulo $\widehat{A}$: 130°
- Ángulo $\widehat{B}$: 70°
- Ángulo $\widehat{C}$: 190°
- Ángulo $\widehat{D}$: 40°
- Ángulo $\widehat{E}$: 100°
- Ángulo $\widehat{F}$: 270°

5 Traza en tu cuaderno las bisectrices de cada uno de los ángulos de estos polígonos.

A
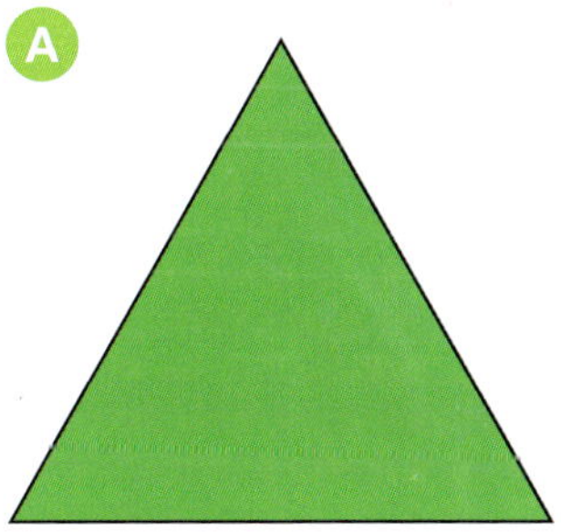

B

C
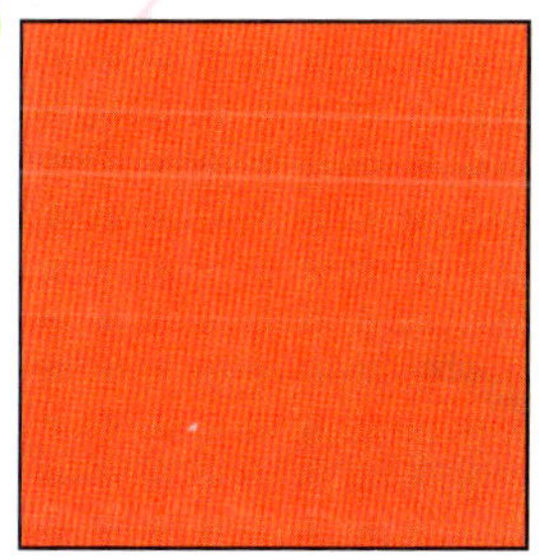

6 En un ángulo de 48°, ¿cuánto medirán los ángulos en los que queda dividido si dibujas su bisectriz?

7 Ernesto ha dibujado tres ángulos en su cuaderno, $\widehat{A}$, $\widehat{B}$ y $\widehat{C}$, y ha trazado sus bisectrices. Los ángulos en los que ha quedado dividido el ángulo $\widehat{B}$ miden $\frac{2}{3}$ de lo que mide el ángulo $\widehat{A}$, y el ángulo $\widehat{A}$ mide el doble que el ángulo $\widehat{C}$. Si el ángulo $\widehat{C}$ tiene una amplitud de 30°, ¿cuánto mide el ángulo $\widehat{A}$? ¿Y el ángulo $\widehat{B}$?

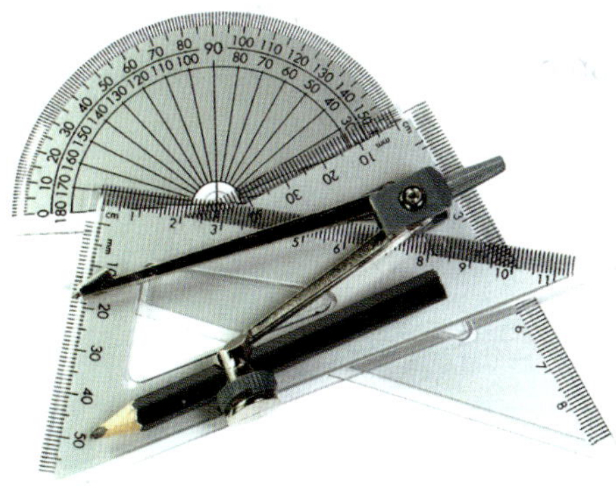

LÓGICA

8 Dibuja en tu cuaderno los dos términos siguientes de esta serie.

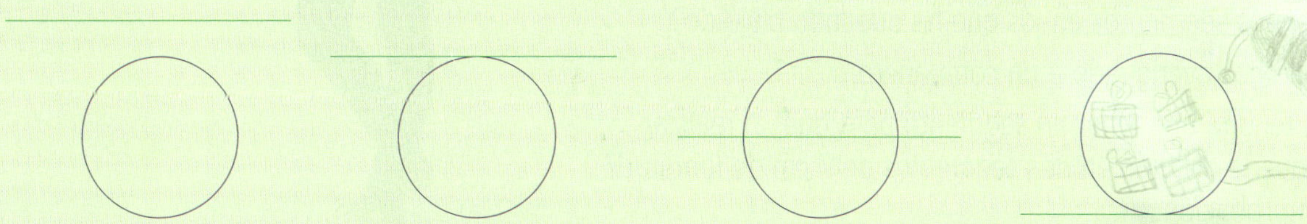

Mediatriz de un segmento

La **mediatriz** de un segmento es la recta perpendicular al segmento que lo divide en dos partes iguales.

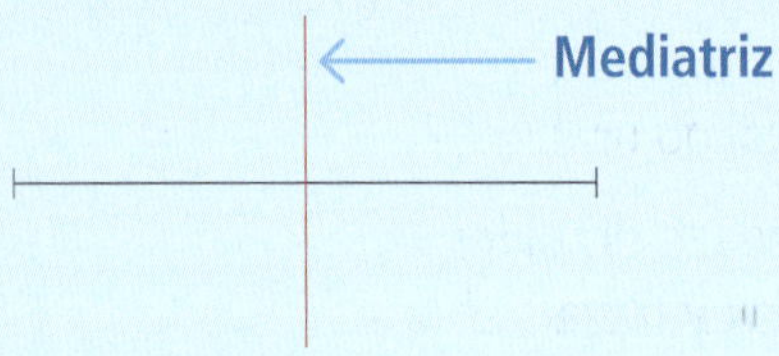

Para trazar la mediatriz de un segmento, puedo seguir estos pasos:

1. Pincho en el punto A con el compás y trazo un arco con una abertura mayor que la mitad del segmento.

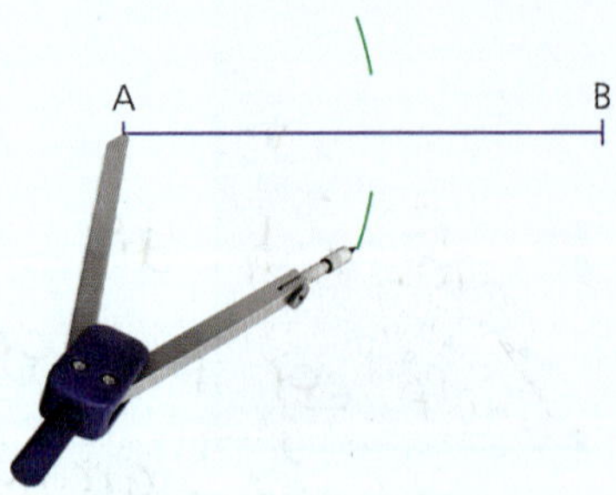

2. Con la misma abertura, pincho con el compás en el punto B y trazo otro arco que corta al anterior en los puntos C y D.

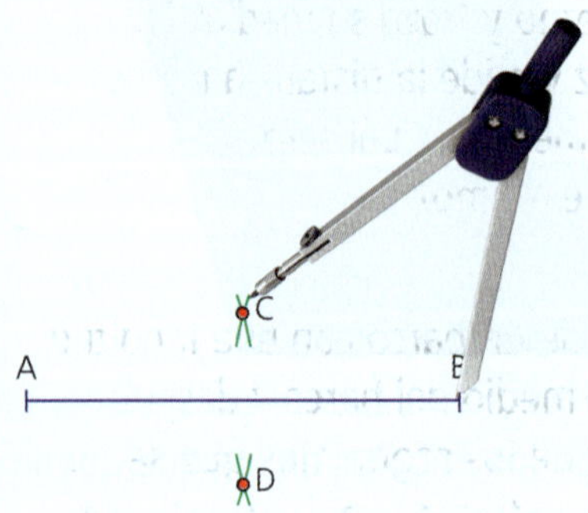

3. Trazo la recta que pasa por los puntos C y D. Esta recta es la **mediatriz** del segmento.

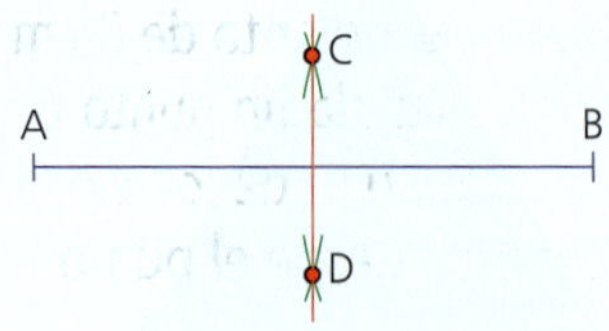

1 Copia estos segmentos en tu cuaderno y traza la mediatriz de cada uno de ellos.

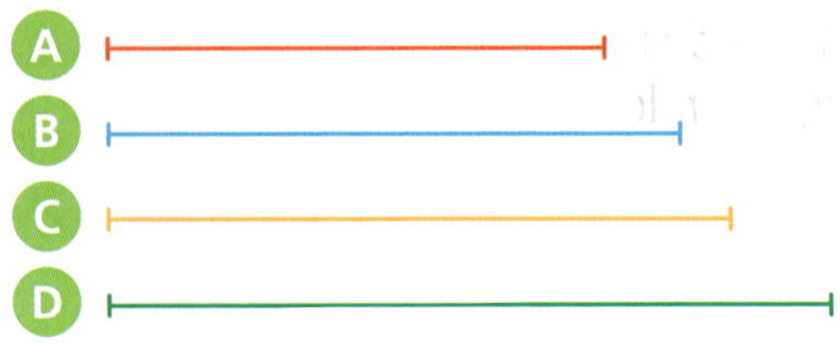

2 Traza en tu cuaderno un segmento de 5 cm de longitud y de extremos A y B. Después, dibuja, utilizando tu compás y tu regla, la mediatriz de este segmento.

- ¿Cuánto miden los segmentos en los que ha quedado dividido?
- Explica cómo lo has averiguado a un compañero.
- ¿Qué medida tendría que tener un segmento para que, al realizar la mediatriz, quede dividido en dos segmentos de 7 cm de longitud? Realiza la comprobación.

3 Dibuja estos segmentos en tu cuaderno utilizando tu regla y traza sus mediatrices.

Segmento de 8 cm | Segmento de 12 cm | Segmento de 19 cm

- ¿Qué longitud tienen los segmentos en los que han quedado divididos?
- Dibuja tres segmentos con la medida en la que han quedado divididos los segmentos anteriores y traza su mediatriz. ¿Qué longitud tienen ahora los segmentos en los que han quedado divididos?

4 Dibuja en tu cuaderno un rectángulo de 5 cm de largo y 3 cm de ancho. Después, traza las mediatrices de cada lado y únelas.

- ¿Cuántos rectángulos hay ahora?
- ¿Cuánto miden los lados de esos rectángulos?

5 Dibuja un segmento de 8 cm en tu cuaderno y traza su mediatriz. Después, señala un punto en la mediatriz y mide la distancia desde ese punto a uno de los extremos del segmento. ¿Cuál será la distancia desde el punto hasta el otro extremo?

6 Gabriel está construyendo una maqueta de un barco con una longitud de 12 cm. Primero coloca un mástil en el medio del barco y después coloca otros dos mástiles en la mediatriz de los segmentos que se obtienen desde el primer mástil hasta los extremos del barco. ¿A qué distancia de los extremos del barco debe colocar cada uno de los tres mástiles? Represéntalo con un dibujo.

7 Silvia y Ana viven a 128 m de distancia en la misma calle, que es recta. En la mediatriz del segmento que determinan sus viviendas en la calle en la que viven hay una parada de autobús. Si cada una camina desde la parada hasta su casa dos veces al día, ¿cuántos metros habrán recorrido en una semana? Represéntalo en tu cuaderno.

CÁLCULO

8 Calcula mentalmente.

- 20 × 0,75
- 36 × 0,75
- 60 × 0,75
- 12 × 0,75
- 44 × 0,75
- 72 × 0,75

9 Prepara papel y lápiz y calcula.

- 382,34 – 97,12
- 2 361,59 – 340,3
- 8 458,84 – 205,3
- 400 – 46,913
- 42 502 – 755,2
- 607,46 – 529,407

Recuerda

16 × 0,75 = (16 : 4) × 3 =

= 4 × 3 = 12

Alturas de un triángulo. Ortocentro

En un triángulo, una **altura** es un segmento trazado desde uno de sus vértices, perpendicular al lado opuesto o a su prolongación.

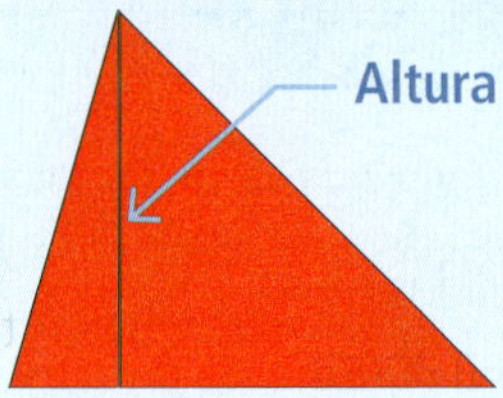

Observa que un triángulo tiene tres alturas.

El punto en el que se cortan las tres alturas de un triángulo se llama **ortocentro.**

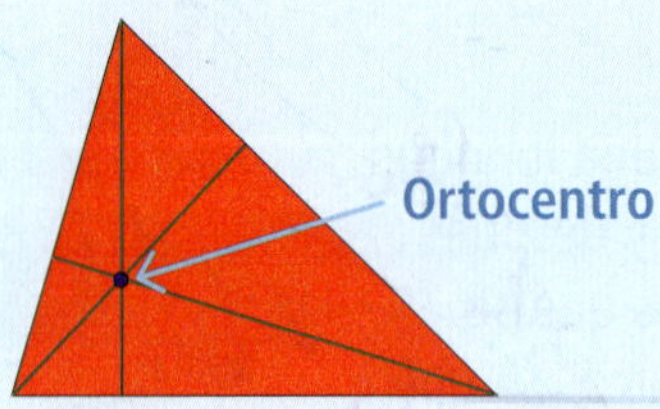

1 ¿En cuál de los siguientes triángulos no se ha trazado ninguna de sus alturas?

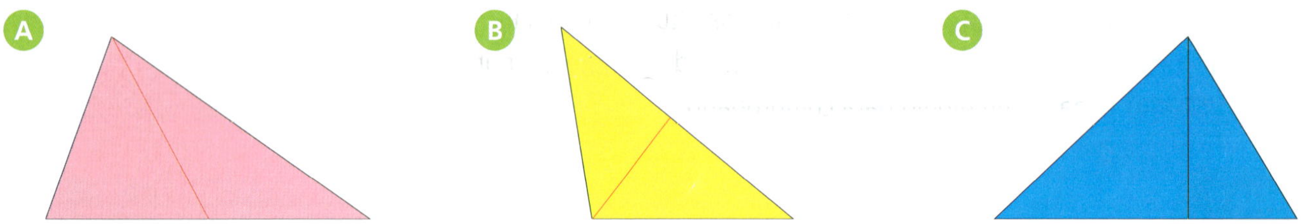

2 Traza en tu cuaderno las alturas solamente de los triángulos que sean rectángulos. ¿Qué observas?

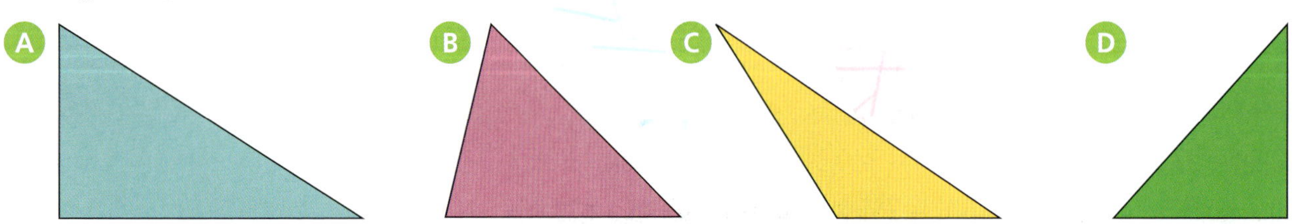

3 Observa cómo se trazan las alturas de un triángulo. Después, dibuja un triángulo equilátero y traza sus tres alturas.

Amplía

1 Pincho con el compás en el vértice A y trazo un arco que corte al lado opuesto en dos puntos. Repito el proceso con los vértices B y C.

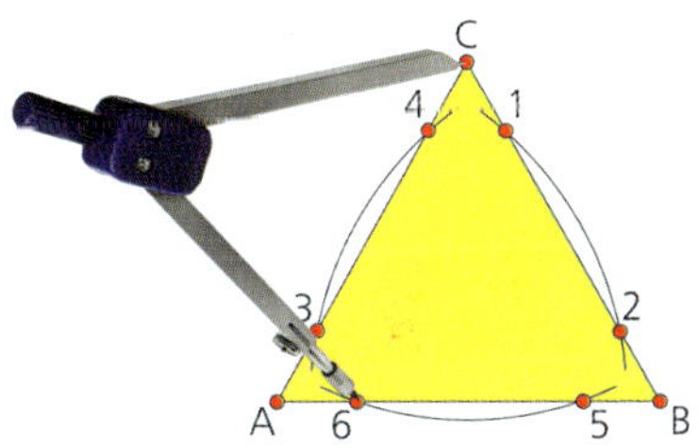

2 Pincho en los puntos 1 y 2 y trazo dos arcos que se corten en un punto. Repito el proceso con los puntos 3 y 4, 5 y 6.

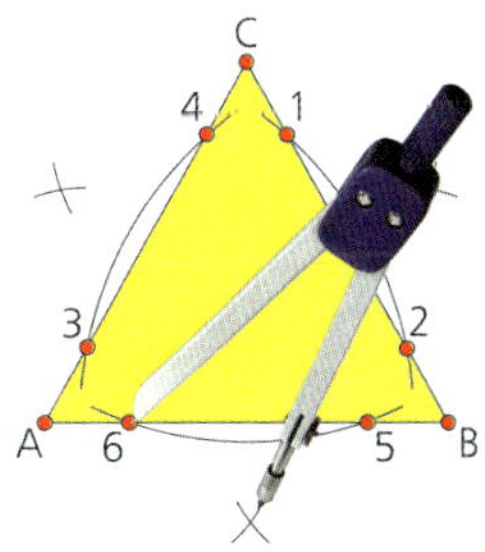

3 Uno los vértices con los puntos que he obtenido y marco las alturas del triángulo.

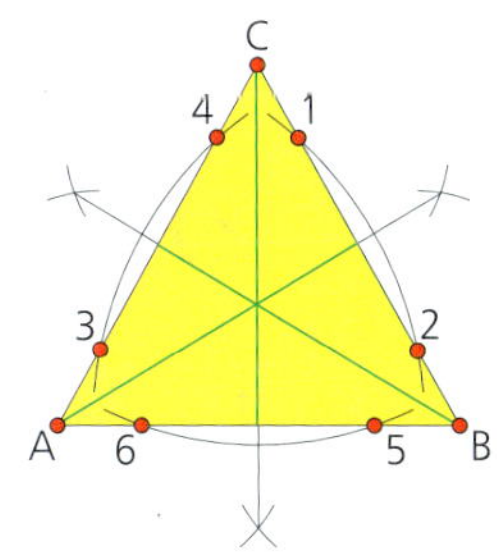

4 Dibuja estos triángulos en tu cuaderno y traza sus alturas. Después, marca con un punto su ortocentro. ¿Qué observas?

A
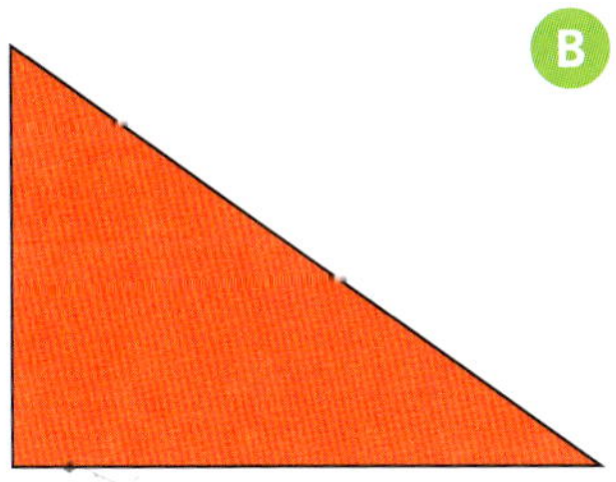

B
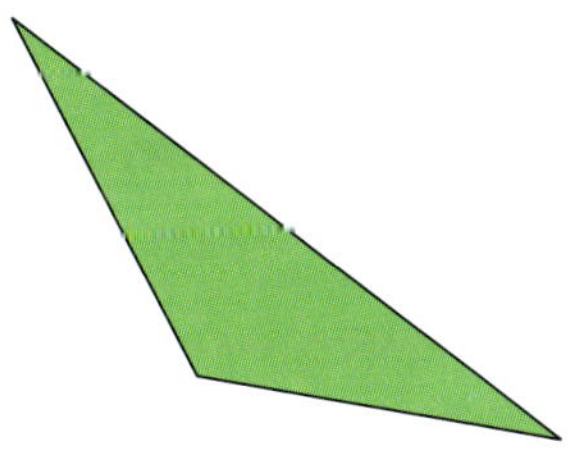

C
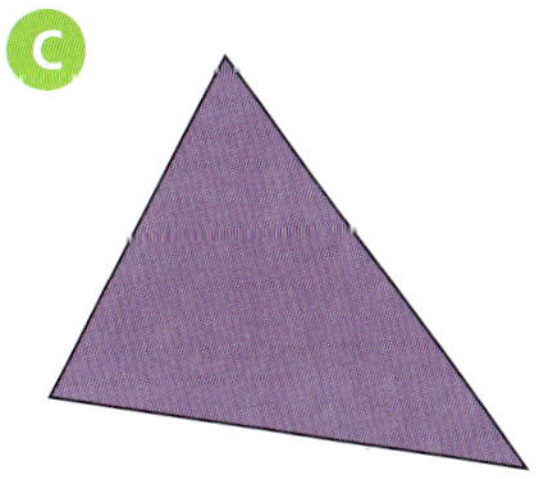

¿Qué tipo de triángulo tiene su ortocentro en el exterior?

5 A Juan y a Ana, su profesora de Matemáticas les ha contado que hay un tipo de triángulo muy conocido en el que las alturas coinciden con las mediatrices de sus lados. En parejas, averiguad cuál es el nombre de este triángulo y haced un dibujo para comprobarlo.

LÓGICA

6 Ana ha trazado una de las alturas en cada uno de estos triángulos.

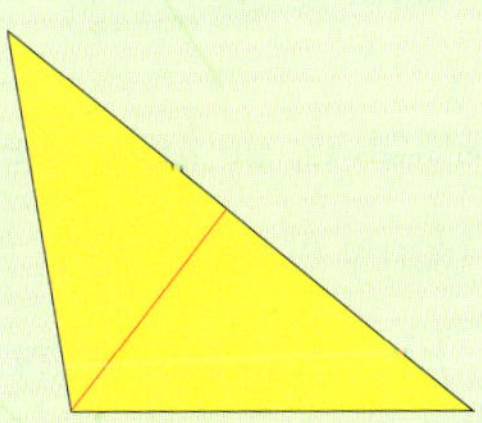
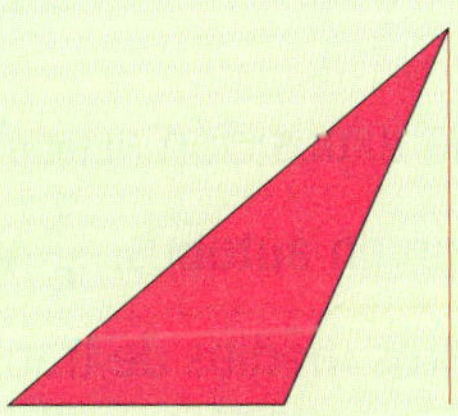
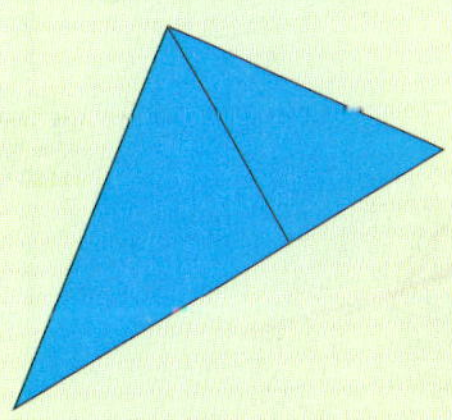

- Cópialos en tu cuaderno y marca con rojo la base de cada triángulo.

¡NO HAY PROBLEMA!

Resolver gráficamente un problema y comprobar la solución obtenida

Gonzalo está haciendo un mosaico para un proyecto de Educación Artística. Con este fin está utilizando trozos de papel cuadrados. El mosaico debe tener 8 cuadrados de ancho y 12 de largo. Si quiere poner 36 cuadrados verdes, 6 amarillos, 34 azules y el resto naranjas, ¿cuántos cuadrados naranjas pondrá?

Para resolver el problema, puedo seguir estos pasos:

- Leo y comprendo el enunciado.
- Identifico la pregunta.

  ¿Cuántos cuadrados naranjas pondrá?
- Realizo un gráfico sencillo para calcular la solución.

- Calculo las operaciones para comprobar la solución.

  Cuadrados del mosaico: $8 \times 12 = 96$

  Cuadrados de color naranja: $96 - (36 + 6 + 34) = 20$

  La solución obtenida es correcta.
- Pondrá 20 cuadrados naranjas.

¿Podrías hacer un gráfico distinto al del ejemplo para resolver el problema? Explica cómo lo harías en tu cuaderno.

1 En clase de Luis juegan al baloncesto $\frac{16}{30}$; de los compañeros restantes, $\frac{9}{14}$ juegan al waterpolo, y el resto juegan al *rugby*. Si hay 30 alumnos en la clase, ¿cuántos practican cada deporte?

2 Laura ha dibujado en su cuaderno un ángulo de 125° y ha trazado su bisectriz. Después, ha trazado la bisectriz de los ángulos en los que ha quedado dividido el primero. ¿Cuánto mide cada uno de los ángulos que ha obtenido?

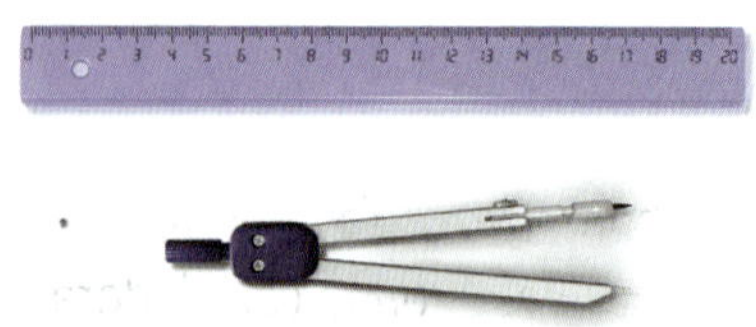

3 A una exposición acuden 60 personas, de las cuales $\frac{2}{6}$ van en autobús, $\frac{3}{5}$ van en tren y el resto van en otros medios de transporte. ¿Cuántas personas acuden con otros medios de transporte?

4 En la urbanización donde vive Carla están aportando dinero para una asociación de personas con discapacidad. En el edificio hay 6 plantas con 4 vecinos en cada planta. Del total de vecinos, $\frac{1}{4}$ han aportado 50 €, $\frac{1}{3}$ de los que quedan ha puesto 35 € y el resto ha contribuido con 65 €. ¿Cuántos euros han aportado en total?

¿A qué dificultades crees que se enfrenta una persona con discapacidad en su día a día?

5 Laia ha lanzado 40 veces a canasta y ha conseguido encestar $\frac{3}{5}$ del total. Del resto de lanzamientos, $\frac{1}{4}$ han tocado el aro. ¿Cuántos lanzamientos fallados no han tocado el aro?

6 Vera, Mateo y Nacho han ahorrado 560 € para ir de viaje a Francia. Vera ha ahorrado $\frac{3}{8}$ partes del total, Mateo $\frac{2}{7}$, de la cantidad restante, y Nacho, todo lo demás. ¿Cuánto dinero ha ahorrado cada uno?

7 Una veleta ha realizado un giro de 150°. Después, ha girado en dirección contraria la medida correspondiente al ángulo que forma su bisectriz. ¿Cuántos grados ha girado en dirección contraria?

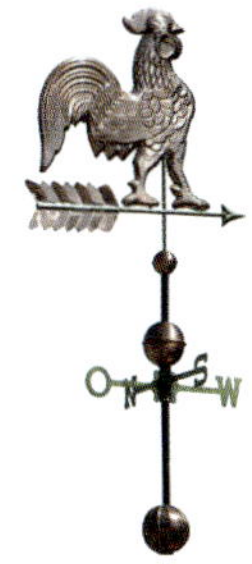

8 En cuatro semanas Mercedes ha gastado el dinero que recibió de regalo por su cumpleaños. Durante la primera semana gastó $\frac{8}{20}$ del total; la segunda semana, $\frac{2}{6}$ de lo que quedaba, y la tercera semana, $\frac{3}{4}$ del resto. ¿Qué fracción del total se ha gastado la cuarta semana?

CÁLCULO MENTAL

Calcular el 10 % de una cantidad.

10 % de 20 = 20 : 10 = 2 　　 10 % de 140 = 140 : 10 = 14

1 Calcula mentalmente el 10 % de estas cantidades.

- 10 % de 40
- 10 % de 270
- 10 % de 350

Elabora una estrategia para calcular estos porcentajes y comprueba el resultado con la calculadora.

50 % de 30 　　 50 % de 180

2 Calcula mentalmente el 50 % de estas cantidades.

- 50 % de 70
- 50 % de 380
- 50 % de 530

AHORA INTÉNTALO TÚ

3 Encuentra 22 475,7 operando con los siguientes números.

2 　 0,04 　 3 　 4 495,10

Solo puedes utilizar cada número una vez.

MANOS A LAS MATES

Triángulo de ángulos variables

¿Qué necesitamos?

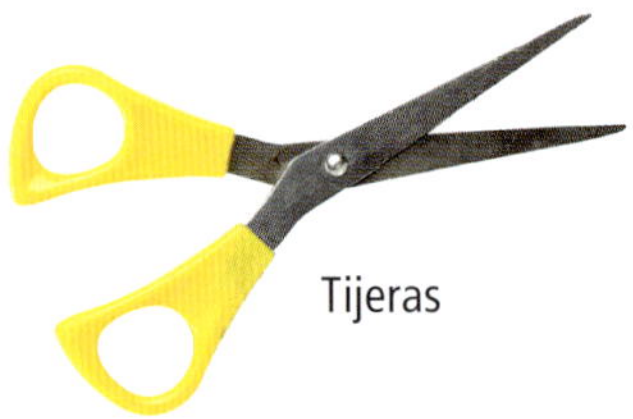

Tijeras

Cartón fino tamaño folio

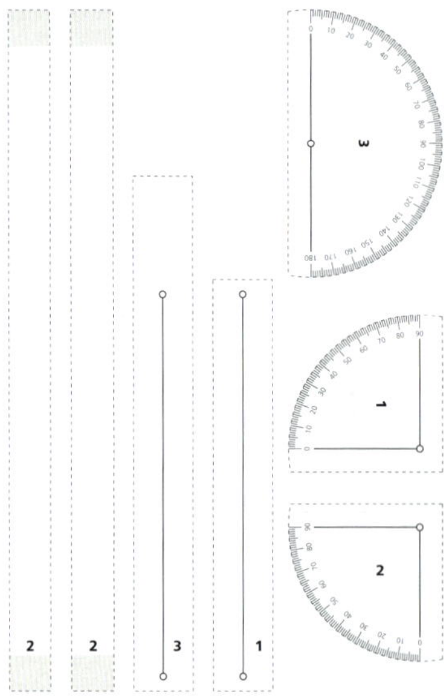

Plantilla de ángulos y segmentos

3 encuadernadores

Celo

Pegamento

Construimos

1. En primer lugar, pega la plantilla en el cartón y recorta las piezas. Después, une con celo las piezas con el número 2 como se indica en el dibujo.

2. Ahora, pega los medidores de ángulos en los segmentos tal y como indica el dibujo.

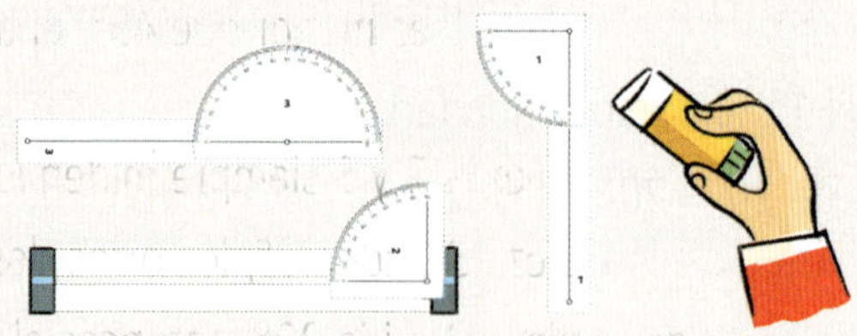

3. Une las tres piezas con los encuadernadores como se indica en el dibujo.

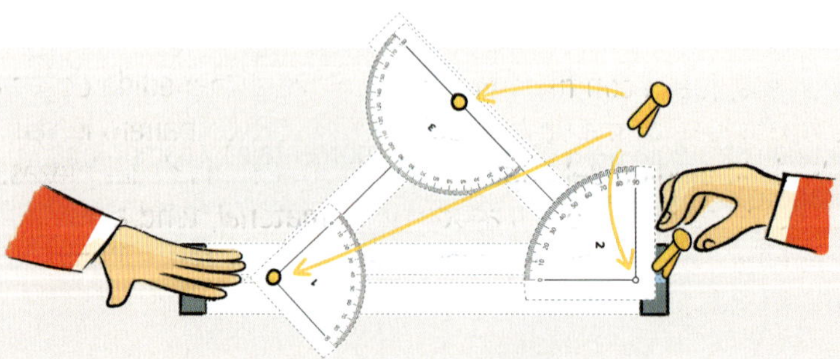

1. Intenta mover una sola pieza. ¿Es posible sin que se muevan las otras? ¿Qué crees que ocurre?

2. Coloca la plantilla como se indica en el dibujo y contesta a las preguntas en tu cuaderno.

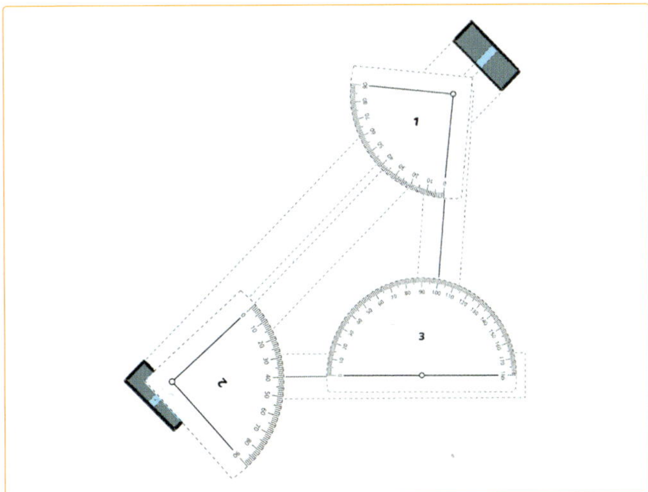

- ¿Cuánto mide cada ángulo? ¿Cuánto suman los tres ángulos?
- ¿Qué tipo de triángulo es según sus ángulos?
- Cambia el ángulo de 100° por uno de 80°. ¿Qué ocurre con los otros ángulos? ¿Cuánto miden ahora?

3. Forma varios triángulos con tu material y debate en clase cómo son según sus lados los triángulos que has formado. ¿Hay alguno diferente?

4. Utiliza tu material para establecer si las siguientes oraciones son verdaderas o falsas.
   - Si el ángulo de la pieza 1 es menor que 45°, el triángulo formado es obtusángulo.
   - Los ángulos de las piezas 2 y 3 siempre miden lo mismo.
   - Si el ángulo de la pieza 3 mide 70°, los otros dos ángulos miden 40°.
   - Si el ángulo de la pieza 2 mide 30°, entonces el ángulo de la pieza 3 tiene que medir 120°.

5. Por parejas, juega con tu compañero a adivinar la medida de los ángulos. En primer lugar, forma un triángulo sin que tu compañero lo vea e indícale la medida del ángulo y el número de una de las piezas. Después, tu compañero, sin ayuda de su material, tendrá que adivinar las medidas de los ángulos de las otras dos piezas. Por último, intercambiad los papeles.

6. ¿Cómo podrías hacer triángulos escalenos con un material semejante? ¿Y cuadriláteros?

¡INOLVIDABLE!

1 Dibuja en tu cuaderno un ángulo de 120°. Traza su bisectriz y contesta.

- ¿Cuánto miden los ángulos resultantes?
- ¿Qué tipo de ángulos son?

2 Indica en tu cuaderno cuáles de las siguientes afirmaciones son falsas y corrígelas.

- Las bisectrices de un triángulo se cortan en el ortocentro.
- Dos ángulos suplementarios suman 180°.
- El ortocentro siempre se encuentra en el interior del triángulo.
- Los triángulos tienen tres alturas.
- Dos ángulos complementarios suman 180°.

3 ¿Cuáles de estos segmentos tienen trazada su mediatriz?

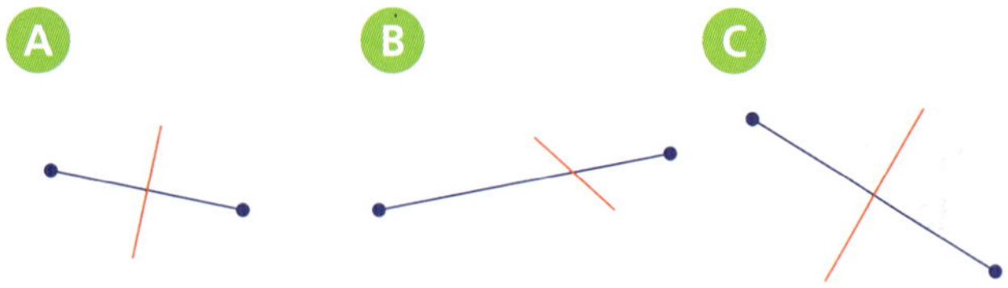

4 Observa esta figura y completa en tu cuaderno.

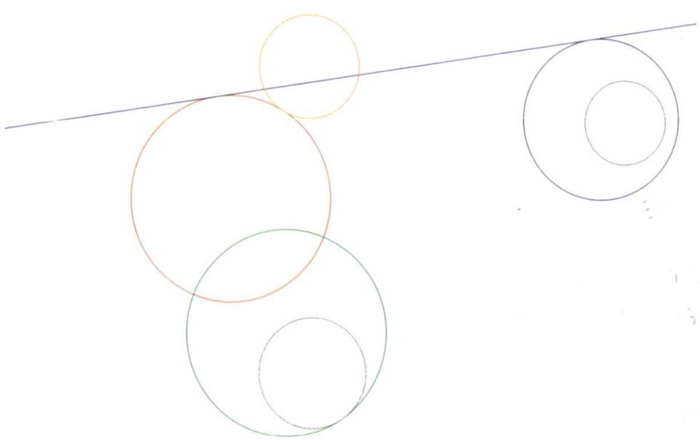

- La circunferencia roja es ..... a la circunferencia verde y ..... a la naranja.
- La circunferencia naranja es ..... a la circunferencia roja y ..... a la circunferencia azul.
- La recta es ..... a la circunferencia verde y ..... a la naranja.
- La recta es ..... a la circunferencia roja.

5 ¿Qué es el ortocentro? Elige la respuesta correcta.

a. El punto donde se cortan las mediatrices de un triángulo.

b. El punto donde se cortan las bisectrices de un triángulo.

c. El punto donde se cortan las alturas de un triángulo.

6 Copia estos triángulos en tu cuaderno y dibuja de rojo una de sus alturas y de azul su base.

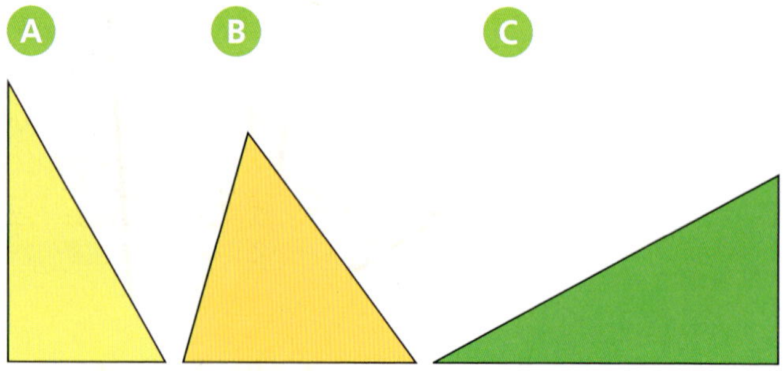

7 Traza en tu cuaderno un segmento con la misma medida y dibuja una recta perpendicular a él por la mitad del segmento. ¿Cómo se llama esta recta?

8 ¿En cuál de estos dos triángulos se han trazado las tres alturas?

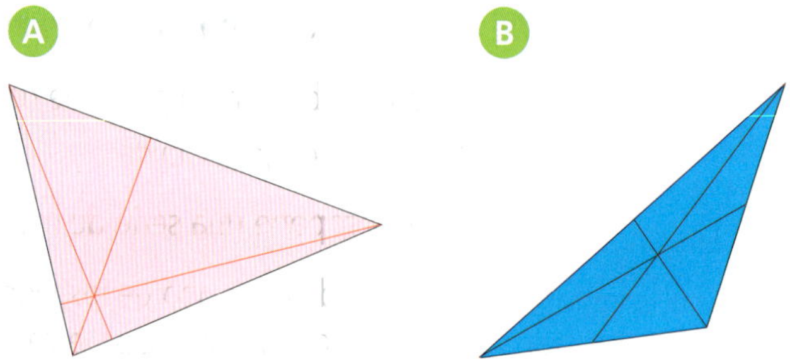

9 Con tus instrumentos de dibujo, traza en tu cuaderno un triángulo cuyos lados midan 3 cm, 4 cm y 5 cm. Después, traza las alturas de cada uno de los lados del triángulo que has dibujado.

- Ahora, colorea de azul el ortocentro.

10 Calcula mentalmente los siguientes porcentajes.

- 10 % de 500
- 10 % de 250
- 50 % de 60
- 50 % de 50

11 Esta semana vas a ir de excursión con tu clase a visitar una exposición sobre Egipto. En la entrada observas un cartel con la siguiente información.

Exposición temporal "Maravillas de Egipto"
Pabellón de Cristal

¡No te pierdas la reproducción de la gran pirámide de Guiza!

La pirámide de Guiza también es conocida como la pirámide de Keops.

Fue construida con 2 300 000 bloques de piedra de 2 500 kg cada uno.

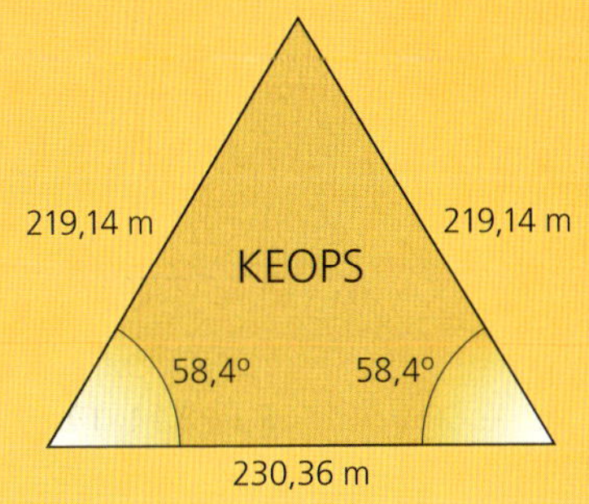

Precio de la entrada para adultos: 12 €
Precio de la entrada para niños: 8 €
Descuento del 25 % para grupos de más de 20 personas

A Tus compañeros y tú estáis esperando para entrar a la exposición. Sois 25 alumnos y 2 adultos. Calcula cuánto costarán en total todas las entradas.

B Cuando entráis a la exposición, visitáis la reproducción de la gran pirámide de Guiza. Debéis realizar una actividad de investigación y, por tanto, tenéis que recabar la siguiente información.

1. ¿Qué otro nombre recibe la gran pirámide de Guiza?
2. ¿Cuál es la masa total de la pirámide?

C El guía del museo os propone una serie de retos que debéis resolver.

1. Traza las mediatrices de cada uno de los lados del triángulo y calcula la distancia que hay entre los vértices de cada lado y el punto donde corta la mediatriz con ese lado.
2. ¿Cuánto mide el otro ángulo de la cara de la pirámide?
3. Si trazas la bisectriz de ese ángulo, ¿cuánto medirán los ángulos resultantes?
4. Dibuja en tu cuaderno el ángulo complementario a cada uno de los ángulos del triángulo. ¿Cuánto miden?

D ¿Cómo crees que se construyeron las pirámides? Debátelo con tus compañeros.

12 Realiza un esquema con todo lo que has aprendido en esta unidad.

8 ESCALAS Y MOVIMIENTOS EN EL PLANO

¿Cómo podrías aumentar o reducir el tamaño de una imagen ayudándote de una cuadrícula?

Saber interpretar planos y mapas será fundamental para avanzar con vuestra misión y derrotar a El Olvido. ¡Máxima concentración **guardianes**!

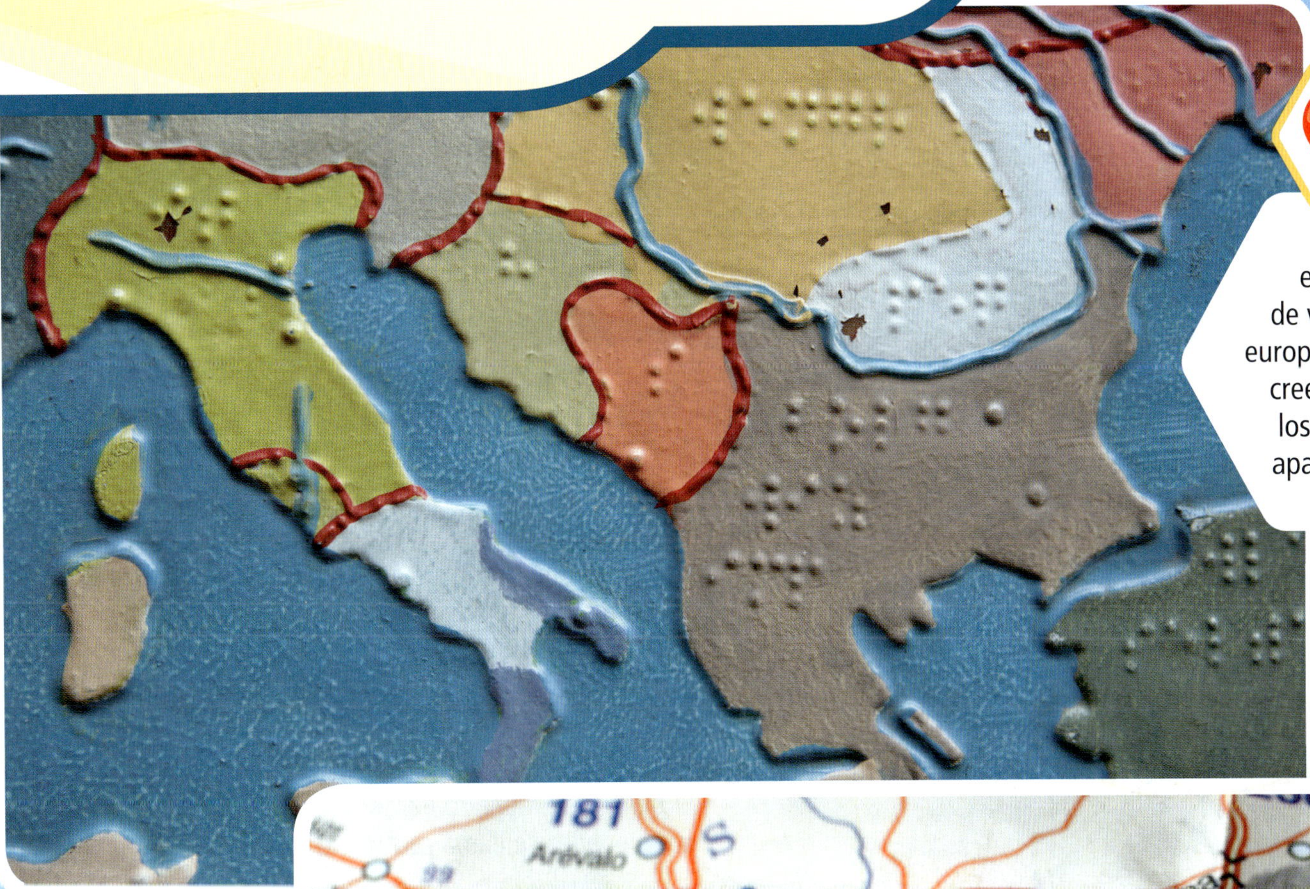

Este es el mapa de varios países europeos. ¿Para qué crees que sirven los puntos que aparecen en él?

Este mapa está a escala 1:2 000 000. Si el tramo para ir desde Madrid hasta Riaza mide 6 cm en el mapa, ¿qué distancia habrá en la realidad?

Sistema de coordenadas cartesianas

Observa estas dos formas de presentar una recta numérica, en horizontal y en vertical.

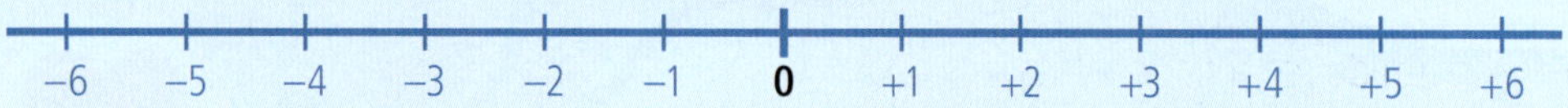

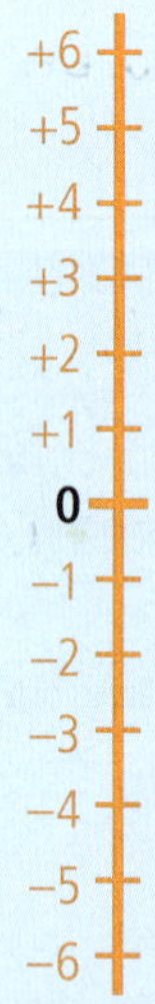

Al unir las dos rectas anteriores, obtengo unos **ejes de coordenadas cartesianas.**

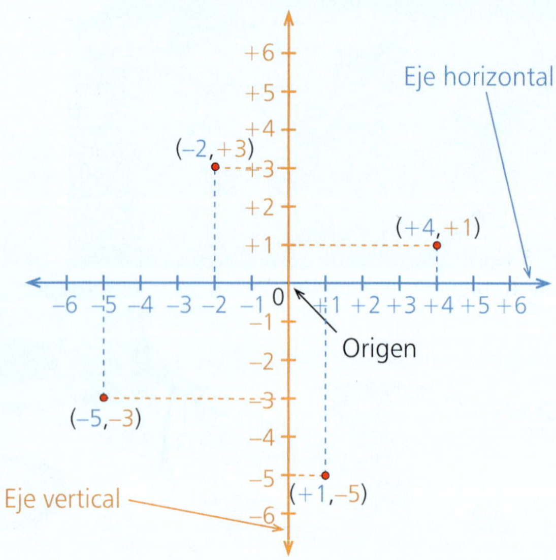

- En el **eje horizontal,** a la derecha del punto 0 se encuentran los números positivos, y a la izquierda, los negativos.
- En el **eje vertical,** los números positivos se sitúan por encima del punto 0, y los negativos, por debajo.
- El plano determinado por los ejes de coordenadas se llama **plano cartesiano.**
- Cada punto del plano está determinado por un par de **coordenadas.** Para leer y escribir las coordenadas de un punto, se nombra primero la del eje horizontal y después la del vertical.

1 Completa en tu cuaderno las coordenadas de cada uno de los puntos que hay representados en estos ejes.

A ⟶ (−3, ...)

B ⟶ (....., +2)

C ⟶ (0, ...)

D ⟶ (....., −1)

E ⟶ (+5, ...)

F ⟶ (....., 0)

G ⟶ (+3, ...)

H ⟶ (....., ...)

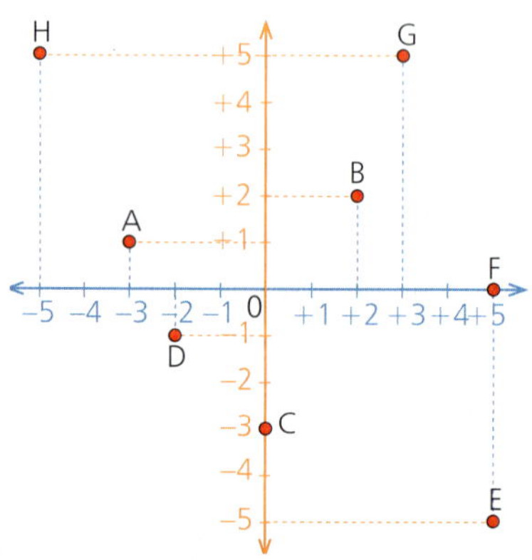

2. Fíjate en el ejemplo y escribe en tu cuaderno cómo representar estos puntos en el plano. Después, dibuja unos ejes de coordenadas y represéntalos.

A (2, –3) → 2 unidades a la derecha
A (2, –3) → 3 unidades hacia abajo

- B (–2, 0)
- C (3, –4)
- D (0, –3)
- E (–4, –2)

3. Observa el siguiente triángulo y escribe en tu cuaderno las coordenadas de sus vértices.

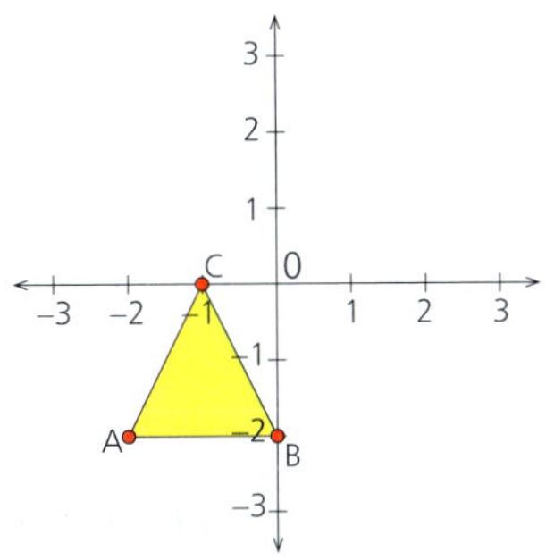

- En tu cuaderno, dibuja unos ejes de coordenadas y representa en ellos el triángulo anterior. Después, desplaza cada punto 2 unidades a la izquierda y une los puntos obtenidos. ¿Es el perímetro de ambas figuras el mismo? ¿Por qué?

4. Leandro ha dibujado en una cartulina los ejes de coordenadas y ha colocado estos objetos en los puntos que se indican.

Goma → (2, 3)
Chincheta → (0, 4)
Sacapuntas → (–1, 0)
Moneda → (3, 1)
Clip → (–2, 1)
Botón → (–3, –2)

- Dibuja en tu cuaderno los ejes de coordenadas y representa dónde está cada objeto.
- Si se desplaza el clip 5 unidades a la derecha, ¿con qué objeto coincidirá?

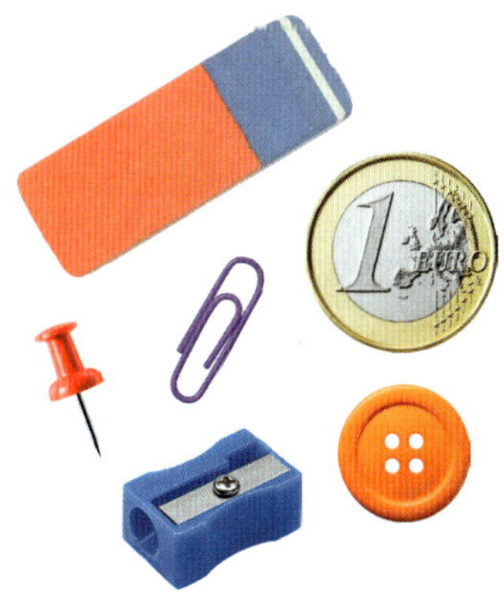

CÁLCULO

5. Calcula mentalmente.

- 10 % de 150
- 10 % de 320
- 10 % de 590
- 10 % de 860
- 10 % de 5 190
- 10 % de 9 710

6. Prepara papel y lápiz y calcula.

- 45 907 × 32,04
- 1 509 008 × 3,002
- 99 921 × 68,147
- 59 106 × 65,32
- 753 814 × 9,01
- 4 192 040 × 51,13

Recuerda

10 % de 10 = 10 : 10 = 1

10 % de 220 = 220 : 10 = 22

Escalas en planos y mapas

Este es el plano de la casa de Cristina, que está representado a escala 1:180. ¿Cuánto mide un lado de la casa?

- La **escala numérica** de un plano o mapa es la relación que existe entre sus medidas y las medidas reales.

La escala 1:180 indica que 1 cm en el plano equivale a 180 cm de la realidad.

$$1:180 = \frac{1}{180}$$

De forma gráfica se representa así:

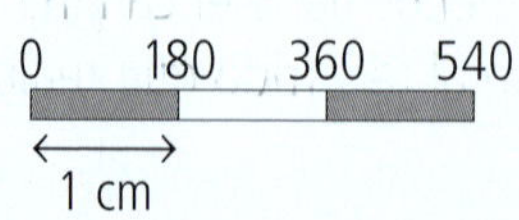

- Un modo de averiguar cuánto mide el lado de la casa es aplicando la regla de tres.

1 cm en el plano ⟶ 180 cm en la realidad
5 cm en el plano ⟶ ¿?

$$¿? = \frac{180 \times 5}{1} = 900 \text{ cm}$$

El lado de la casa mide en la realidad 9 m.

1 Calcula las siguientes medidas en la realidad teniendo en cuenta que la escala a la que se ha representado el plano es 1:300.

- 3 cm en el plano
- 12 cm en el plano
- 20 cm en el plano
- 6 cm en el plano
- 17 cm en el plano
- 25 cm en el plano

2 Une con flechas en tu cuaderno cada medida en el plano a escala 1:75 con su medida real.

4 cm en el plano	157,5 dm en la realidad
15 cm en el plano	3 m en la realidad
21 cm en el plano	1,125 dam en la realidad

3 Mide estas figuras utilizando tu regla y calcula sus medidas reales sabiendo que están dibujadas a escala 1:25.

A
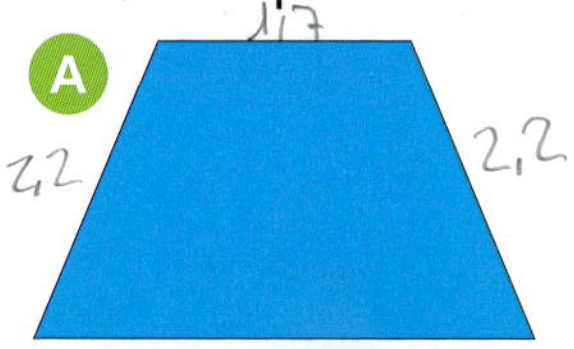

B
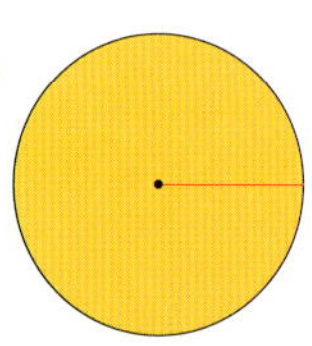

C
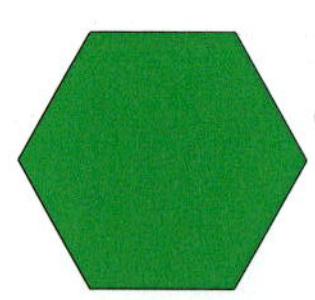

4. La escala de este plano es de 1:12 000. Observa y mide en el plano el recorrido que realiza Azucena desde el colegio hasta su casa y contesta en tu cuaderno a estas preguntas.

- ¿Cuántos kilómetros realiza en la realidad?
- ¿Cuántos kilómetros recorrerá de lunes a viernes si hace este trayecto dos veces al día?
- ¿Podría ir de casa al colegio por otro camino más corto?
- ¿Cuántos metros menos tiene el camino más corto respecto al recorrido que realiza Azucena?

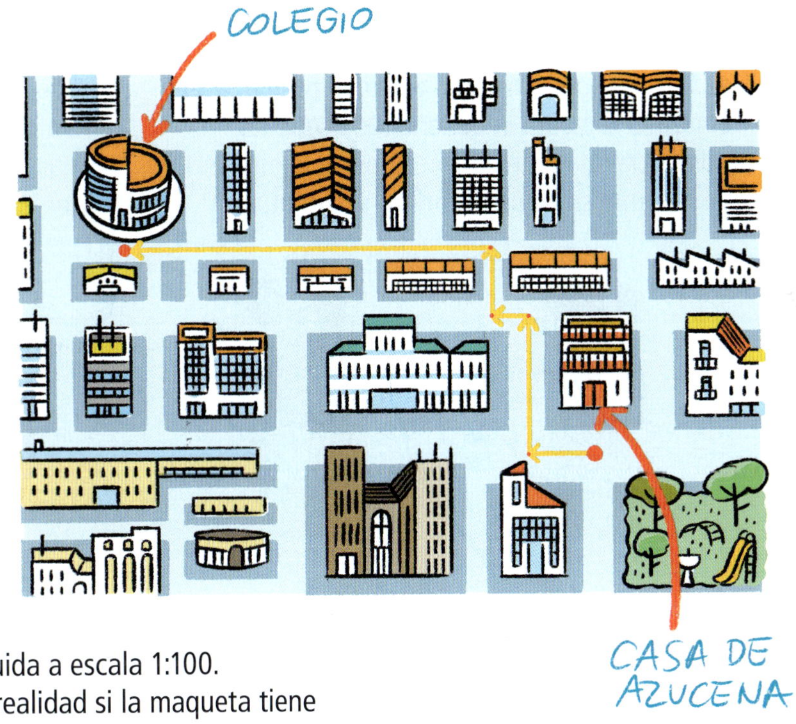

5. Una maqueta de una locomotora está construida a escala 1:100. ¿Cuántos metros medirá la locomotora en la realidad si la maqueta tiene 23 cm de largo?

6. La casa de Begoña y la de Javier están separadas por una distancia de 2 400 m en la realidad. ¿A qué distancia se encontrarían en un mapa a escala 1:6 000?

7. Dados dos planos distintos de un mismo parque, uno a escala 1:1 000 y otro a 1:3 000, ¿qué plano tendrá más nivel de detalle? ¿Por qué?

- Si un lago del parque tiene 200 m de largo en la realidad, ¿cuánto medirá en cada plano?

8. Andrea ha dibujado un plano de su habitación a escala 1:100.

- ¿Cuánto mide su cama en la realidad?
- ¿Cuánto mide la mesa de escritorio en la realidad?
- Estima la distancia que hay desde la ventana hasta la puerta en el plano. ¿Cuál sería aproximadamente esta distancia en la realidad?

LÓGICA

9. Juan, Carlos y Olga tienen cada uno un plano de Madrid. Los tres mapas tienen el mismo tamaño, pero uno de ellos está representado a escala 1:100 000, otro a escala 1:200 000 y otro a escala 1:300 000. Si en el mapa de Juan se han representado más kilómetros que en el de Carlos y en el de Carlos más que en el de Olga, ¿cuál es la escala del mapa de cada niño?

Ampliaciones y reducciones

- Dos **figuras** son **iguales** si tienen la misma forma y el mismo tamaño. El cociente de dividir las medidas de una entre las medidas de la otra es 1. Este cociente se llama **razón de semejanza.**

- Dos **figuras** son **semejantes** si tienen la misma forma pero distinto tamaño. El cociente de dividir las medidas de una entre las medidas de la otra es el mismo y es distinto de 1. Este cociente se llama **razón de semejanza.**

- Para construir una **figura ampliada,** multiplico todas las medidas de la figura original por el mismo número.

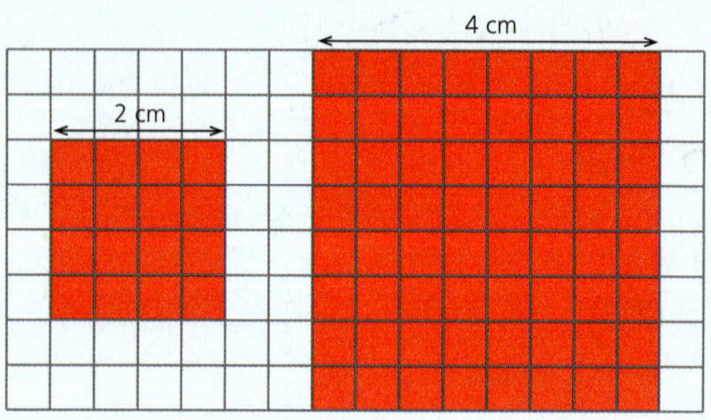

- Para construir una **figura reducida,** divido todas las medidas de la figura original por el mismo número.

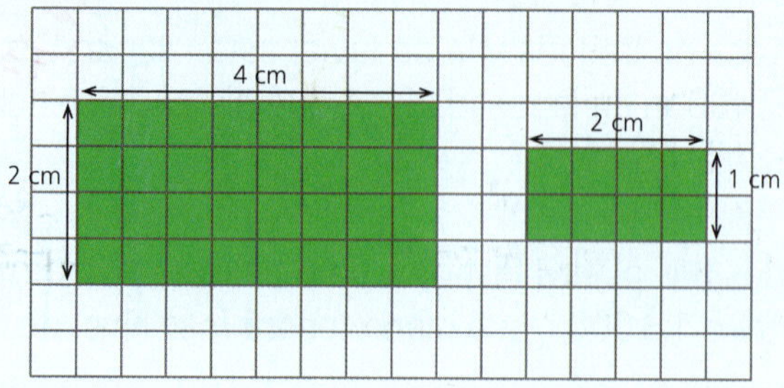

1 Mide con tu regla la longitud de los lados de estas figuras e indica cuál es el cociente de sus medidas.

A

B

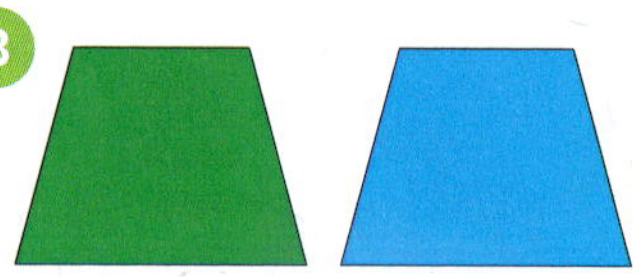

- ¿Cuáles son semejantes? Explica por qué en tu cuaderno.

2 Utiliza tu regla y construye en tu cuaderno una ampliación de la siguiente figura multiplicando sus medidas por 2.

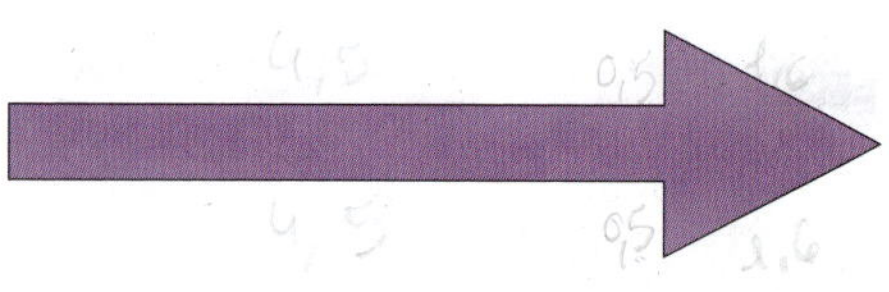

3 Dibuja en tu cuaderno una reducción de esta figura dividiendo sus medidas por 1,5.

4 Teresa ha reducido el cuadrado A para obtener el B. ¿Qué razón de semejanza ha utilizado para llevar a cabo la reducción?

A

5 cm

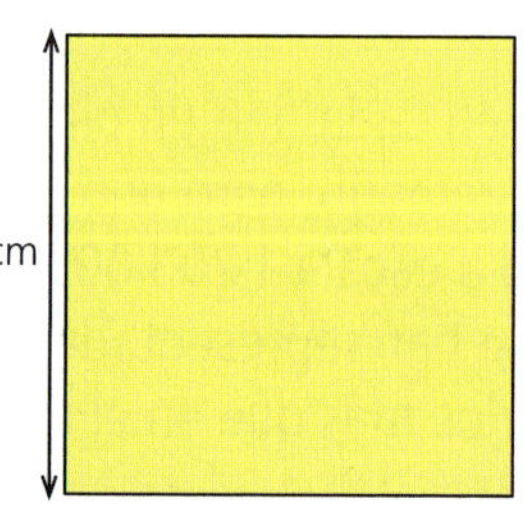

B

3 cm

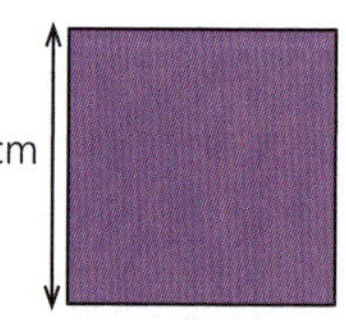

Movimientos en el plano

Si muevo la figura A hacia la derecha 9 cuadraditos, obtengo la figura B; he realizado una **traslación.**

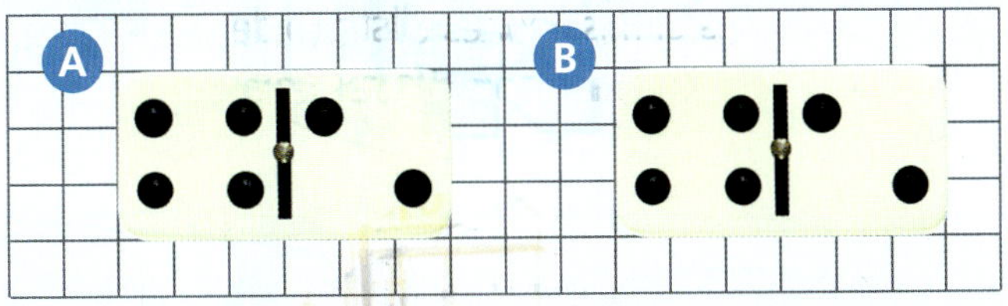

Cuando una figura gira respecto a un punto, se obtiene otra figura con la misma forma y el mismo tamaño, pero colocada en distinta posición. El punto sobre el que gira se llama **centro de giro,** y los grados que gira, **amplitud del giro.** Además de la amplitud, es importante saber el **sentido del giro.**

Sentido positivo

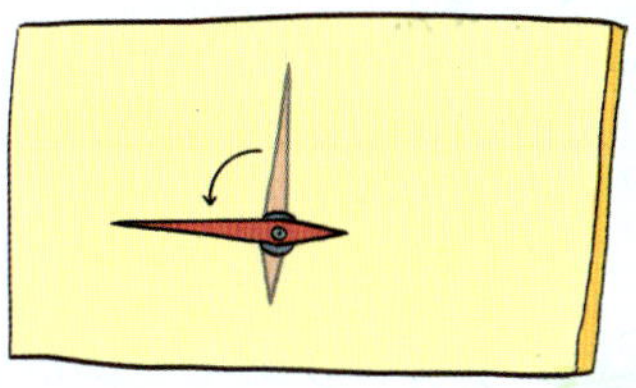

Sigue el sentido contrario a las agujas del reloj.

Sentido negativo

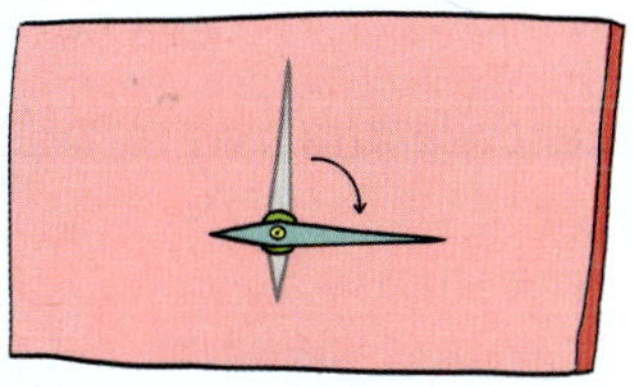

Sigue el mismo sentido que las agujas del reloj.

1 Observa estas figuras. ¿En qué caso se ha realizado una traslación? Explica por qué.

A

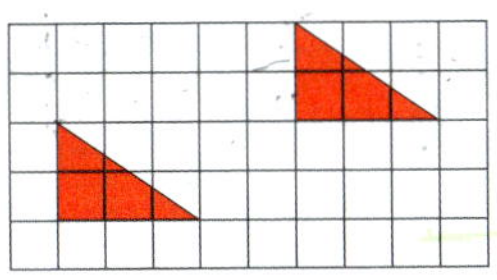

B

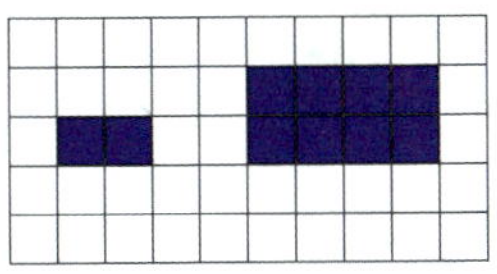

2 Copia esta figura en tu cuaderno y realiza una traslación de 5 cuadraditos hacia la derecha.

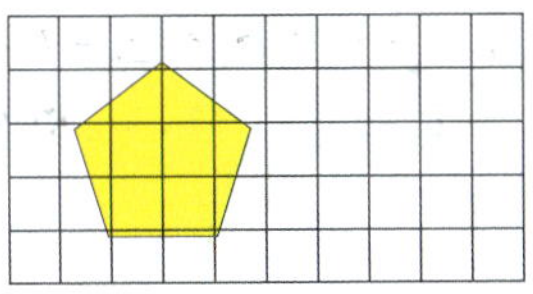

3 Dibuja en una hoja cuadriculada un triángulo equilátero. Después, trasládalo 5 cm a la izquierda y gíralo 90° en sentido positivo a partir de uno de sus vértices.

CÁLCULO

4 Calcula mentalmente.

- 50 % de 22
- 50 % de 668
- 50 % de 320

5 Prepara papel y lápiz y calcula.

- 283,25 × 6,07
- 4681 × 69,032
- 36 971,2 × 0,24

Recuerda

50 % de 60 = 60 : 2 = 30

50 % de 290 = 290 : 2 = 145

¡NO HAY PROBLEMA!

Resolver un problema a partir de un gráfico

Jaime está consultando un mapa para saber cómo llegar a la parada de autobús desde su casa. ¿Cuántos kilómetros recorrerá por la ruta más corta?

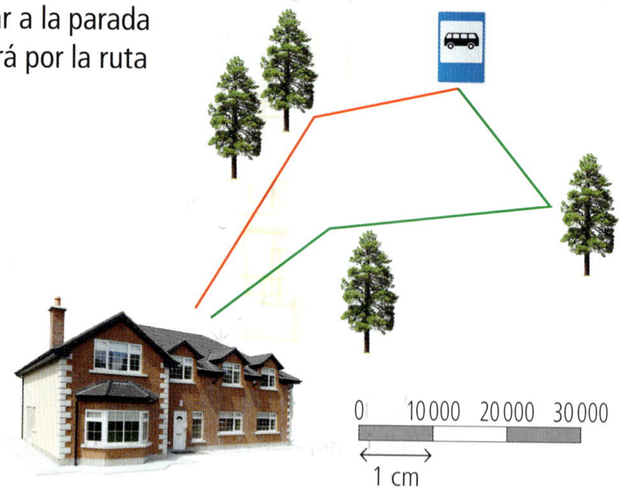

Para resolver el problema, puedo seguir estos pasos:

- Leo y observo el gráfico.
- Identifico la pregunta.

  ¿Cuántos kilómetros recorrerá por la ruta más corta?
- Planifico una estrategia y resuelvo.

  Utilizando una regla, mido la longitud de las rutas.

  Ruta 1 ⟶ 3 cm + 2 cm = 5 cm

  Ruta 2 ⟶ 2 cm + 3 cm + 2 cm = 7 cm

  Calculo cuántos kilómetros recorrerá siguiendo la ruta más corta.

  5 cm × 10 000 = 50 000 cm = 0,5 km
- Jaime recorrerá 0,5 km.

¿Podrías haber resuelto el problema sin conocer la escala a la que está hecho el mapa? Explica por qué a un compañero.

1 Este es el plano del piso en el que vive Rosa.

1:100

- ¿Cuáles son las medidas del salón en la realidad? Escribe la medida en metros.
- ¿Y las medidas de cada cuarto?

2 Calcula las medidas reales de la torre Eiffel de París si esta imagen está a escala 1:10 000.

- ¿Cuánto mediría la torre Eiffel en una imagen que estuviese a escala 1:300?

3 Andrés ha ido a una tienda de fotografía para que le hagan una copia ampliada de esta foto. Si quiere que el tamaño de la foto ampliada sea el triple que el de la foto que ya tiene, ¿qué medidas tendrá la foto ampliada?

4 ¿Qué razón de semejanza se ha utilizado para reducir el cuadrado A y obtener el B, si el cuadrado B tiene un perímetro de 68 cm?

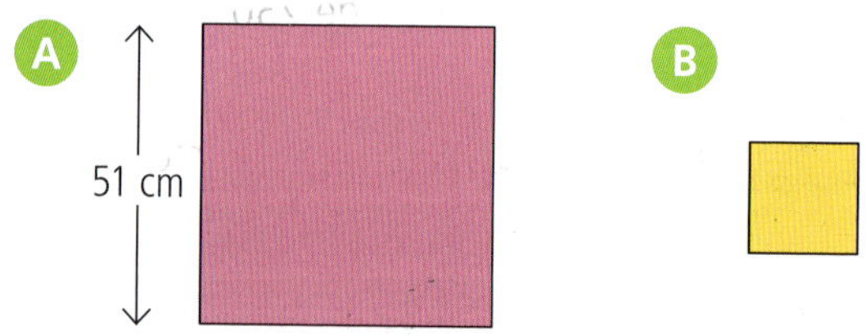

- ¿Cuánto mide el perímetro del cuadrado que se obtiene de ampliar el cuadrado A multiplicando por 2 la medida de sus lados?

5 Laura y Noa están construyendo un marco de madera con forma cuadrada. Si la medida de los lados es el doble que la aquí indicada, ¿cuánto medirá cada lado?

6 Alejandro quiere reducir esta figura un 60 %. ¿Cuántos centímetros tienen que medir los lados de la figura reducida?

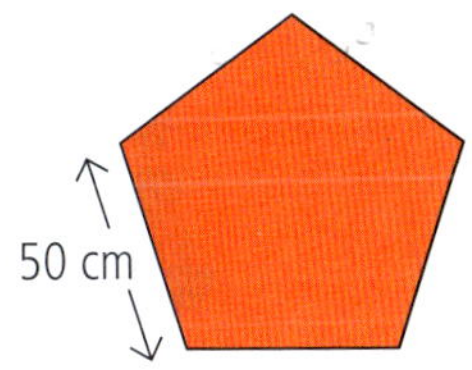

7 Carlos ha hecho un mantel reutilizando trozos de tela, y estas son sus medidas.

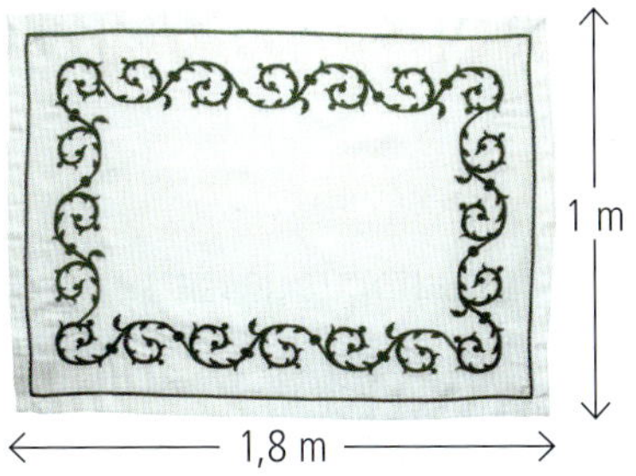

- La prima de Carlos quiere que le haga un mantel cuyos lados sean $\frac{7}{4}$ veces más grandes. ¿Cuánto medirá cada lado del mantel?

¿Crees que podrías reutilizar algún material que tengas en casa para darle un nuevo uso?

8 En la clase de Macarena hay una pizarra cuyos lados miden 2 veces más que los de esta.

- ¿Cuánto mide el perímetro de la pizarra de la clase de Macarena? ¿Y su área?

CÁLCULO MENTAL

Calcular el 20 % de una cantidad.

$$20\,\% \text{ de } 40 = 40 \times \frac{20}{100} = 40 \times \frac{1}{5} = 40 : 5 = 8$$

1 Calcula mentalmente estos porcentajes.

- 20 % de 50
- 20 % de 230
- 20 % de 340

Elabora una estrategia para calcular estos porcentajes y comprueba el resultado con la calculadora.

30 % de 10   30 % de 140

2 Calcula mentalmente estas operaciones.

- 30 % de 30
- 30 % de 210
- 30 % de 460

AHORA INTÉNTALO TÚ

3 Encuentra 284,5 operando con los siguientes números.

$\frac{1}{5}$ 350   0,9   5   4

Solo puedes utilizar cada número una vez.

MANOS A LAS MATES

Ampliando y reduciendo

¿Qué necesitamos?

Cartulinas de dos colores

Cartón fino tamaño folio

Pegamento

Tijeras

Lana

Sobre

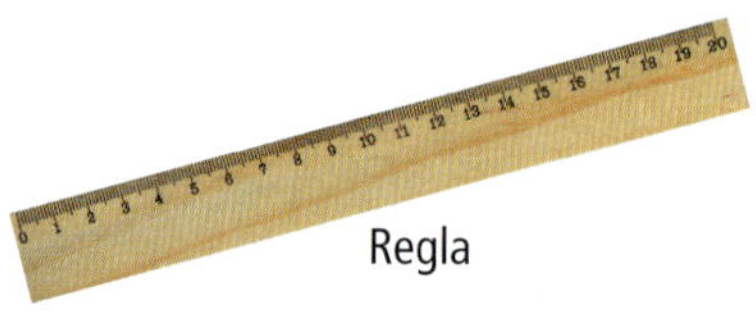

Regla

Plantilla de figuras geométricas

Chinchetas

Construimos

1. Recorta la plantilla por la línea de puntos y pega cada trozo en una cartulina diferente.

2. Ahora, recorta cada una de las figuras geométricas.

3. Guarda las figuras geométricas que has recortado en el sobre.

4. No olvides el cartón, la regla, la lana y las chinchetas, que te serán de utilidad para realizar el taller.

1 Saca del sobre todas las figuras geométricas que has recortado y explica al resto de la clase si observas alguna relación entre ellas.

2 Contesta las siguientes preguntas observando las figuras geométricas de tu material.

- ¿Qué rectángulos son semejantes entre sí? ¿Cuál es su razón de semejanza?
- ¿Qué triángulos son semejantes? ¿Cuál es su razón de semejanza?

3 Observa el ejemplo de cómo realizar una figura semejante respecto de otra ya dada con tu material y construye las figuras semejantes propuestas.

Construimos una figura ampliada con razón de semejanza 2 a partir del rectángulo de 2 cm × 4 cm de lados.

1 Coloca la figura geométrica en el cartón, y sitúa una chincheta en uno de sus vértices.

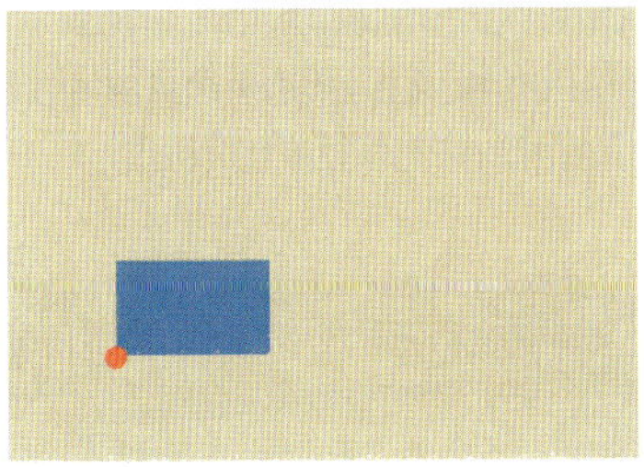

2 Mide los lados del rectángulo y sitúa dos chinchetas en el doble de la distancia de cada lado.

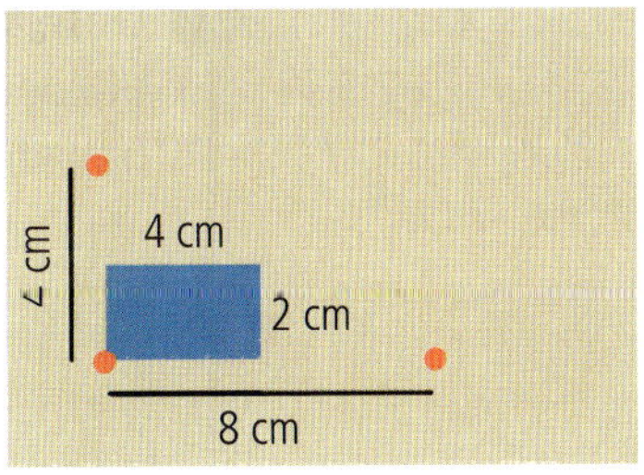

3 Por último, mide la diagonal y coloca una chincheta en el doble de la distancia. Une las chinchetas con la lana.

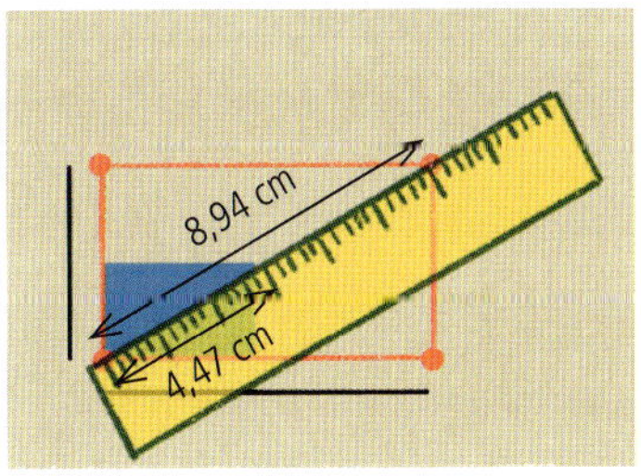

- Construye una figura ampliada con razón de semejanza 1,5 del rectángulo cuyos lados miden 3 cm × 8 cm.
- Construye una figura ampliada del cuadrado con razón de semejanza 3.
- Construye una figura ampliada del triángulo equilátero de 5 cm de lado con razón de semejanza 2.

4 Debate con tus compañeros cómo podrías construir una figura reducida con tu material. Después, por parejas, reducid a la mitad el rectángulo cuyos lados miden 4 cm y 8 cm, respectivamente.

5 Juega por parejas a adivinar la figura semejante. Amplía o reduce una de las figuras geométricas de tu material y muestra la figura resultante a tu compañero, que tendrá que averiguar cuál es su figura semejante y cuál es la razón de semejanza. Después, intercambiad los papeles.

6 ¿Cómo podrías realizar una figura semejante de un rectángulo utilizando solamente su diagonal? Ayúdate de tu material para hacerlo.

¡INOLVIDABLE!

1 Completa esta tabla en tu cuaderno, sabiendo que la escala del plano es 1:2 000.

Medida en el plano	Medida real
12 cm	
	0,34 km
	100 m
4 cm	
	6 dam

2 Dibuja este plano cartesiano en tu cuaderno y traza un rectángulo de vértices:

A ⟶ (–4, 4) B ⟶ (–1, 4),
C ⟶ (–4, 2) D ⟶ (–1, 2).

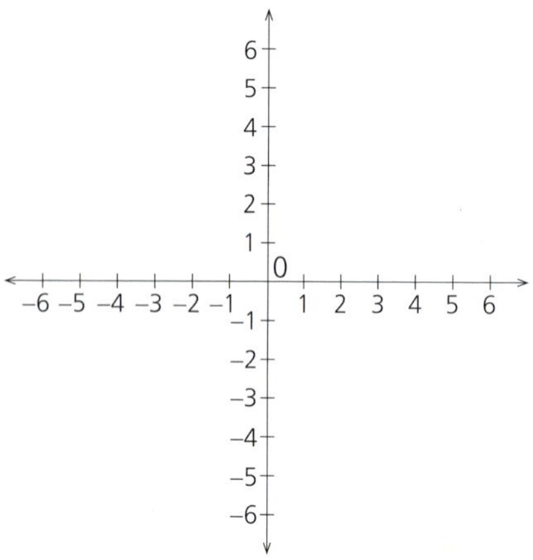

- ¿Cuáles son las coordenadas de los vértices del rectángulo que se obtendría al trasladarlo tres unidades a la derecha?
- ¿Y las coordenadas de los vértices del rectángulo que se obtendría al trasladarlo dos unidades hacia arriba?

3 ¿Son semejantes las siguientes figuras?

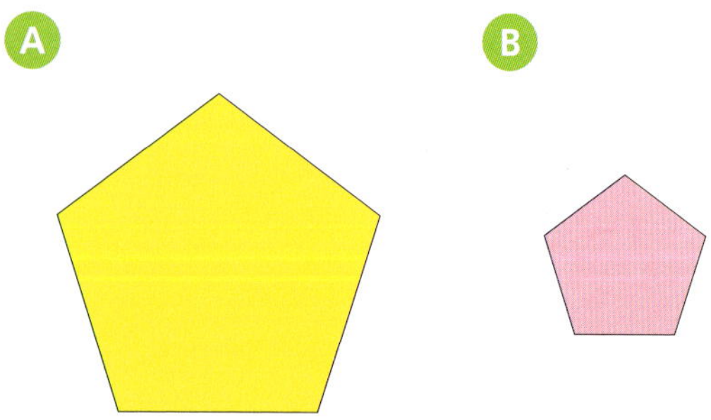

- Mídelas con tu regla y calcula la razón de semejanza.

4 Gabriel ha dibujado el plano de su cuarto, que tiene 9 m de largo y 6 m de ancho. En el plano, el ancho de la habitación es de 8 cm.

- ¿Cuál es la escala del plano?
- ¿Cuánto mide el largo en el plano?

5 ¿Cuál es la medida del lado de la figura B si se ha realizado a partir de una reducción de $\frac{2}{3}$ sobre las medidas de la figura A?

6 Un jarrón se ha representado en un plano a escala 1:8. Si en el plano mide 5 cm de alto, ¿cuántos centímetros medirá en la realidad?

7 Observa el plano que ha conseguido Carlos de los pueblos de su comarca. ¿Qué distancia real hay entre Tiñón y Terebro? Utiliza tu regla.

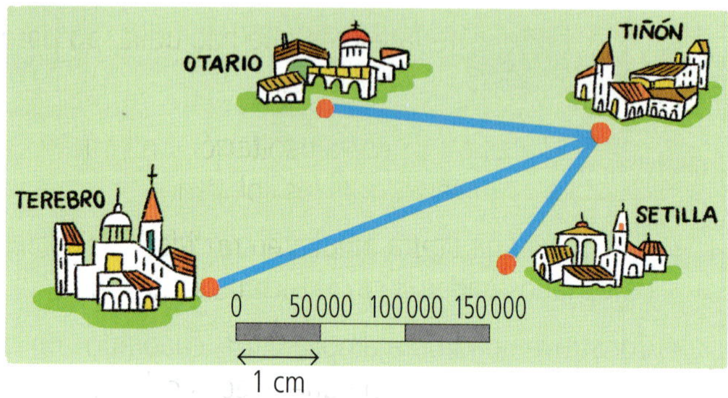

8 Indica en tu cuaderno si estas oraciones son verdaderas o falsas y explica por qué.

- La figura original y la que se origina por traslación son iguales.
- Si el sentido de giro es negativo sigue el sentido contrario a las agujas del reloj.
- El punto sobre el que gira una figura se llama centro de giro.

9 Calcula mentalmente.

- 20 % de 400
- 20 % de 630
- 30 % de 900
- 30 % de 250

10 Tu habitación sigue siendo la misma desde hace años, por eso has decidido hacer cambios en la distribución de los muebles y así mejorar tu lugar de estudio.

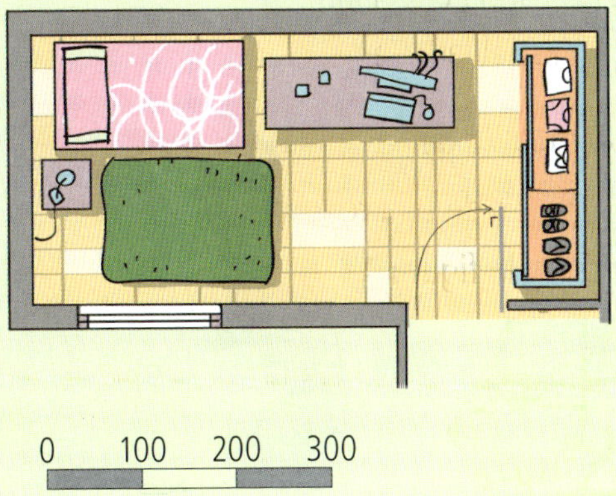

A Lo primero que has hecho para poder reorganizar tu habitación es un plano a escala que muestre los objetos que tienes en ella. Observa y contesta a las siguientes preguntas.

1. ¿Qué significan los números que aparecen debajo del plano?
2. Si tu mesilla de noche mide 0,5 cm en el plano, ¿cuánto mide en realidad?
3. ¿Qué objeto de tu habitación falta por dibujar en el plano?

B Ten en cuenta la escala que has utilizado para hacer el plano y contesta.

1. Quieres poner en tu habitación un baúl nuevo. ¿Dónde podrías colocarlo?
2. Observa cuánto miden en realidad la silla y el baúl nuevo y calcula cuáles deben ser sus medidas en el plano.
3. Ahora comprueba que puedes colocar los muebles como a ti te gustaría. Dibuja en otro plano cómo los colocarías y razona el porqué de los cambios.

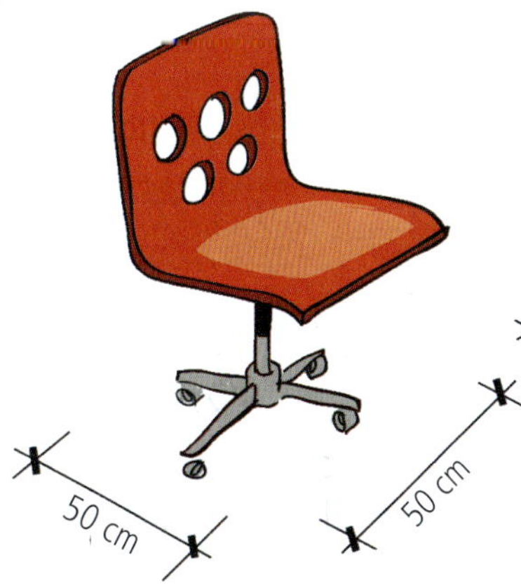

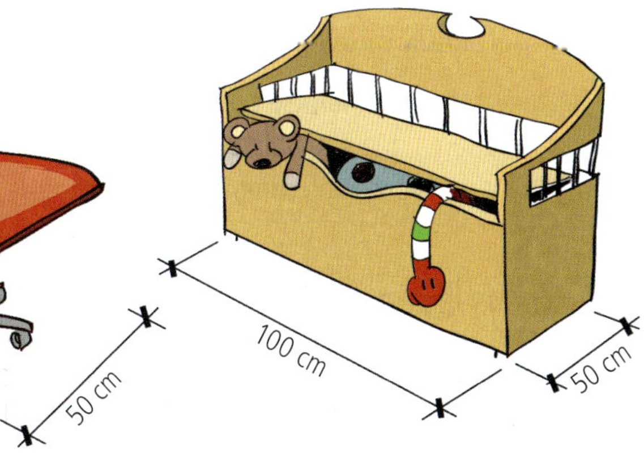

C Si hubieras tomado la escala 1:150, ¿cuánto mediría cada objeto? Explica los pasos que has seguido para calcularlo.

D Querías reorganizar tu habitación para tener un lugar de estudio más adecuado y confortable. Elabora una lista en tu cuaderno con las cosas que has tenido en cuenta, como, por ejemplo, que la mesa de estudio tenga suficiente luz. Compara tu lista con la de tus compañeros.

11 Realiza un esquema con todo lo que has aprendido en esta unidad.

ENTRENAMIENTO DE EQUIPO

Enigmatemáticas

¿Alguna vez has jugado a descifrar una palabra mediante la superación de pruebas? ¿Las pruebas tenían relación con las matemáticas? Si seguís los pasos podréis crear, en grupos, vuestras propias pruebas para que el resto de los compañeros resuelvan el enigma de la palabra oculta.

Investigamos

Seguid estos pasos para preparar las pruebas del enigma con la técnica del **Rompecabezas.**

Formad grupos de cuatro alumnos y pensad diferentes tipos de pruebas para que vuestros compañeros traten de resolver el enigma.

Dividimos el trabajo

Decidid, entre los miembros del grupo, de qué tarea se encargará cada uno.

Tarea 1
Buscar acertijos matemáticos.

Tarea 2
Buscar juegos para realizar con la calculadora.

Tarea 3
Buscar curiosidades para crear pruebas de verdadero o falso.

Tarea 4
Pensar preguntas sobre lo aprendido este trimestre.

Compartimos información

Después, cada miembro se reunirá con los compañeros de otros grupos que realicen la misma tarea que él para compartir información, eliminar las pruebas que estén repetidas y ayudar a los compañeros que tengan más dificultades.

Creamos las pruebas

Cuando ya tengas la información para las pruebas, vuelve con tu equipo. Explicad todo lo que habéis conseguido en relación con vuestra tarea y, entre todos, seleccionad los acertijos, los juegos, las curiosidades y las preguntas que os parezcan más adecuadas para las pruebas que diseñaréis a fin de que el resto de compañeros traten de descifrar la palabra oculta.

Ejemplo para las pruebas

Las pruebas pueden consistir, por ejemplo, en decir si es verdadero o falso que dos ángulos complementarios suman 90°, contestar cuántos meses equivalen a 468 lustros, plantear operaciones que puedan resolverse a través de la calculadora, etc.

Ideamos la palabra oculta

Para plantear el enigma de la palabra oculta, haced una lluvia de ideas entre los componentes del equipo sobre los contenidos aprendidos a lo largo del curso hasta ahora. Por ejemplo: bisectriz, traslación, milenio, hectolitro, etc.

Proponemos las normas del juego

Entre todos tenéis que decidir las normas del juego, es decir, cómo vais a organizar la entrega de letras para descifrar el enigma.

- ¿Cuántas pruebas tienen que pasar para recibir una letra?
- ¿Tienen que ajustarse a un tiempo para resolver las pruebas?
- ¿Habrá portavoces o pueden hablar todos los miembros del equipo?
- ¿Reciben todas las letras o la última prueba es adivinar el mensaje?
- ¿Podemos darles pistas si no adivinan la respuesta?
- ¿Les daremos las letras ordenadas?

Fabricamos las letras

Para fabricar las letras solo necesitaréis cartulinas, tijeras y rotuladores.

Podéis decorar las letras de acuerdo con el mensaje para facilitar la respuesta a vuestros compañeros.

Resolvemos el enigma

Ya tenéis todo el material necesario para empezar con el enigma: palabra oculta elegida, pruebas seleccionadas y normas del juego decididas.

Es hora de buscar a un grupo de clase que quiera descubrir vuestro enigma. Cuando ya tengáis a los participantes, debéis explicarles las normas de vuestras pruebas para que puedan superarlas.

Una vez explicadas las normas para conseguir las letras y resueltas las dudas de los participantes sobre el juego, ¡es hora de resolver el enigma!

¡A PRUEBA!

1 Sebastián quiere sacar 7 l de agua de un depósito utilizando dos vasijas, una de 9 l de capacidad y otra de 4 l. ¿Cómo podrá hacerlo?

2 Luis ha llenado con agua 6 vasos con una capacidad de 125 ml. ¿Cuántas jarras de 0,75 l ha utilizado para llenar los vasos?

- Si se beben todos los vasos de agua y vuelven a llenarlos, ¿cuántos centilitros de agua habrán utilizado para llenar los vasos las dos veces?

3 Las pasadas Navidades se registraron temperaturas mínimas de 12 grados bajo cero en la ciudad de León; en Gran Canaria, sin embargo, la temperatura mínima fue 27 grados más alta que en León. ¿Cuál fue la temperatura mínima en Gran Canaria?

4 Dibuja un segmento de 6,5 cm en tu cuaderno y traza su mediatriz. ¿Cuántos milímetros medirán los segmentos en los que ha quedado dividido?

5 Vera ha investigado sobre el hallazgo de un fósil en su ciudad y ha descubierto que tiene 143 siglos de antigüedad. ¿Cuántas décadas de antigüedad tiene? ¿Y cuántos años?

6 Una triología de películas tiene una duración total de 16 038 s. La primera película dura 1 h, 43 min y 12 s; y la segunda, 1 h, 15 min y 7 s. ¿Cuántas horas, minutos y segundos dura la tercera película?

7 Los veinte alumnos de una clase de 6.º de Primaria van a hacer una fiesta de disfraces y quieren llevar todos el mismo disfraz de payaso. Han comparado el precio que tienen los artículos que necesitan para cada disfraz en dos tiendas y han elaborado la siguiente tabla.

Artículo	Tienda 1	Tienda 2
Gorro verde	8,70 €	3 € más caro que en la tienda 1
Collar de perlas	5,90 €	1,50 € más barato que en la tienda 1
Blusa azul	6 € más cara que en la tienda 2	25 €
Pantalón rojo	12,40 €	2 € más barato que en la tienda 1
Nariz	0,50 € más barata que en la tienda 2	3,25 €
Zapatos	19,23 €	2,57 € más caros que en la tienda 1

- ¿Cuánto cuesta el gorro en la tienda 2?
- ¿Dónde es más barato el collar de perlas? ¿Qué precio tiene en esa tienda?
- Si compraran en la tienda 1 el gorro, la nariz y la blusa azul, y el resto de artículos en la tienda 2, ¿cuánto pagarían en total por los artículos necesarios para un disfraz? ¿Y por los artículos que se precisan para los veinte disfraces?
- Si compraran en la tienda 2 el gorro, la nariz y la blusa azul, y el resto en la tienda 1, ¿cuánto tendrían que pagar por los artículos necesarios para los veinte disfraces?
- ¿En qué tienda habría que comprar cada artículo para que el precio total fuese el mayor posible? ¿Y para que fuese el menor posible?
- Si entre los veinte niños han reunido 1 000 € para comprar los disfraces, ¿podrán hacerlo en la tienda 1?

8 Celeste ha dibujado un ángulo $\hat{A}$ cuya bisectriz lo divide en dos ángulos de 27°. ¿Cuál es la medida del ángulo $\hat{A}$?

- Dibuja un triángulo que tenga dos ángulos con la misma medida que el ángulo $\hat{A}$. ¿Cuánto medirá el otro ángulo?

9 ¿Cuál es el resultado de las siguientes sumas de números enteros? Explica en tu cuaderno cómo lo has hecho.

- $(-7) + (+3) + (-4)$
- $(-1) + (+6) + (-5)$
- $(+9) + (-8) + (-2)$
- $(-2) + (+6) + (+4)$

10 Federico se va de viaje a Mallorca. La aerolínea le ha dicho que solo puede llevar una maleta que no supere los 15 kg. Federico sabe que su maleta vacía tiene una masa de 14 hg. ¿Cuántos gramos podrá pesar como máximo la ropa que meta dentro de la maleta?

- Si en el avión viajan 256 personas y cada una lleva una maleta de 15 kg, ¿qué masa tendrá todo el equipaje que transporta el avión?

11 En el plano de un apartamento, la longitud del salón es de 5 cm. Si el plano está representado a escala 1:300, ¿cuál es la longitud del salón en la realidad?

Campaña de reciclaje

12 Hoy en clase, el profesor de Matemáticas os ha hablado de los beneficios del reciclaje y os ha propuesto que organicéis en el colegio una campaña de recogida de tapones de plástico. Para ayudaros a planificarla, os ha recomendado que contestéis a las siguientes preguntas.

– ¿Qué tarea debemos hacer en primer lugar?

– ¿Qué materiales y recursos necesitamos?

– ¿Cómo publicitamos la campaña?

– ¿Cuánto tiempo va a durar la campaña?

– ¿Dónde se van a depositar los tapones?

– ¿Cómo nos repartimos las tareas?

– ¿Qué vamos a hacer con los tapones que recojamos?

- En grupos de cuatro, elaborad un documento de planificación en el que expliquéis los pasos que habréis de seguir y las tareas que debéis desarrollar para llevar a cabo la campaña.

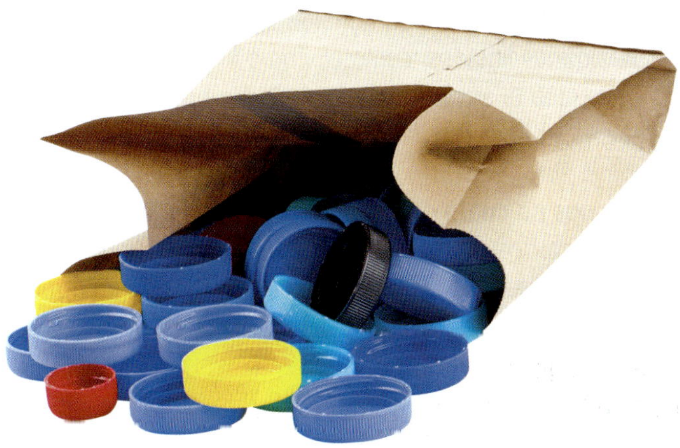

MATES EN ACCIÓN

Las medidas tradicionales

- Además de las unidades de medida que hemos estudiado, en muchas regiones de España se utilizaban unidades como la **arroba** o la **onza** para medir la masa, la **vara** para medir la longitud o la **cántara** para medir la capacidad.

1 arroba ⟶ 11,5 kg

1 onza ⟶ 115 g

1 vara ⟶ 83,6 cm

1 cántara ⟶ 16,13 l

En algunas regiones rurales, estas unidades todavía se emplean.

1 Copia y completa en tu cuaderno para que se cumplan las siguientes igualdades.

- 3 arrobas = ... kg
- 5 varas = ... mm
- 10 varas = ... m
- 2 onzas = ... g
- 2 cántaras = ... cl
- 5 arrobas = ... dag

2 La equivalencia de la arroba con el kilogramo no es la misma en todas las regiones en las que se utiliza. Investiga sobre el uso de esta unidad de masa y resuelve el siguiente problema.

> Josep quiere vender su cosecha de uva, que tiene una masa de 125 346 arrobas. Si la vende en Cataluña, le pagarán 10 céntimos por arroba, mientras que, si la vende en Valencia, recibirá 9 céntimos por arroba. ¿En qué región obtendrá más dinero por la venta de su cosecha?

- Esta unidad de medida también se utiliza para determinar la capacidad de algunos líquidos, como el vino o el aceite. Busca información en Internet y averigua la equivalencia entre la arroba y el litro. ¿Es la misma para medir el vino y el aceite?

3 En grupos de cuatro, buscad información sobre las unidades e instrumentos de medida tradicionales que se utilizaban en vuestra comunidad autónoma para medir la longitud, la capacidad y la masa.

- ¿Se siguen utilizando en la actualidad?
- ¿Cuándo aparecieron por primera vez?
- ¿Se utilizaron solo en tu comunidad autónoma o también en otros lugares de España? ¿Y en otras regiones del mundo?

Dibujar un hexágono regular

Para construir un hexágono regular de 5 cm de lado, puedo utilizar un compás y una regla.

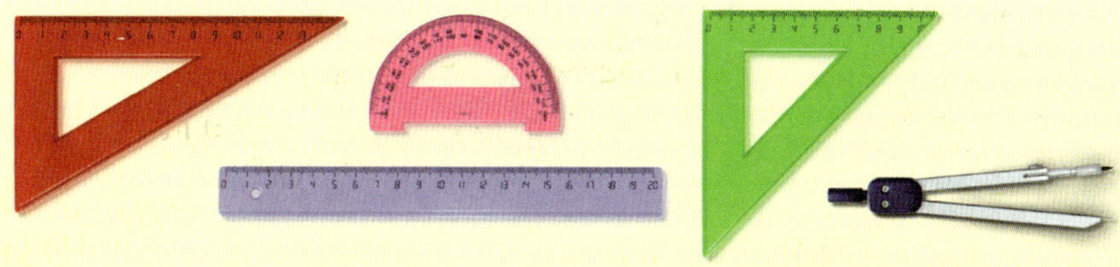

1 Con el compás, dibujo en el cuaderno una circunferencia de 5 cm de radio.

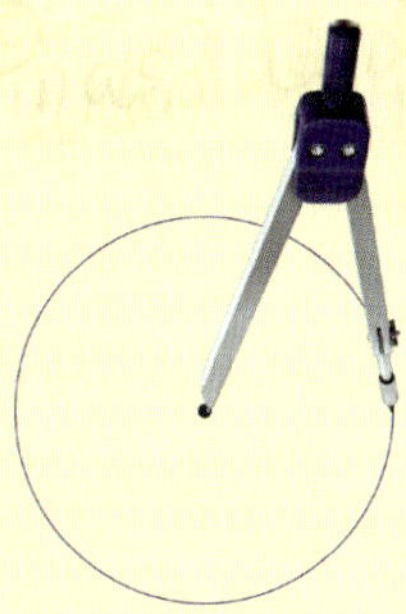

2 Pincho sobre un punto cualquiera de la circunferencia y, con el compás abierto 5 cm, trazo un arco que corte a la circunferencia.

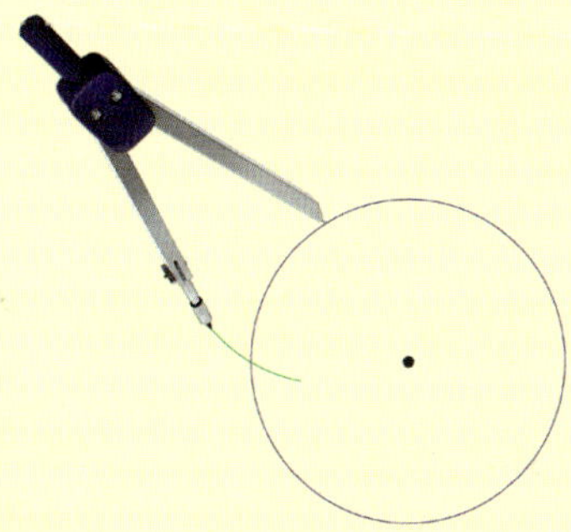

3 Pincho sobre el arco que he trazado y marco otro arco que corte a la circunferencia. Repito el proceso hasta haber dibujado 6 arcos.

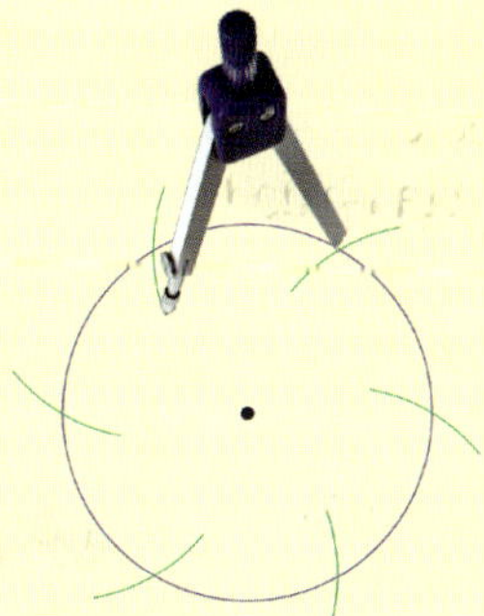

4 Trazo cada uno de los lados de hexágono uniendo los puntos de corte de cada arco con la circunferencia.

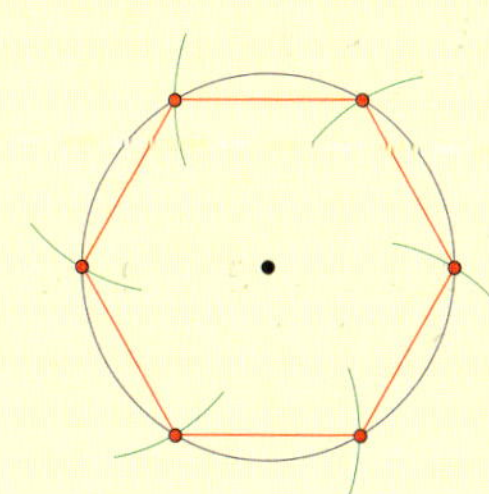

1. Utilizando tu regla y tu compás, dibuja en una cartulina un hexágono regular con las siguientes medidas.

   4 cm de lado   10 cm de lado

   7 cm de lado   8 cm de lado

   - ¿Cuánto miden los ángulos de los hexágonos que has trazado? Utiliza tu transportador.

2. A partir de un hexágono traza un dodecágono utilizando regla y compás. ¿Cuánto miden sus lados?

3. Observa atentamente esta figura.

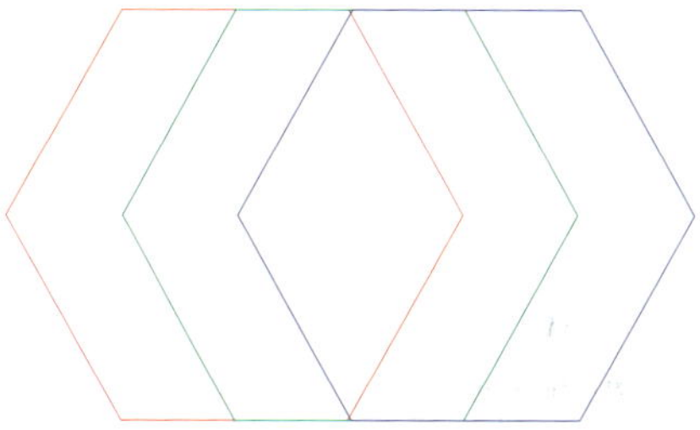

   - Dibújala en tu cuaderno utilizando tu regla y tu compás.
   - Explícale a un compañero los pasos que has seguido para hacerlo.

MATEMÁTICAS

5

TERCER TRIMESTRE

AUTORAS

Victoria Augusto Buitrago
María Gallego Calvo

ASESOR DIDÁCTICO Y MATEMÁTICO

José Antonio Fernández Bravo

COLABORA LA ASOCIACIÓN

GAMIFICA TU AULA
M.ª Jesús Asturiano Albenca
Javier Barba Calatrava
Salvador Carrión del Val
Clara Cordero Balcázar
Juan Fernández Galera

EDELVIVES PRIMARIA

Saber

Trimestre	Unidad	Págs.	Contenidos	
PRIMER TRIMESTRE	Escáner del Olvido	PÁGS. 8-11	Numeración Operaciones Fracciones Números decimales	
	La hora de todos	PÁGS. 12-13	Historia de los números	
	1 Números	PÁGS. 14-27	Números de más de siete cifras Comparación de números	Aproximación de números Números romanos
	2 Operaciones	PÁGS. 28-43	Suma y resta. Propiedades Multiplicación y sus propiedades División. Propiedad fundamental de la división	Relación entre los términos de la división Jerarquía de las operaciones combinadas
	3 Divisibilidad	PÁGS. 44-61	Múltiplos y divisores de un número Números primos y compuestos Criterios de divisibilidad Mínimo común múltiplo	Máximo común divisor Potencias Potencias de base 10
	4 Fracciones	PÁGS. 62-77	Fracciones equivalentes Suma y resta de fracciones Comparación de fracciones con la unidad. Número mixto	Comparación de fracciones Fracción de un número Comparación de fracciones con distinto denominador
	Trimestrales	PÁGS. 78-83	Entrenamiento de equipo	
SEGUNDO TRIMESTRE	La hora de todos	PÁGS. 84-85	La cápsula del tiempo	
	5 Números decimales	PÁGS. 86-101	Unidad, décima, centésima y milésima Comparación y aproximación de números decimales	Suma y resta de números decimales Multiplicación de números decimales División de números decimales
	6 Sistema decimal y sistema métrico decimal	PÁGS. 102-121	Sistema de numeración decimal y sistema métrico decimal Unidades de medida. Expresión simple y compleja Operaciones con unidades de longitud	Operaciones con unidades de capacidad y masa Porcentaje. Porcentaje de una cantidad Aumentos y descuentos
	7 Sistema sexagesimal	PÁGS. 122-137	Unidades de medida tiempo. Expresión simple y compleja Unidades de medida de ángulos	Operaciones: tiempo Operaciones: ángulos
	8 Situación y movimiento en el plano	págs. 138-153	Representación de puntos en el plano Simetrías, traslaciones y giros	Escalas en planos y mapas Figuras iguales y figuras semejantes
	Trimestrales	PÁGS. 154-159	Entrenamiento de equipo	
TERCER TRIMESTRE	La hora de todos	PÁGS. 160-161	Elementos de geometría	
	9 Rectas, circunferencias y ángulos	PÁGS. 162-177	Tipos de rectas Posición de dos circunferencias en el plano Posición de rectas y circunferencias en el plano	Ángulos consecutivos, adyacentes y opuestos. Ángulos complementarios y suplementarios Bisectriz de un ángulo y mediatriz de un segmento
	10 Figuras planas y cuerpos geométricos	PÁGS. 178-195	Clasificación de polígonos. Concavidad y convexidad Clasificación de triángulos Alturas de un triángulo Clasificación de cuadriláteros	Circunferencia, círculo y figuras circulares Longitud de una circunferencia Poliedros. Poliedros regulares Cilindro, cono y esfera
	11 Superficie y área de figuras planas	PÁGS. 196-213	Unidades de superficie. Expresión simple y compleja Operaciones con unidades de superficie Área de los paralelogramos	Área del triángulo y del trapecio Área de un polígono regular Área del círculo
	12 Estadística y probabilidad	PÁGS. 214-229	Tabla de frecuencias, media aritmética y moda Gráfico de barras doble y polígono de frecuencias Pictograma	Gráfico de sectores Probabilidad de un suceso
	Trimestrales	PÁGS. 230-235	Entrenamiento de equipo	

Saber hacer

¡No hay problema!	Cálculo mental	Manos a las mates
Resolver un problema siguiendo unos pasos	Sumar millares exactos a números de cuatro o cinco cifras Restar millares exactos a números de cuatro o cinco cifras	Números de hasta 7 cifras
Resolver un problema a partir de un gráfico	Multiplicar números de dos cifras por decenas o centenas exactas Multiplicar números de dos cifras por millares exactos	El triángulo de las multiplicaciones y las divisiones
Simplificar un problema para resolverlo	Dividir números de tres o cuatro cifras acabados en 0 por decenas o centenas exactas Dividir números de cuatro o cinco cifras acabados en 0 por millares exactos	Potencias con garbanzos
Simplificar un problema para resolverlo	Sumar varios números de dos cifras cuando dos de ellos suman decenas exactas Sumar varios números de tres cifras cuando dos de ellos suman centenas exactas	Fracciones en el reloj
¡A prueba!		Mates en acción
Escoger la estrategia más adecuada para resolver un problema	Sumar décimas o centésimas exactas a números decimales Restar décimas exactas a números decimales	¡10 veces menor! ¡100 veces menor!
Dividir un problema en varias etapas para resolverlo	Multiplicar números de dos cifras por 0,5 Multiplicar números de dos cifras por 0,1	Regla graduada
Dividir un problema en varias etapas para resolverlo	Dividir números de dos cifras por 0,5 Dividir números de dos cifras por 0,1	Dominó del tiempo
Estimar la solución de un problema y comprobar el resultado	Multiplicar números de dos cifras por 0,2 Dividir números de dos cifras por 0,2	Simetrías
¡A prueba!		Mates en acción
Buscar regularidades para resolver un problema	Multiplicar números decimales por 10 y por 100 Multiplicar números decimales por 1 000	Amplitud, posición y suma de ángulos
Buscar regularidades para resolver un problema	Dividir números decimales por 10 y por 100 Dividir números decimales por 1 000	El geoplano
Escoger la estrategia más adecuada para resolver un problema	Multiplicar números de dos cifras por 9 Multiplicar números de dos cifras por 99	Áreas con el tangram
Estimar la solución de un problema y comprobar el resultado	Calcular el producto aproximado de números de tres cifras Calcular el cociente aproximado de números de tres cifras	Tira el dado
¡A prueba!		Mates en acción

LA HORA DE TODOS

Para los habitantes de la Tierra ha sido muy importante la geometría por su utilidad en la construcción. Para resolver este reto, necesitáis conocer y tener presentes los elementos básicos de geometría.

¡Empezad!

Elementos de geometría

De cara a una posible reforma del colegio, el estudio de arquitectura encargado del proyecto nos ha solicitado que le enviemos un informe con la relación de todos los elementos básicos de geometría que se emplean en las diferentes estructuras del edificio. Igualmente, nos pide una relación de elementos de los que no hemos encontrado representación y que podrían ser incluidos en la futura reforma. ¡A trabajar!

¿Qué diferencias hay entre recta, semirrecta y segmento?

¿Qué posiciones pueden tener dos rectas en el plano?

¿Qué posiciones pueden tener una circunferencia y una recta en el plano?

¿Qué tipos de ángulos hay según su amplitud y según su posición?

Para investigar

Podéis obtener información útil para este reto:

- En la unidad 9, página 164.

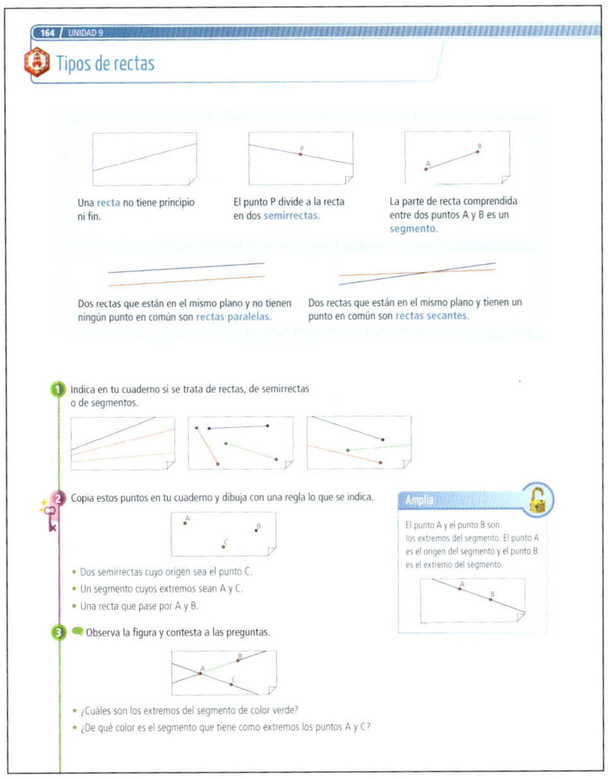

164 / UNIDAD 9

Tipos de rectas

Una recta no tiene principio ni fin.

El punto P divide a la recta en dos semirrectas.

La parte de recta comprendida entre dos puntos A y B es un segmento.

Dos rectas que están en el mismo plano y no tienen ningún punto en común son rectas paralelas.

Dos rectas que están en el mismo plano y tienen un punto en común son rectas secantes.

1 Indica en tu cuaderno si se trata de rectas, de semirrectas o de segmentos.

2 Copia estos puntos en tu cuaderno y dibuja con una regla lo que se indica.

- Dos semirrectas cuyo origen sea el punto C.
- Un segmento cuyos extremos sean A y C.
- Una recta que pase por A y B.

Amplía

El punto A y el punto B son los extremos del segmento. El punto A es el origen del segmento y el punto B es el extremo del segmento.

3 Observa la figura y contesta a las preguntas.

- ¿Cuáles son los extremos del segmento de color verde?
- ¿De qué color es el segmento que tiene como extremos los puntos A y C?

- En páginas en Internet sobre elementos de geometría.
- En páginas en Internet sobre la geometría en la arquitectura.
- Preguntando a un arquitecto o aparejador.
- En la biblioteca del colegio.

Para presentar

Podéis elaborar alguno de estos productos para presentar el resultado de vuestro trabajo:

- Trabajo expositivo con los elementos básicos de la geometría.
- Presentación oral del proyecto.
- Hacer una maqueta de cómo os gustaría que fuera vuestro colegio.

9

RECTAS, CIRCUNFERENCIAS Y ÁNGULOS

¿Qué elementos de geometría puedes trazar con la regla, el compás y el transportador de ángulos?

El dominio de la geometría es imprescindible para lograr el objetivo de esta misión. Abrid vuestra mente y poned a prueba vuestra capacidad de observación.

¿Por qué está parada la niña en el paso de cebra?

¿Qué tipo de rectas observas?

Tipos de rectas

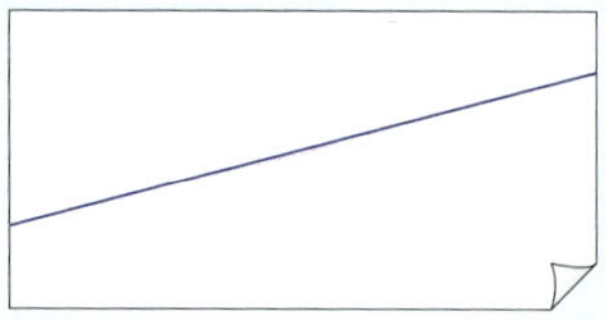

Una **recta** no tiene principio ni fin.

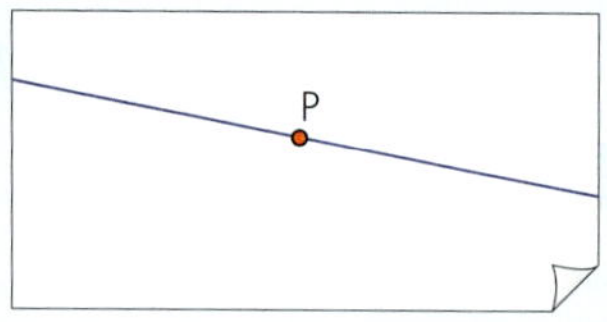

El punto P divide a la recta en dos **semirrectas.**

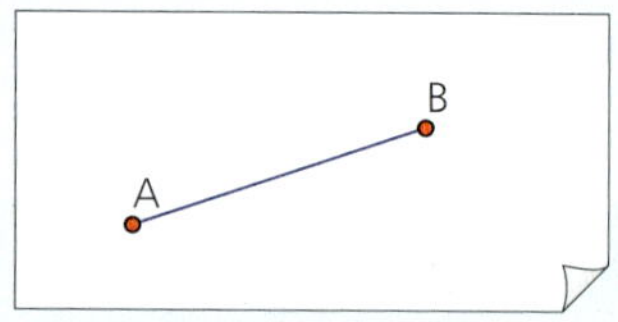

La parte de recta comprendida entre dos puntos A y B es un **segmento.**

Dos rectas que están en el mismo plano y no tienen ningún punto en común son **rectas paralelas.**

Dos rectas que están en el mismo plano y tienen un punto en común son **rectas secantes.**

1 Indica en tu cuaderno si se trata de rectas, de semirrectas o de segmentos.

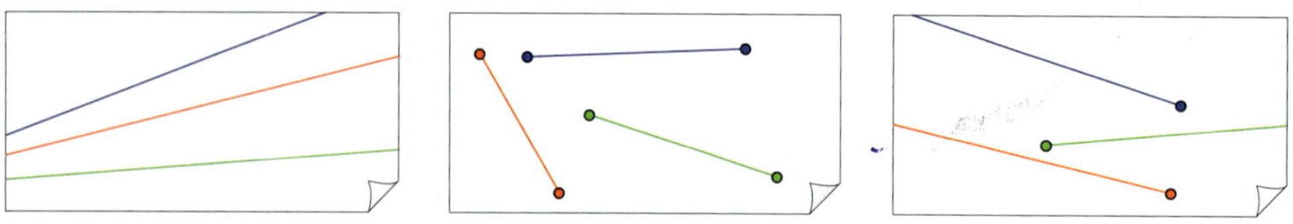

2 Copia estos puntos en tu cuaderno y dibuja con una regla lo que se indica.

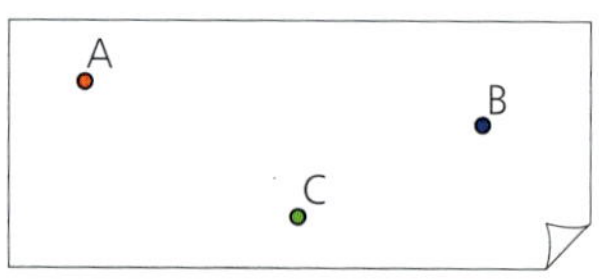

- Dos semirrectas cuyo origen sea el punto C.
- Un segmento cuyos extremos sean A y C.
- Una recta que pase por A y B.

Amplía

El punto A y el punto B son los extremos del segmento. El punto A es el origen del segmento y el punto B es el extremo del segmento.

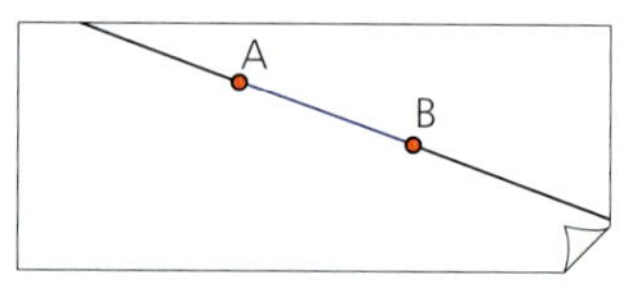

3 Observa la figura y contesta a las preguntas.

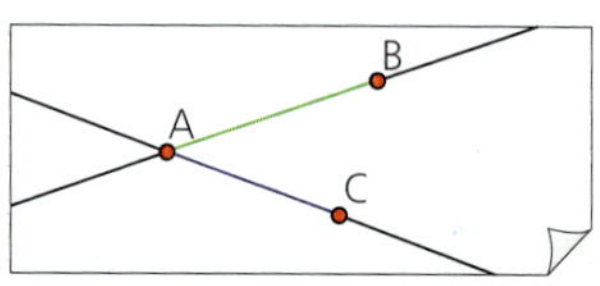

- ¿Cuáles son los extremos del segmento de color verde?
- ¿De qué color es el segmento que tiene como extremos los puntos A y C?

4 Observa las siguientes figuras y contesta a la pregunta.

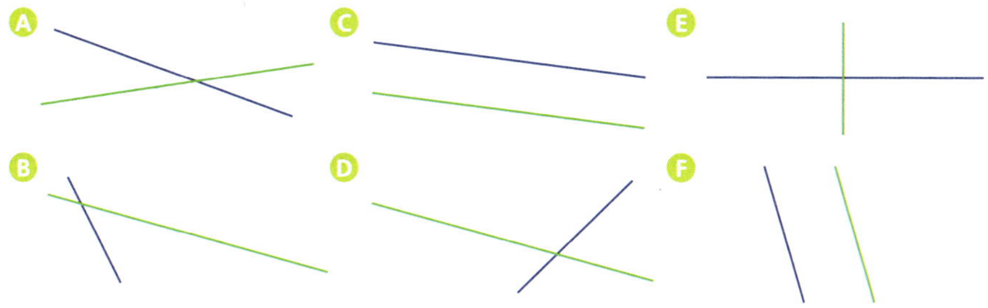

- ¿Qué posición en el plano tienen estas parejas de rectas?

Recuerda

Rectas perpendiculares

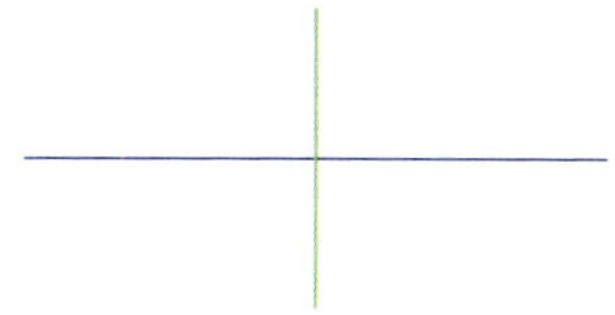

Rectas oblicuas

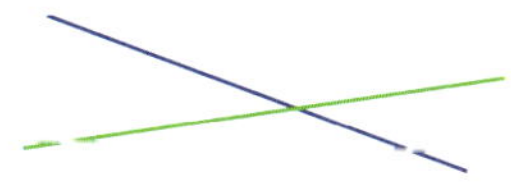

5 Copia en tu cuaderno estas rectas. Después, dibuja una recta paralela y otra perpendicular a cada una de ellas.

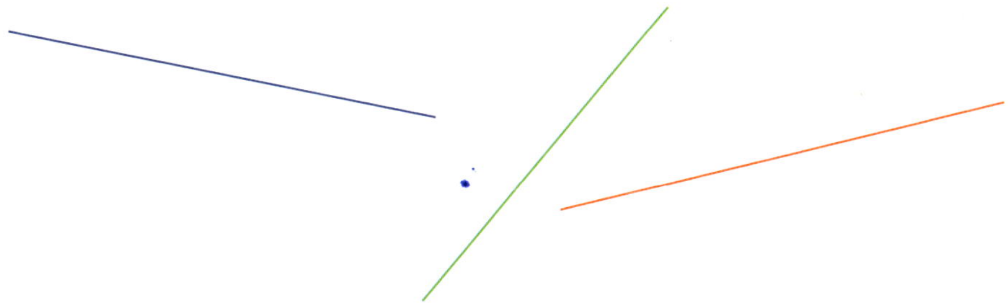

6 Matilde ha dibujado estas rectas. Cópialas en tu cuaderno y marca las secantes de azul y las paralelas de rojo.

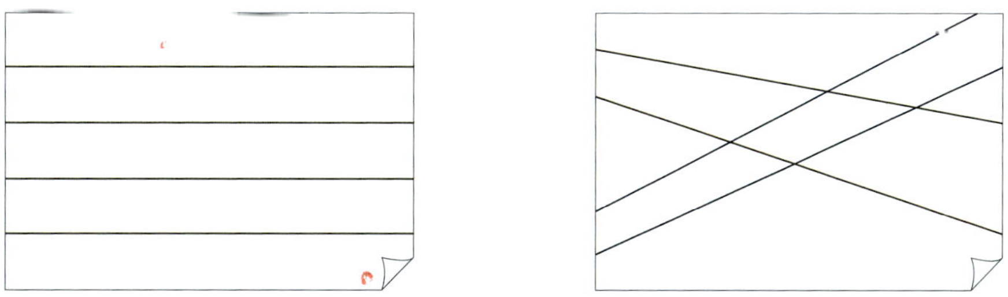

- Haz un dibujo utilizando rectas paralelas y secantes. Compártelo con tus compañeros para que descubran las posibles posiciones de rectas.

CÁLCULO

7 Calcula mentalmente.

- $22 \times 0,2$
- $35 \times 0,2$
- $48 \times 0,2$
- $56 \times 0,2$
- $60 \times 0,2$
- $65 \times 0,2$

Recuerda

$16 \times 0,2 = (16 \times 2) : 10 =$

$= 32 : 10 = 3,2$

8 Prepara papel y lápiz y calcula.

- $\frac{1}{5}$ de 25
- $\frac{1}{8}$ de 48
- $\frac{1}{7}$ de 28

Posición de dos circunferencias en el plano

- Dos circunferencias pueden tener las siguientes posiciones entre sí.

Exteriores	Interiores	Tangentes		Secantes
		Exteriores	Interiores	
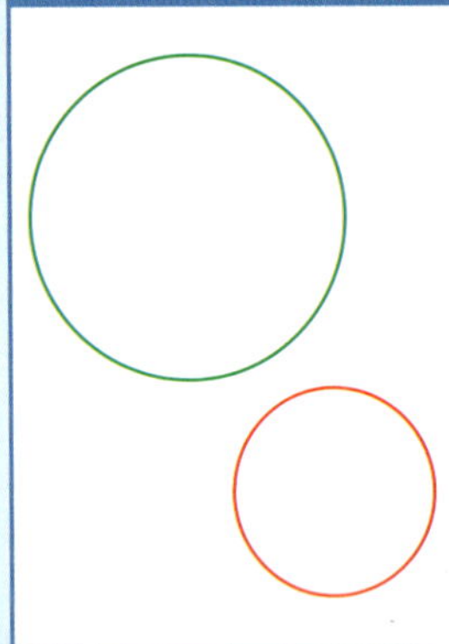	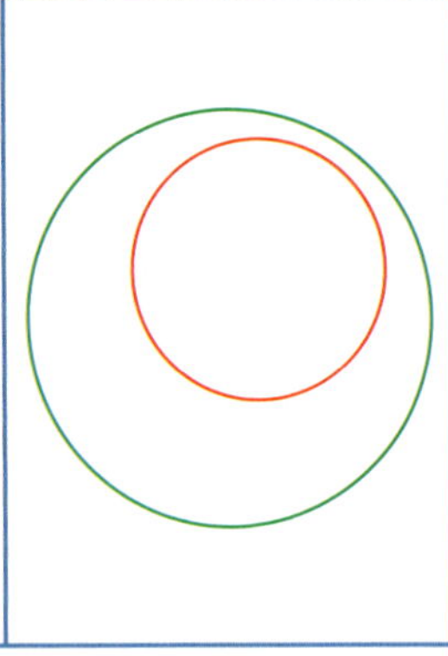	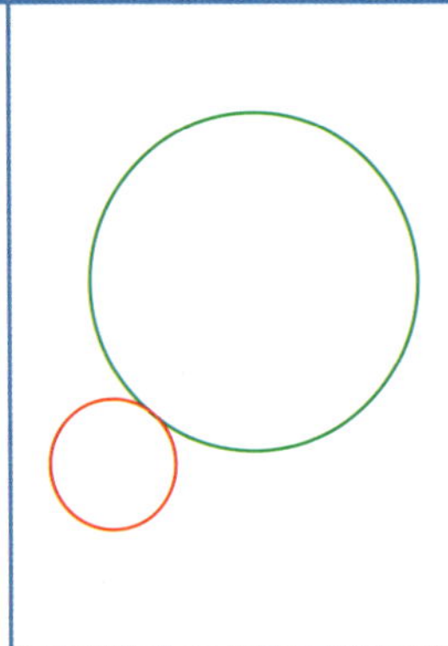	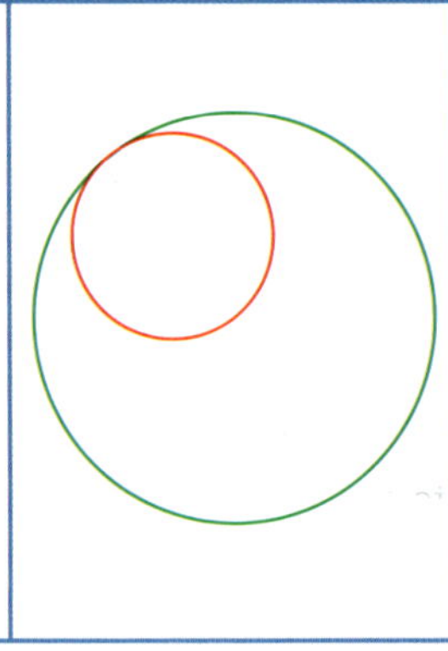	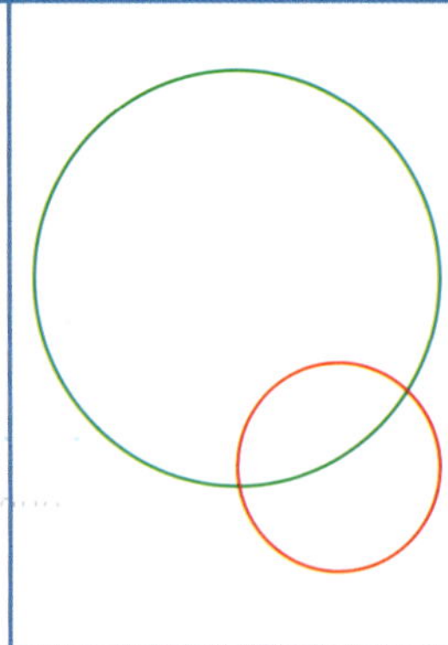
No tienen ningún punto en común.		Tienen un punto en común.		Tienen dos puntos en común.

1 Copia la siguiente figura en tu cuaderno y contesta.

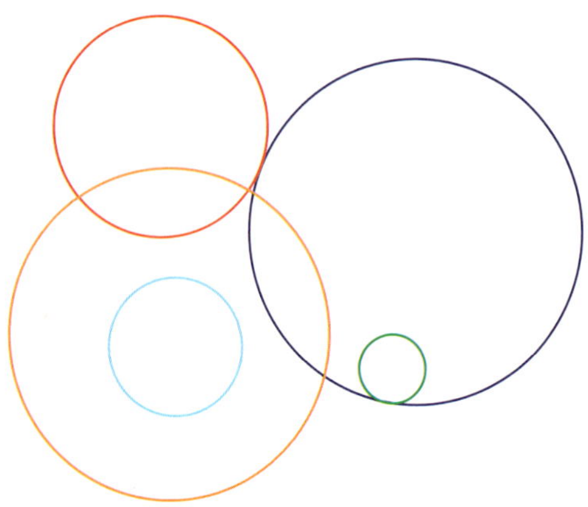

- ¿Qué posición en el plano tienen las circunferencias roja y verde? ¿Y las circunferencias azul y roja?
- ¿Qué circunferencias son interiores? ¿Y tangentes interiores?
- ¿Qué posición en el plano tienen las circunferencias naranja y roja? ¿Y las circunferencias azul y naranja?

Amplía

Circunferencias concéntricas

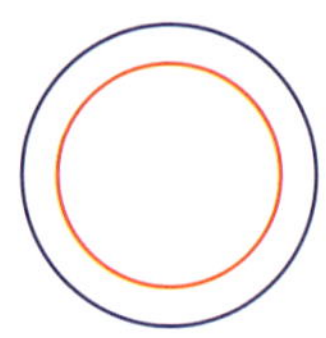

2 Dibuja en tu cuaderno dos circunferencias tangentes exteriores y otras dos circunferencias secantes.

3 A Sandra le han regalado un colgante formado por dos circunferencias moradas tangentes interiores y dos circunferencias verdes tangentes exteriores. ¿Cuál de estos colgantes le han regalado?

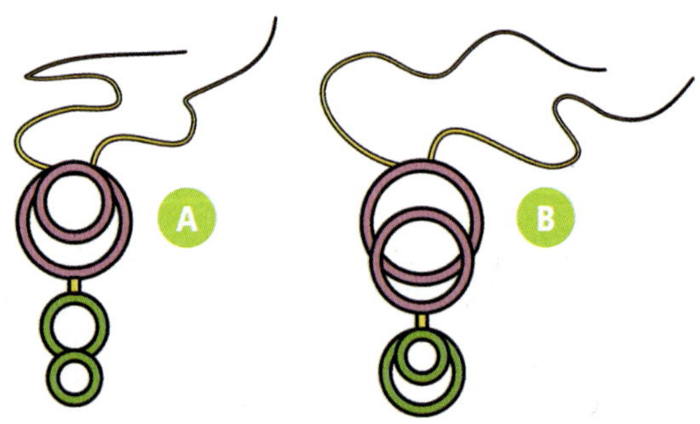

Posición de rectas y circunferencias en el plano

- Una recta puede tener las siguientes posiciones respecto de una circunferencia.

Recta exterior	Recta tangente	Recta secante
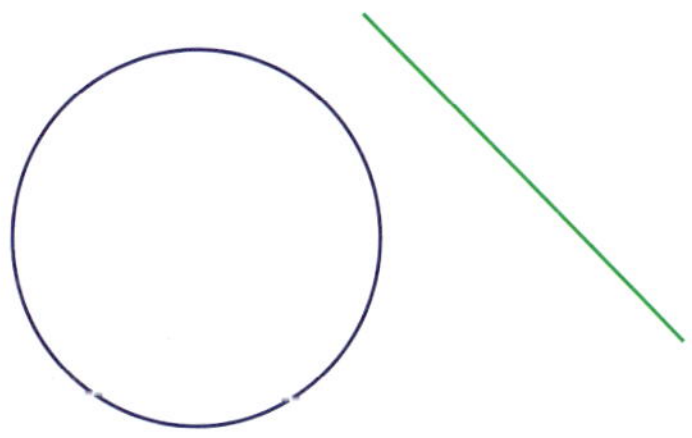	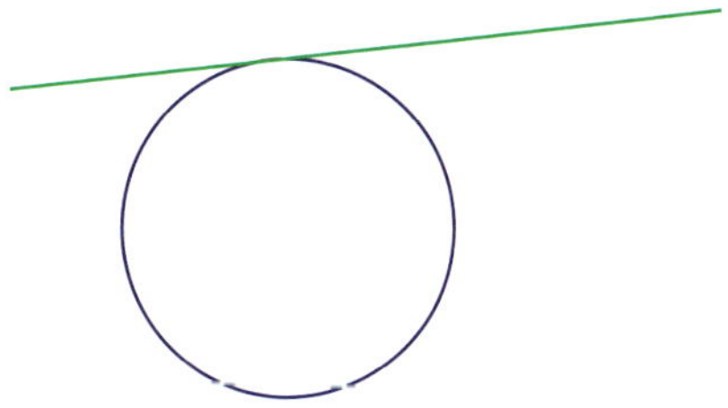	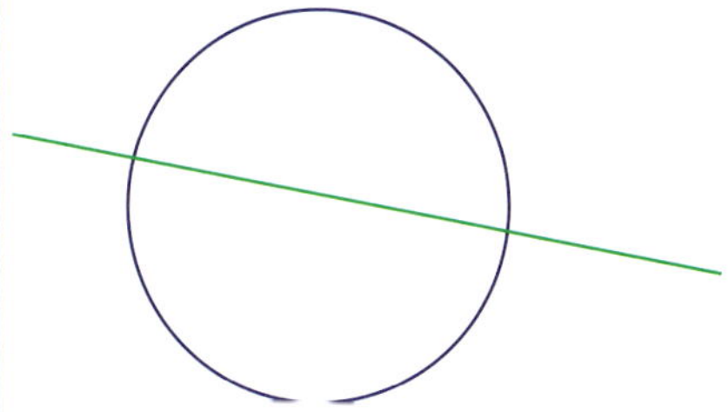
No tienen ningún punto en común.	Tienen un punto en común.	Tienen dos puntos en común.

1 Observa esta figura y contesta en tu cuaderno.

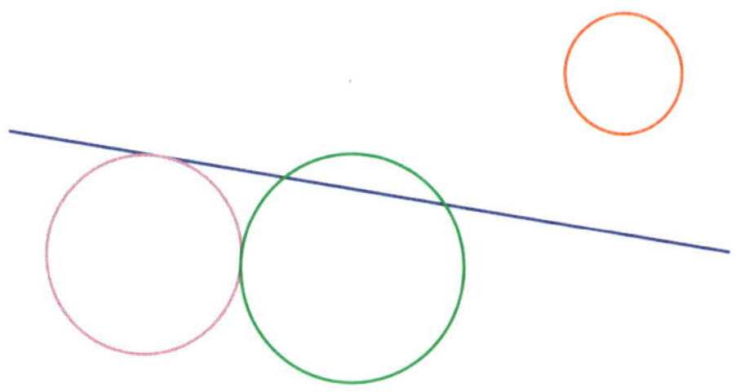

- ¿Cuál es la posición de la recta con respecto a cada una de las circunferencias?

2 Dibuja en tu cuaderno una circunferencia y un punto exterior a ella, como en el ejemplo.

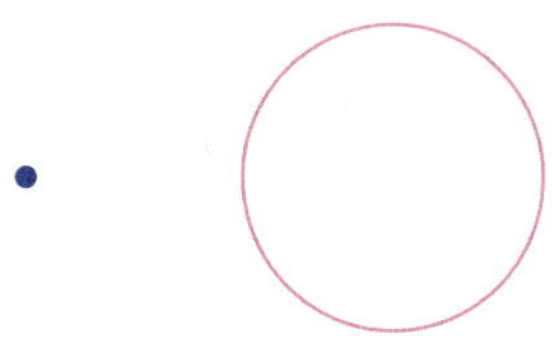

- Desde el punto traza todas las rectas tangentes a la circunferencia que puedas. ¿Cuántas has podido trazar?

LÓGICA

3 Nerea ha dibujado en su cuaderno dos circunferencias, una de 3 cm de radio y otra de 5 cm de radio. Al medir con una regla la distancia entre sus radios, ve que es de 8 cm. ¿Cuál es la posición de las dos circunferencias?

Ángulos

- Dos ángulos que tienen el mismo vértice pueden ser:

Ángulos consecutivos

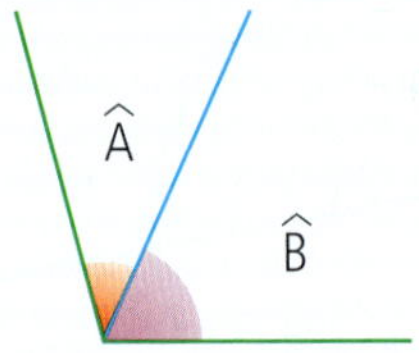

Tienen un lado en común.

Ángulos adyacentes

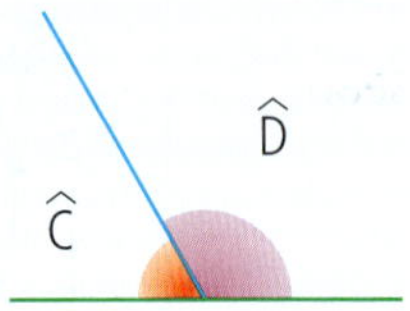

Son consecutivos y suman 180°.

Ángulos opuestos por el vértice

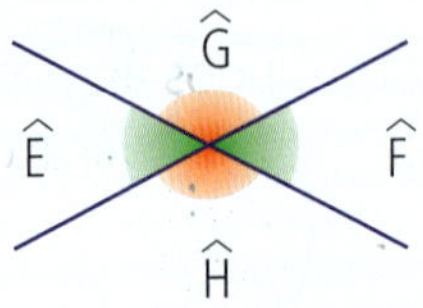

Son los formados por dos rectas secantes.

- Dos ángulos que suman 90° son **complementarios** el uno del otro.

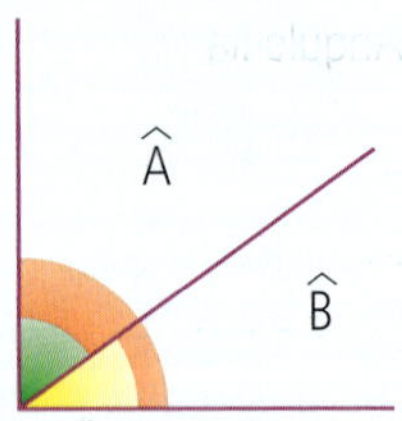

- Dos ángulos que suman 180° son **suplementarios** el uno del otro.

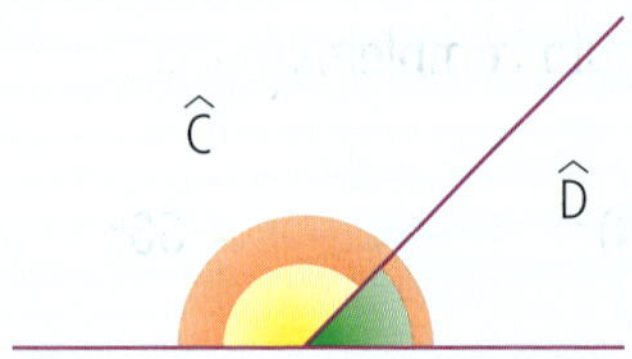

1 Escribe en tu cuaderno si los siguientes ángulos son consecutivos, adyacentes u opuestos por el vértice.

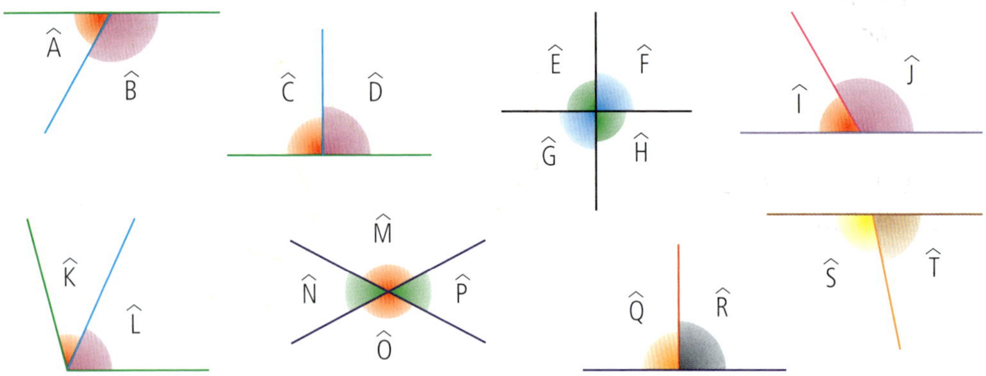

2 Dibuja en tu cuaderno dos ángulos suplementarios y dos ángulos complementarios.

- ¿Cuánto suman las amplitudes de cada pareja de ángulos?

3 Dos ángulos adyacentes, ¿son complementarios o suplementarios el uno del otro? ¿Por qué?

4 Copia estos ángulos en tu cuaderno y dibuja el ángulo complementario y el suplementario a cada uno de ellos.

5 Observa estos ángulos e indica en tu cuaderno dos ángulos que sean consecutivos, dos adyacentes y dos opuestos por el vértice.

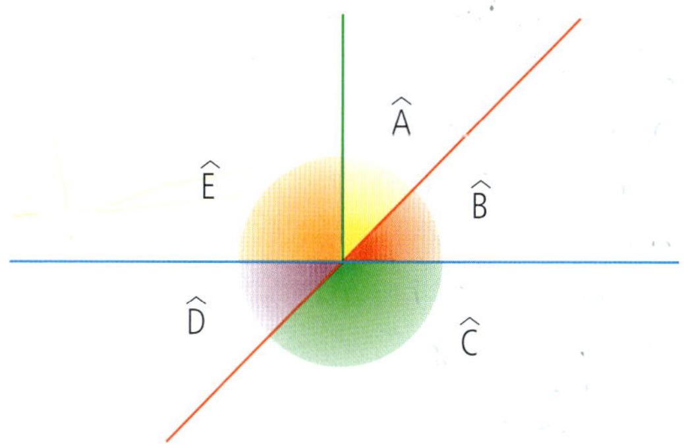

6 ¿Cuántos grados mide la amplitud del ángulo complementario de estos ángulos? ¿Y el suplementario?

- 30°
- 45°
- 70°
- 60°

7 Dibuja en tu cuaderno.

- Dos ángulos consecutivos.
- Un ángulo de 45° y su suplementario.

8 El conductor de un coche tiene que cambiar de trayectoria debido a una tormenta. Observa su mapa y las distintas poblaciones a las que puede llegar e indica:

- Dos ángulos que sean adyacentes.
- Dos ángulos que sean consecutivos.
- Si el coche gira $\hat{C} + \hat{B}$, calcula cuál es la amplitud del giro sabiendo que $\hat{C} = 45° \ 23' \ 12''$ y $\hat{B} = 91° \ 46''$.

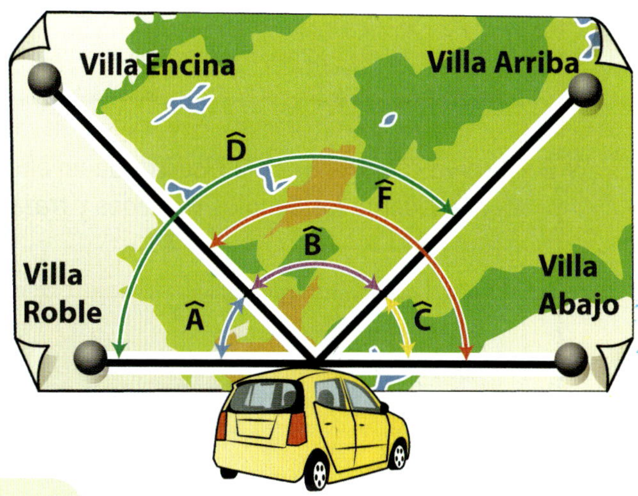

Recuerda

- Ángulo recto

Mide 90°

- Ángulo agudo

Mide menos de 90°

- Ángulo obtuso

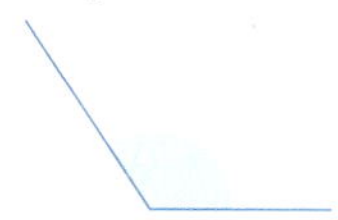

Mide más de 90°

- Ángulo llano

Mide 180°

CÁLCULO

9 Calcula mentalmente.

- 28 : 0,2
- 54 : 0,2
- 34 : 0,2
- 68 : 0,2
- 30 : 0,2
- 47 : 0,2

10 Prepara papel y lápiz y calcula.

- $\frac{1}{3}$ de 81
- $\frac{1}{4}$ de 48
- $\frac{1}{6}$ de 54

Recuerda

16 : 0,2 = (16 : 2) × 10 =

= 8 × 10 = 80

Bisectriz de un ángulo y mediatriz de un segmento

- La **bisectriz** de un ángulo es una semirrecta con origen en el vértice del ángulo que lo divide en dos ángulos de igual amplitud.

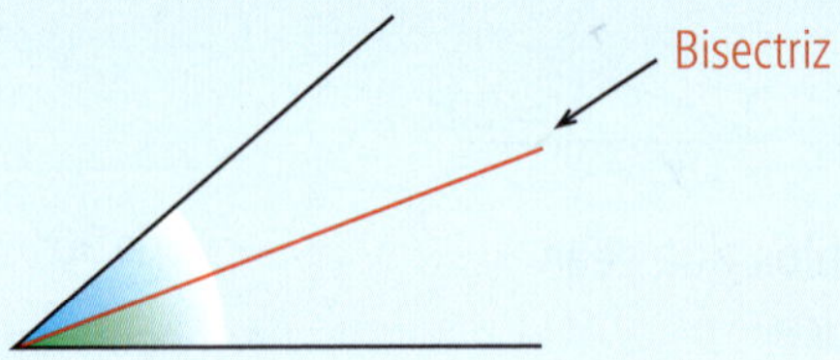

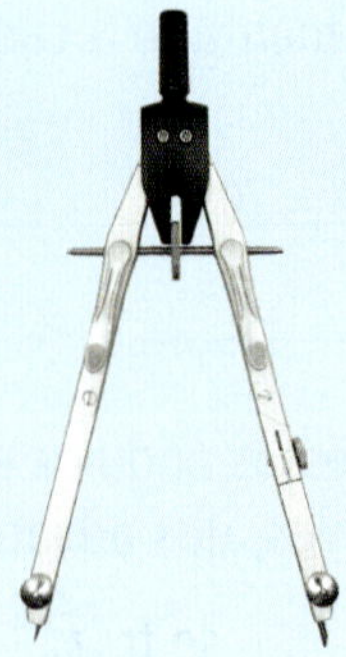

- La **mediatriz** de un segmento es la recta perpendicular al segmento que lo divide en dos partes iguales.

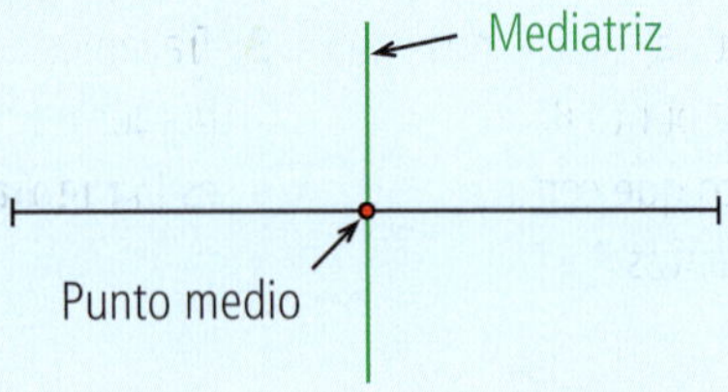

1 Indica en tu cuaderno en cuál de estos ángulos está trazada la bisectriz.

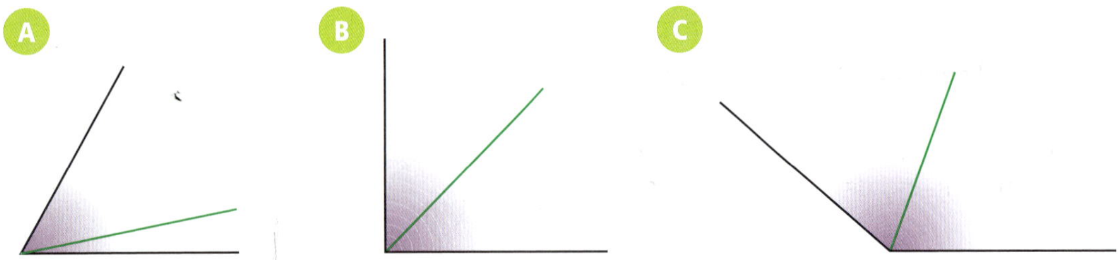

2 Observa cómo se traza la bisectriz de un ángulo. Después, dibuja en tu cuaderno los ángulos indicados y traza su bisectriz.

1. Pinchamos con el compás en el vértice y dibujamos un arco que corta a los lados en los puntos 1 y 2.
2. Con centro en los puntos 1 y 2 y con la misma abertura en ambos casos, dibujamos dos arcos que se cortarán en un punto C.
3. Unimos el punto C con el vértice del ángulo y obtenemos la **bisectriz** del ángulo.

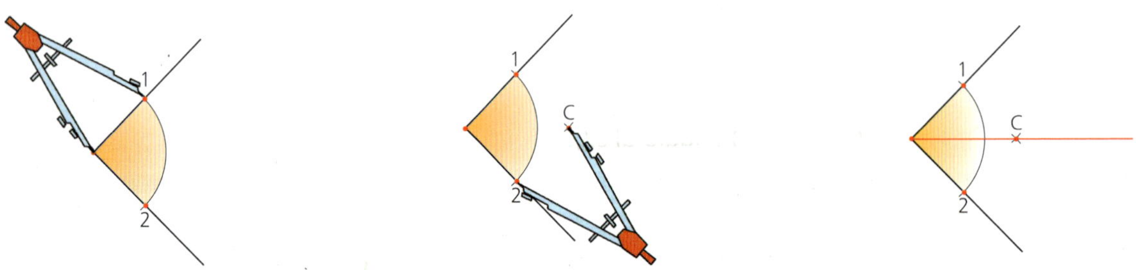

- 80°
- 140°
- 60°
- 90°

3 ¿En cuál de estos segmentos se ha trazado la mediatriz? Escribe en tu cuaderno.

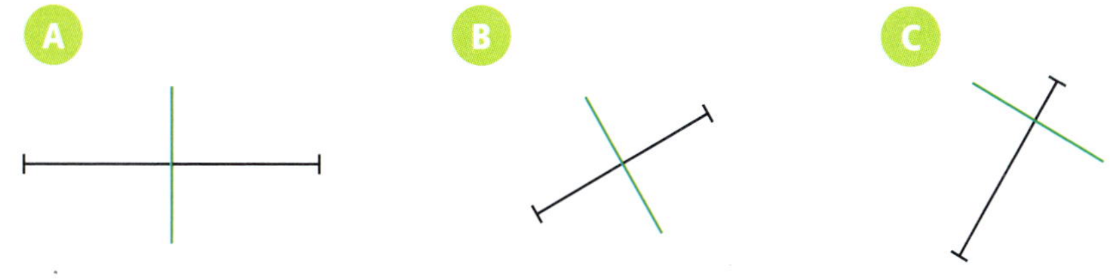

4 Observa cómo se traza la mediatriz de un segmento. Después, dibuja los segmentos indicados y traza su mediatriz.

1. Pinchamos con el compás en el punto A y trazamos un arco con una abertura mayor que la mitad del segmento.

2. Con la misma abertura, pinchamos con el compás en el punto B y trazamos otro arco que corte al anterior en los puntos P y Q.

3. Trazamos la recta que pasa por los puntos P y Q. Esta recta es la **mediatriz** del segmento AB.

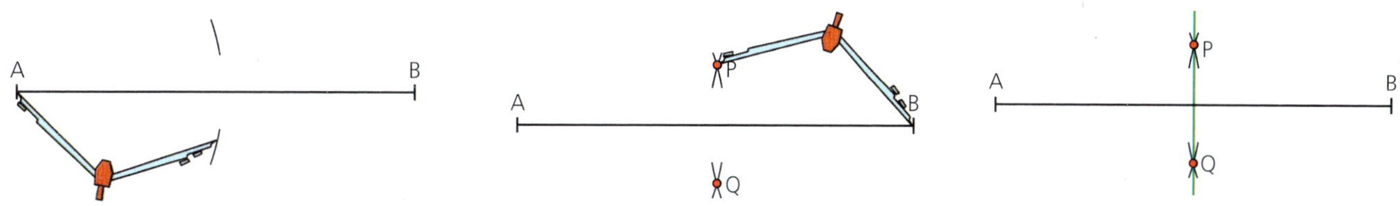

- Segmento de 5 cm
- Segmento de 9 cm
- Segmento de 7,5 cm

5 Traza en tu cuaderno un ángulo de 120° y dibuja su bisectriz. A continuación, traza la bisectriz de uno de los ángulos obtenidos anteriormente.

- ¿Cuánto medirá cada uno de los ángulos formados al trazar la segunda bisectriz?

6 Dibuja en tu cuaderno un cuadrado de 5 cm de lado. A continuación traza sus dos diagonales.

- ¿Qué posición tienen entre sí las dos diagonales?
- ¿Se cortan en su punto medio? Razona tu respuesta.
- ¿Cuánto mide cada uno de los ángulos que se han formado?

LÓGICA

7 ¿Cuántos grados se han sumado de un ángulo al siguiente de esta serie? Completa en tu cuaderno los ángulos que faltan.

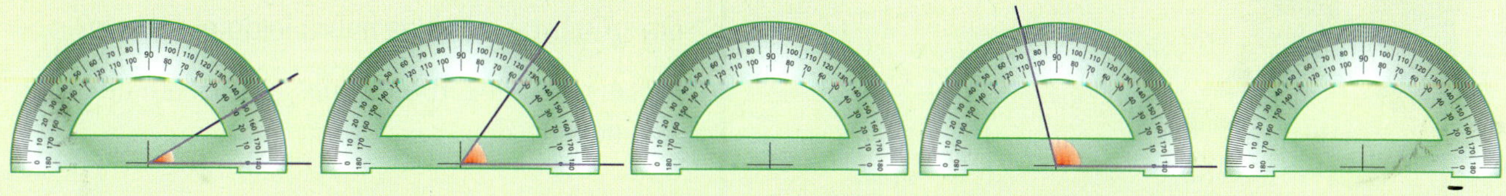

¡NO HAY PROBLEMA!

Buscar regularidades para resolver un problema

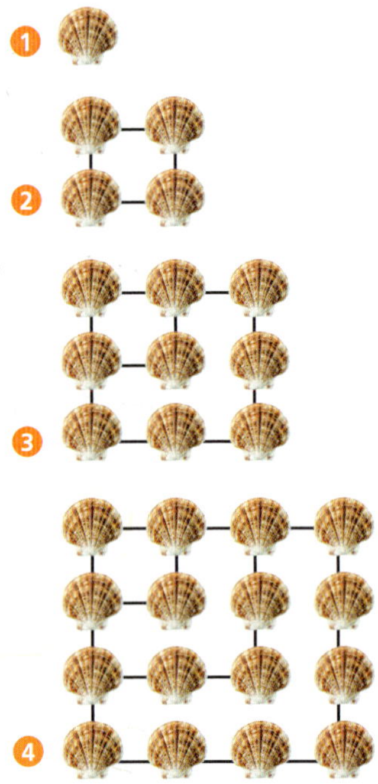

Alba y Salima se han pasado la mañana en la playa recogiendo conchas. Ahora Alba juega a formar figuras con las suyas como en el dibujo. ¿Por cuántas conchas estará formada la décima figura?

Para resolver el problema puedo seguir estos pasos:

- Leo y comprendo el enunciado.
- Identifico la pregunta.

  ¿Por cuántas conchas estará formada la décima figura?

- Busco regularidades y resuelvo.

N.º de figura	1	2	3	4
N.º de conchas	1	4	9	16

Observo que el número de conchas es el cuadrado del número que indica el orden de formación de la figura.

N.º de figura	1	2	3	4	...	10
N.º de conchas	1^2	2^2	3^2	4^2	...	10^2

- La décima figura estará formada por $10^2 = 100$ conchas.

¿Podrías resolver el problema sin encontrar la regularidad que cumplen los datos? ¿Por qué?

1 Ahora es Salima la que juega a formar figuras con sus conchas como en el siguiente dibujo. ¿Por cuántas conchas estará formada la quinta figura? ¿Y la décima?

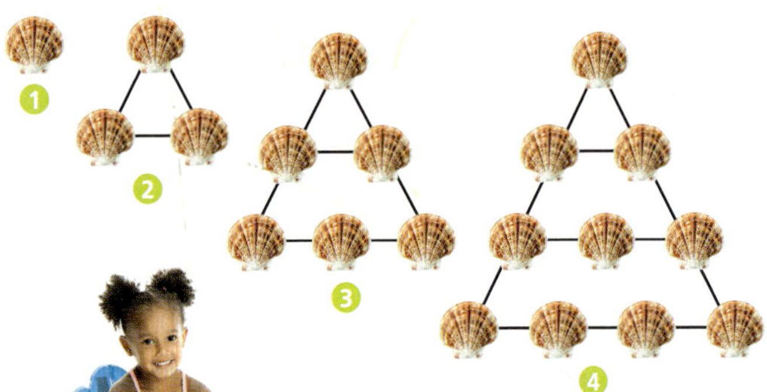

2 Candela quiere fabricar un collar de cuentas con cubos, cilindros y esferas siguiendo la secuencia del dibujo. Si compra 28 cuentas con forma de cubo, ¿cuántas necesitará de los otros dos tipos?

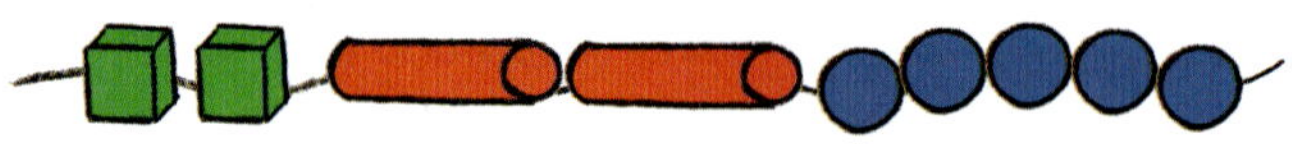

3 El lunes Guillermo leyó 10 páginas de un libro. Desde entonces, lee cuatro páginas distintas cada día. ¿Cuántas páginas habrá leído el sábado?

- Si el libro tiene 100 páginas, ¿terminará de leerlo el domingo?

4 Claudia ha construido estas tres figuras con pajitas. ¿Cuántas pajitas tendrá la figura número 10?

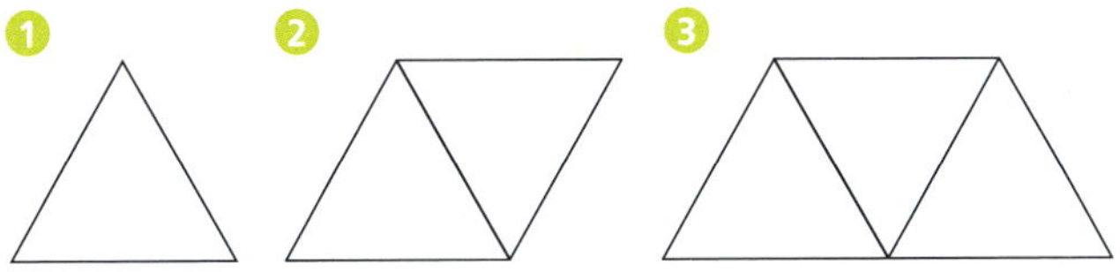

5 Hoy ha nevado en la sierra de Madrid. A las 9 de la mañana el grosor de la nieve es de 2,5 cm. Después, caen 3,5 cm de nieve cada hora. ¿Qué grosor de nieve habrá a las dos de la tarde?

6 Helena tiene ahorrados 125 €. Sus padres han decidido darle una paga todos los meses de 42 €. Si comienzan a darle la paga en el mes de enero, ¿en qué mes tendría suficiente dinero para comprarse una tableta si su precio es de 350 €?

7 Observa la siguiente serie y contesta en tu cuaderno.

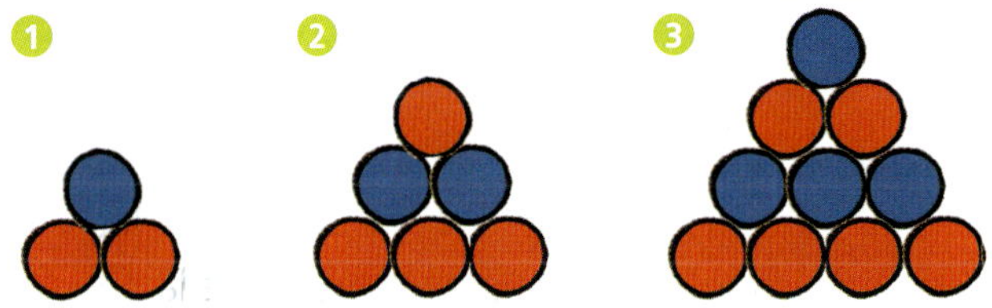

- ¿Cuántas bolas rojas tendrá la figura 4? ¿Y azules?
- ¿Cuántas bolas azules tendrá la figura número 6? ¿Y rojas?

CÁLCULO MENTAL

Multiplicar números decimales por 10 y por 100.

4,835 × 10 = 48,35   8,907 × 100 = 890,7

1 Calcula mentalmente estas operaciones

- 8,376 × 100
- 6,01 × 100
- 3,6 × 10

Elabora una estrategia para calcular esta operación y comprueba el resultado con la calculadora.

7,309 × 1 000

2 Calcula mentalmente estas operaciones.

- 7,34 × 1 000
- 6,977 × 1 000
- 55,04 × 1 000

AHORA INTÉNTALO TÚ

3 Encuentra el 634,72 operando con los siguientes números.

2   59,360   10   2,056

Solo puedes utilizar cada número una vez.

MANOS A LAS MATES

Amplitud, posición y suma de ángulos

¿Qué necesitamos?

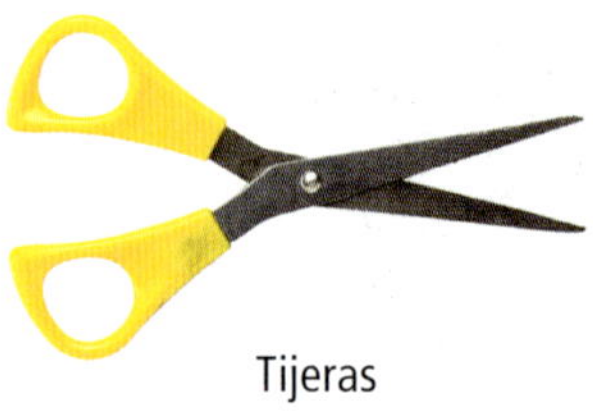
Tijeras

Cartulina grande

Pegamento

Lápices de colores

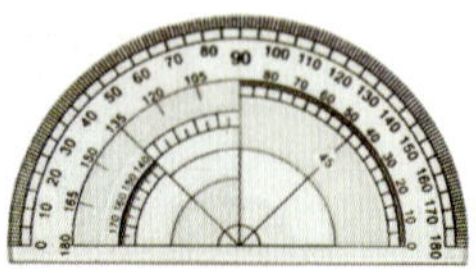
Transportador de ángulos

Sobre

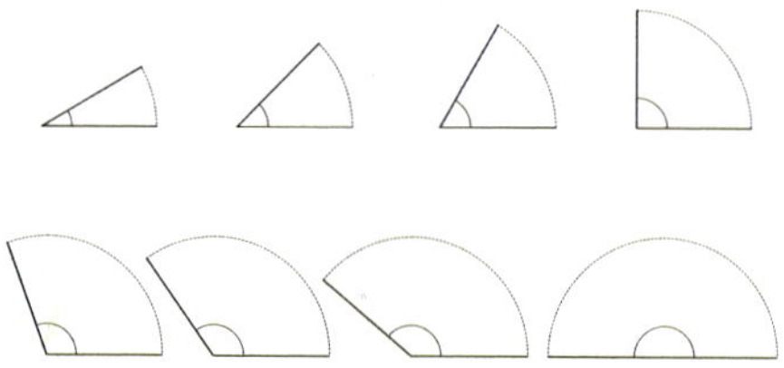
Plantillas

Construimos

1. Pega cada una de las plantillas que te ha dado tu profesor en la cartulina.

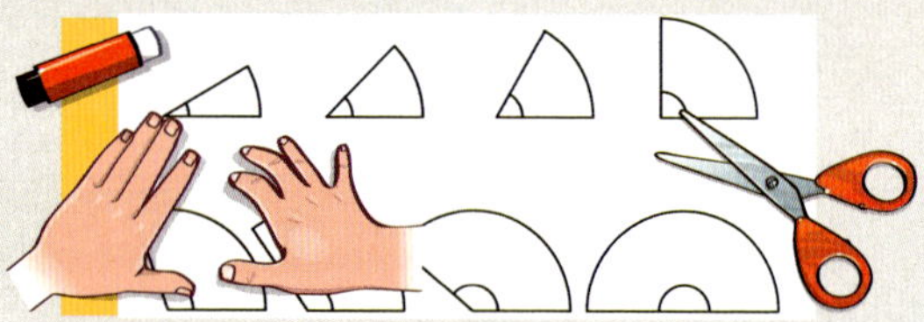

2. Recorta todas las piezas de tus plantillas.

3. Guarda todas las piezas en el sobre.

4. Reserva el transportador y los lápices de colores para las actividades.

1. Saca del sobre tus piezas y obsérvalas. ¿Qué representan las piezas que has recortado?

2. ¿Qué amplitud tiene cada uno de esos ángulos? Compruébalo con el transportador y escríbela en cada uno de ellos.
   - Después, colorea del mismo color los que tengan la misma amplitud.

3. Si colocas los ángulos de 30° y de 60° de forma que tengan un lado común y el mismo vértice, ¿qué tipo de ángulos obtienes?
   - ¿Qué otros ángulos podrías utilizar para formar ángulos consecutivos? Represéntalos con tus piezas.

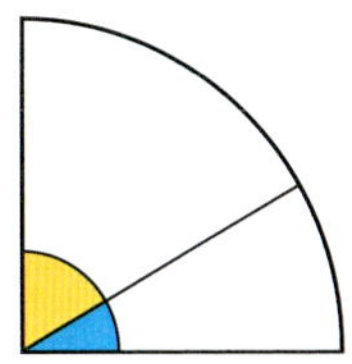

4. Observa estos dos ángulos.

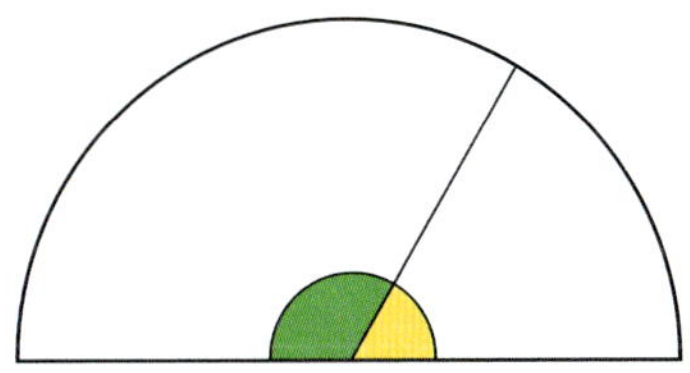

   - ¿Qué tipo de ángulos forman?
   - ¿Con qué otros ángulos podrías obtener ángulos adyacentes? Utiliza tus piezas para comprobarlo.

5. Observa estos dos ángulos.

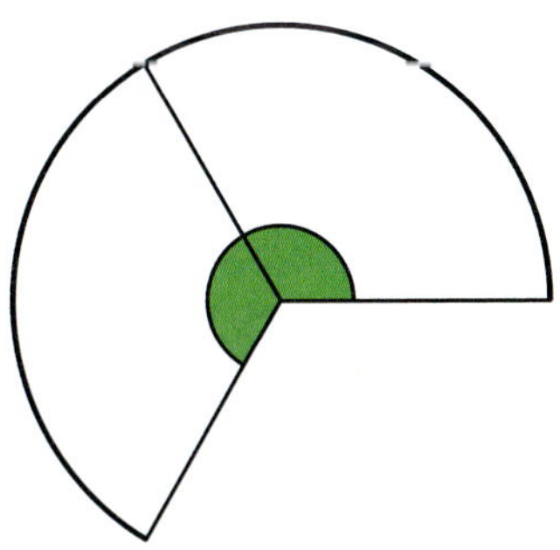

   - ¿Qué tipo de ángulos son?
   - Utiliza tus piezas para representar ángulos opuestos por el vértice con otros ángulos distintos a los anteriores.

6. Coloca dos ángulos de 30° y uno de 120° de forma que tengan el mismo vértice. ¿Cuál es la amplitud del ángulo que obtienes si los sumas?
   - ¿Con qué otros ángulos puedes obtener la suma de un ángulo de 180°? Compruébalo con tus piezas.

7. ¿Con qué operación puedes representar un ángulo de 120° utilizando el ángulo de 180° y otro ángulo más? ¿Qué operación has utilizado? Debatidlo en clase.

¡INOLVIDABLE!

1 Indica en tu cuaderno la posición de estos pares de rectas en el plano.

A

B

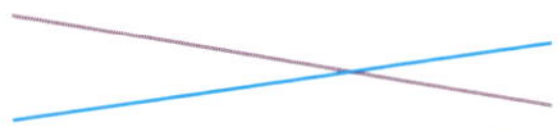

2 ¿En qué posición se encuentra la recta con respecto a la circunferencia en cada caso?

A

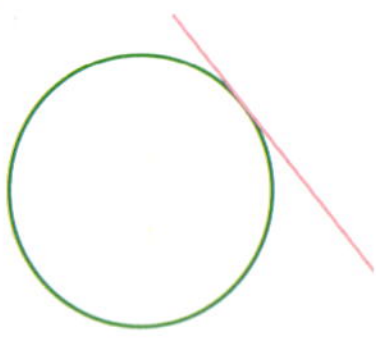

B

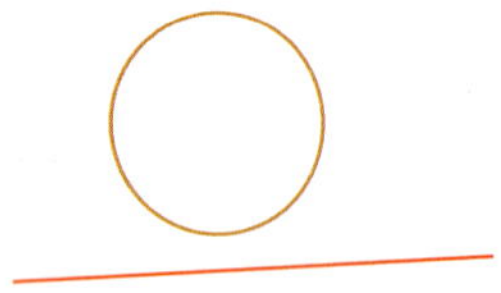

3 Calcula la amplitud de los ángulos complementario y suplementario en cada caso.

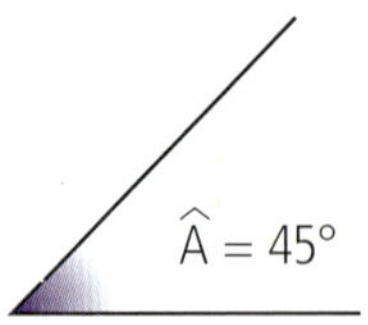

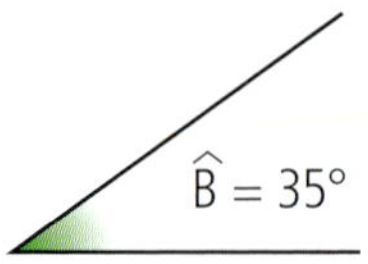

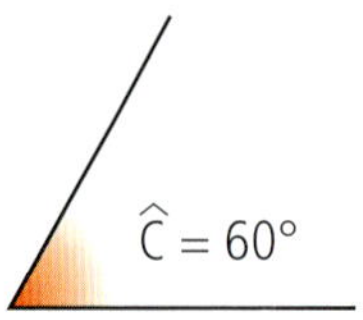

4 Observa estos ángulos e indica en tu cuaderno si son consecutivos, adyacentes u opuestos por el vértice.

A

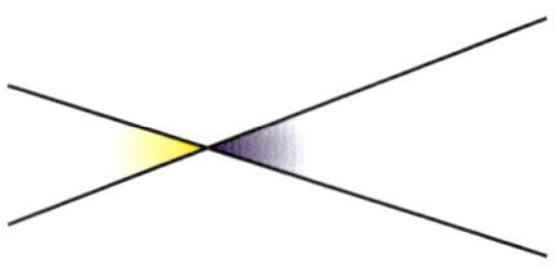

C

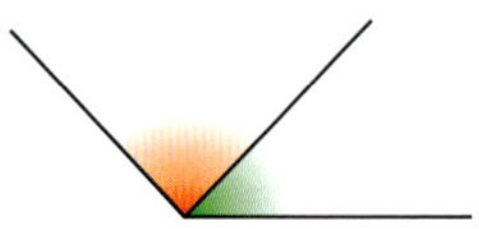

B

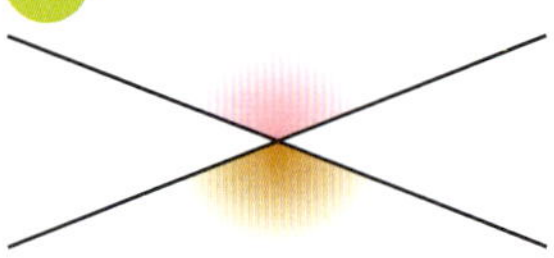

D

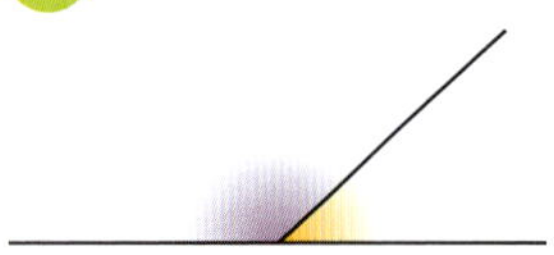

5 Dibuja un ángulo de 40° con el transportador. Luego traza su complementario y su suplementario.

- ¿Qué medida tendrán estos ángulos?

6 Indica si estas oraciones son verdaderas o falsas.

- Dos ángulos complementarios suman 100°.
- Dos ángulos suplementarios suman 180°.

7 ¿En cuál de estos dos ángulos se ha trazado la bisectriz?

A

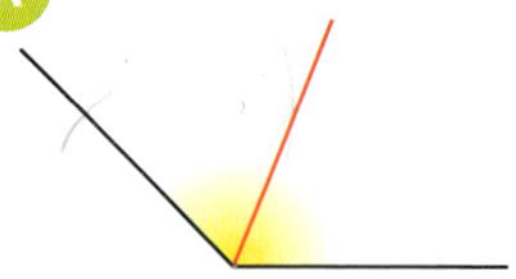

B

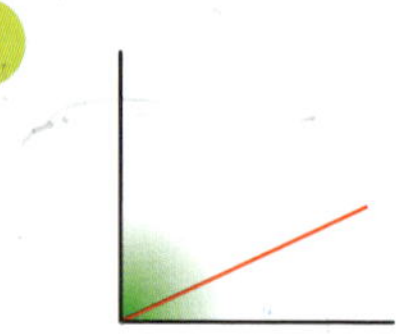

8 ¿En cuál de estos dos segmentos se ha trazado la mediatriz?

A

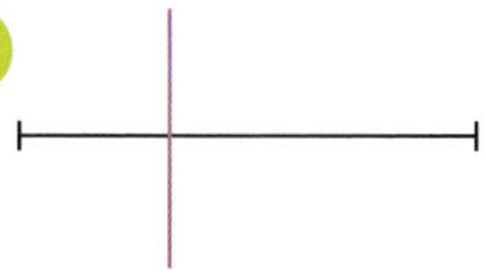

B

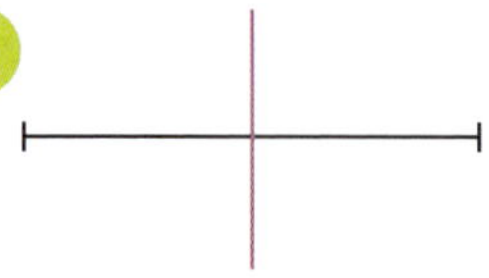

9 Clasifica estas circunferencias según su posición en el plano.

A

B

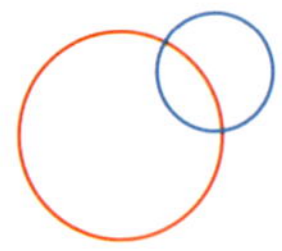

10 Para un trabajo escolar, Raquel debe obtener de una cartulina cuadrada cuatro partes iguales, pero solo dispone de una regla sin graduar. ¿Cómo puede hacerlo? Dibújalo en tu cuaderno.

11 Jaime está haciendo un *collage* con chapas de refrescos y quiere incluir en él seis figuras siguiendo un patrón. Si estas son las tres primeras figuras que ha construido, ¿cuántas chapas necesitará para construir la sexta figura?

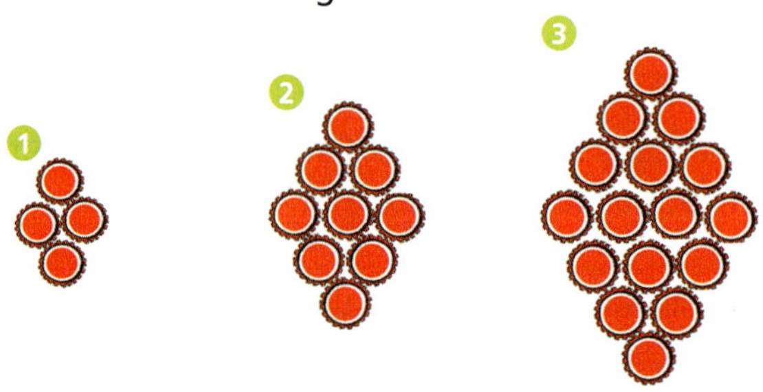

12 Calcula mentalmente estas operaciones.

- $809{,}3 \times 10$
- $78{,}78 \times 10$
- $84{,}025 \times 100$
- $23{,}456 \times 100$
- $0{,}674 \times 1\,000$
- $0{,}54025 \times 1\,000$

13 Has ido de excursión con tus compañeros de clase y, por suerte, el día ha amanecido soleado, pero no hace demasiado calor. Habéis ascendido al pico de Carrascal y os habéis parado en el mirador del Oeste para disfrutar de las vistas.

Allí te colocas delante del siguiente mapa para saber cómo se llama lo que puedes ver desde el mirador.

A En el mirador también hay un telescopio panorámico que os permite ver el paisaje con mayor detalle. Uno de tus amigos mira por él mientras tú observas el mapa.

1. Localiza la zona del mapa en la que se encuentra el telescopio.
2. Indica qué lugares del paisaje están marcados en el mapa y escribe sus nombres en tu cuaderno.

B Tu amigo te pide que le indiques cuánto debe girar el telescopio para ver desde la posición inicial los siguientes lugares. Toma medidas en el mapa con un transportador de ángulos y escribe los resultados en tu cuaderno.

Cueva de Venus | Lago del Oso | Pico del Carrascal

C Os turnáis para mirar por el telescopio y ahora te toca mirar a ti por él. Recuerda las medidas anteriores y calcula cuánto debes girarlo si está dirigido hacia la sierra de la Buenaventura y deseas ver el pico del Carrascal.

14 Realiza un esquema con todo lo que has aprendido en esta unidad.

10 FIGURAS PLANAS Y CUERPOS GEOMÉTRICOS

Las figuras geométricas sirven de inspiración para crear hermosos jardines. ¿Qué figura es la fuente?

La aventura de recolonizar la Tierra os exigirá recuperar los espacios tan bellos y confortables que allí existían. ¿Seréis capaces?

¿De qué tendrías que responsabilizarte en caso de tener una mascota?

¿Cómo calcularías la longitud del camino exterior que rodea al seto con forma de circunferencia?

Clasificación de polígonos. Concavidad y convexidad

- Según el número de lados, los polígonos se clasifican en:

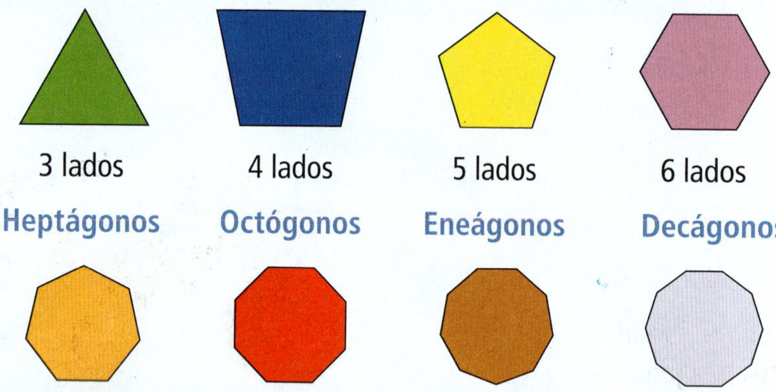

Triángulos	Cuadriláteros	Pentágonos	Hexágonos
3 lados	4 lados	5 lados	6 lados
Heptágonos	**Octógonos**	**Eneágonos**	**Decágonos**
7 lados	8 lados	9 lados	10 lados

- Los polígonos que tienen todos sus lados y todos sus ángulos iguales se llaman **regulares.** Los polígonos que no son regulares se llaman **irregulares.**

- Un polígono es **convexo** si todos sus ángulos interiores miden menos de 180°, y **cóncavo** si al menos uno de sus ángulos interiores mide más de 180°.

Regular   Irregular

Convexo   Cóncavo

1 Observa la descripción de la figura del ejemplo y describe las demás siguiendo esta ficha.

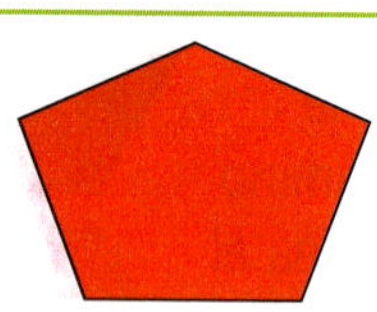

Nombre ⟶ Pentágono
Clase ⟶ Convexo
Lados ⟶ 5
Vértices ⟶ 5
Ángulos ⟶ 5

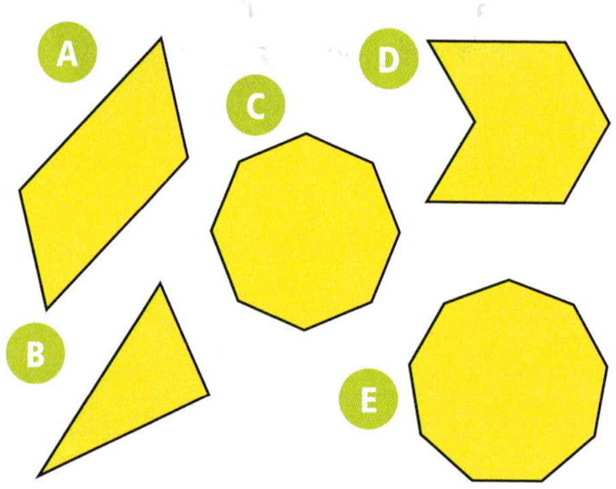

2 Dibuja en tu cuaderno un polígono regular de cuatro lados iguales de 6 cm de lado. ¿Qué nombre recibe esta figura? ¿Cuál es su perímetro? ¿En cuántos triángulos la dividen sus diagonales?

Recuerda

Un **polígono** está formado por una línea poligonal cerrada y su interior. Los elementos de un polígono son:

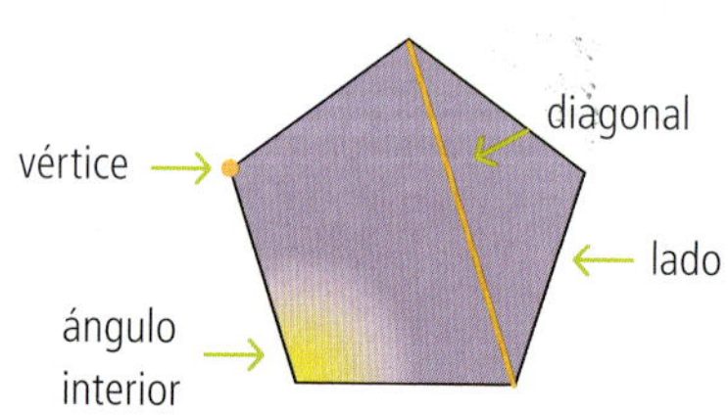

3 Copia el siguiente octógono en tu cuaderno y colorea según se indica.

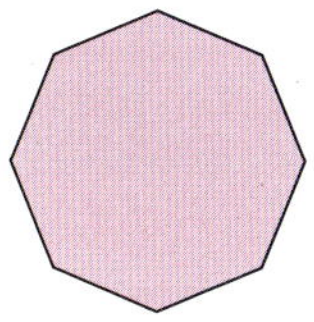

- De rojo sus vértices. ¿Cuántos vértices tiene?
- De azul sus ángulos. ¿Cuántos ángulos interiores tiene?
- De verde sus lados.
- ¿Se trata de un polígono regular o irregular?

4 Observa cómo calcular la amplitud del ángulo central de un triángulo y calcula la de los ángulos centrales de estos polígonos regulares.

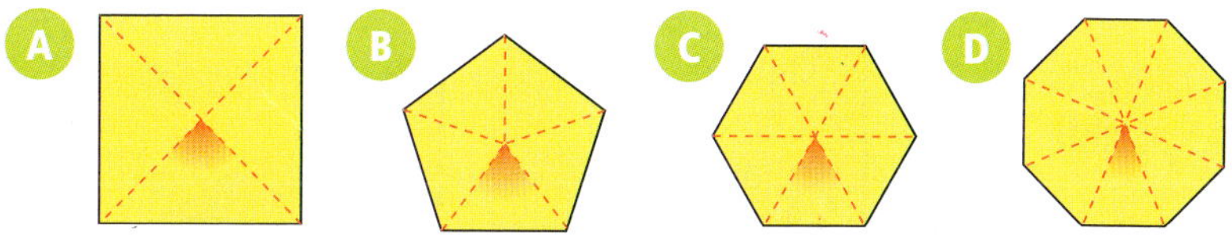

5 ¿Qué polígono regular podrías dibujar si sabes que uno de sus ángulos centrales mide 90°?

6 ¿Cuáles de los siguientes polígonos son cóncavos? Dibújalos en tu cuaderno y marca en ellos el ángulo interior que tiene una amplitud mayor de 180°.

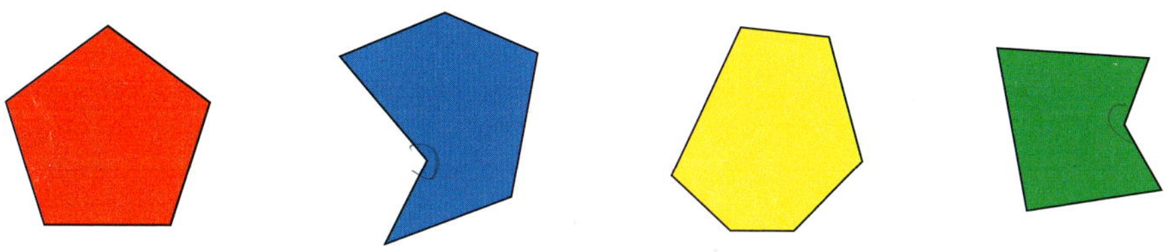

7 Andrés está utilizando una regla y una escuadra para dibujar un cuadrilátero regular de 6 cm de lado. ¿Qué nombre recibe esta figura? ¿Cuál es su perímetro?

Amplía

Ángulo central de un polígono regular.

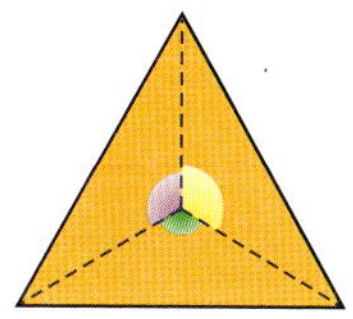

360° : 3 = 120°

Recuerda

El **perímetro** de un polígono es la suma de la longitud todos sus lados.

CÁLCULO

8 Calcula mentalmente.

- 12,3 × 10
- 7,56 × 10
- 6,798 × 10
- 809,56 × 10
- 98,1 × 10
- 0,521 × 10

Recuerda

3,925 × 10 = 39,25

9 Prepara papel y lápiz y calcula.

- 23,128 + 230,42
- 76,901 × 44
- 42,706 : 3
- 1 231,024 × 12
- 71 482,3 – 29,999
- 0,298 + 184 041,53

Clasificación de triángulos

- Los triángulos son polígonos que tienen 3 lados.

Según sus ángulos \ Según sus lados	**Equiláteros** Tres lados iguales	**Isósceles** Dos lados iguales	**Escalenos** Tres lados desiguales
Acutángulos Tres ángulos agudos	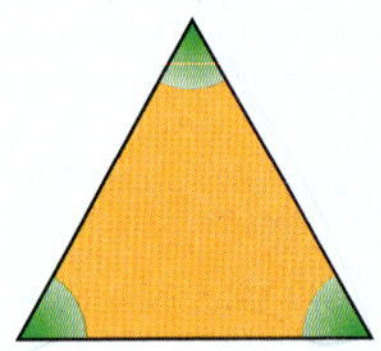	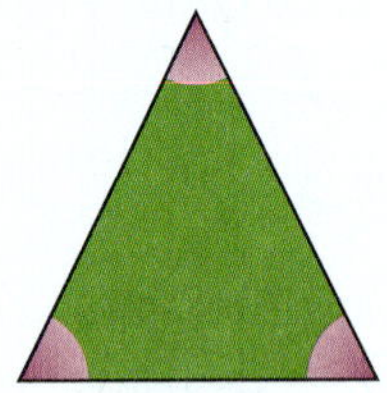	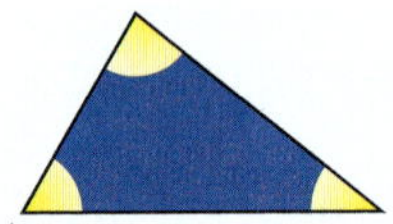
Rectángulos Un ángulo recto	No es posible	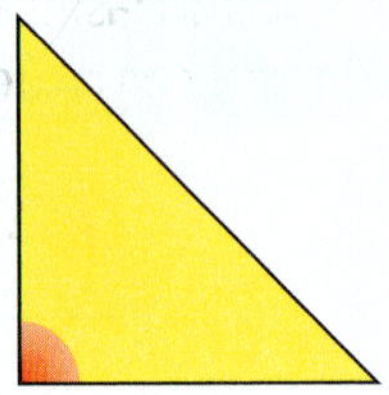	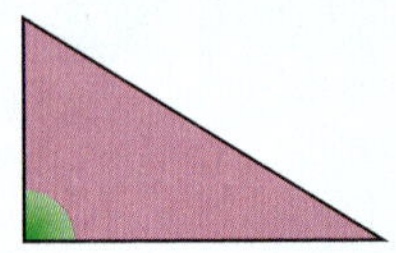
Obtusángulos Un ángulo obtuso	No es posible	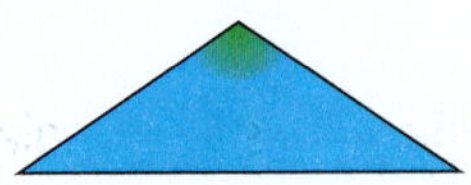	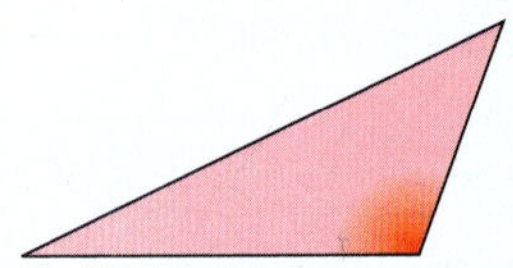

- La suma de los ángulos interiores de cualquier triángulo es 180°.

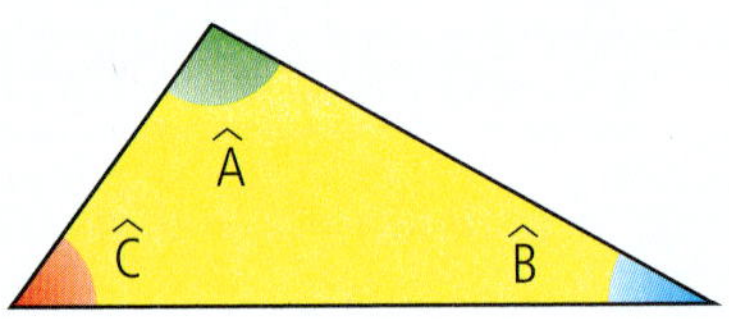

$$\hat{A} + \hat{B} + \hat{C} = 180^\circ$$

1 Clasifica estos triángulos según sus lados y según sus ángulos.

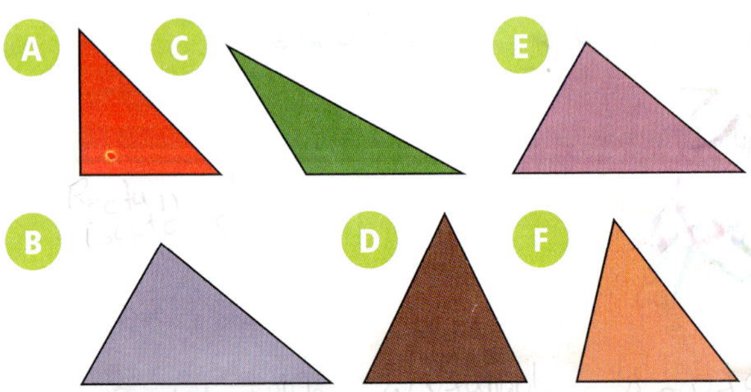

2 Calcula el valor de los ángulos que faltan en estos triángulos.

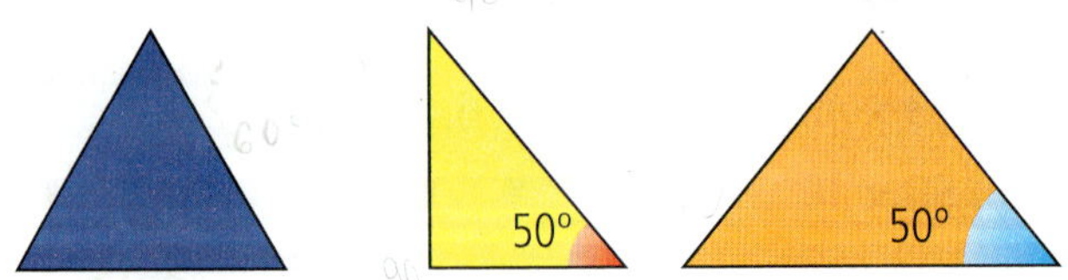

Equilátero — Rectángulo — Isósceles

- ¿Qué observas en el valor de los ángulos del triángulo equilátero?

Alturas de un triángulo

- La **altura** de un triángulo es un segmento trazado perpendicularmente desde la base del triángulo hasta el vértice opuesto.

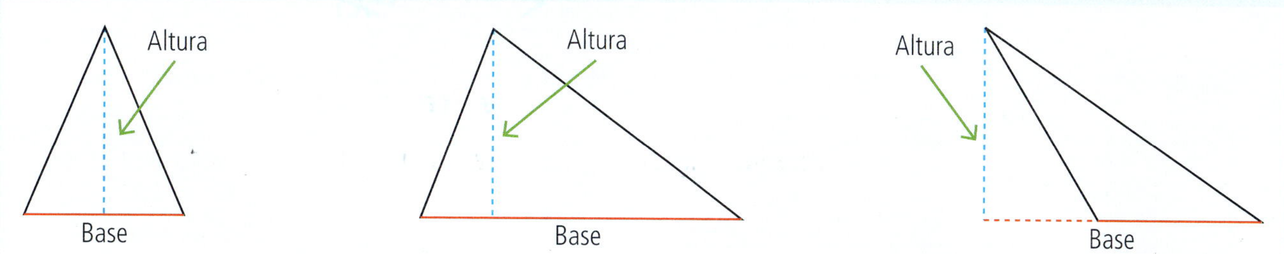

1 Copia en tu cuaderno estos triángulos y clasifícalos según sus ángulos. Después, traza una altura en cada uno con ayuda de una regla y un cartabón.

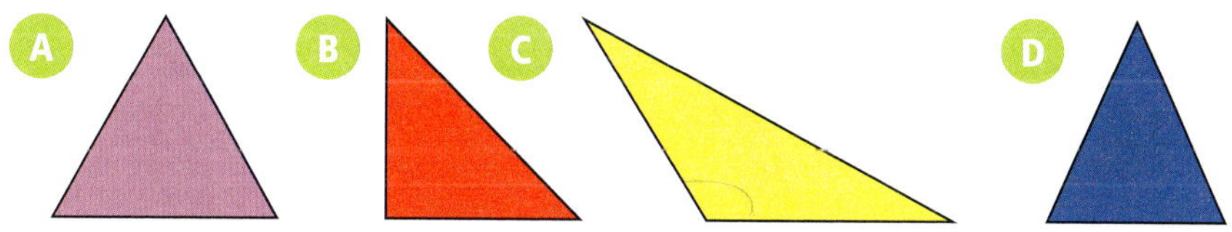

2 Dibuja un rectángulo y traza una de sus diagonales.

- ¿En cuántos triángulos has dividido el rectángulo? ¿Cómo son esos triángulos?
- Si trazaras las dos diagonales del rectángulo, ¿cuántos triángulos obtendrías y de qué tipo serían según sus lados?

3 Dibuja un triángulo isósceles y traza sus tres alturas.

4 Elsa ha dibujado un triángulo rectángulo y su hermano le ha dado las siguientes pistas para que nombre los lados. Haz un dibujo en tu cuaderno y coloca los nombres correctamente.

- Los lados que forman el ángulo recto son los catetos.
- El lado de mayor longitud se llama hipotenusa.

LÓGICA

5 ¿Cuántos triángulos equiláteros ves en esta figura?

Clasificación de cuadriláteros

- Los cuadriláteros que tienen los lados paralelos dos a dos se llaman **paralelogramos.** Según sean sus lados y sus ángulos, los paralelogramos se clasifican en:

Cuadrado

4 lados iguales.
4 ángulos iguales.

Rectángulo

Lados iguales 2 a 2.
4 ángulos iguales.

Rombo

4 lados iguales.
Ángulos iguales 2 a 2.

Romboide

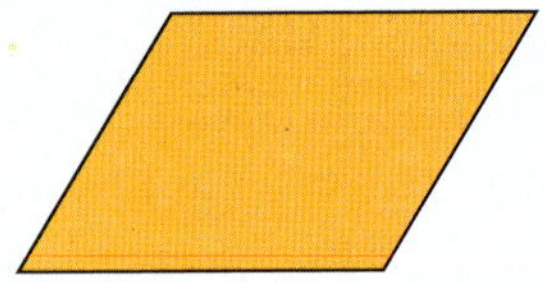

Lados iguales 2 a 2.
Ángulos iguales 2 a 2.

- Los cuadriláteros que no sean paralelogramos pueden ser:

Trapecios

No todos los lados paralelos.

Trapezoides

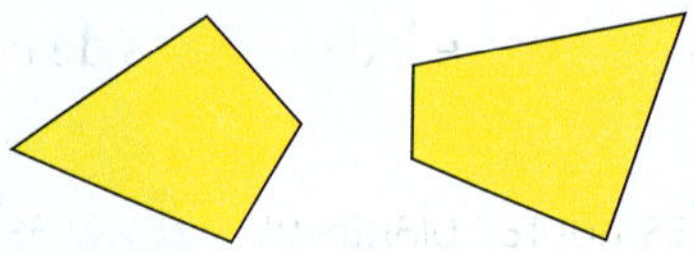

Ningún lado paralelo a otro.

- La suma de los ángulos interiores de cualquier cuadrilátero es 360°.

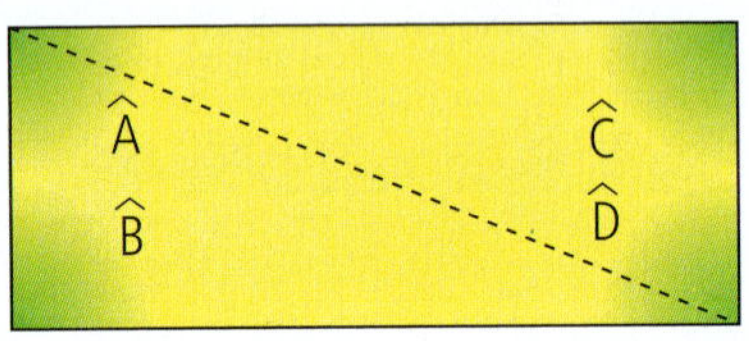

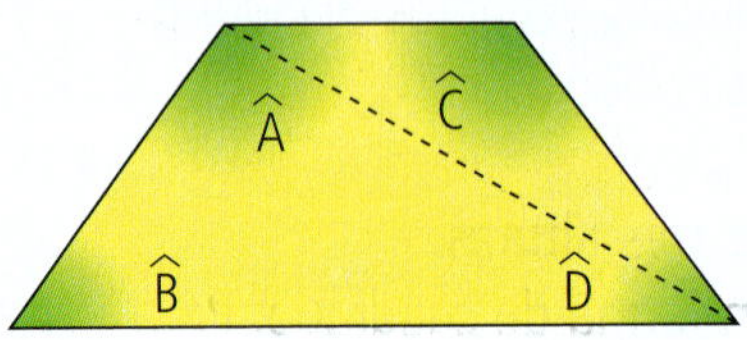

$\hat{A} + \hat{B} + \hat{C} + \hat{D} = 360°$

1 Clasifica estos cuadriláteros en paralelogramos o no paralelogramos. Después, escribe sus nombres.

A 
cuadrado
si para.

C 
Rombo
si, para

D 
Trapezoide
No. para

F 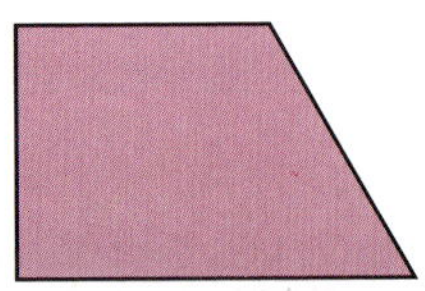
Trapecio
No, para

G 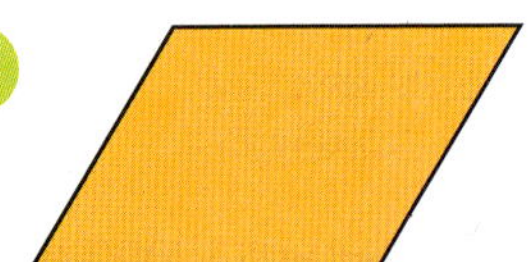
Romboide
si, para

B 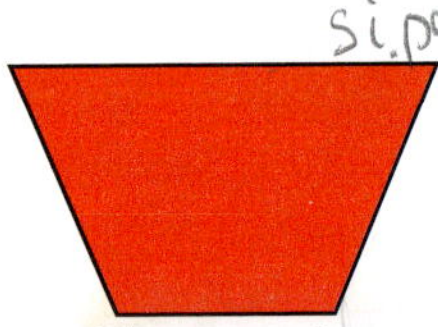
Trapezio
No. para

E 
Rectángulo
si, para

H 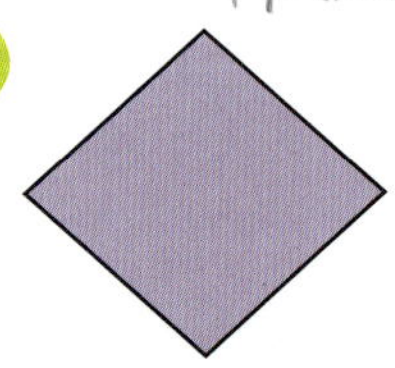
Rombo

2 Describe estos cuadriláteros y averigua el valor de los ángulos que faltan.

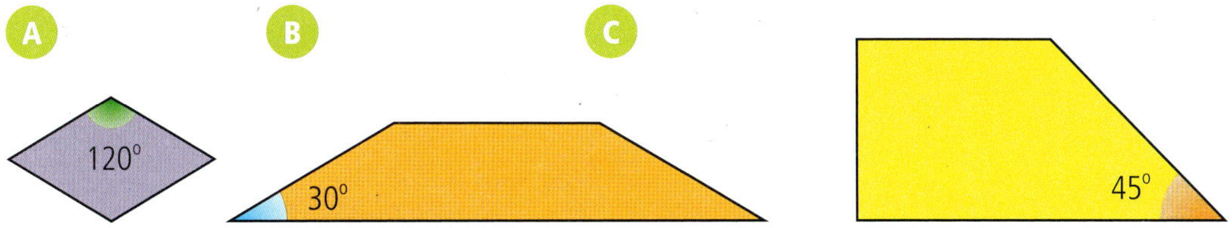

3 Copia en tu cuaderno el siguiente cuadrilátero. Colorea de color rojo los ángulos agudos y de color azul los ángulos obtusos.

- ¿Qué tipo de cuadrilátero es? ¿Es un paralelogramo?

4 Busca en Internet imágenes de obras de arte en las que aparezcan polígonos. Clasifícalos según el número de lados e indica cuáles de ellos son paralelogramos.

- Crea tu propia obra de arte utilizando las figuras planas que conozcas y los colores y materiales que más te gusten.

5 El patio del colegio de Daniel tiene forma de cuadrilátero. Ha dejado las siguientes pistas para que averigües qué cuadrilátero es.

- Tiene los ángulos iguales dos a dos.
- Ninguno de sus ángulos es recto.
- Todos sus lados miden 24 m.

6 El abuelo de Mario tiene un huerto con forma de cuadrado. Para que no lo pisen quieren protegerlo bordeándolo con una cuerda. Si un lado del huerto mide 6 m, ¿cuántas vueltas podrán dar al huerto con 89 m de cuerda?

- ¿Cuántos metros de cuerda le faltan para dar una vuelta más?

CÁLCULO

7 Calcula mentalmente.

- 4,6 × 100
- 98,4 × 100
- 647,065 × 100
- 0,257 × 100
- 0,074 × 100
- 0,37 × 100

8 Prepara papel y lápiz y calcula.

- 45,35 – 13,201
- 195,039 × 63
- 1 756,8 – 353,302
- 98,123 + 67,501
- 3 564,024 : 29
- 370,854 × 1,46

Recuerda

Circunferencia, círculo y figuras circulares

- La **circunferencia** es una curva cerrada cuyos puntos equidistan del centro. Una circunferencia y su interior forman un **círculo.**

Circunferencia

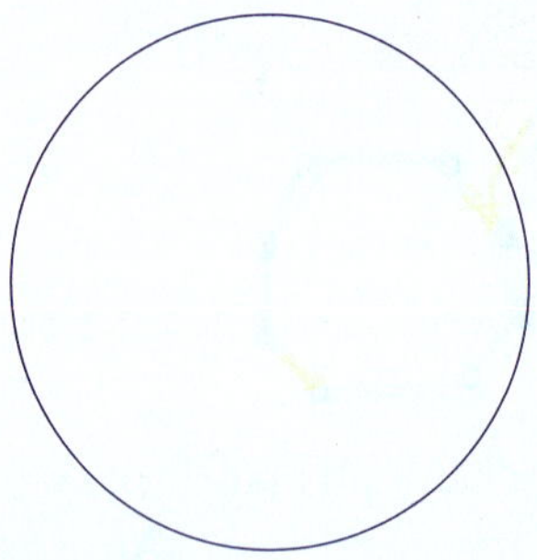

Círculo

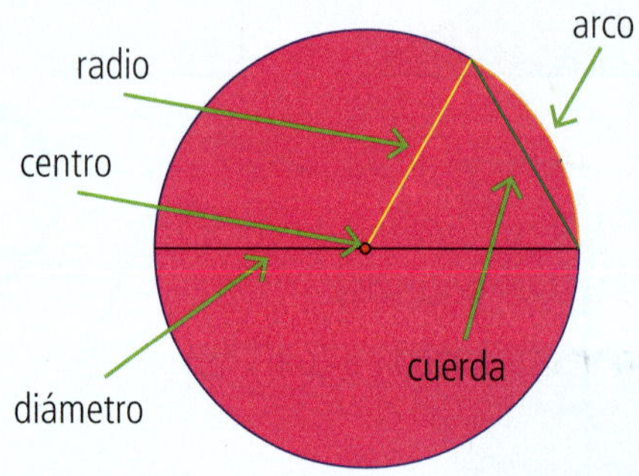

- Otras **figuras circulares** son las siguientes.

Semicírculo

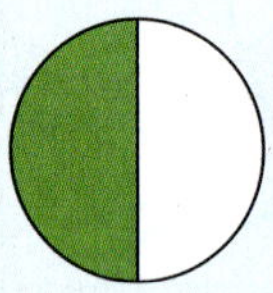

Sector circular

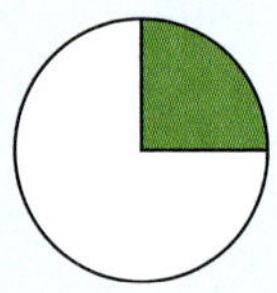

Segmento circular

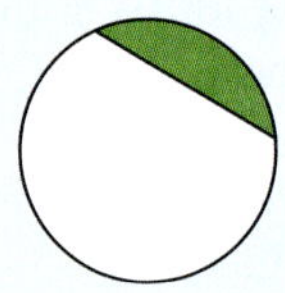

Corona circular

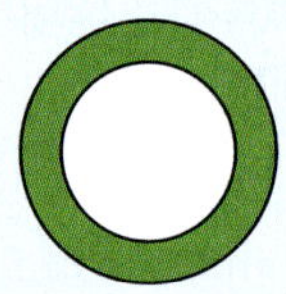

1 Traza en tu cuaderno las siguientes circunferencias con ayuda de un compás y una regla.

- Circunferencia roja de radio 3 cm
- Circunferencia verde de radio 1,5 cm

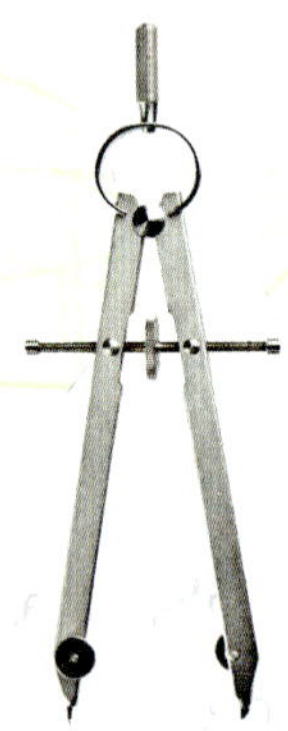

2 Dibuja en tu cuaderno un círculo de 4 cm de radio y traza en él dos radios de color azul, dos cuerdas de verde y dos arcos de rojo.

3 De todas las cuerdas que se pueden trazar en un círculo, ¿cuál es la más larga? ¿Con qué elemento del círculo coincide?

4 Escribe la definición de los elementos del círculo y de las figuras circulares.

5 Dibuja un segmento de 5 cm y traza una circunferencia que pase por sus extremos y tenga el centro sobre el segmento. ¿Puedes trazar más de una? ¿Cuánto mide el radio?

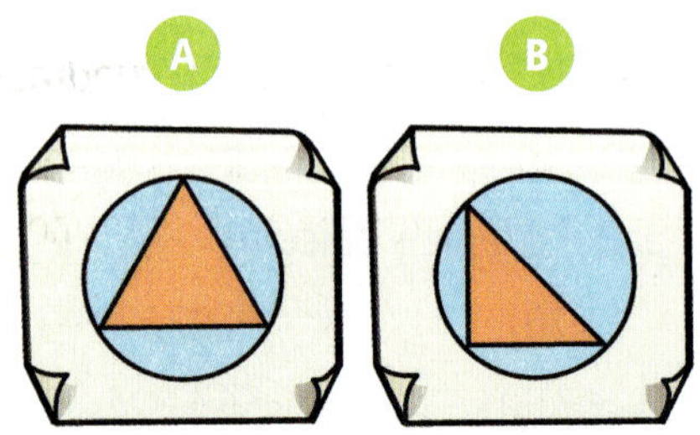

6 Observa los dibujos y contesta en tu cuaderno.

- ¿Qué tipo de triángulo ha dibujado en cada caso?
- ¿Qué figuras circulares quedan fuera del triángulo en cada círculo?

Longitud de una circunferencia

- La **longitud de una circunferencia (L)** es un número de veces su diámetro. Ese número es aproximadamente 3,14 y se llama **pi (π)**.

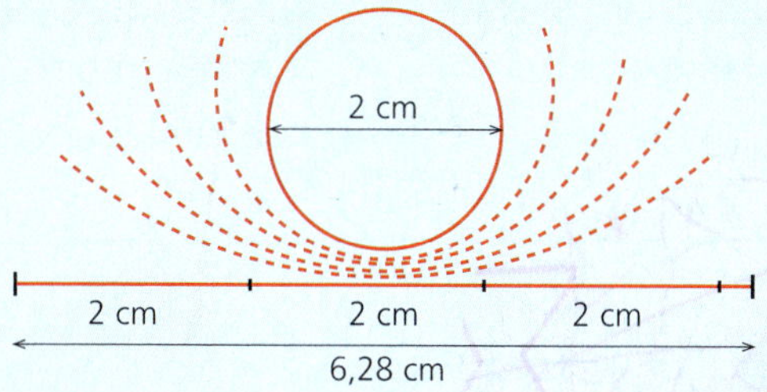

- Para calcularla utilizaremos 3,14 como valor aproximado de π.

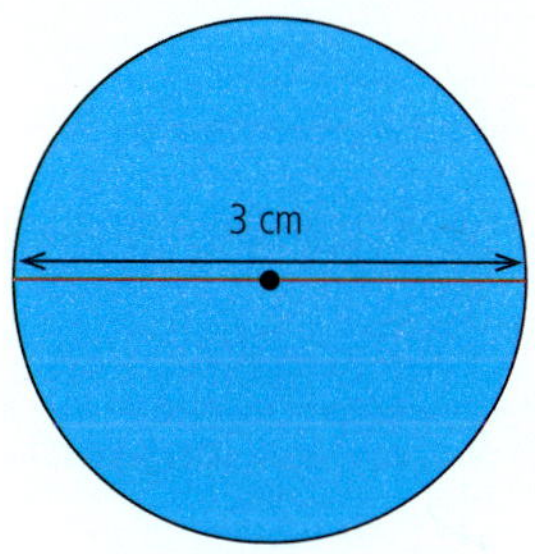

$$L = \pi \times \text{diámetro} = \pi \times 2 \times \text{radio}$$

$$L = 3{,}14 \times 3 \text{ cm} = 9{,}42 \text{ cm}$$

Longitud →

1 Calcula la longitud de las siguientes circunferencias.

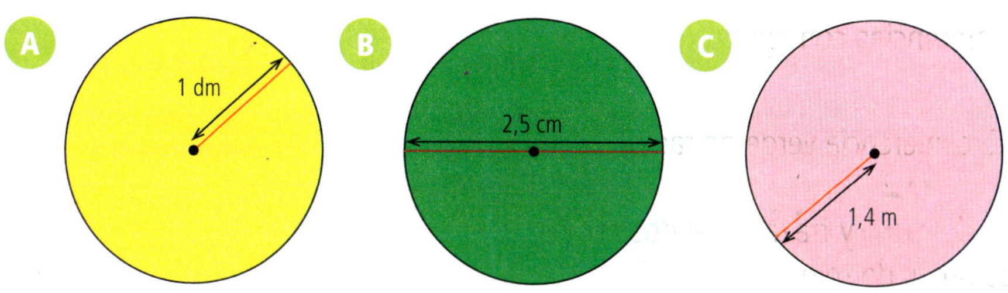

2 Traza las siguientes circunferencias y calcula su longitud.

- Circunferencia de radio 2 cm
- Circunferencia de diámetro 4,5 cm
- Circunferencia de radio 32 mm

LÓGICA

3 Observa las medidas de este imán cuadrado.

- ¿Cuál es el perímetro del cuadrado grande en centímetros? Calcula y explícale a un compañero cómo lo has hecho.

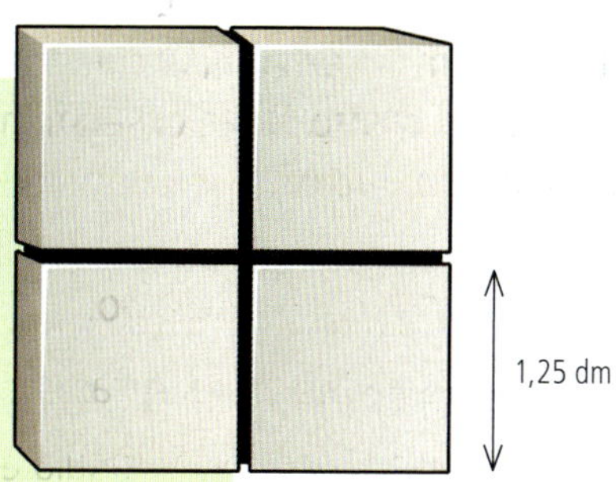

Poliedros. Poliedros regulares

- Un **poliedro** es un cuerpo geométrico formado por polígonos.

Prismas: tienen dos bases y sus caras laterales son paralelogramos.

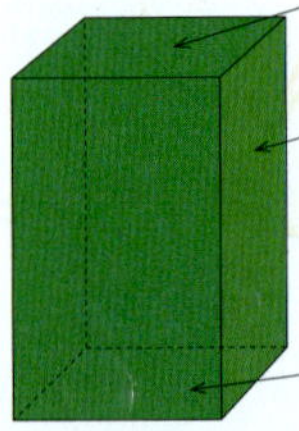

Pirámides: tienen una base y sus caras laterales son triángulos.

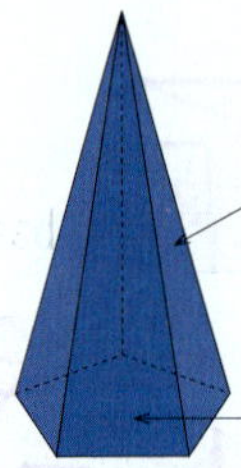

Otros cuyas caras están formadas por cualquier polígono.

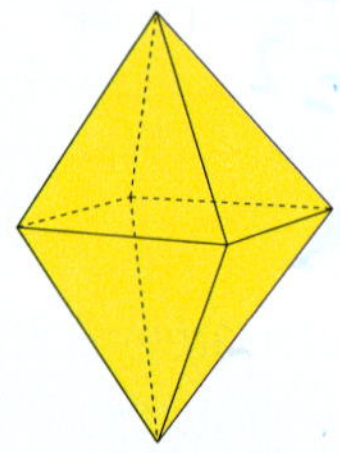

- Un **poliedro** es **regular** si todos los polígonos que lo forman son iguales y regulares y, además, en todos los vértices se unen el mismo número de caras.

Tetraedro

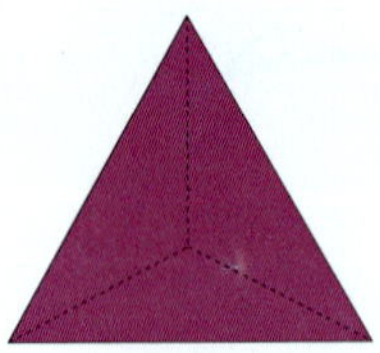

Limitado por 4 triángulos equiláteros.

Hexaedro o cubo

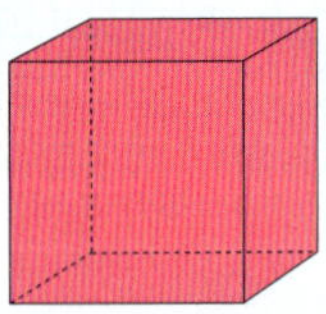

Limitado por 6 cuadrados iguales.

Octaedro

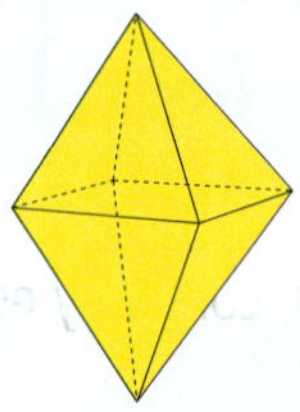

Limitado por 8 triángulos equiláteros.

Dodecaedro

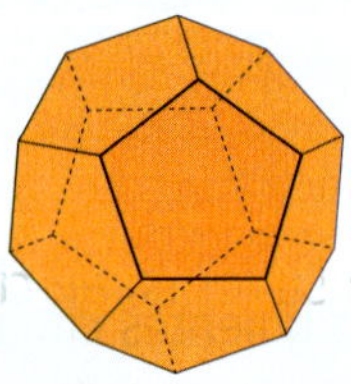

Limitado por 12 pentágonos iguales.

Icosaedro

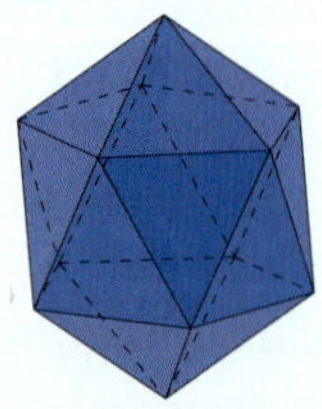

Limitado por 20 triángulos equiláteros.

1 Observa estos cuerpos geométricos e indica cuáles de ellos son poliedros.

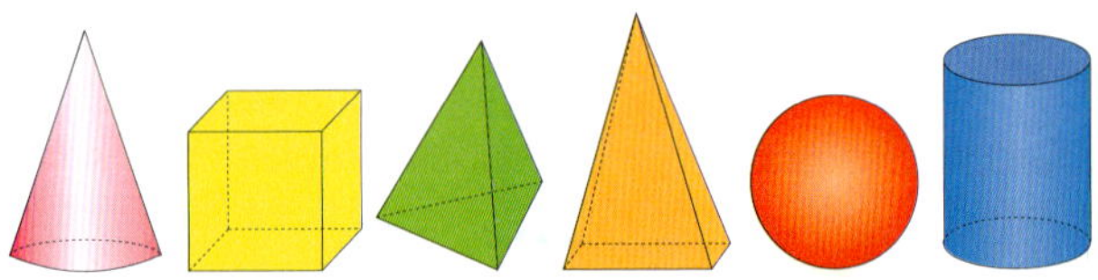

- ¿Cuántas caras tiene cada uno de los poliedros? ¿Y aristas?
- Indica el número de vértices que tiene cada poliedro.
- Nombra tres objetos reales que tengan forma de poliedro.

2 Indica en cada caso el nombre del poliedro.

- Sus ocho caras son triángulos equiláteros iguales.
- Tiene solo cuatro caras triangulares iguales.
- Está limitado por 12 caras pentagonales.
- Tiene 20 caras triangulares iguales.
- Sus caras son cuadrados.
- Tiene una base y sus caras laterales son triángulos.
- Tiene dos bases y sus caras laterales son paralelogramos.

3 Una lámpara tiene forma de tetraedro. Si una de sus aristas mide 15 cm, ¿cuántos centímetros medirán todas sus aristas?

Cilindro, cono y esfera

• Los **cuerpos redondos** son cuerpos geométricos que tienen superficies curvas.

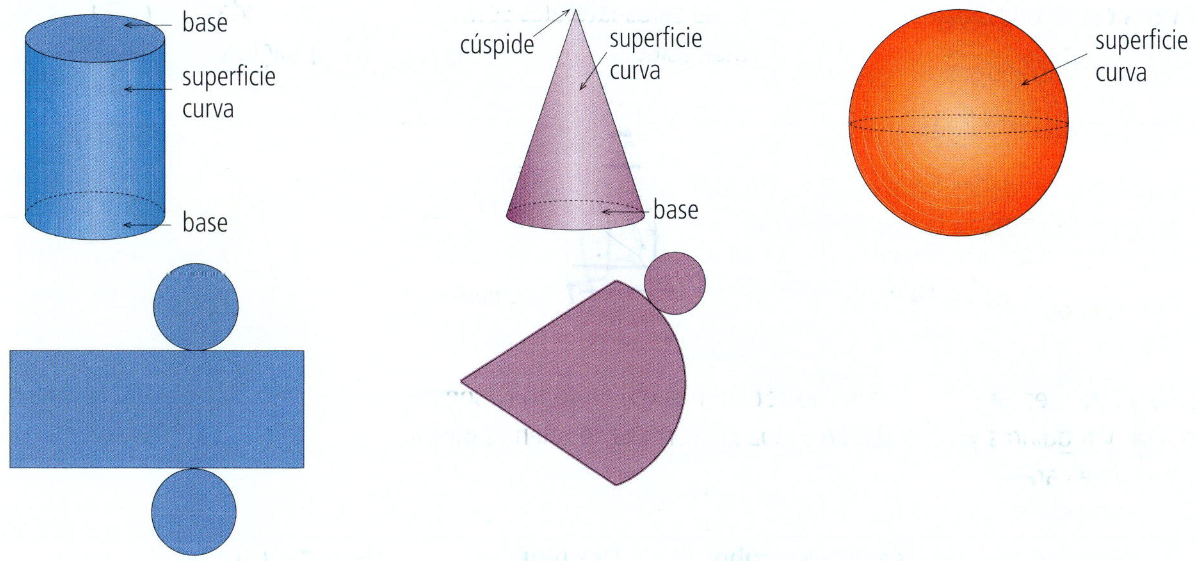

Tiene dos bases circulares.

Solo tiene una base circular.

No tiene bases.

1 Clasifica estos objetos por su forma en cilíndricos, cónicos y esféricos.

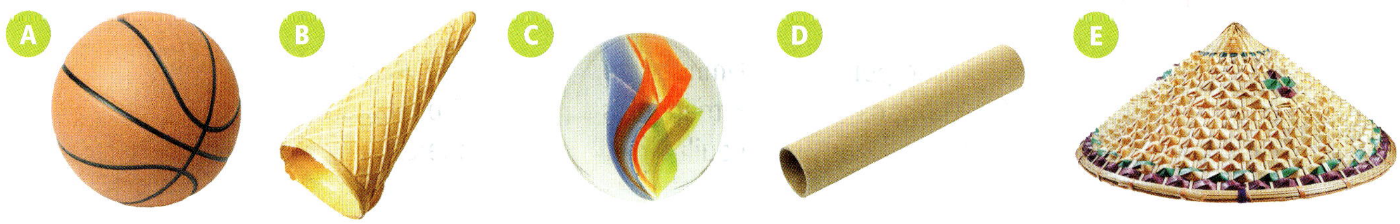

2 Escribe en tu cuaderno tres objetos que tengan forma de cono, tres con forma de esfera y tres con forma de cilindro.

CÁLCULO

3 Calcula mentalmente.

- 3,7 × 1 000
- 45,67 × 1 000
- 0,238 × 1 000
- 5,664 × 1 000
- 906,201 × 1 000
- 301,56 × 1 000

4 Prepara papel y lápiz y calcula.

- 67,87 – 28,64
- 84,77 × 85
- 88 957,6 : 24,8
- 147,32 + 0,024
- 134,946 : 23,8
- 847,56 × 1,78

Recuerda

5,1083 × 1 000 = 5 108,3

¡NO HAY PROBLEMA!

Buscar regularidades para resolver un problema

Sara está haciendo un trabajo para la clase de Plástica y tiene que dibujar seis circunferencias siguiendo un patrón. ¿Cuál será la longitud de la sexta circunferencia que dibuje?

- Leo el enunciado y observo el dibujo.
- Planifico una estrategia y resuelvo.

Busco regularidades en los datos y observo que la longitud de los radios realiza la siguiente serie:

1 cm, 4 cm, 7 cm, 10 cm…

Observo que cada radio es 3 cm mayor que el anterior y calculo los dos siguientes términos de la serie.

10 cm + 3 cm = 13 cm

13 cm + 3 cm = 16 cm

El radio de la sexta circunferencia medirá 16 cm y su longitud:

3,14 × 2 × 16 = 100,48 cm

- La longitud de la sexta circunferencia será de 100,48 cm.

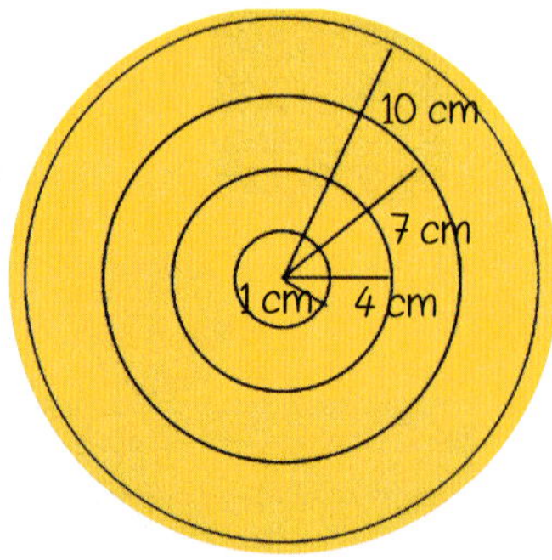

¿Podrías resolver el problema sin calcular el radio de la sexta circunferencia? Explica por qué.

1 A Sara su profesora de Plástica le ha pedido que dibuje otras ocho circunferencias. ¿Qué valor tendrá el radio de la octava circunferencia si los diámetros siguen este patrón? ¿Y su longitud?

16 cm, 14 cm, 12 cm, 10 cm…

2 Raúl está jugando a hacer torres con piezas de construcción de forma que cada torre sea dos piezas más alta que la anterior. ¿Cuántas piezas necesitará para construir 10 torres? ¿Y para construir 100 torres?

3 Hernán está utilizando sus lápices de colores para construir figuras siguiendo un patrón.

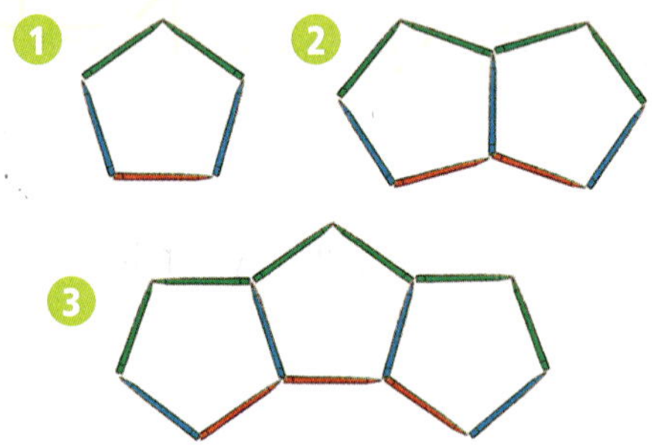

- ¿Cuántos lápices de color azul utilizará para construir la figura 10? ¿Y de color verde?
- ¿Cuántos lápices en total utilizará para construir la figura 25?

4 Jaime se está preparando para la prueba de maratón de su localidad. Cada día corre 70 m más que el día anterior. ¿Cuántos metros habrá recorrido en total al cabo de 9 días si el primero corre 85 dam?

5 Julia está construyendo un mosaico con piedras redondas de forma que cada día pone piedras en la parte inferior siguiendo un patrón.

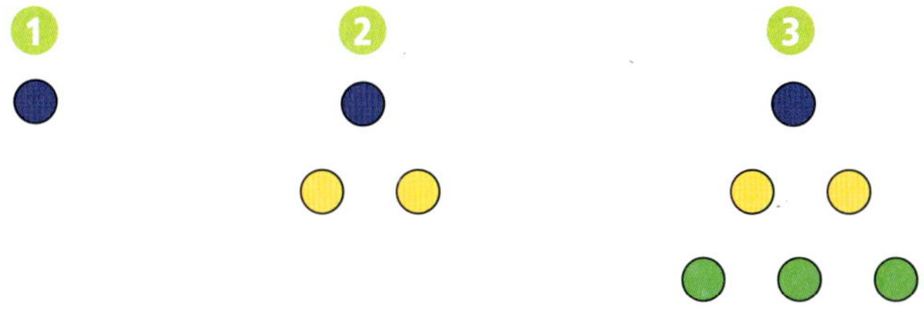

- ¿Cuántas piedras colocará el octavo día?
- ¿Cuántas piedras habrá colocado en total hasta el octavo día?

Un mosaico es una obra pictórica elaborada con pequeñas piezas de piedra. Busca en Internet información sobre los mosaicos que se conservan desde la Antigüedad. ¿Piensas que se deben conservar las obras que nuestros antepasados nos han dejado?

6 Nerea está utilizando palillos para construir triángulos equiláteros siguiendo un patrón.

- ¿Cuántos triángulos ha añadido a la novena figura para formar la décima figura?
- ¿Cuántos triángulos formarán la décima figura?

7 Jaime ha formado las siguientes figuras con bastoncillos.

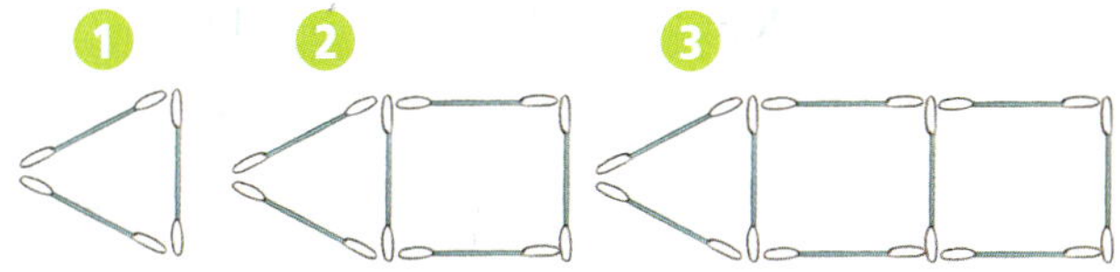

- Si continúa construyendo figuras según la misma regla, ¿cuántos bastoncillos necesitará para formar la siguiente figura? ¿Y la figura número diez?
- ¿Habrá alguna figura con 20 bastoncillos? ¿Y con 60?

CÁLCULO MENTAL

Dividir números decimales por 10 y por 100.

38,2 : 10 = 3,82   74,9 : 100 = 0,749

1 Calcula mentalmente estas operaciones.

- 6,1 : 10
- 8,24 : 100
- 395,4 : 100

Elabora una estrategia para calcular esta operación y comprueba el resultado con la calculadora.

174,3 : 1 000

2 Calcula mentalmente estas operaciones.

- 293,6 : 1 000
- 2 690,1 : 1 000
- 30 782,2 : 1 000

AHORA INTÉNTALO TÚ

3 Encuentra el 1 538 400 operando con los siguientes números.

641   3   72   25   4

Solo puedes utilizar cada número una vez.

MANOS A LAS MATES

El geoplano

¿Qué necesitamos?

Corcho

100 chinchetas

Gomas de colores

Pegamento

Plantilla

Construimos

1. Recorta la plantilla por la línea.

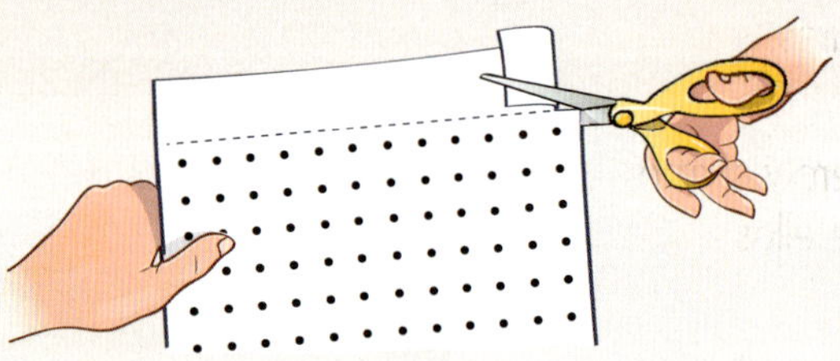

2. Pégala sobre el corcho.

3. Con mucho cuidado, clava una chincheta sobre cada punto de la plantilla.

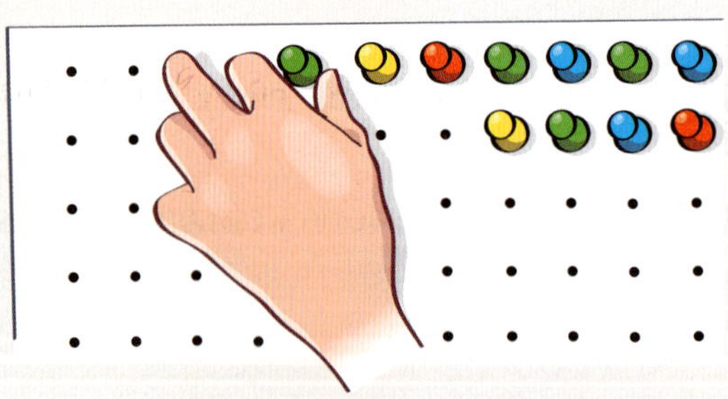

1 ¿Cómo es la distancia entre las chinchetas? ¿Por qué crees que es así?

2 Coge una de las gomas y representa un cuadrado.

- Partiendo de este cuadrado, ¿qué harías para representar otro cuadrado más grande?
- Y partiendo de este último cuadrado, ¿qué harías para representar un romboide?

3 Representa ahora un triángulo rectángulo.

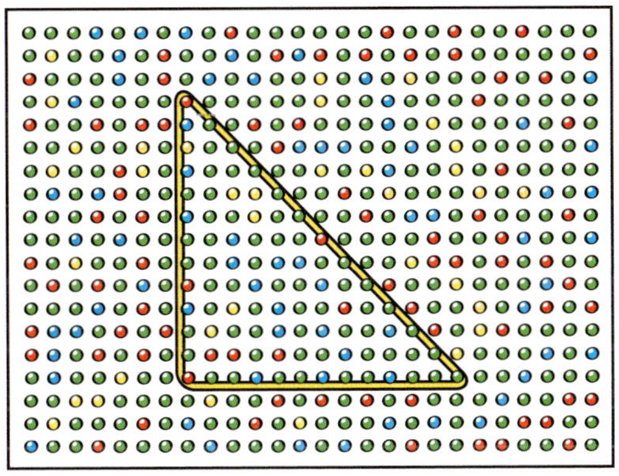

- A partir de este triángulo rectángulo, ¿puedes representar un triángulo obtusángulo haciendo solo un movimiento?
- ¿Puedes formar un triángulo acutángulo con un movimiento partiendo de un triángulo rectángulo? Hazlo con tu material.

4 Representa un triángulo rectángulo isósceles. Después representa con gomas cada una de sus alturas. ¿Qué observas?

- Representa un triángulo obtusángulo isósceles y sus tres alturas. ¿Qué observas?
- Representa dos triángulos acutángulos, uno de ellos equilátero y el otro isósceles. Después representa las tres alturas de cada uno de ellos. ¿Qué observas?
- Ahora representa con tu material dos triángulos escalenos, uno de ellos acutángulo y el otro obtusángulo. Representa las alturas de cada uno de ellos. ¿Qué observas?

5 Representa un polígono regular en tu geoplano y realiza estas preguntas a tu compañero.

- ¿Cuántos lados tiene?
- ¿Cuántos ángulos tiene?
- ¿Cómo se llama el polígono?

6 ¿Podrías representar en el geoplano una circunferencia? Debate con tus compañeros.

¡INOLVIDABLE!

1 Clasifica los siguientes polígonos según su número de lados y según su concavidad o convexidad.

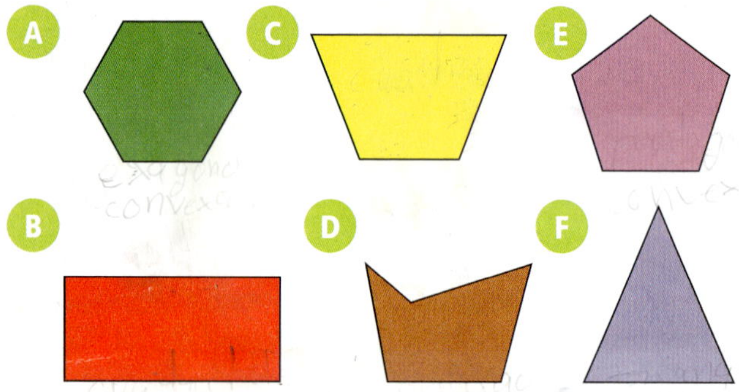

2 Copia en tu cuaderno estos triángulos y clasifícalos según sus lados y según sus ángulos. Luego, traza las tres alturas de cada uno de ellos.

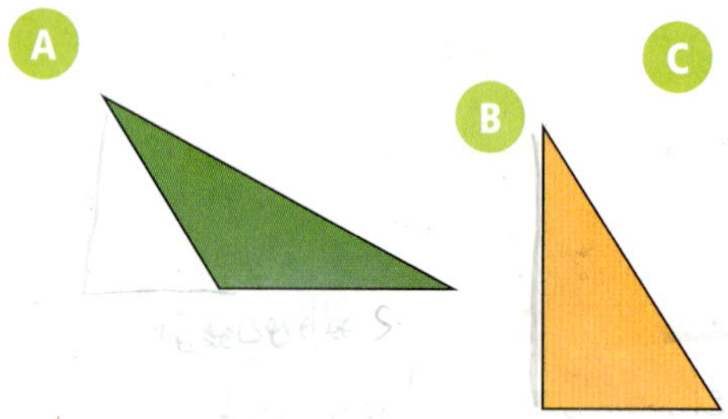

3 Clasifica estos cuadriláteros en paralelogramos y no paralelogramos.

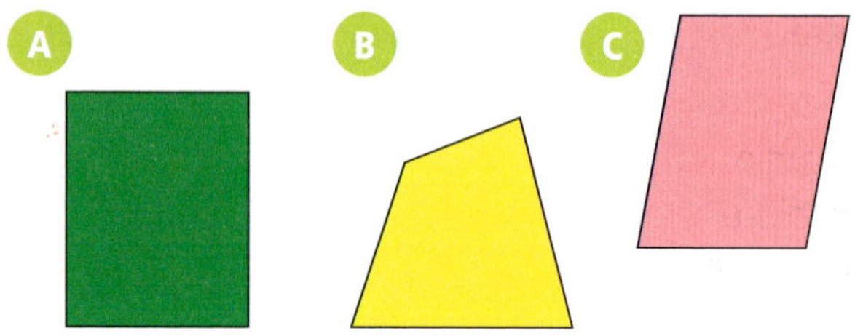

- Indica los nombres de los cuadriláteros anteriores.

4 Calcula la longitud de estas circunferencias.

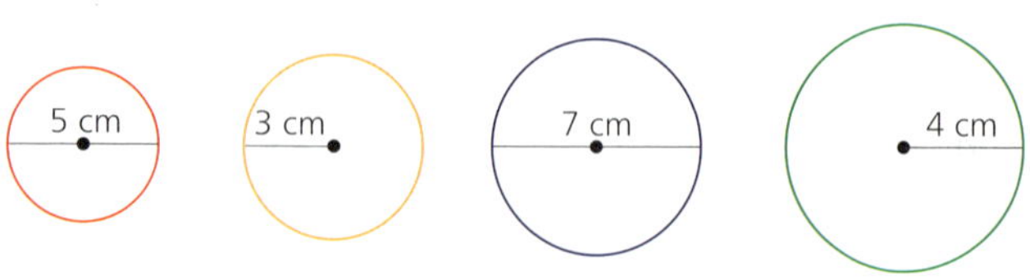

5 Indica si son verdaderas o falsas estas oraciones.

- Un rectángulo tiene todos sus lados iguales.
- Un rombo no es un cuadrilátero.
- El ángulo central de un cuadrado mide 90°.

6 Escribe el nombre de estos cuerpos geométricos e indica cuáles son prismas y cuáles son pirámides.

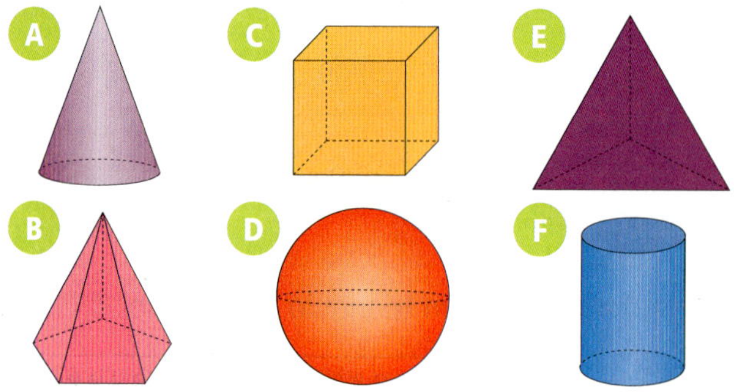

7 ¿Cuántas caras, vértices y aristas tiene el siguiente poliedro regular?

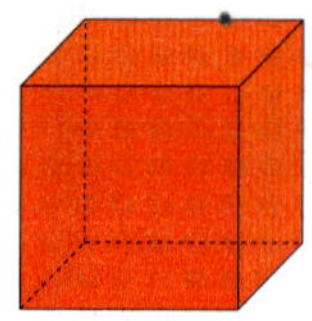

8 ¿Cuánto suma la medida de los ángulos interiores de un triángulo? ¿Y de un cuadrilátero?

9 Marcelo ha reforzado los bordes de cuatro piezas como estas con una cinta. ¿Cuántos centímetros de cinta ha necesitado Marcelo?

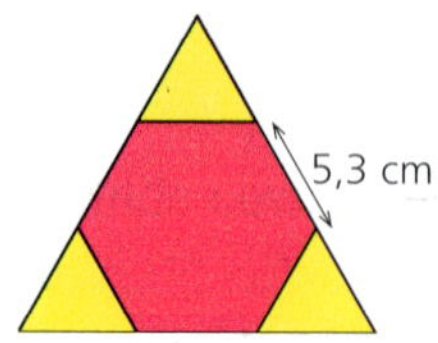

10 Manuel cortará una pieza con forma de triángulo isósceles para hacer una estantería, pero para ello necesita saber cuánto miden los ángulos interiores. Observa la pieza y calcula en tu cuaderno los datos que necesita.

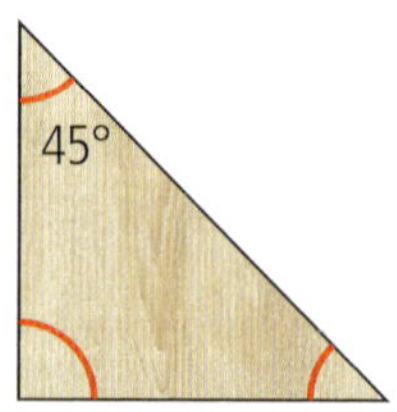

11 Calcula mentalmente estas operaciones.

- 8,4 : 10
- 3 474 : 10
- 195,7 : 100
- 25,6 : 1 000

12 Ayer visitaste un museo de arte abstracto con el colegio para ver una exposición itinerante sobre la obra del pintor ruso Wassily Kandinsky (1866-1944). Estas son algunas de las obras expuestas que pudiste contemplar.

A Un compañero tuyo estuvo enfermo el día de la visita y se perdió las explicaciones del profesor. Escríbele en tu cuaderno el nombre del pintor, su nacionalidad y la corriente artística a la que pertenecen los cuadros expuestos.

B El profesor os pide que elijáis un cuadro de los que visteis en la exposición para hacer un trabajo sobre él, y tú eliges el que tiene fondo azul. Contesta en tu cuaderno a estas preguntas para poder luego completar el trabajo.

1. ¿Qué figuras geométricas ha dibujado Kandinsky en dicha obra?
2. ¿Qué tipos de triángulos observas?
3. ¿Qué clases de cuadriláteros aparecen?

C Dibuja y colorea un cuadro a base de figuras geométricas. Puedes utilizar un programa informático para realizarlo.

13 Realiza un esquema con todo lo que has aprendido en esta unidad.

11 SUPERFICIE Y ÁREA DE FIGURAS PLANAS

¿Cómo medirías el área de la ventana si conoces el área del triángulo pequeño?

Imaginad qué nuevos espacios y construcciones serán necesarios para repoblar la Tierra y tomad buena nota en esta unidad de cómo hacerlos realidad. ¡Sed originales!

¿Qué diferencia hay entre un círculo y una circunferencia?

¿Qué profesión te gustaría dedicarte en el futuro? ¿Qué tendréis que hacer cada uno para conseguirlo?

Unidades de superficie. Expresión simple y compleja

- El **metro cuadrado (m^2)** es la unidad principal de medida de **superficie.**

Unidades mayores que el metro cuadrado son el **kilómetro cuadrado (km^2),** el **hectómetro cuadrado (hm^2)** y el **decámetro cuadrado (dam^2).**

Unidades menores que el metro cuadrado son el **decímetro cuadrado (dm^2),** el **centímetro cuadrado (cm^2)** y el **milímetro cuadrado (mm^2).**

Mayores que el metro cuadrado				Menores que el metro cuadrado		
km^2	hm^2	dam^2	m^2	dm^2	cm^2	mm^2
1 000 000 m^2	10 000 m^2	100 m^2	1 m^2	0,01 m^2	0,0001 m^2	0,000001 m^2

- Observa que cada unidad es 100 veces mayor que la inmediatamente inferior y 100 veces menor que la inmediatamente superior.

$km^2 \xrightarrow{\times 100} hm^2 \xrightarrow{\times 100} dam^2 \xrightarrow{\times 100} m^2 \xrightarrow{\times 100} dm^2 \xrightarrow{\times 100} cm^2 \xrightarrow{\times 100} mm^2$

$mm^2 \xrightarrow{:100} cm^2 \xrightarrow{:100} dm^2 \xrightarrow{:100} m^2 \xrightarrow{:100} dam^2 \xrightarrow{:100} hm^2 \xrightarrow{:100} km^2$

$0{,}348\ km^2 \xrightarrow{dam^2} 0{,}348 \times 100 \times 100 = 3\,480 \longrightarrow 0{,}348\ km^2 = 3\,480\ dam^2$

$4\,670\ mm^2 \xrightarrow{m^2} 4\,670 : 100 : 100 : 100 = 0{,}004670 \longrightarrow 4\,670\ mm^2 = 0{,}004670\ m^2$

- Puedo expresar una medida de superficie en **forma simple,** con una sola unidad, o en **forma compleja,** con dos o más unidades.

Expresión simple ← $2\,547\ cm^2 = 25\ dm^2$ y $47\ cm^2$ → Expresión compleja

$3\,671\ dam^2 = 36\ hm^2$ y $71\ dam^2$

1 Observa el ejemplo y define estas unidades de medida de superficie.

Un metro cuadrado es un cuadrado que tiene 1 m de largo y 1 m de ancho.

- Kilómetro cuadrado
- Decámetro cuadrado
- Milímetro cuadrado
- Centímetro cuadrado
- Hectómetro cuadrado

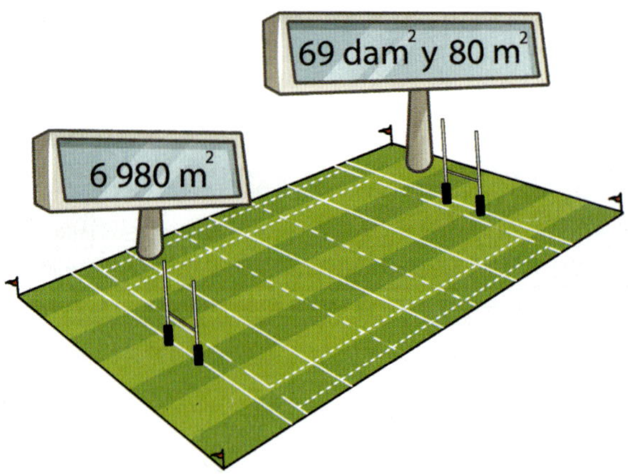

2 Observa los ejemplos y completa en tu cuaderno estas igualdades.

$8{,}6\ hm^2 = 8{,}6 \times 100 = 860\ dam^2$

$27{,}3\ dam^2 = 27{,}3 : 100 = 0{,}273\ hm^2$

- $12\ km^2 = ...\ dam^2$
- $234\ cm^2 = ...\ dm^2$
- $56\ dam^2 = ...\ cm^2$
- $2{,}46\ ha = ...\ km^2$
- $4\ m^2 = ...\ mm^2$
- $342\ m^2 = ...\ hm^2$
- $36{,}701\ km^2 = ...\ m^2$
- $23{,}7\ m^2 = ...\ a$

Amplía

La **hectárea (ha)** y el **área (a)** son otras unidades de medida de superficie.

$1\ ha = 10\,000\ m^2$

$1\ a = 100\ m^2$

Estas unidades se llaman **unidades agrarias.**

3 Dibuja en tu cuaderno un decímetro cuadrado y divídelo en cuadraditos de 1 cm^2 de superficie. Después colorea de azul 25 cm^2 y de rojo 30 cm^2. ¿Qué superficie queda sin colorear? Exprésala en milímetros cuadrados.

4 Completa en tu cuaderno para que se cumplan estas igualdades.

- $257\ dm^2 = ...\ m^2$ y $.....\ dm^2$
- $524\ mm^2 = ...cm^2$ y $.....\ mm^2$
- $3\,547\ m^2 = ...\ dam^2$ y $.....\ m^2$
- $9\,473\ hm^2 = ...\ km^2$ y $.....\ hm^2$
- $2\,740\ dam^2 = ...\ hm^2$ y $.....\ dam^2$
- $81\,256\ m^2 = ...\ hm^2$ y $.....\ m^2$

5 Alfredo ha dividido su parcela en tres partes. Para los caballos ha dejado 3 787 m^2; para las ovejas, 35 dam^2, y para las vacas, 0,38 hm^2. ¿Qué parte tiene más superficie? ¿Y menos?

CÁLCULO

6 Calcula mentalmente.

- 8,5 : 10
- 35,67 : 10
- 64,1 : 10
- 364,58 : 10
- 378,3 : 10
- 0,37 : 10

Recuerda

25,6 : 10 = 2,56

7 Prepara papel y lápiz y calcula.

- 127 × (342 + 121)
- 9 212 × 2 + 345
- 301 − 1 924 : 37
- 3 450 : 10 − 4 200 : 100
- 234 × 2 + 4 × 360
- (345 − 212) × 27

Operaciones con unidades de superficie

Un jardinero tiene que cortar los sábados el césped de un campo de fútbol de 6 350 m^2 y los domingos uno de *hockey* de 5 060 m^2. ¿Cuántos hectómetros cuadrados de césped corta cada fin de semana? ¿Cuántos hectómetros más corta el sábado que el domingo? ¿Cuántos corta en tres fines de semana?

- Para operar, las cantidades deben estar expresadas en la misma unidad de medida.

$$\begin{array}{r} 6\,350 \text{ m}^2 \\ +\ 5\,060 \text{ m}^2 \\ \hline 11\,410 \text{ m}^2 \end{array}$$

11 410 m^2 = 1,1410 hm^2

El fin de semana corta 1,1410 hm^2.

$$\begin{array}{r} 6\,350 \text{ m}^2 \\ -\ 5\,060 \text{ m}^2 \\ \hline 1\,290 \text{ m}^2 \end{array}$$

1 290 m^2 = 0,1290 hm^2

El sábado corta 0,1290 hm^2 más que el domingo.

$$\begin{array}{r} 11\,410 \text{ m}^2 \\ \times\ \ 3 \text{ m}^2 \\ \hline 34\,230 \text{ m}^2 \end{array}$$

34 230 m^2 = 3,4230 hm^2

En tres fines de semana corta 3,4230 hm^2.

1 Calcula en tu cuaderno el resultado de estas operaciones.

- 257 m^2 + 221,7 m^2
- 446,5 mm^2 + 465,7 mm^2
- 578,4 km^2 + 114,98 km^2
- 321 dam^2 – 102 dam^2
- 2 214 cm^2 – 1 240 cm^2
- 354 dam^2 – 23,78 dam^2

2 En cada caso, expresa las cantidades en la unidad de medida que se indica y calcula el resultado.

- 8 km^2 y 325 m^2 + 5 087 m^2 ⟶ metros cuadrados
- 5 m^2 y 650 cm^2 + 4 019 cm^2 ⟶ centímetros cuadrados

3 Observa el ejemplo y calcula de dos formas distintas.

18 355 m^2 + 254 dam^2
- ⟶ 18 355 m^2 + 25 400 m^2 = 43 755 m^2
- ⟶ 183,55 dam^2 + 254 dam^2 = 437,55 dam^2

- 25 km^2 + 147 hm^2
- 367 m^2 + 21 478 cm^2
- 356 dam^2 + 487 a
- 54 km^2 – 605 hm^2
- 587 m^2 – 587 dm^2
- 20 a – 250 m^2

4 Calcula en tu cuaderno. Después, expresa los resultados en decímetros cuadrados.

- 574 m^2 × 4
- 8 742 cm^2 × 7
- 4 721 km^2 × 5
- 794 dam^2 × 6

5 Expresa estas medidas en centímetros cuadrados y ordénalas de mayor a menor. ¿Cuánto suman entre las tres?

16 m^2 162 cm^2 1 dam^2

6 Escribe en tu cuaderno si las siguientes afirmaciones son verdaderas o falsas.

- 72 km^2 y 22 dam^2 expresados en forma simple son 7 222 dam^2.
- Para medir la superficie de una clase se usa el metro cuadrado.
- Las equivalencias de unidades de medida de superficie se calculan igual que los cambios de longitud.
- Para medir la superficie de una mesilla de noche se utiliza el centímetro cuadrado.

7 Antonio tiene 12 ha de viñedos en su pueblo. Los viñedos de uva blanca ocupan una superficie de 890 a. ¿Qué superficie ocupa el resto de los viñedos, que son de uva roja?

- ¿Cuántos metros cuadrados más ocupan los viñedos de uva blanca?

8 El patio del colegio de Irene tiene tres zonas diferentes: una zona para juegos tradicionales que mide 125 m^2; la zona deportiva, que mide 12 dam^2, y una zona de merienda que ocupa 13 747 dm^2. ¿Cuántos metros cuadrados mide el patio del colegio?

- ¿Cuántos metros cuadrados más mide la zona de merienda que la zona de juegos tradicionales?
- ¿Cuántos decámetros cuadrados menos mide la zona de juegos tradicionales que la zona deportiva?

9 Carlos y Luis han pintado el techo de su habitación, que tiene una superficie de 20,56 m^2. Si Carlos ha pintado 12,5 m^2 de la superficie del techo y Luis el resto, ¿cuántos metros cuadrados de techo ha pintado Luis?

LÓGICA

10 Calcula la superficie de las pieles tomando en cada caso como unidad de medida la parte más oscura.

Área de los paralelogramos

- El **área** de una figura es la medida de su superficie.

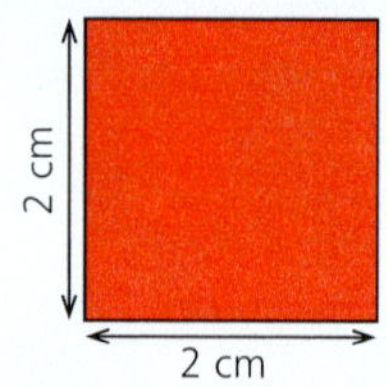

Área = 2 cm × 2 cm = 4 cm²

Área del cuadrado = lado × lado

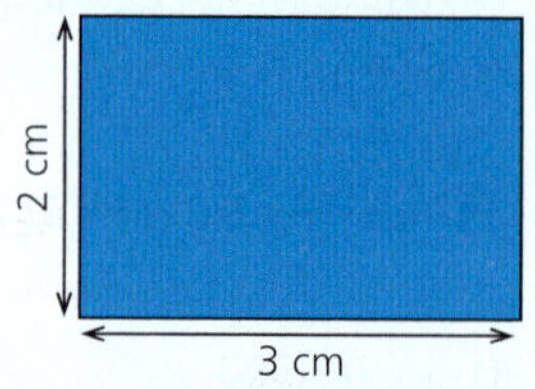

Área = 3 cm × 2 cm = 6 cm²

Área del rectángulo = base × altura

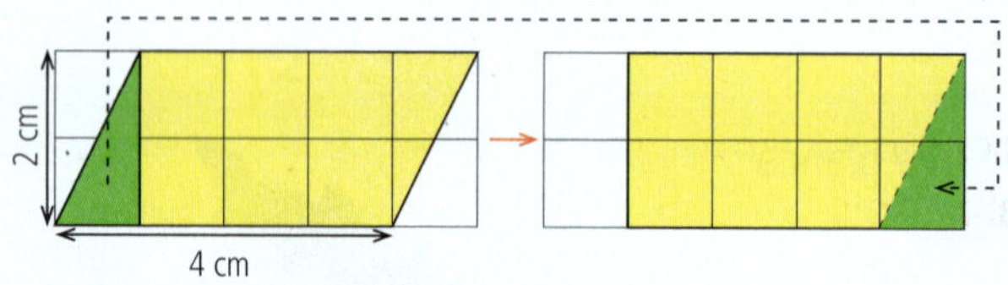

El área del romboide es igual a la de un rectángulo de igual base y altura.

Área = 4 cm × 2 cm = 8 cm²

Área del romboide = base × altura

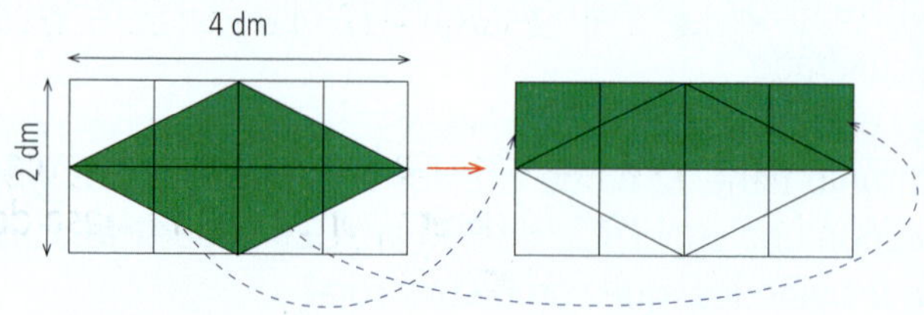

El área del rombo es igual a la mitad del área del rectángulo.

$$\text{Área} = \frac{4\ \text{dm} \times 2\ \text{dm}}{2} = 4\ \text{dm}^2$$

$$\textbf{Área del rombo} = \frac{\textbf{base} \times \textbf{altura}}{2} = \frac{\textbf{diagonal mayor} \times \textbf{diagonal menor}}{2}$$

1 Calcula el área de estos paralelogramos.

A

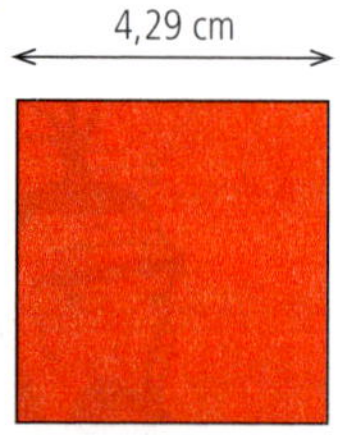

B

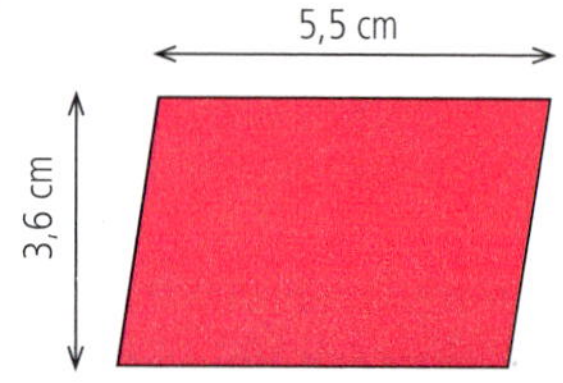

C

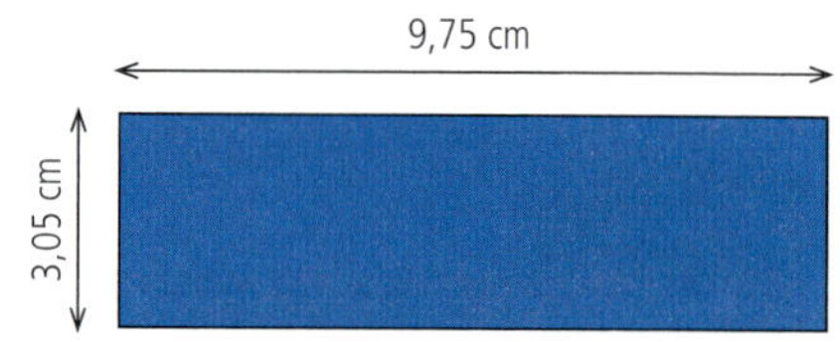

2 Dibuja en tu cuaderno dos rectángulos diferentes que tengan 24 cm² de área. ¿Miden lo mismo las bases y las alturas de esos rectángulos?

- ¿Podrías dibujar dos cuadrados diferentes de 24 cm² de área? ¿Por qué?

3 Esta alfombra mide 3,5 m de largo y 2,20 m de ancho. Calcula la superficie ocupada por el color verde y la superficie ocupada por el color rojo.

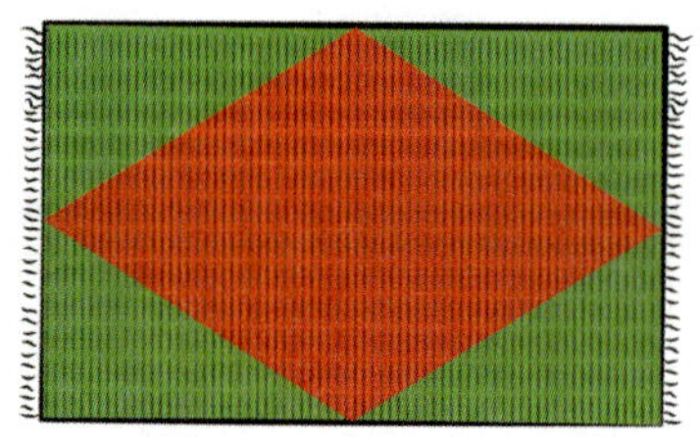

4 Una pieza de tela rectangular mide 12 cm de largo y 7 cm de ancho.

- ¿Cuántos centímetros cuadrados tiene de área? Ayúdate de un dibujo.
- ¿Cuántos centímetros mide su perímetro?

Recuerda

El **perímetro** de un polígono es la suma de la longitud de todos sus lados.

5 El cuadro *Guernica,* del pintor español Pablo Picasso, está expuesto actualmente en una sala del Museo Reina Sofía de Madrid, y mide 776,6 cm de ancho y 349,3 cm de largo. Calcula el área que ocupa esta pintura en la pared del museo.

- Si la pared en la que está colocado el cuadro mide 20 m de ancho y 8 m de alto, ¿qué superficie de pared queda sin cubrir?

6 ¿Cuántas piezas de 1 m^2 son necesarias para pavimentar un comedor rectangular de 20 m de largo y 12 m de ancho? Ayúdate de un dibujo.

7 A Darío, por su cumpleaños, le han regalado un juego de mesa. El tablero tiene forma de rombo y quiere ponerlo en la mesa de su habitación, que tiene forma de rectángulo.

Dimensiones de la mesa	Dimensiones del tablero
90 cm × 60 cm	0,97 m × 0,55 m

- ¿Podrá poner el tablero sobre la mesa sin que sobresalga?

8 Una habitación rectangular mide 12,8 m de largo y una cuarta parte de ancho. ¿Cuál es el área de la habitación?

9 El comedor de la casa de Inés tiene forma rectangular y está embaldosada con piezas cuadradas iguales. En el lado mayor hay 16 baldosas y en el menor, $\frac{3}{4}$ de 16. ¿Cuántas baldosas hay en total?

10 Carmen va a construir una cometa con forma de rombo. Quiere que tenga un área de 25 dm^2 y que su diagonal mayor mida 100 cm. ¿Cuánto debe medir la diagonal menor de la cometa?

CÁLCULO

11 Calcula mentalmente.

- 5,7 : 100
- 18,6 : 100
- 49,3 : 100
- 21,7 : 100
- 1 386,5 : 100
- 578,4 : 100

Recuerda

354,7 : 100 = 3,547

12 Prepara papel y lápiz y calcula.

- 456,34 × 9,61
- 31 796 + 21 × 901
- 671,3 : 55 + 456,8
- 70,45 : 29
- 8,34 × 582 – 246
- 609 456 : 30 – 40,3

Área del triángulo y del trapecio

- Observa que el área de un triángulo es la mitad del área de un rectángulo.

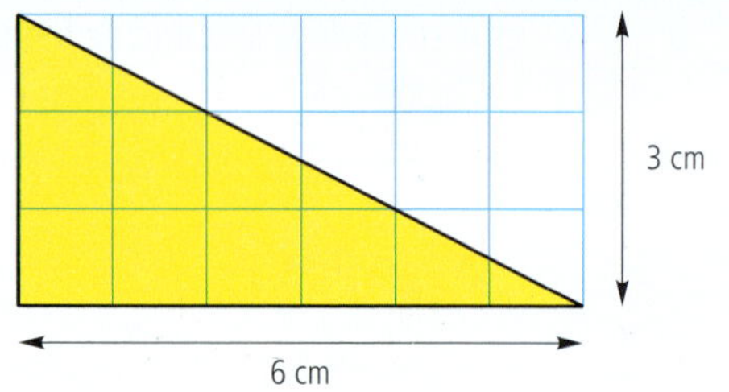

$$\text{Área del triángulo} = \frac{6\text{ cm} \times 3\text{ cm}}{2} = 9\text{ cm}^2$$

$$\textbf{Área del triángulo} = \frac{\textbf{base} \times \textbf{altura}}{\textbf{2}}$$

- El área de un trapecio es igual a la suma de sus bases por la altura dividido por dos.

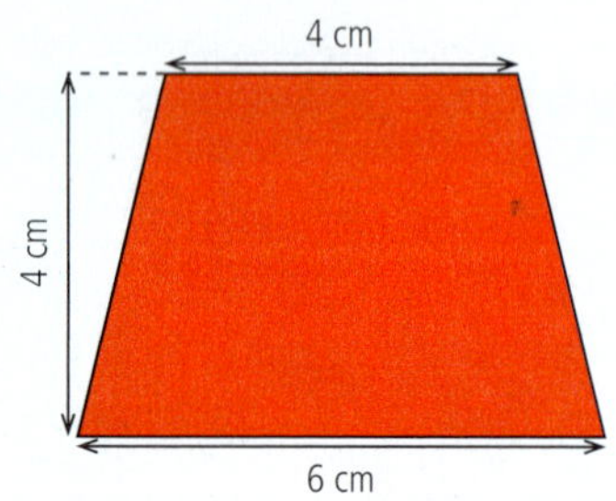

$$\text{Área del trapecio} = \frac{(6\text{ cm} + 4\text{ cm}) \times 4\text{ cm}}{2} = 20\text{ cm}^2$$

$$\textbf{Área del trapecio} = \frac{(\textbf{base} + \textbf{base}) \times \textbf{altura}}{\textbf{2}}$$

1 Calcula el área de estos triángulos.

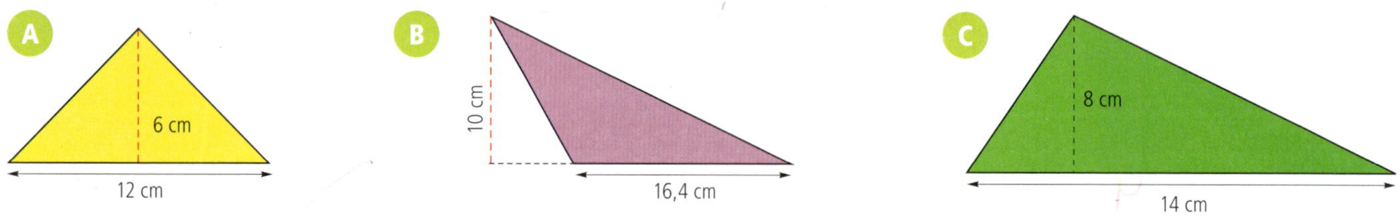

2 Calcula el área de estos trapecios.

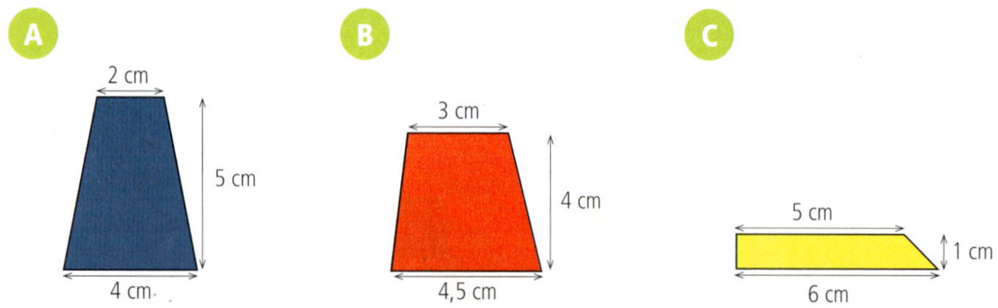

3 Dibuja en tu cuaderno un trapecio cuyas bases midan 5 cm y 8 cm, y cuya altura mida 3 cm. Después, traza una diagonal y calcula el área de cada uno de los triángulos que se han formado.

- Ahora, calcula el área del trapecio. ¿Obtienes el mismo resultado que al sumar las áreas de los dos triángulos?

4 Dibuja en tu cuaderno un rectángulo de 10 cm de largo y 8 cm de ancho. Después, traza una diagonal y calcula el área de cada uno de los triángulos que se han formado.

5 La señal de ceda el paso tiene forma triangular. Sus medidas varían dependiendo de la calzada en la que se encuentre. En las carreteras con arcén su medida es de 135 cm de lado y 117 cm de alto, y en carreteras sin arcén su medida es de 90 cm de lado y 78 cm de alto.

- ¿Cuál es el área de cada una de las señales?
- ¿Por qué crees que cambian su tamaño dependiendo del lugar?
- En la carretera hay muchos tipos de señales. Dibuja en tu cuaderno tres señales que tengan forma triangular e indica la norma que establecen.

6 Para adornar la clase el día de Matemáticas, los alumnos de 5.º tienen que recortar, entre todos, 100 triángulos isósceles de igual tamaño y de distintos colores. La medida de la base del triángulo tiene que ser de 15 cm y la altura, de 13 cm.

- ¿Cuántos metros cuadrados de papel se necesitan para hacer los 100 triángulos isósceles si al recortar un triángulo se estropean 30 cm^2?

7 El jardín de Lucía tiene forma de trapecio. Las bases miden 50 m y 35 m, y la altura, 22 m. Si por cada metro cuadrado planta dos rosales, ¿cuántos rosales tendría el jardín?

8 Ángeles ha construido una cometa para jugar este verano en la playa. Observa la figura y calcula el área de la cometa.

LÓGICA

9 ¿Cómo calcularías el área del triángulo azul grande? ¿Y la del amarillo? Razona la respuesta.

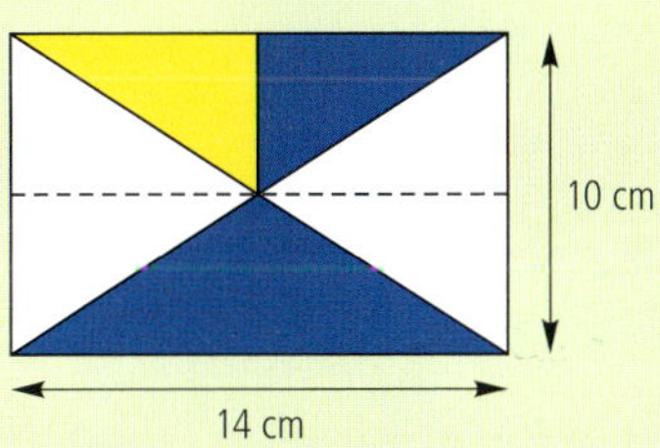

Área de un polígono regular

- Para calcular el área de un polígono regular puedo utilizar varias formas. Veamos la más utilizada.

1. Descompongo el polígono en triángulos iguales uniendo el centro con cada uno de los vértices.

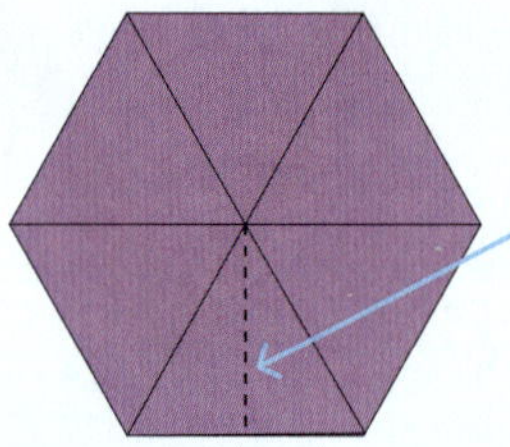

Apotema: une el centro con el punto medio del lado.

2. Calculo el área de uno de los triángulos.

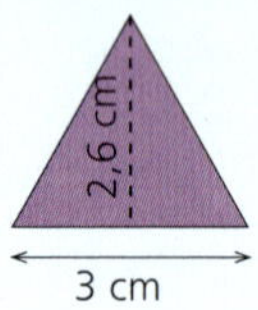

$$\text{Área del triángulo} = \frac{3\ \text{cm} \times 2{,}6\ \text{cm}}{2} = 3{,}9\ \text{cm}^2$$

3. Multiplico el área del triángulo por 6.

Área del hexágono = $3{,}9\ \text{cm}^2 \times 6 = 23{,}4\ \text{cm}^2$

$$\textbf{Área del polígono regular} = \frac{\textbf{perímetro} \times \textbf{apotema}}{2}$$

1 Calcula el área de estos polígonos regulares.

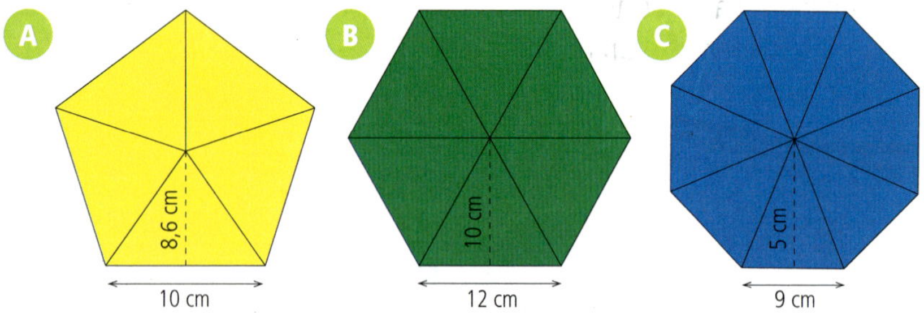

2 Un panal es una estructura formada por celdillas de cera con forma de hexágono regular. La medida del lado del hexágono es de 5 mm y la apotema de 4,33 mm. Calcula el área de una celdilla en centímetros cuadrados.

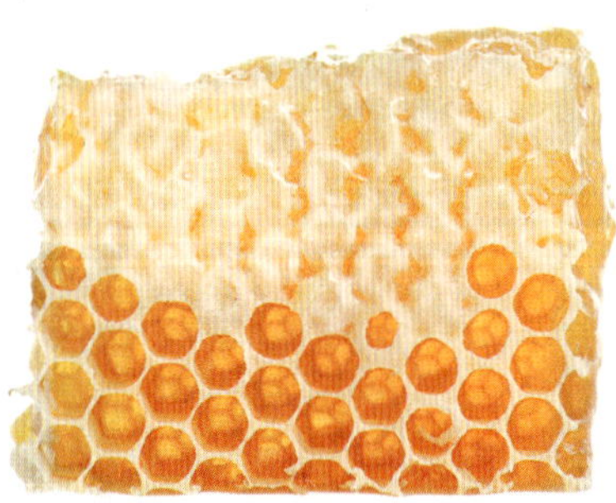

Área del círculo

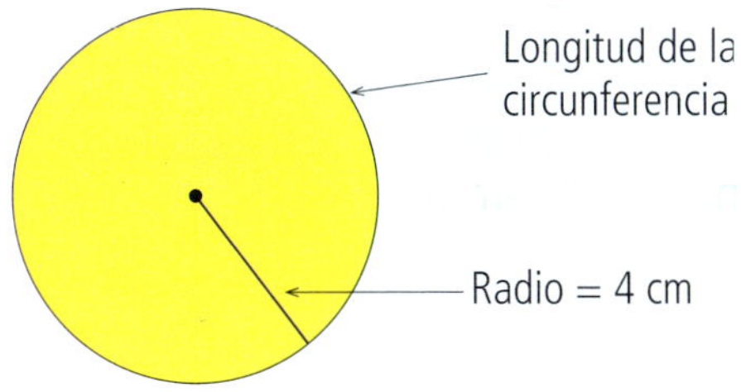

Área del círculo = $3{,}14 \times 4^2 = 50{,}24\ cm^2$

Área del círculo = $\pi \times r^2 = \frac{\text{perímetro} \times \text{apotema}}{2} = \frac{2 \times \pi \times r^2}{2}$

1. Calcula el área de estos círculos.

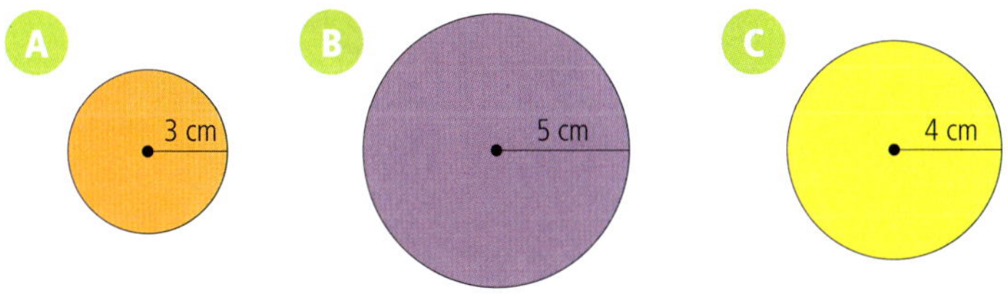

2. Dibuja en tu cuaderno con un compás una circunferencia de 8 cm de radio y colorea de azul su interior. ¿Cuál es el área del círculo que has dibujado?

3. Busca objetos cotidianos con forma circular y calcula la superficie que ocupan.

4. Borja ha hecho una tarta de queso con forma circular y ha cubierto la parte superior con mermelada de frambuesa. Si la tarta tiene un radio de 17,5 cm, ¿qué superficie ha cubierto con mermelada?

CÁLCULO

5. Calcula mentalmente.

- 8 847 : 1 000
- 743,1 : 1 000
- 25 327,3 : 1 000
- 0,367 : 1 000
- 0,0448 : 1 000
- 0,06541 : 1 000

6. Prepara papel y lápiz y calcula.

- $\frac{2}{8}$ de 2 000
- $\frac{5}{3}$ de 4 500
- $\frac{3}{5}$ de 7 500
- $\frac{20}{4}$ de 820
- $\frac{4}{6}$ de 3 600
- $\frac{3}{7}$ de 210

Recuerda

1 247,8 : 1 000 = 1,2478

¡NO HAY PROBLEMA!

Escoger la estrategia más adecuada para resolver un problema

Silvia ha decorado esta colcha cosiendo sobre ella círculos de tela de colores del mismo tamaño. ¿Cuántos metros cuadrados de la colcha cubren los círculos de tela?

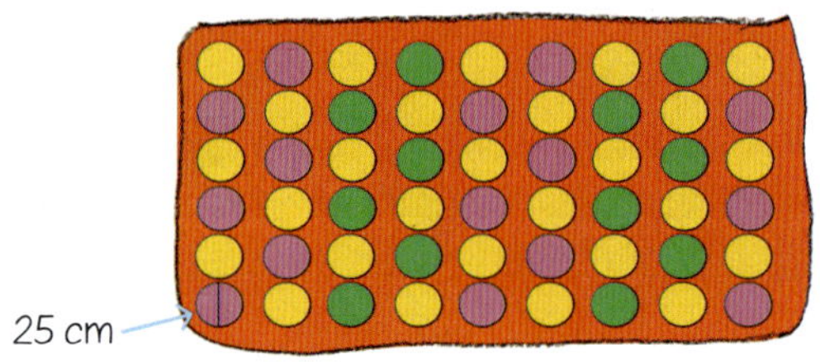

- Leo el enunciado y observo el dibujo.
- Planifico una estrategia y resuelvo.

  Primero calculo cuántos círculos hay.

  $$6 \times 9 = 54$$

  Después, calculo el radio y el área de cada círculo.

  $$r = 25 : 2 = 12{,}5 \text{ cm}$$

  Área del círculo = $\pi \times 12{,}5^2$

  Área del círculo = $3{,}14 \times 156{,}25 = 490{,}625 \text{ cm}^2$

  Calculo el área de todos los círculos.

  $$490{,}625 \times 54 = 26\,493{,}75 \text{ cm}^2 = 2{,}649375 \text{ m}^2$$

- Los círculos de tela cubren 2,65 m² de la colcha.

¿Podrías calcular los metros cuadrados de tela que ha utilizado sin calcular el área de cada círculo de tela? ¿Por qué?

1. A Jorge le han regalado un balón de fútbol. Si de sus 32 caras $\frac{1}{8}$ son negras, $\frac{3}{8}$ rojas y el resto moradas, ¿cuántas caras de cada color tiene el balón?

2. El ayuntamiento de Valderrobles ha decidido mantener el agua de la piscina municipal durante el invierno, por lo que deben cubrirla con una lona. La piscina es un rectángulo cuyos lados miden 25 m y 12,5 m, y la lona será un rectángulo cuyos lados tendrán una longitud 0,5 m mayor que los de la piscina. ¿Cuántos metros cuadrados de lona necesitan para cubrir la piscina?

3. Eusebio ha instalado una valla con forma de cuadrado para cercar su huerto y para ello ha usado 120 m de valla. ¿Qué superficie de terreno encierra la valla que ha instalado?

4 En el barrio de Felipe quieren ampliar el polideportivo con una pista de voleibol, una de bádminton y otra de petanca con las medidas del dibujo.

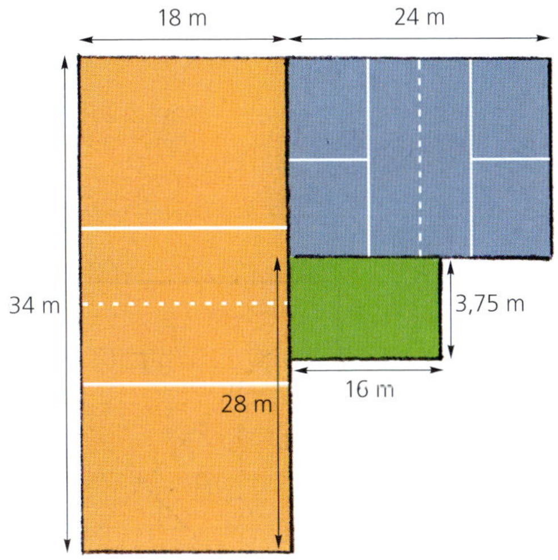

- ¿Qué superficie de terreno se necesita para cada pista?
- ¿Qué superficie de terreno se necesita para la ampliación?

Piensa qué acciones te ayudan a mantenerte sano. Después, dialoga sobre ellas con tu compañero y anotad aquellas con las que estéis de acuerdo.

5 Aurora quiere comprar el mantel más grande que haya en la tienda. ¿Cuál debe comprar?

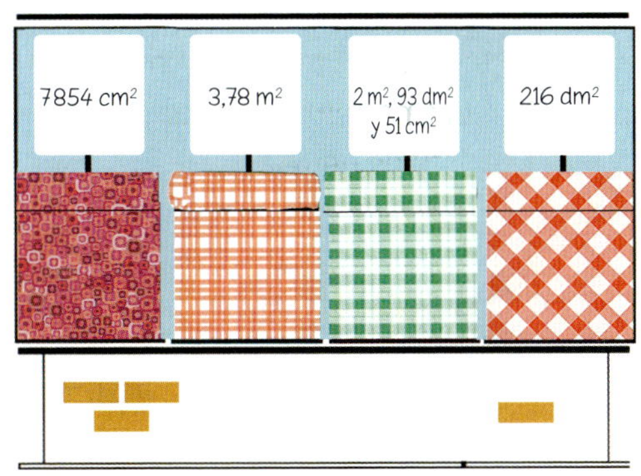

6 Alejandra asiste a un taller de mosaicos. Estima cuántas teselas necesita para poder construir un mosaico como el de la imagen.

CÁLCULO MENTAL

Multiplicar números de dos cifras por 9.

$25 \times 9 = (25 \times 10) - 25 = 250 - 25 = 225$

1 Calcula mentalmente estas operaciones.

- 32×9
- 65×9
- 73×9

Elabora una estrategia para calcular esta operación y comprueba el resultado con la calculadora.

15×99

2 Calcula mentalmente estas operaciones.

- 10×99
- 27×99
- 81×99

AHORA INTÉNTALO TÚ

3 Encuentra el 197 operando con los siguientes números.

$\frac{3}{4}$ 4 180 3 50

Solo puedes utilizar cada número una vez.

MANOS A LAS MATES

Áreas con el tangram

¿Qué necesitamos?

Tijeras

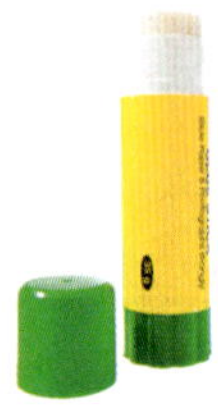
Pegamento

Cartulina

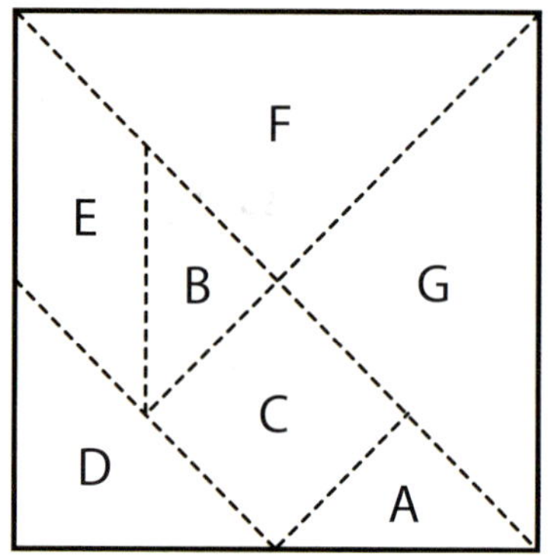

Plantilla

Sobre

Lápices de colores

Construimos

1. Pega la plantilla del tangram en la cartulina.

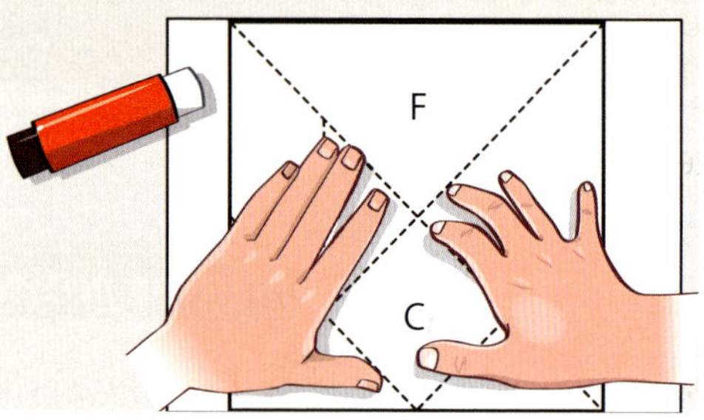

2. Recorta todas las piezas del tangram.

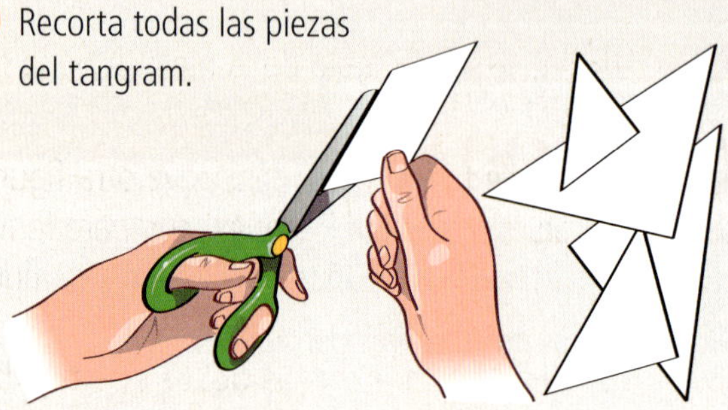

3. Colorea las piezas del tangram, como en el dibujo.

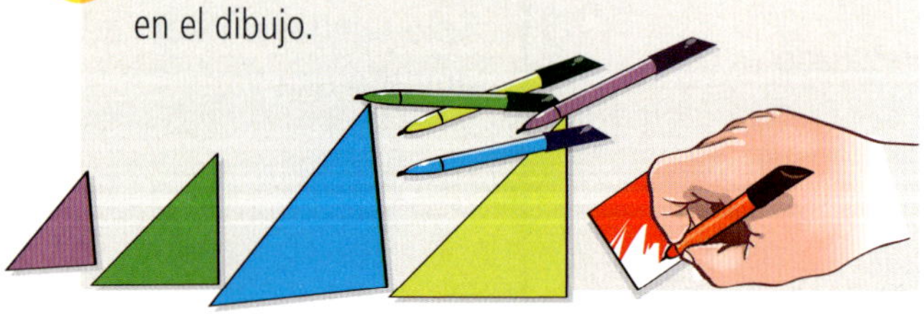

4. Guarda las piezas del tangram en el sobre.

1. Saca las piezas del tangram del sobre y observa. ¿Qué figuras geométricas planas has obtenido al recortar el tangram?

2. Si tomamos como unidad de medida el triángulo de la pieza A y consideramos que su área es igual a 1, ¿qué área tiene el cuadrado de la pieza C? ¿Cómo lo has averiguado?
   - ¿Cuál es el área del triángulo de la pieza D comparado con el de la pieza A? ¿Y el romboide de la pieza E? ¿Qué observas?
   - ¿Qué área tiene el triángulo de la pieza F si lo comparas con el triángulo de la pieza D? ¿Y si lo comparas con el romboide de la pieza E?

3. Ahora tomamos como unidad de medida el cuadrado de la pieza C y consideramos su área como 1. ¿Qué área tendrían el resto de las piezas? Investiga y escribe las relaciones que se establecen.

4. Fíjate en esta figura e intenta cubrirla con tus piezas de tangram.

   - Si consideras que el triángulo de la pieza A tiene como área 1, ¿qué área tiene la figura?
   - Con las piezas de tu tangram, construye otra figura que tenga el mismo área y dibújala en un folio. Después, compara la figura que has construido con las del resto de compañeros. ¿Es la misma figura?

5. Inventa una figura con tus piezas del tangram y dibuja su contorno en un folio. Intercámbiala con la que ha dibujado tu compañero.
   - Cubre con tus piezas del tangram la figura que ha dibujado tu compañero. Ahora tomamos como unidad de medida el triángulo de la pieza G y consideramos que su área es 1. ¿Cuál es el área de la figura de tu compañero?

¡INOLVIDABLE!

1 Completa en tu cuaderno para que se cumplan estas igualdades.

- 451 hm^2 = ... km^2 y ..... hm^2
- 3 427 dam^2 = ... hm^2 y ..... dam^2
- 853 cm^2 = ... dm^2 y ..... cm^2
- 6 890 mm^2 = ... cm^2 y ..... mm^2

2 El Empire State de Nueva York tiene una superficie de 208 879 m^2 y la Torre Picasso de Madrid, de 121 000 m^2. ¿Qué diferencia de superficie hay entre un edificio y otro?

3 Julia tiene un olivar de 15 ha y 754 m^2, mientras que César tiene un olivar de 15 hm^2 y 45 dam^2. ¿Cuántos metros cuadrados de olivar tienen los dos? ¿Cuántos metros cuadrados mide un olivar más que el otro?

4 Si el lado de cada cuadrado mide 4 cm, calcula el área de la figura y su perímetro.

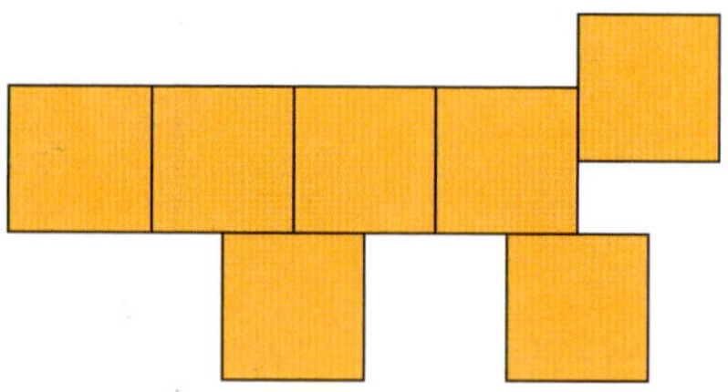

5 Calcula el área de estos paralelogramos.

A

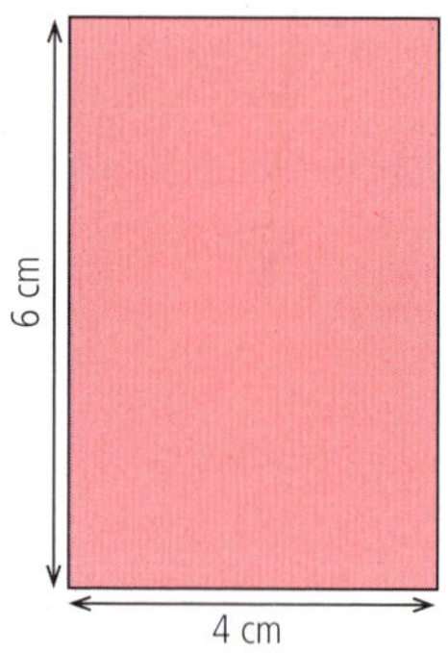

B

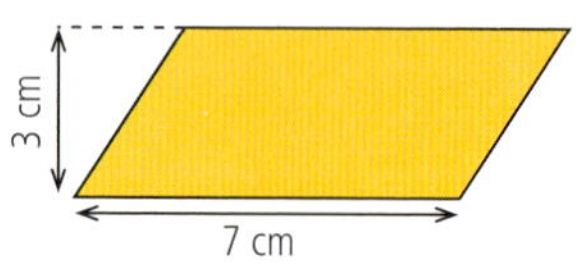

C

D

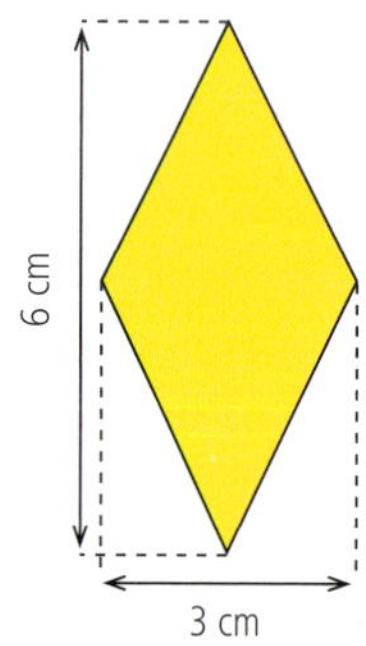

6 Dibuja en tu cuaderno un cuadrado con un área de 16 cm^2 y un rectángulo con un área de 18 cm^2.

- ¿Cuántos cuadrados puedes dibujar con esa área?
- ¿Y rectángulos?

7 ¿Cuál es la superficie de un rectángulo cuyo perímetro es de 21,6 cm, siendo su lado mayor de 8,3 cm?

8 Calcula el área de estos círculos.

A

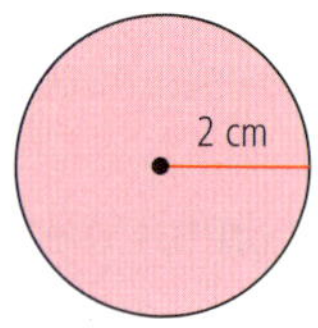

B

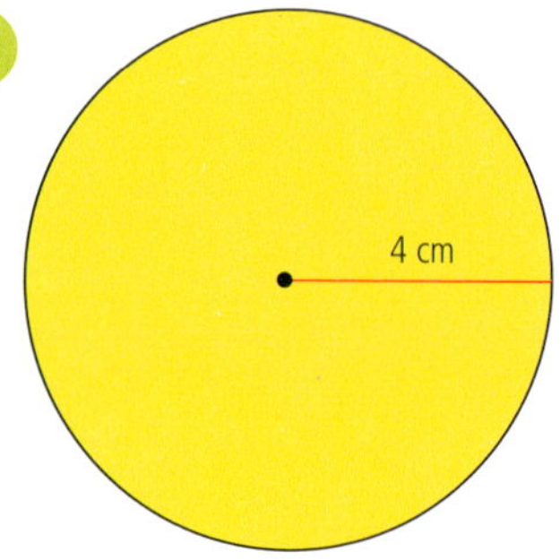

9 Calcula el área de estas figuras.

A

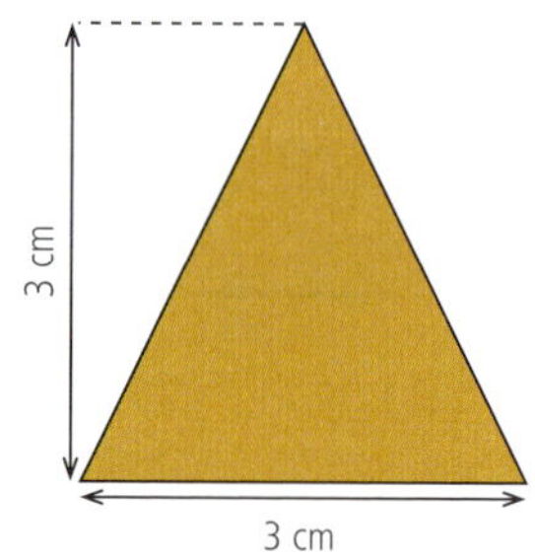

B

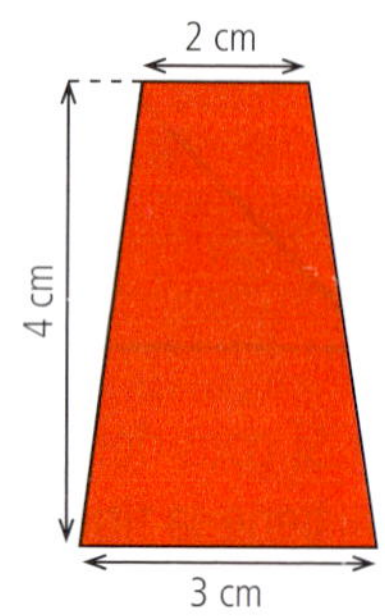

10 Calcula el área de estos polígonos regulares.

A

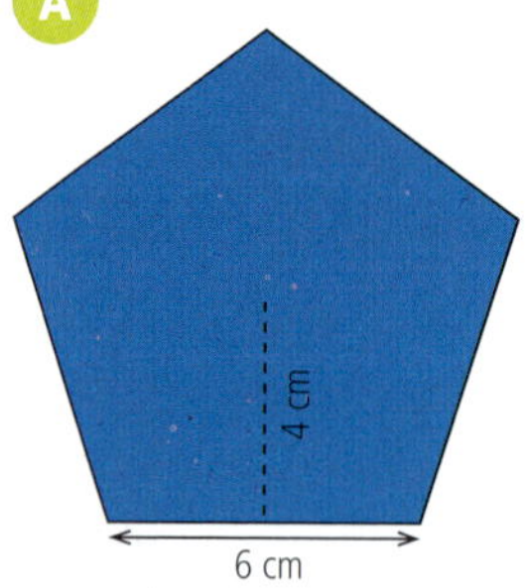

B

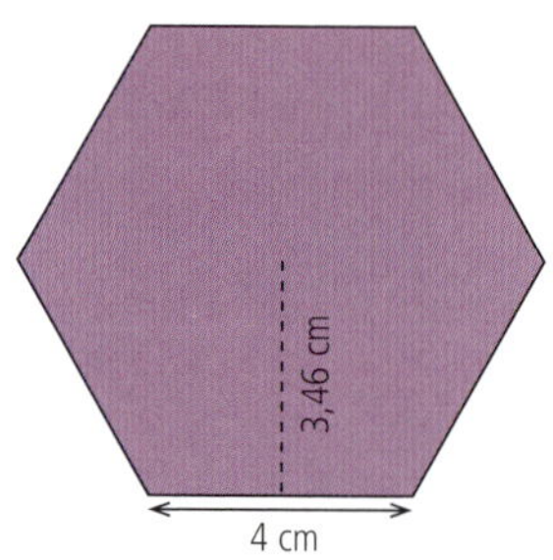

11 Calcula mentalmente estas operaciones.

- 34 × 9
- 93 × 9
- 81 × 99
- 77 × 99

12 Este verano tus padres te han apuntado a un campamento arqueológico. Durante una semana vas a aprender a desenterrar restos prehistóricos, así como a fabricar mosaicos, utensilios y adornos de la Edad Antigua. Lo primero que hacéis todos los días a primera hora de la mañana es excavar en el siguiente terreno.

A Por la noche les cuentas a tus padres lo que has hecho durante el día en el campamento.

1. ¿Qué es lo primero que has hecho hoy?
2. ¿Qué intentáis encontrar en la excavación?
3. ¿Qué otras cosas hacéis en el campamento?

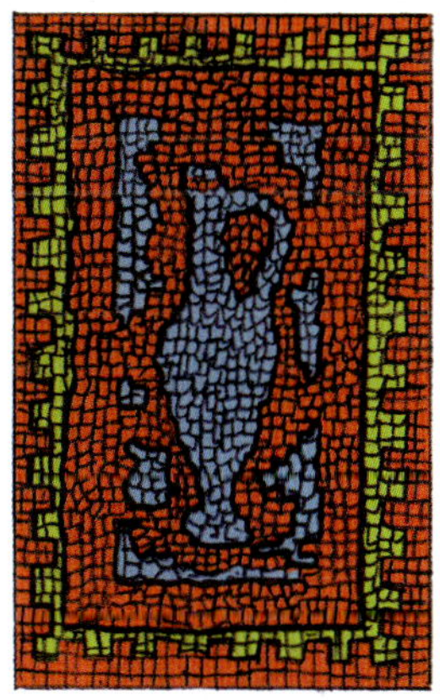

B Tus padres quieren hacerse una idea de cómo es el terreno de excavación. ¿Qué forma tiene? ¿Cuáles son sus dimensiones?

C Tus padres te preguntan si la superficie de excavación mide más de 10 metros cuadrados. Haz en tu cuaderno las operaciones necesarias para responderles.

D Después de comer participas en el taller de mosaico. El primer día te han dado 1 000 teselas. Estima si tendrás suficientes teselas para confeccionar alguno de los dos mosaicos que se muestran.

E Investiga si en tu comarca o provincia existe algún yacimiento arqueológico. Busca información sobre el mismo y elabora una ficha con los siguientes datos:

- Lugar donde se encuentra.
- Año del descubrimiento.
- Tipo de hallazgos y época histórica a la que pertenecen.
- Si todavía se está excavando, etcétera.

Si se puede visitar, organiza una excursión para conocerlo.

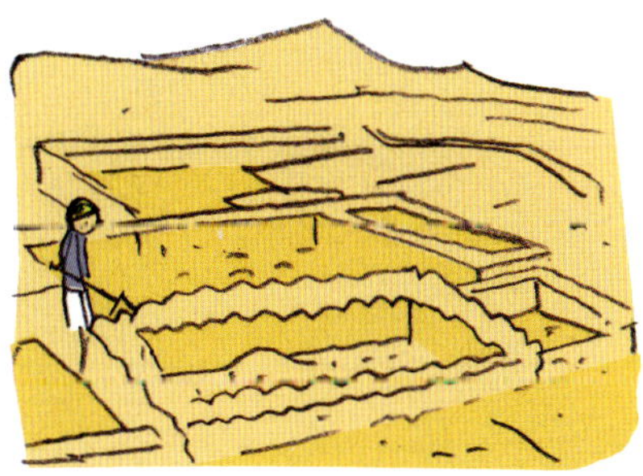

13 Realiza un esquema con todo lo que has aprendido en esta unidad.

12 ESTADÍSTICA Y PROBABILIDAD

¿Cómo contarías los distintos tipos de peces?

El fin de vuestra misión está próximo. ¡No os despistéis! La estadística os ayudará a tratar y analizar toda la información que habéis recopilado durante el curso. ¡Ánimo y adelante!

¿Qué representan las barras?

¿Por qué crees que es importante colaborar en las tareas de limpieza de la casa?

Tabla de frecuencias, media aritmética y moda

- En estas tablas, Romina ha representado dos características distintas de los alumnos de su clase de *ballet:* el color del pelo y la edad. Esas características son **variables estadísticas.**

Una **variable estadística** es **cuantitativa** si los valores de los datos son números que representan una cantidad.

Edad	Frecuencia absoluta
6	1
8	6
10	1
11	4
Total	**12**

La **frecuencia** de un valor es el número de veces que se repite.

Una **variable estadística** es **cualitativa** si los valores de los datos no representan una cantidad.

Color de pelo	Frecuencia absoluta
Rubio	4
Moreno	5
Castaño	3
Total	**12**

La **moda** es el valor que tiene mayor frecuencia.

- En variables cuantitativas podemos calcular la **media aritmética,** que es el resultado de sumar los valores de todos los datos y dividirlo por el número total de datos.

$$6 + 8 + 8 + 8 + 8 + 8 + 8 + 10 + 11 + 11 + 11 + 11 = 108$$

$$108 : 12 = 9$$

La edad media de los alumnos de la clase de *ballet* es de 9 años.

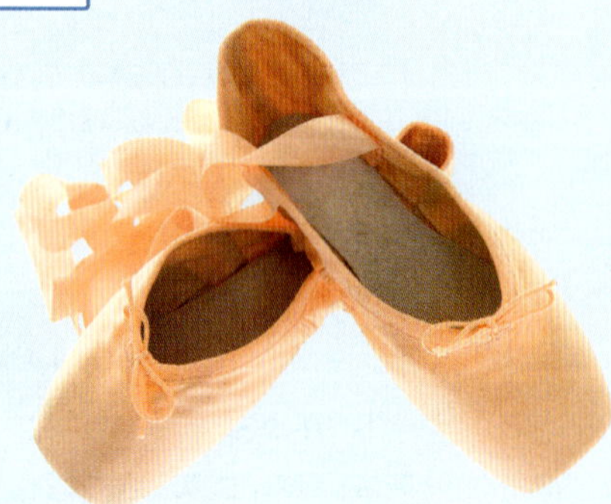

1 Clasifica las siguientes variables estadísticas en cualitativas o cuantitativas.

- El número de hijos que tienen las familias de una ciudad.
- El nombre de los alumnos de una clase.
- El número de mascotas que tienen tus compañeros de clase.

2 Estos datos representan el número de veces que han lanzado un dado los jugadores de un campeonato de parchís para sacar un 5.

1 4 5 1 3 3 7 4 1 9 3 2 7 2 1

- ¿De qué tipo es la variable? Representa los datos en una tabla de frecuencias.
- ¿Cuál es la media aritmética?

3 Observa la siguiente tarjeta de visita y cuenta cuántas veces aparece cada vocal.

- Elabora una tabla de frecuencias con los datos. ¿Qué vocal representa la moda?

4 Al lanzar un dado varias veces, hemos obtenido estos números.

3	4	6	5	6	4	3	3	2	1	6	5	4	2	3	6	5	3
4	5	6	4	5	3	2	4	5	6	4	3	2	3	3	1	2	1

- Construye una tabla de frecuencias y registra estos datos.
- ¿Cuántas veces hemos lanzado en total el dado?
- ¿Cuál es la media aritmética? ¿Qué valor representa la moda?

5 José María ha ido de excursión con su clase a un parque de la naturaleza y ha anotado los animales que ha visto.

Jirafas: 卌
Monos: 卌 卌 卌 ||
Rinocerontes: |||
Avestruces: 卌 卌 ||||
Cebras: 卌 卌 ||
Linces: 卌 |||

- Elabora en tu cuaderno una tabla de frecuencias para estos datos. ¿De qué tipo es la variable?
- ¿Qué animal representa la moda?

CÁLCULO

6 Calcula mentalmente.

- 23 × 9
- 36 × 9
- 51 × 9
- 68 × 9
- 72 × 9
- 90 × 9

Recuerda

$15 \times 9 = (15 \times 10) - 15 =$
$= 150 - 15 = 135$

7 Prepara papel y lápiz y calcula.

- 568,34 × 22,3
- $\frac{2}{4}$ de 442
- 501 + 2 × (1 482 – 37)
- 680,148 : 23
- $\frac{11}{3}$ de 69
- 4 038,507 – 632,25

Gráfico de barras doble y polígono de frecuencias

- Esta tabla representa el número de piezas de fruta que ha comido María y Ramón en una semana.

Fruta	María	Ramón
Naranja	5	5
Manzana	2	4
Plátano	3	1
Pera	1	3
Total	**11**	**13**

- Podemos representar esta información en un **gráfico de barras doble** y en un **polígono de frecuencias doble.**

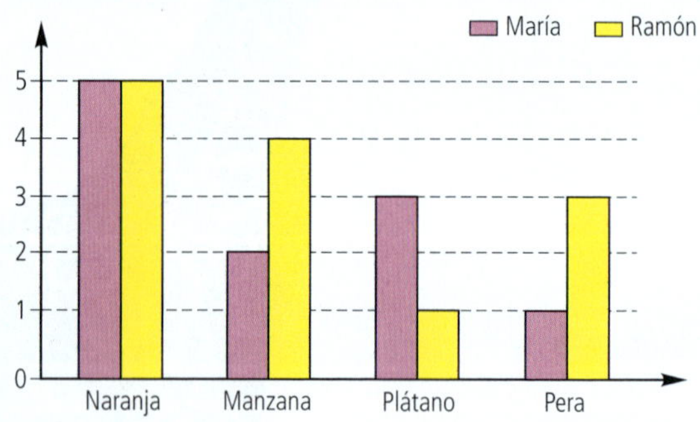

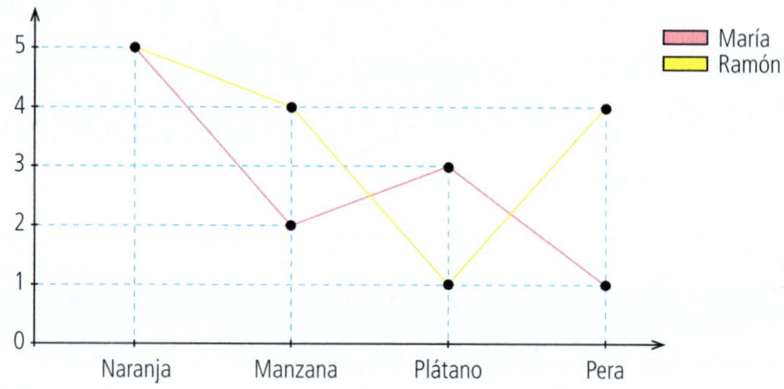

1 Este gráfico representa el número de alumnos que practican fútbol o baloncesto durante una semana en un colegio.

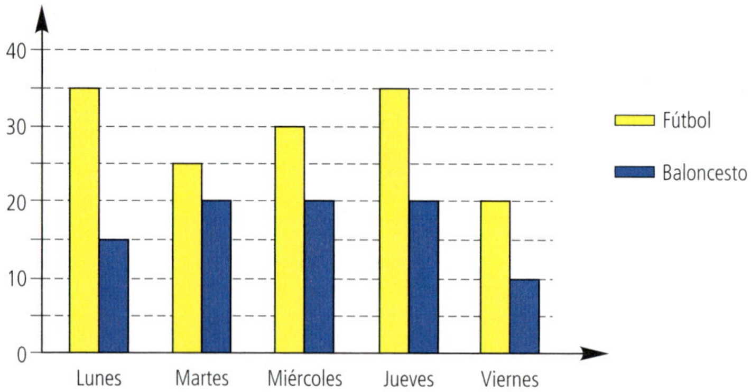

- ¿Qué días hay más alumnos que juegan al fútbol?
- ¿Qué día hay menos alumnos que juegan al baloncesto?
- ¿Hay más alumnos que juegan al fútbol o al baloncesto?
- Dibuja el polígono de frecuencias doble que corresponde al gráfico de barras.

2 Esta tabla representa el número de días que practican natación los alumnos de 5.º A y 5.º B de Primaria en el colegio, desde el mes de enero hasta el mes de mayo.

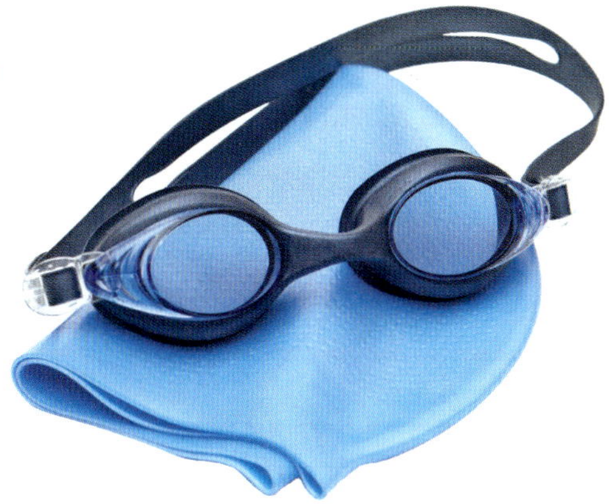

Meses	5.º A	5.º B
Enero	8	10
Febrero	10	10
Marzo	6	7
Abril	13	9
Mayo	5	9
Total	**42**	**45**

- Dibuja el gráfico de barras doble que corresponde a estos datos.
- Formula tres preguntas que puedas contestar a partir del gráfico y contéstalas.

3 Busca en periódicos y revistas digitales cuatro artículos donde aparezcan gráficos de barras.

- ¿Qué información representan esos gráficos?
- Elabora una tabla de frecuencias para cada uno de ellos.
- Representa los datos en un polígono de frecuencias doble.

4 Elige a dos compañeros de clase y una variable de la que quieras obtener información sobre ellos. Registra los datos en una tabla de frecuencias y elabora un polígono de frecuencias.

5 A los alumnos de 5.º y 6.º de Primaria se les ha hecho una encuesta para saber cuál sería la mascota que les gustaría tener. Con las respuestas obtenidas se ha elaborado esta tabla.

Mascota	Perro	Gato	Pájaro	Hámster	Tortuga
Alumnos de 5.º	25	20	15	18	7
Alumnos de 6.º	28	31	12	10	6

- Dibuja el gráfico de barras doble y el polígono de frecuencias doble que corresponde a esta encuesta.

LÓGICA

6 La altura media de dos vidrieras de una iglesia es de 170 cm. Si una de ellas mide 160 cm, ¿cuánto medirá la otra? ¿Solo hay una solución? Explica la respuesta.

Pictograma

- Esta tabla representa el número de correos electrónicos que ha recibido Marta esta semana.

Correos	María
Amigos	4
Familia	8
Publicidad	6
Colegio	12
Total	**30**

- Represento los datos en un **pictograma.** En él representamos de forma gráfica distintas cantidades por medio de **iconos.** Cada icono puede representar más de una unidad.

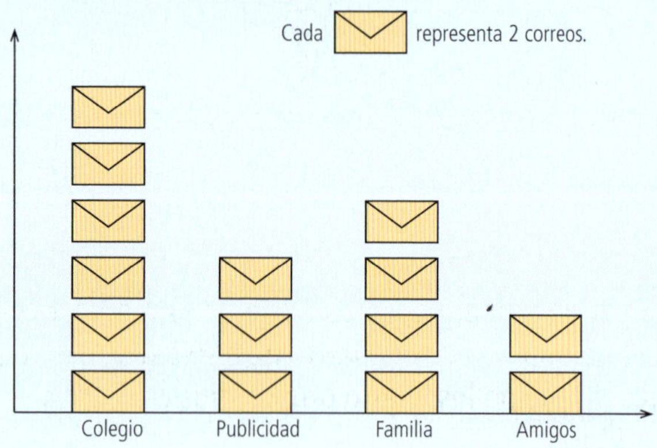

1 Cuatro amigos se han presentado a un concurso de pintura. En el siguiente pictograma se representan los votos que ha recibido cada uno.

- ¿Cuántos votos ha recibido María? ¿Y José?
- ¿Quién de los cuatro ha recibido más votos?
- ¿De qué tipo es la variable que representa el pictograma?

2 En la siguiente tabla se representan las notas que han sacado en un examen los alumnos de una clase de Lengua.

Notas	0	2	4	5	6	7	8	9	10
Frecuencia	0	4	4	8	2	6	2	1	1

- Si se aprueba con un cinco, ¿cuántos alumnos han aprobado?
- ¿Cuál ha sido la nota media de la clase?
- Representa los datos en un pictograma.

3 Observa los datos de la actividad anterior y el gráfico en el que los has representado.

- ¿Crees que las notas de los alumnos de esta clase de Lengua son buenas? Explica por qué a un compañero.

Gráfico de sectores

Celia ha registrado en la siguiente tabla el número de pares de chanclas que tiene en su armario.

Color	Azul	Rosa	Amarillo	Verde	Total
N.º de pares	3	4	2	3	12

Represento los datos en un **gráfico de sectores.** Para ello puedo seguir estos pasos:

1. Dibujo un círculo y lo divido en tantas partes como pares de chanclas tiene Celia.

360 : 12 = 30º

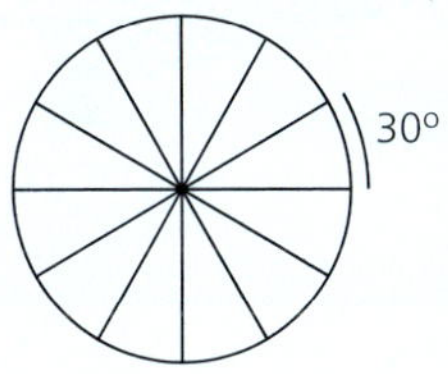

2. Coloreo según el número de pares de chanclas de cada tipo.

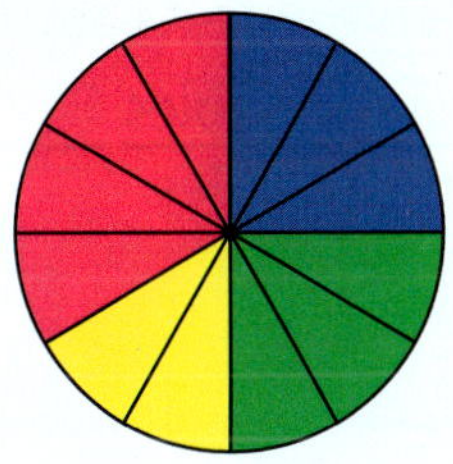

3. Elimino las líneas de división que sobran en cada sector.

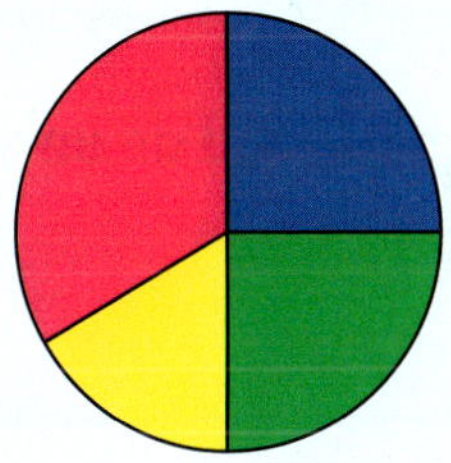

1 Beatriz ha representado en esta tabla el número de vasos de zumo de frutas que se ha tomado en una semana.

Tipo de zumo	Naranja	Piña	Melocotón
Frecuencia	4	2	3

Representa los datos en un gráfico de sectores.

- ¿De qué fruta ha tomado Beatriz más vasos de zumo?

2 En el siguiente gráfico de sectores se representa el número de visualizaciones que han tenido en Internet los vídeos de los cuatro grupos musicales más actuales.

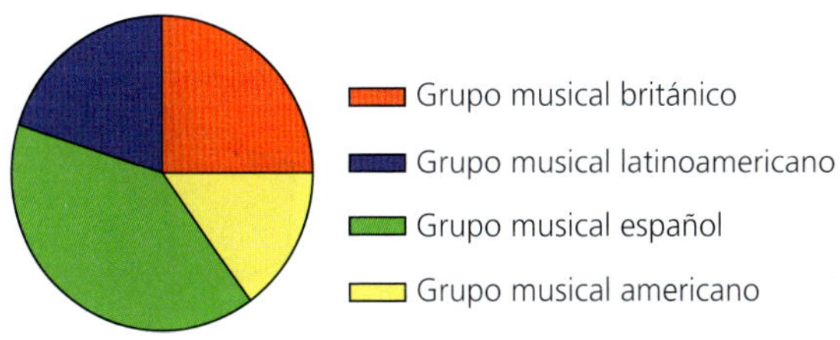

- ¿Qué vídeo tiene más visualizaciones en Internet?

CÁLCULO

3 Calcula mentalmente.

- 25×99
- 83×99
- 54×99
- 61×99
- 38×99
- 95×99

Recuerda

$13 \times 99 = (13 \times 100) - 13 =$
$= 1\,300 - 13 = 1\,287$

4 Prepara papel y lápiz y calcula.

- $713 \times 325{,}93$
- $\frac{3}{5}$ de $1\,682$
- $613 + 5 \times 2\,902$
- $1\,294 : 114$
- $\frac{6}{3}$ de $12\,409$
- $\frac{2}{3} + \frac{5}{3} + \frac{14}{3}$

Probabilidad de un suceso

Saray tiene un bote de lápices de colores. Si saca al azar un lápiz de su bote, ¿qué probabilidad tiene de sacar un lápiz amarillo?

Para calcularlo necesito saber cuántos lápices de color amarillo tiene en su bote.

Saray tiene un bote con 7 lápices de colores (casos posibles) y 1 es amarillo (casos favorables).

La probabilidad de que saque del bote un lápiz amarillo es de $\frac{1}{7}$.

- La probabilidad de que ocurra un suceso en una experiencia de azar es igual al cociente del número de casos favorables entre el número de casos posibles.

Probabilidad de un suceso $= \dfrac{\text{n.º de casos favorables}}{\text{nº de casos posibles}} \longrightarrow \dfrac{1}{7} = 0{,}14$

1. Al lanzar una moneda, ¿qué probabilidad hay de que salga cara? Elige la respuesta correcta.

   $\frac{1}{2}$ $\frac{2}{2}$ $\frac{2}{1}$ $\frac{1}{1}$

2. Calcula la probabilidad que hay de extraer una bola roja de cada una de estas cajas.

3. Este bombo tiene 9 bolas numeradas del 1 al 9. Si extraemos una bola, piensa y calcula la probabilidad de que se obtenga cada suceso.
   - Sacar un número par.
   - Sacar un número impar.
   - Sacar un número par o impar.

4. Calcula la probabilidad de que, al lanzar un dado cúbico, se obtengan los siguientes sucesos.
   - Se obtiene un cinco.
   - Se obtiene un número par.
   - Se obtiene un siete.

5 Observa la ruleta y contesta a las siguientes preguntas.

- ¿Cuál es el número de casos posibles?
- ¿Cuál es la probabilidad de que la aguja se pare en color verde?
- ¿Y de que se pare en color azul?
- ¿Cuál es la probabilidad de que se pare en color verde o amarillo?

6 Dibuja en tu cuaderno una ruleta y coloréala para que se cumplan estas probabilidades.

- La probabilidad de que salga verde es de $\frac{4}{12}$.
- La probabilidad de que salga naranja es la mitad de la probabilidad de que salga verde.
- La probabilidad del rojo es igual que la del azul.

7 Responde a estas preguntas razonando la respuesta.

- En una clase de 32 alumnos, con 14 chicos y 18 chicas, cada uno escribe su nombre en una papeleta y la introduce en una caja. ¿Qué es más probable, que aparezca el nombre de una chica o de un chico?
- Se lanza un dado de 6 caras. ¿Qué es más probable, que salga el 3 o el 2?
- Si lanzas una ficha cuyas caras son verdes, ¿qué color esperas que salga?

8 En un bombo hay bolas amarillas, verdes y azules. En total hay 20 bolas. La probabilidad de que al coger una bola salga amarilla es de cuatro veinteavos, de que salga verde, diez veinteavos. ¿Cuál es la probabilidad de que salga azul?

9 María le dice a su amigo Santiago que tiene la probabilidad de cincuenta entre doscientos de que le toque una guitarra eléctrica en el sorteo que se va a celebrar en colegio. ¿Cuántas papeletas hay en el sorteo?

10 En la puerta de un garaje, unos niños preguntan al vigilante qué probabilidad hay de que el primer coche que salga sea de color blanco. El vigilante dice: «Dentro hay 80 coches y la probabilidad de que el primero sea blanco es de veinte ochentavos, y de quince ochentavos de que sea de color negro».

- ¿Cuántos coches de color blanco hay en el garaje? ¿Y negros?
- ¿Cuántos coches hay que no sean blancos o negros?

LÓGICA

11 Fátima quiere meter en una bolsa 10 bolas, unas de color rojo y otras de color azul. ¿Cuántas tiene que meter de cada color para que al sacar sin mirar una bola tenga mayor probabilidad de que sea azul?

¡NO HAY PROBLEMA!

Estimar la solución de un problema y comprobar el resultado

Una empresa de parques de ocio ha elaborado un gráfico sobre el número de personas que han visitado cada uno de sus parques durante el mes de julio. ¿Cuántas personas de media han disfrutado del parque de atracciones y del acuático ese mes?

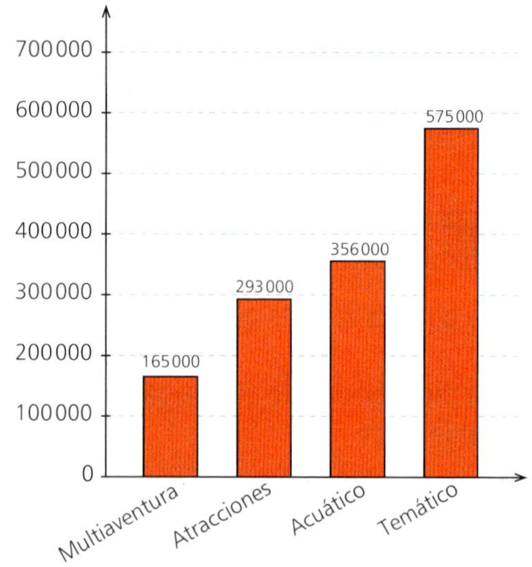

- Leo el enunciado y observo el gráfico.
- Planifico una estrategia y resuelvo.

  Obtengo los datos del gráfico y los aproximo a las centenas de millar.

  293 000 ⟶ 300 000 356 000 ⟶ 400 000
- Después estimo el valor de la media.

  $$\frac{300\,000 + 400\,000}{2} = 350\,000$$
- Resuelvo el problema para ver que la estimación es correcta.

  $$\frac{293\,000 + 356\,000}{2} = 324\,500$$
- Durante el mes de julio han visitado el parque de atracciones y el acuático 324 500 personas de media.

¿Podrías estimar la solución del problema aproximando los datos a las decenas de millar? ¿Por qué?

1 Observa de nuevo el gráfico del ejemplo y contesta.

- ¿Cuántas personas han visitado el parque multiaventura en el mes de julio?
- ¿Cuántas personas más han preferido ir a un parque temático que a uno acuático?
- Si el precio de las entradas para cualquier parque es de 20,90 €, ¿cuánto dinero ha recaudado la empresa en el mes de julio?

2 Una clínica veterinaria de una ciudad ha elaborado un gráfico con el número de familias que tienen una mascota en su casa. ¿Qué mascota abunda más entre las familias de esa ciudad? ¿Cuál es la menos frecuente?

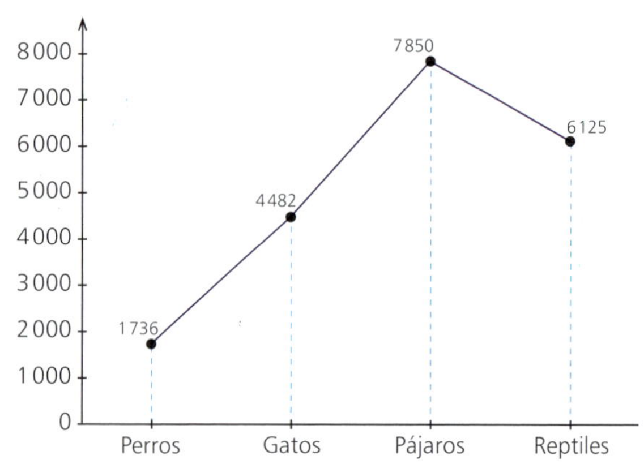

♥ ¿Qué cosas harías con una mascota, por ejemplo un perro, en un espacio público y cuáles no? ¿Por qué?

3 Estíbaliz ha tomado nota de las ventas de los distintos tipos de pan realizadas este mes en su panadería y ha recogido la información en esta tabla.

Tipo de pan	Unidades vendidas
Barra rústica	3 412
Baguette	2 891
Chapata	1 786
Pan integral	893

- ¿Cuántas unidades de pan se han vendido este mes?
- ¿Cuánto estimas que ha vendido cada día?
- Si la barra rústica la vende a 0,45 €, la *baguette* a 0,65 €, la chapata a 1,25 € y el pan integral a 0,90 €, ¿cuánto dinero ha recaudado Estíbaliz este mes?

4 En la clase de Andrea se ha realizado una encuesta sobre los instrumentos musicales que estudian. Con las respuestas se ha realizado el siguiente diagrama de barras.

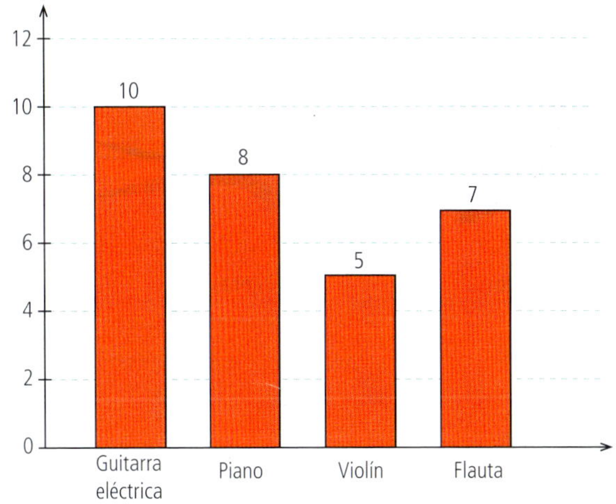

- ¿Qué instrumentos aparecen en el gráfico?
- ¿Cuál es el instrumento musical más estudiado?
- ¿Y el menos estudiado?
- ¿Cuántos alumnos tocan el piano?
- ¿Cuántos alumnos hay en la clase de Andrea?

CÁLCULO MENTAL

Calcular el producto aproximado de números de tres cifras.

115 × 290 ⟶ 100 × 300 = 30 000

1 Calcula mentalmente el producto aproximado de estas multiplicaciones.

- 185 × 220
- 482 × 423
- 660 × 514

Elabora una estrategia para calcular el cociente aproximado de esta división y comprueba el resultado con la calculadora.

430 : 120

2 Calcula mentalmente el cociente aproximado de estas divisiones.

- 432 : 370
- 390 : 212
- 795 : 437

AHORA INTÉNTALO TÚ

3 Encuentra el 271,25 operando con los siguientes números.

63 2,01 90,32 3 10,08

Solo puedes utilizar cada número una vez.

MANOS A LAS MATES

Tira el dado

¿Qué necesitamos?

Rotulador

Tijeras

Pegamento

Lápices de colores

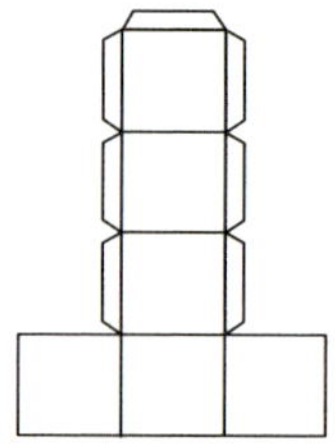
Plantilla

Construimos

1. Recorta la plantilla del cubo.

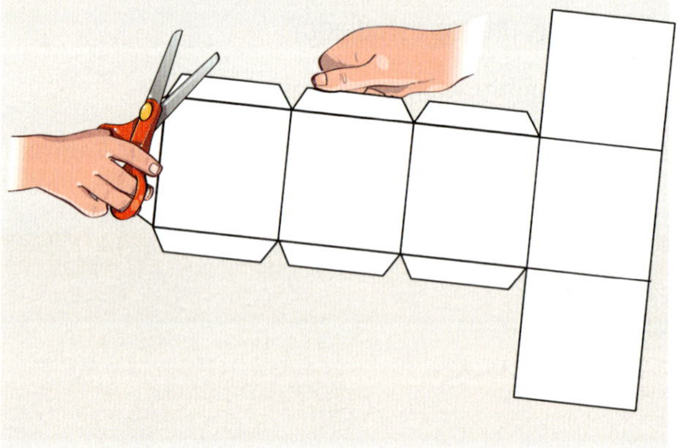

2. Pinta de un color distinto cada cara del cubo, como en el dibujo.

3. Escribe los números del 1 al 6, un número en cada cara, como se muestra en el dibujo.

4. Pega el cubo por las pestañas.

1. Si tiras el cubo, ¿qué número tiene más opciones de salir?

2. Si te fijas en el número que sale al tirar el cubo, ¿de qué tipo de variable se trata?
   - ¿Qué tipo de variable es el color de la cara?

3. Tira el dado 25 veces seguidas y anota el número que sale en cada tirada.
   - Copia esta tabla en tu cuaderno y complétala con los resultados obtenidos al lanzar tu dado.

Número	Frecuencia
1	
2	
3	
4	
5	
6	

   - ¿Cuál es la media aritmética? ¿Es la misma que la de tu compañero?

4. Elabora un gráfico de barras con los datos de la tabla.
   - Compara tu gráfico de barras con el de tu compañero. ¿Qué observas?

5. Ahora, tira el dado varias veces seguidas y anota el color que sale en cada tirada. Realiza una tabla de frecuencias y construye un gráfico de sectores con los datos de tu tabla. Intercámbialo con el de tu compañero y responde a estas preguntas.
   - ¿Qué representan los números del gráfico?
   - ¿Cuántas veces ha tirado tu compañero el dado? ¿Cómo lo has averiguado?
   - ¿Han salido todos los colores del dado?

6. ¿Qué tipo de gráfico puedes utilizar para representar la tirada de dos dados distintos?

¡INOLVIDABLE!

1 Indica en cada caso si estas variables estadísticas son cualitativas o cuantitativas.

- El número de refrescos que toman los miembros de una familia en una semana.
- La flor preferida de los alumnos de una clase.

2 Estos son los colores que han sugerido los miembros de un equipo de baloncesto para la elección del color de su camiseta.

Rojo, rojo, rojo, verde, verde, azul, amarillo, lila, lila, lila, lila, rojo, verde, verde, rojo, rojo, azul, azul, azul, amarillo, amarillo, azul, lila, lila, lila.

- Completa esta tabla de frecuencias en tu cuaderno.

Color	Rojo	Verde	Amarillo	Azul	Lila
Frecuencia					

3 Representa en un gráfico de barras los datos obtenidos en la tabla de la actividad anterior.

- ¿Cuántos miembros forman el equipo?
- ¿Cuántos votos ha recibido el color amarillo? ¿Y el lila?
- ¿Qué color de los cinco ha recibido más votos? ¿Y menos? ¿Cuántos votos menos?
- ¿De qué tipo es la variable que has representado en el gráfico de barras?
- ¿Qué color representa la moda?

4 El gasto por mantener y cuidar los jardines de una urbanización es de 350 € mensuales, excepto en junio, que cuesta 610 €, y en diciembre, que sale por 450 €. ¿Cuál es la media aritmética del gasto?

5 Mateo va a sacar al azar una bola de esta urna. ¿Cuál es la probabilidad de que sea amarilla?

6 Observa la urna del ejercicio anterior. ¿De qué tipo es el suceso «sacar una bola negra»: posible, seguro o imposible?

7 El siguiente gráfico representa el número de autobuses que se encuentran de servicio durante las fiestas de un pueblo.

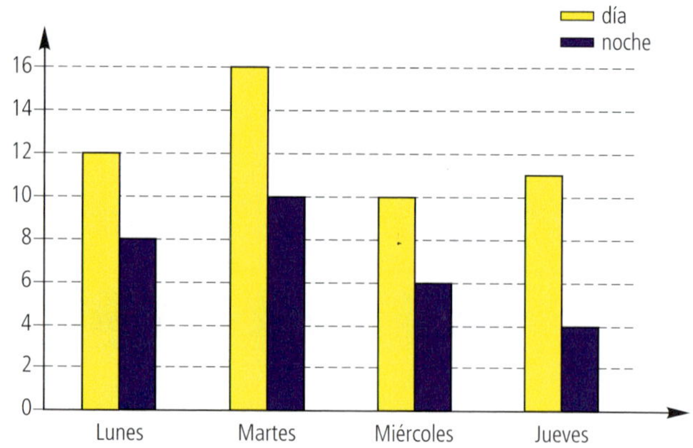

- ¿Qué día había más autobuses de servicio de noche?

8 El siguiente gráfico de sectores representa el número de películas que tiene Manuela.

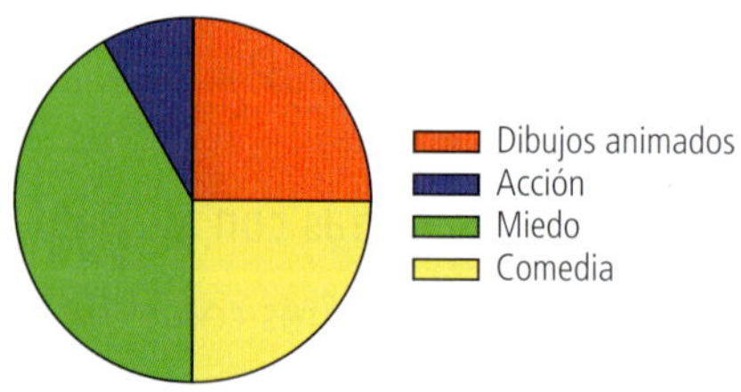

- ¿De qué tipo de películas tiene más cantidad? ¿Y menos?

9 Alicia ha invitado a sus amigos a una heladería por su cumpleaños. Estos son los granizados que han elegido.

Limón, fresa, fresa, piña, limón, limón, fresa, piña, piña, fresa, fresa, piña.

- ¿Cuántos granizados han tomado en total?
- Si el de limón cuesta 2,75 €, el de fresa cuesta 4,20 € y el de piña 3,50 €, ¿cuánto dinero se ha gastado Alicia en invitar a sus amigos?

10 Calcula mentalmente el resultado aproximado de estas operaciones.

- 179 × 203
- 321 × 499
- 244 : 189
- 931 : 676

11 En casa habéis decidido poner en marcha un plan de ahorro. Tú te encargarás de recoger las facturas cada mes y de analizar la información que contienen. Esta es una de las últimas facturas.

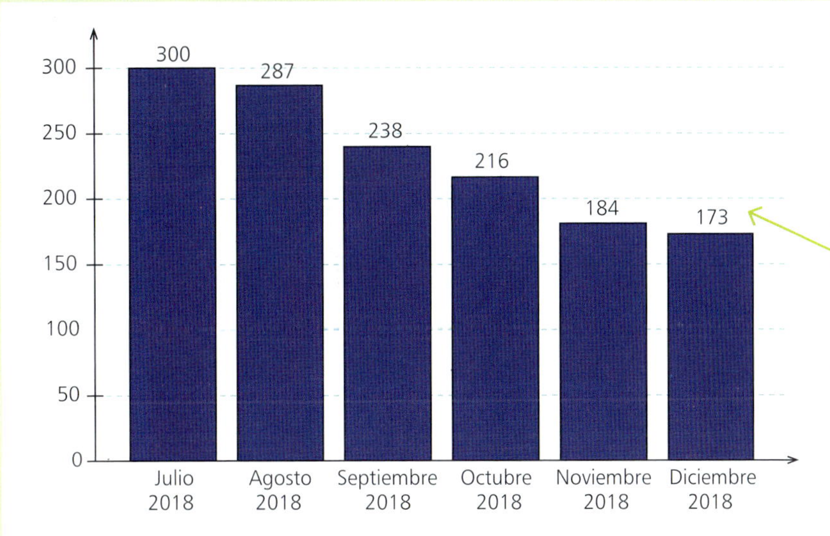

Datos del Cliente

Titular: Luis Pérez Romero
DNI/NIF: 00111333 Y
Dirección: Los Romerales 24
Actividad económica (CNAE): 9820
CUPS: ES0031406008XJOF
Potencia contratada: 6,6 KW
Tarifa de acceso: 2.0A Contrato acceso:
Número de contador:

RESUMEN DE LA FACTURA:

Fecha factura:15 de Diciembre de 2018
Periodo de facturación: Del 14/11/2018 al 15/12/2018
Factura nº:
Referencia:
Total Factura: 80,94 €

Facturación:
PRODUCTO: TUR

Concepto	Cálculos		Importes (€)
Potencia	4,4 kW x 31 x 0,056529 €/kW	=	7,71
Fact. consumo lecturas reales	722 kWh x 0,119474 €/kWh	=	86,26
Abono consumo estimado	-241 kWh x 0,117759 €/kWh	=	-28,38
Impto. Electricidad	65,59 € x 1,05113 x 4,864 %	=	3,35
Equipos de medida	31 x 0,0019726 €	=	0,62
		Total	**69,56**
IVA	Normal 21% de 69,56	=	12,52
TOTAL FACTURA			**80,94 €**

Consumo eléctrico

Lectura real	(15/12/2018)	65.497 kW
Lectura estimada	(14/11/2018)	-65.016 kW
		481 kW
	Total	**481 kW**

CONSUMOS EN kWh.

A Observa la factura y responde a las siguientes preguntas.

1. El kWh es una unidad de medida de energía. Lee la factura con atención e indica de qué tipo es.

   Agua   Electricidad   Gas

2. ¿Qué meses aparecen en el gráfico de la factura?
3. ¿El gráfico de la factura es un polígono de frecuencias o un gráfico de barras?

B Vas a organizar los datos del consumo de electricidad en una tabla.

	Julio	Agosto	Septiembre	Octubre	Noviembre	Diciembre
kWh	300					

1. Copia y completa la tabla anterior en tu cuaderno con los datos de la factura.
2. ¿En qué mes habéis consumido más electricidad? ¿Y menos?
3. Calcula el consumo medio de kWh en ese semestre.

C Después de analizar los datos, decides hacer una lista con ideas para ahorrar electricidad; por ejemplo, utilizar bombillas de bajo consumo. ¿Qué otras ideas añadiríais a la lista?

12 Realiza esquema con todo lo que has aprendido en esta unidad.

ENTRENAMIENTO DE EQUIPO

Un juego de preguntas

Ya estamos a final de curso. En él habéis aprendido cosas que no conocíais, como aproximar números decimales, reconocer fracciones equivalentes, estrategias de cálculo, algunas unidades de medida y figuras geométricas nuevas.

Si seguís estos pasos podréis repasar jugando todos los contenidos de este curso, con unas fichas de preguntas que elaboraréis con ayuda de vuestro profesor.

Investigamos sobre lo que hemos aprendido

En grupos, seguid estos pasos para preparar la investigación usando la técnica del **Rompecabezas.**

Dividimos el trabajo

Lo primero que debéis hacer antes de empezar a escribir las preguntas es decidir de qué tipo van a ser. En este caso, lo haréis en grupos, y cada uno de los integrantes del equipo se encargará de la tarea de buscar información sobre:

Tarea 1
Preguntas y respuestas sobre fracciones y decimales.

Tarea 2
Preguntas y respuestas de cálculo mental.

Tarea 3
Preguntas y respuestas sobre figuras planas y sus áreas.

Tarea 4
Preguntas y respuestas sobre la lógica vista a lo largo del curso.

Buscamos información

Para empezar, recopilad todo el material que encontréis sobre el tema que os ha tocado investigar y leedlo con atención.

Luego, reuníos cada uno con los compañeros de los otros grupos que tengan la misma tarea y poned en común todo el material que habéis recopilado. Comentad e intercambiad esta información para aclarar las posibles dudas.

Creamos el juego

Ahora ha llegado el momento de construir el juego. Reuníos de nuevo el equipo y transmitid todo lo que habéis aprendido de la tarea que teníais encargada. Después escuchad lo que ha aprendido cada uno de los miembros de tu equipo.

Entre toda la información que habéis recogido, seleccionad la que sea más adecuada para elaborar las fichas.

Realizamos el juego

- Decidid el diseño de las fichas y elegid el número de fichas que tendrá el juego.
- Seleccionad la pregunta de cada ficha y escribidla.
- Escribid todas las respuestas en un folio.

Una vez que hayáis terminado de elaborar las fichas, vuestro profesor realizará una selección de las más interesantes, evitando que se repitan las preguntas.

¡Comienza el juego!

Para comenzar a jugar tenéis que formar grupos de tres personas, cada una de ellas de un equipo distinto. Vuestro profesor entregará a cada trío un juego de fichas.

Una vez que cada trío tenga sus fichas, las pondrá boca abajo en una mesa y comenzará el juego, que tendrá las siguientes reglas.

1. Los turnos para jugar siguen el sentido de las agujas del reloj.
2. Un alumno de cada trío coge una ficha de la mesa, lee la pregunta y la responde. Si la respuesta es correcta, se queda la ficha. Si no sabe contestarla, pregunta a otro jugador si quiere responderla. Si nadie conoce la respuesta, la ficha se devuelve de nuevo a la mesa.
3. El alumno que ha contestado a la pregunta consulta si alguien quiere dar otra respuesta diferente. El jugador que está a su derecha tiene la primera oportunidad de hacerlo. En ese caso pueden ocurrir estas situaciones:

Si hay otra respuesta diferente	Si no hay otra respuesta diferente
La respuesta es verificada. Si el alumno que ha aportado una respuesta diferente acierta, se queda con la ficha; si no acierta y la respuesta original es correcta, debe colocar una de las fichas que ya ganó (si es que la tiene) en la mesa; si ambas respuestas son erróneas, la ficha se queda de nuevo en la mesa.	Se verifica la respuesta. Si es correcta, el jugador conserva la ficha. Pero si la respuesta es incorrecta el jugador debe colocar la ficha en la mesa.

4. El juego finaliza cuando se acaban todas las fichas de la mesa. El miembro del trío que tenga más fichas gana la partida y obtiene 6 puntos para su equipo, el que quede segundo obtiene 4 puntos y el que quede tercero, 2 puntos. Si empatan los tres, ganan 4 puntos cada uno. Si empatan los dos primeros, obtienen 5 puntos cada uno y 2 el tercero. Si empatan los dos últimos, se quedan 3 puntos cada uno y 6 puntos el primero.
5. Los puntos que ha obtenido cada integrante del trío se suman a los que han obtenido sus compañeros de equipo de base que formaban parte de otros tríos. El equipo que obtenga más puntos es el que gana.

¡Enhorabuena! Habéis conseguido repasar de forma divertida todo lo aprendido en este curso.

¡A PRUEBA!

1 Eva tiene un trozo de papel verde con forma de cuadrado y lo corta por la línea de puntos.

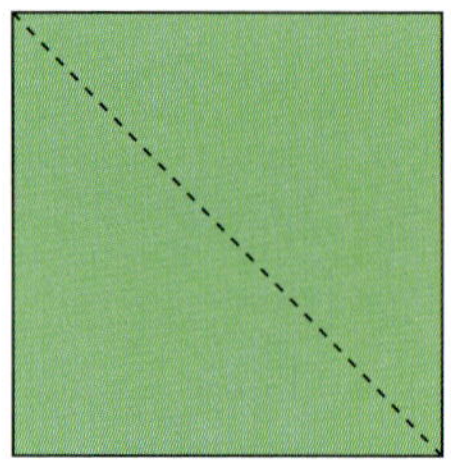

Figura 1

- Con las dos piezas forma la siguiente figura.

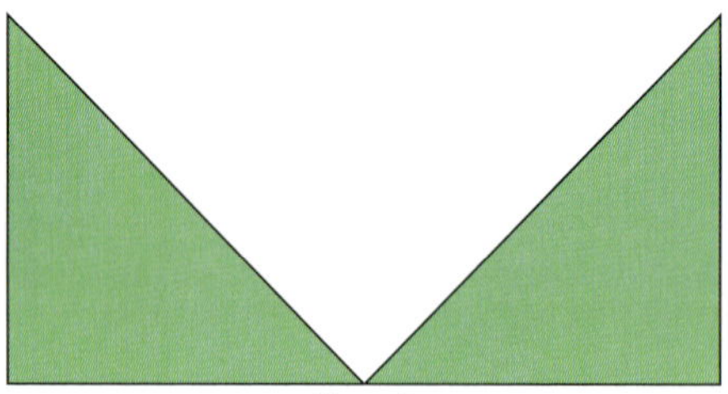

Figura 2

- ¿Cuál de las siguientes oraciones es verdadera?
  - **a.** El área de la figura 2 es menor que el área de la figura 1.
  - **b.** El área de la figura 1 es igual que el área de la figura 2.
  - **c.** El área de la figura 2 es mayor que el área de la figura 1.
  - **d.** No se puede averiguar el área que es mayor sin medirlas.

2 Indica en tu cuaderno con cuál de estas figuras podrías formar un cono.

A

B

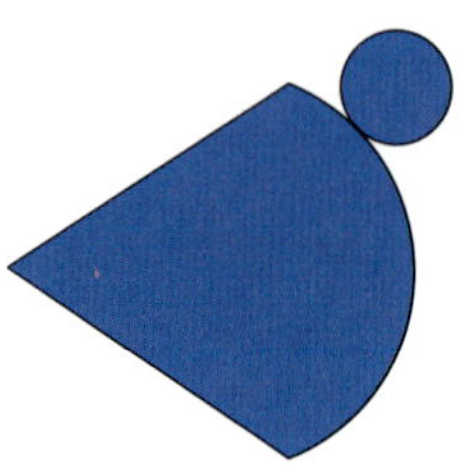

C

3 Observa las figuras que componen tu tangram y contesta en tu cuaderno.

- ¿Existe alguna pieza que sea la mitad de otra? Dibújalas en el cuaderno.
- ¿Puedes formar el triángulo grande con otras tres piezas? Explica cómo a un compañero.
- Construye un trapecio y un hexágono.
- ¿Qué piezas distintas tienen el mismo perímetro? ¿Y el mismo área?
- Mide el lado del cuadrado que forman todas las piezas del tangram y calcula su área. ¿Cuánto mide el área del triángulo grande?

4 ¿Cuál es la posición de estas dos circunferencias?

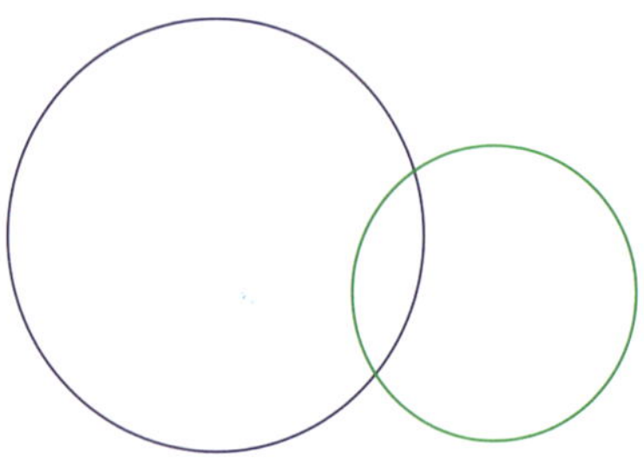

5 Si la superficie del triángulo mide 36 cm^2, ¿cuál será el área de la estrella?

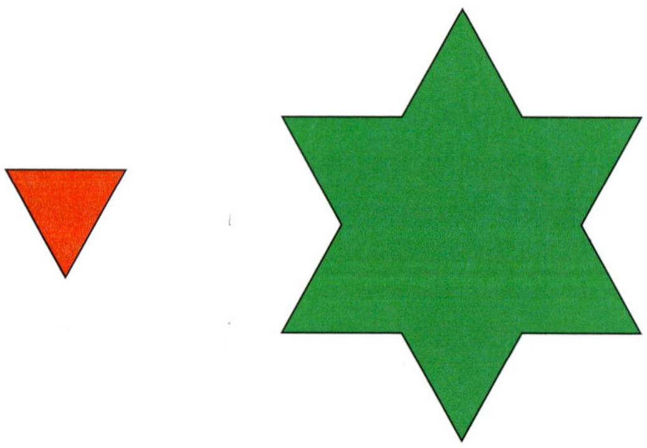

6 En el colegio de Yolanda hay dos clases de quinto curso con 24 alumnos cada una. Estos gráficos representan el número de alumnos que comen en el comedor del colegio y el número de alumnos que comen en casa.

5.º A

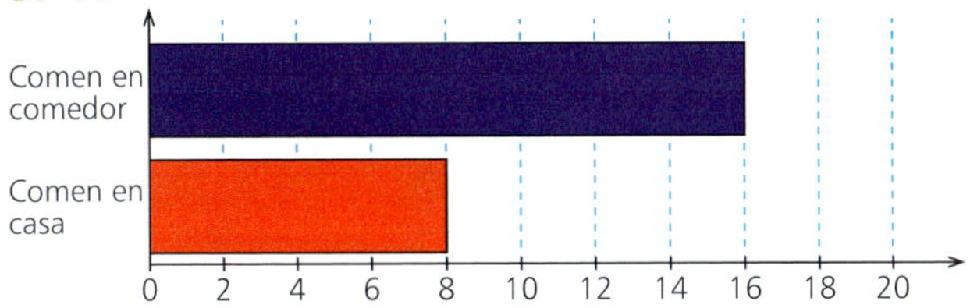

5.º B

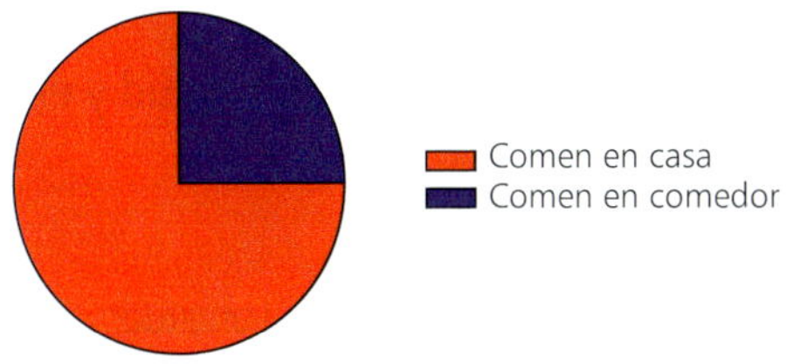

- ¿En qué clase hay más alumnos que comen en el comedor del colegio? ¿Cuántos más?

7 A Gonzalo le han regalado una estación meteorológica digital. Decide anotar todos los días en una tabla la temperatura que hay en el exterior de su casa a mediodía durante dos semanas.

Día	Semana 1	Semana 2
Lunes	25 °C	22 °C
Martes	27 °C	19,5 °C
Miércoles	28 °C	20 °C
Jueves	30 °C	18 °C
Viernes	32 °C	13,5 °C
Sábado	29 °C	14 °C
Domingo	25 °C	12 °C

- Representa los datos en un diagrama de barras doble.
- ¿Cuál ha sido la temperatura media de cada semana?

Derechos y deberes

8 ¿Has oído hablar sobre los derechos y deberes que tenemos las personas? Investiga sobre el tema y explica a tus compañeros por qué cada uno de tus derechos implica un deber.

- Los siguientes derechos son seis de los derechos básicos de un estudiante. ¿Cuáles son los deberes que implican? Completa en tu cuaderno.
  - Si tengo derecho a que se me escuche, entonces yo debo...
  - Si tengo derecho a que me ayuden, entonces yo debo...
  - Si tengo derecho a que me hablen bien, entonces yo debo...
  - Si tengo derecho a una clase limpia y ordenada, entonces yo debo...
  - Si tengo derecho a un colegio alegre y feliz, entonces yo debo...
  - Si tengo derecho a aprender bien, entonces yo debo...

MATES EN ACCIÓN

El número π

¿Conoces el número π? ¿Sabes cuál es su valor?

El número π (pi) es el cociente entre la longitud y el diámetro de una circunferencia.

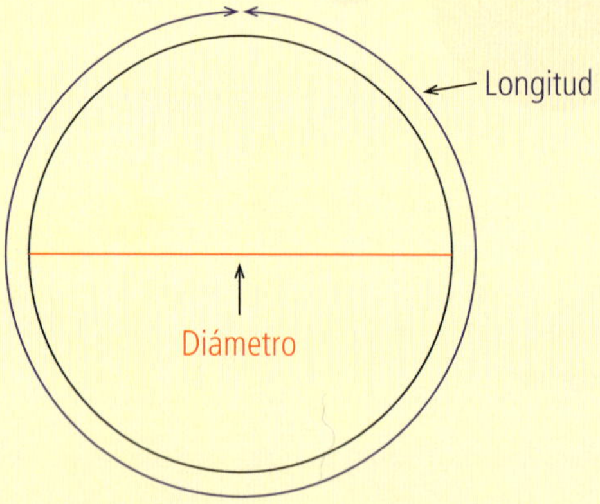

$$\pi = \frac{\text{longitud}}{\text{diámetro}}$$

No se conocen todas las cifras decimales del número π, así que utilizamos su aproximación a las centésimas, que es igual a 3,14.

1. Dibuja en tu cuaderno una circunferencia utilizando un compás y traza su diámetro con una regla. Corta un trozo de cinta con la medida del diámetro y anota cuántas veces la debes superponer sobre la circunferencia para cubrirla por completo. ¿Qué observas?

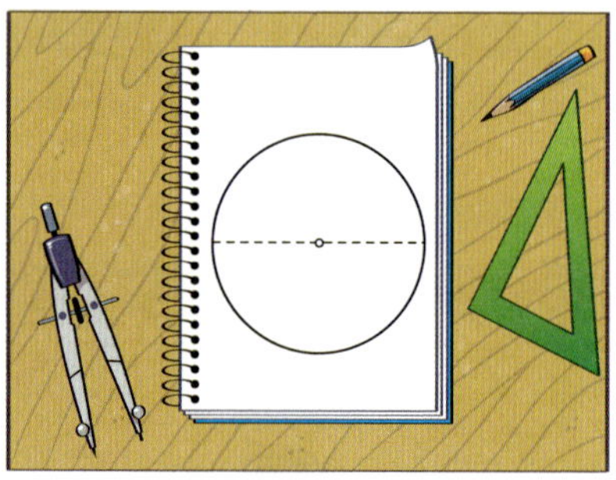

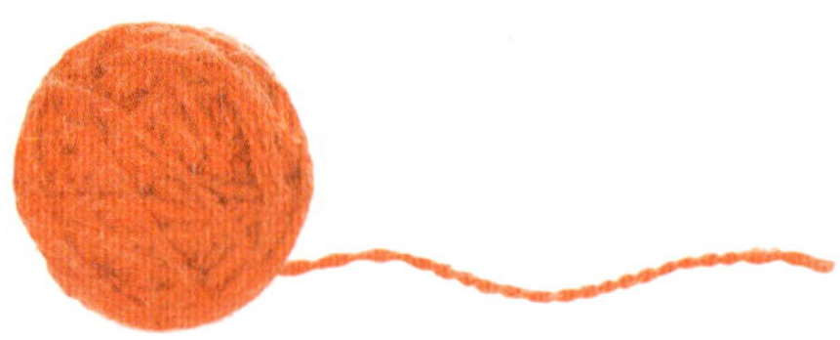

2. Dibuja en tu cuaderno tres circunferencias de distinto diámetro. Mide, con ayuda de un cordón, la longitud de esas circunferencias y utiliza la calculadora para dividir la longitud de cada circunferencia entre su diámetro.
   - ¿Qué valor has obtenido en cada caso?
   - ¿Cuál crees que es la relación entre esos valores y el número π?

3. Investiga de dónde proviene el nombre de π, quién lo utilizó por primera vez y cuáles son sus diez primeras cifras decimales. Elabora una presentación utilizando los materiales que prefieras para compartir la información que has encontrado con tus compañeros.

¿Qué es el geoplano?

El geoplano es un instrumento que se utiliza para comprobar, manipulando, relaciones y propiedades geométricas. Consiste en un tablero sobre el que se disponen pivotes de forma regular en los que pueden engancharse cuerdas o gomas.

Existen distintos tipos de geoplanos según la disposición de los pivotes.

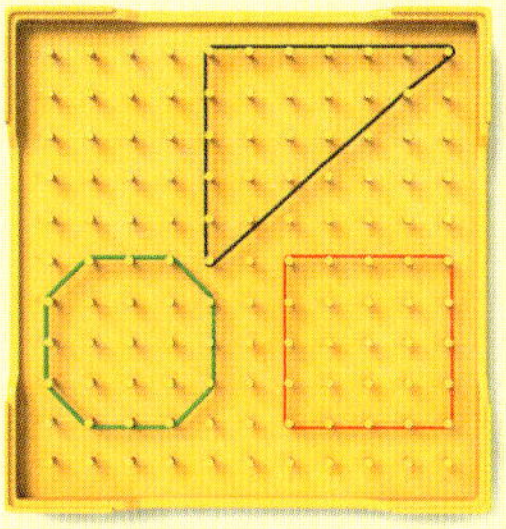

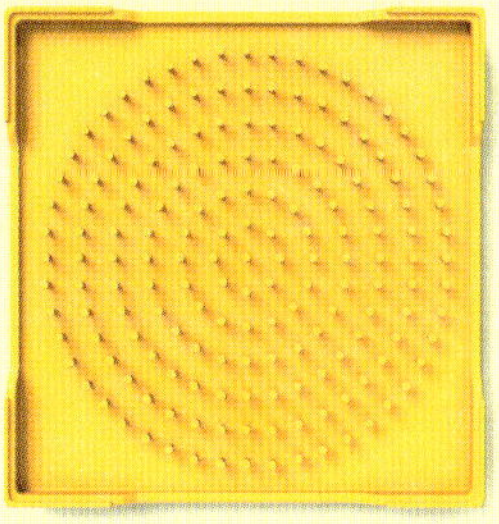

1. ¿De qué tipo es el geoplano que has hecho en la unidad 10? Construye un polígono de 6 lados y un triángulo isósceles obtusángulo utilizando las gomas de colores.
   - ¿Es regular el polígono de 6 lados que has dibujado?

2. Observa cómo representar un segmento en el geoplano.

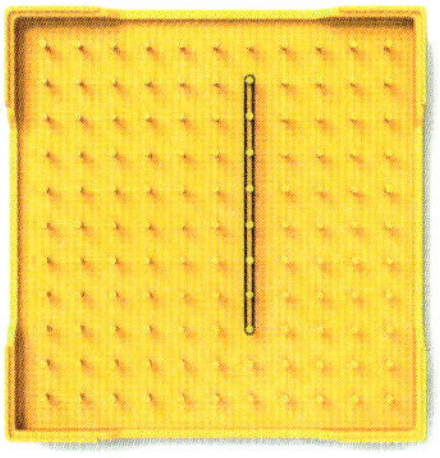

   - Construye tres segmentos, uno azul, otro verde y otro rojo, siguiendo estas indicaciones: el segmento azul es paralelo al segmento verde y perpendicular al segmento rojo.
   - ¿Cuál es la posición en el plano de los segmentos verde y rojo?

3. Coloca dos segmentos de manera que formen un ángulo y construye sus ángulos complementario y suplementario.

4. Construye un triángulo rectángulo y modifícalo para convertirlo en un triángulo obtusángulo.

5. Elabora un informe en el que expliques los pasos que has seguido para realizar todas las actividades anteriores.